新编21世纪社会学系列教材

环境社会学

Environmental Sociology

主　编　洪大用
副主编　卢春天　陈　涛

中国人民大学出版社
·北京·

主 编 简 介

洪大用 中国人民大学社会学教授。主要从事社会发展与社会政策、环境社会学等领域的教学与研究。曾出版《社会变迁与环境问题》(2001)、《转型时期中国社会救助》(2004)、《环境友好的社会基础》(合著,2012)、《生态现代化与文明转型》(合著,2014)、《迈向绿色社会》(合著,2020)等著作,多次荣获教育部、北京市等方面的教学科研成果奖励。2008年入选中央实施马克思主义理论研究和建设工程社会学教材编写组首席专家,2014年入选国家"万人计划"第一批哲学社会科学领军人才,2017年入选百千万人才工程国家级人选。

内 容 简 介

环境社会学是社会学的分支学科,它主要采用社会学的视角,从探讨当代环境问题产生的社会原因、造成的社会影响以及引发的社会应对及其效果入手,揭示环境与社会密切联系、相互作用的复杂规律。全书共分11章,阐述了环境社会学的产生与发展、主要理论流派、环境问题及其社会影响、环境关心及测量、环境行为、环境纠纷、环境运动、环境治理以及现代社会的绿色转型等内容。本教材适用于社会学、环境科学等相关学科专业的本科课程教学,也可为一般读者了解环境社会学提供参考。

前　言

2020年，新型冠状病毒突袭中国和世界。为了应对疫情、共克时艰，按照党中央统一部署，各地各部门守土有责、守土尽责，几乎所有人都以不同的方式为抗疫做出了贡献。在教育系统，为了避免延迟开学对学生学业和居家隔离所造成的负面影响，一场借助互联网的教学实验在全国范围内展开，教师可以借助网络教学，学生也可进行在线学习。这一大规模实验注定具有历史性的意义，大大改变了人们对教学的认知和想象，更加清晰地呈现出教育发展的一种新趋向。

然而，这一景象在将近30年前的中国几乎是无法想象的。那时大家不仅对互联网很陌生，甚至连计算机也很少见到，特别是现代意义上的个人电脑和移动终端。在那个条件下，在线教学、网络学习是不可能实现的。对于研究者而言，检索了解学术研究的最新进展也非常不便，常常要靠人工顺藤摸瓜，且很难及时全面地掌握已有的研究信息。比如说，通过今天方便的网上文献检索系统，我们可以了解到20世纪70年代美国学界就有了环境社会学研究，而且这种研究在80年代初期就被零星地介绍到国内来。但是，坦率地说，我在1994年着手环境问题研究并编写相关教材时，并不了解什么叫环境社会学，当时只是展望性地指出"一门新兴的交叉学科——环境社会学或环境保护社会学——正在诞生"①。现在回过头去看，当时自己确实是学习不足、孤陋寡闻。

1996年，在时任中国人民大学社会学系主任李强教授的安排下，我有幸到香港中文大学社会学系进修，自选的课程是金耀基先生主讲的"高阶社会学理论"和李煜绍博士主讲的"环境社会学"。老实说，当时我看到教学计划中有环境社会学课程，既觉惊讶又觉似曾相识，选课时就毫不犹豫。我很认真地阅读该课程提供的并不算系统的参考资料，感觉有点开脑洞的意思，同时还庆幸能够利用系里的社会科学文献检索数据库，自主检索到一些与环境社会学相关的文献，并到图书馆尽可能地找到纸质版。正是在这种搜寻的过程中，我接触到约翰·汉尼根（John Hannigan）刚刚出版的《环境社会学》，当我与任课教师讨论这本书时，老师说他还没有见到。可以说，那一段进修期间，我就像海绵一样汲取着所有能够找到的环境社会学文献的营养，但是其中有一些到现在也还没有来得及细

---

① 洪大用. 环境研究及其应用［M］//李强. 应用社会学. 北京：中国人民大学出版社，1995：240－269.

嚼品味。

当时年轻气盛，雄心满满地想把环境社会学这门学科介绍到内地并努力发展该学科。进修结束返回中国人民大学后不久（1996年10月20日）我就起草了给中国人民大学出版社的《关于申请出版〈环境社会学〉一书若干问题的说明》，指出本书要回答的核心问题是：（1）环境与社会的关系；（2）社会学研究中的环境因素；（3）环境因素对人类心理、行为及社会变迁的影响；（4）环境衰退的社会因素及社会影响。我还论证了本书出版对于社会学发展、环境问题研究、环境保护实践和人才培养的重要意义，指出开设环境社会学课程"有助于大学生树立正确的环境观，养成正确的环境态度，增强环境意识，掌握有关的专业知识，从而有利于培养适合当代社会发展需要的人才"。当时列出的内容包括11章：导论（主流社会学与环境）；环境社会学的兴起与发展；环境与社会运行；环境与社会发展；人类活动与环境问题；环境正义与社会平等；贫困与环境；环境保护运动；环境关心与环境意识；环境影响评估；中国环境与社会。当年秋季学期，我还在李强教授主讲的1995级、1996级合班的研究生"应用社会学"课堂上做过专题讲授。

但是，随着文献越读越多以及可能找到的文献不断增加，曾经的雄心有些衰退，满满的自信变成弱弱的自疑，越来越不敢写教材了，尽管当时出版社已答应尽快出版。作为教师，我时常觉得教材比一般性的专著更重要，因为专著是探索性的学术观点，学生也不一定非要阅读，而教材是要教给学生的，是学生必须读的，也是学生学习的引路人。少了解一些学术观点也许没有大碍，但是学习路径要引错了，问题就变大了，轻则多走弯路，重则误人子弟。由于有了这种敬畏或者担心，我放弃了尽快出版教材的想法，自觉需要先开展比较充分的研究。从那时以来，我在郑杭生先生指导下完成了以"中国环境问题的社会学阐释"为研究主题的博士学位论文，并围绕环境社会学学科建设、环境与社会关系、环境公平、环境运动、环保组织、环境意识（关心）、环境治理、气候变化等做了一系列粗浅的研究，组织了多次不同范围的公众环境意识与行为问卷调查，主持召开了多次国内国际环境社会学学术研讨会或者青年沙龙，并曾以不同的形式面向研究生和本科生讲授环境社会学研究专题。在科研教学实践中，我一方面觉得对环境社会学了解体悟更多了，另一方面对写出好教材的担心却一直存在甚至尤甚，大概是有知有畏、知多尤畏吧。尽管如此，我还是心有不甘，在组织翻译约翰·汉尼根《环境社会学》（第二版）的同时，也不停地拟订环境社会学教材写作大纲。最近检查留存的电子文件表明，从1996年版提纲之后，目前还保存的提纲至少有2004年、2007年、2009年、2010年、2012年、2014年和2015年七个版本。

本书是以2015年版写作提纲为基础编写的。全书以这样一种环境社会学定义为主线：环境社会学是社会学的分支学科，它主要采用社会学的视角，从探讨当代环境问题产生的社会原因、造成的社会影响以及引发的社会应对及其效果入手，揭示环境与社会密切联系、相互作用的复杂规律。有点巧合的是，本书与我

1996 年开列的提纲一样，都是 11 章，虽然具体内容并不完全相同。想一想，有点蓦然回首、灯火阑珊的感觉，可见初心可贵以及呵护初心之重要，做学问亦需不忘初心，向前走时常回头看看。

本书第一章"环境社会学概述"主要阐述环境社会学研究的相关概念，环境社会学与环境科学、资源社会学的关系，环境社会学的发展历程、学科特色、研究议题和方法论争议，学习和研究环境社会学的重要意义，期望读者能对环境社会学学科有个概貌性的了解。第二章"环境社会学的主要理论"不仅介绍了若干社会学创始人的思想，而且分地区介绍了当代环境社会学的主要理论成果，并对中国环境社会学的理论建设进行了展望。第三章"前工业社会的环境问题"将历史视角带进环境问题研究，在概要介绍采集狩猎和渔业社会、游牧社会以及农业社会的环境问题和人类环境观的同时，探讨了环境问题的发展演变历程。第四章"工业社会的环境问题"着重介绍工业社会的特征、工业革命以来环境问题的快速发展及其特点，以及当代中国社会面临的突出环境问题。第五章"环境问题的社会影响"探讨了这种影响的多维性，尤其是在地理空间、社会空间和时间向度上的差异性分配以及环境公正议题，并介绍了社会影响评价的相关知识。第六章"环境关心"重点介绍了环境关心及相关概念，讨论了环境关心的测量工具及其演变，概括了环境关心发展的若干理论解释。第七章"环境行为"介绍了环境行为的概念与特点，概括了环境行为影响因素研究的不同模式和主要理论，并讨论了培育和强化中国公众环境行为的相关议题。第八章"环境纠纷"介绍了环境纠纷的概念、类型以及环境权观念的确立对环境纠纷的影响，探讨了环境纠纷处理的不同模式，介绍了中国环境纠纷的发展情况。第九章"环境运动"介绍了环境运动的概念、特征和类型，梳理了中外环境运动的发展历程，并概括了环境运动研究的主要理论视角。第十章"环境治理"介绍了环境治理的概念、类型和政策工具，分析了末端治理、全过程治理和复合型治理三个发展阶段，重点介绍了中国环境治理体系的发展和特点。作为本书的最后一章，第十一章"社会转型"主要从环境与社会相互作用的角度，介绍在环境风险不断扩大并被广泛认知的背景下，现代社会发展过程中不断出现的转型新趋势，重点介绍了中国生态文明建设的理论内涵和实践举措。

大体上可以说，本书坚持理论与实践相结合，立足中国环境问题与环境治理实际情况，介绍了环境社会学研究的一些主要的、前沿的领域，体现了应用性。本书各位作者都是相关领域的专家，是基于比较深入的研究经历来撰写教材的，所以研究性是本教材的另一个突出特点。但是，本教材并没有全面反映迄今为止环境社会学研究的全部内容，因此还只是一个初步的探索性的成果。与此同时，本教材在介绍相关研究内容时总体上是偏简化的，对一些更加具体的研究议题，例如人口、粮食、能源、气候、技术、传媒等，没有专章专节展开详细论述，所以本教材具有概要性。最终，虽然本教材努力给出了环境社会学的一个比较全面准确的定义，并在内容编排上力图做出一些创新，但是总体上仍然属于一种借鉴性的成果。这样一部集应用性、研究性、探索性、概要性和借鉴性于一体的教材，仍然只是促进环境社会学教学科研的一种尝试，也是中国环境社会学创新发展的一种努力。

我们之所以在认识到自身尚有缺陷的基础上还要推动教材的编写出版工作，主要是基于以下几个原因：一是环境社会学理应是社会学的重要组成部分，社会学专业人才培养不能没有环境社会学课程设计，因而也就需要环境社会学教材。如果说社会学是探究社会运行和发展规律的学科，它的基础研究内容就不应局限于人口、文化、组织、制度等，而应包括环境，这些方面都深刻地影响着社会生产、社会生活和社会变迁。相对而言，环境研究目前仍然是社会学的薄弱部分，需要更加重视和加强。二是近年来开设环境社会学课程的高校和科研院所有所增加，参与教材编写的各位作者都承担着环境社会学的课程教学任务，来自教学一线的教材需求日益扩大。三是现有一些国内学者编写或者翻译的教材在满足一些教学需要方面是有价值的，但也是参差不齐的，尚有改进的空间。特别是很多教材直接采用或者借鉴了我们的一些研究成果，这样既增强了我们的信心，又鞭策着我们抓紧推出自己的教材，加快已有科研成果向教学实践转化的进度。四是在全方位深层次持续性推进生态文明建设的大背景下，我们高校和科研院所的环境教育还存在着不足。随着现代社会的加速发展，全球环境状况仍在持续恶化，我们更要重视环境与社会的关系的研究，忽视这种研究必将扩大社会运行风险。事实上，我们很多人的脚步已经迈进了现代，但观念还是很落后的，包括看待自然环境和其他生命形式的观念。今年新型冠状病毒突然袭击并造成重大社会损失，也从一个方面反映出社会与环境关系的某种失调。我们越来越需要更加科学理性全面的环境教育，不断提升公民环境素养和社会应对环境风险的能力，以便促进现代社会的可持续发展。这当中，加强环境社会学研究和课程建设，编好环境社会学教材，也是重要的一环。五是出版这本教材也算是给自己一个交代，了却一桩夙愿吧。追求完美，痴心不改。但是，完成是完美的前提或者必经阶段，只有公开出版并付诸教学实践，接受实践的检验，倾听读者的声音，才能更好地继续完善教材。我们深知，除了前面提到的不足，本书一定还有不少其他缺陷。我们诚挚地欢迎本书广大读者，包括在教学实践中使用本书的教师和学生们提出宝贵建议，以督促我们逐步修订完善。

本书写作分工情况如下：中国人民大学社会学系洪大用教授担任主编，负责拟订全书框架、组建编写团队、撰写部分章节并提出各章修改建议；第一章、第六章，洪大用教授执笔；第二章，西安交通大学社会学系卢春天教授执笔；第三章、第十章，河海大学社会学系陈涛副教授执笔；第四章、第五章，厦门大学人口与生态研究所龚文娟副教授执笔；第七章，中南大学社会学系彭远春副教授执笔；第八章、第九章，浙江财经大学法学院童志锋教授执笔，卢春天、陈涛、彭远春参与修改补充；第十一章，洪大用教授和陈涛副教授共同执笔。卢春天教授、陈涛副教授协助主编统筹书稿并初审，洪大用教授最后审定全书内容。

本书最终得以出版，首先要感谢各位参编人员的共同努力。事实上，本书是

2015年策划启动的，多数作者在2016年年底之前就完成了初稿，拖延至今交付出版，主要是我时间分配和指导不力方面的原因。其次，要感谢中国人民大学出版社从20世纪90年代一直到今天的不懈督促，这种督促既是压力也是动力。在此特别感谢策划编辑潘宇博士和盛杰女士的辛勤付出。再次，还要感谢美国美利坚大学社会学系肖晨阳副教授作为本书部分章节的第一读者所提的宝贵建议。

最后，谨以此书献给所有关心和支持我们开展环境社会学研究的家人、朋友、同人与领导！感恩先师郑杭生教授对发展环境社会学的远见卓识和长期支持！

洪大用

2020年5月

目　录

第一章　环境社会学概述

第一节　环境的科学研究 ······························· 2
第二节　环境社会学的特色 ··························· 8
第三节　环境社会学的产生与发展 ················· 15
第四节　环境社会学研究及其方法论 ············· 22
第五节　环境社会学的意义 ························· 29

第二章　环境社会学的主要理论

第一节　古典社会学家对环境问题的理论解释 ············· 34
第二节　当代西方环境社会学的理论流派 ················· 38
第三节　中国环境社会学的理论建设 ····················· 58

第三章　前工业社会的环境问题

第一节　采集、狩猎与渔业社会的环境问题 ················· 62
第二节　游牧社会的环境问题 ··························· 66
第三节　农业社会的环境问题 ··························· 71

第四章　工业社会的环境问题

第一节　工业社会的发展及特征 ························· 86
第二节　工业社会的环境问题 ··························· 94
第三节　当代中国的环境问题 ························· 106

第五章　环境问题的社会影响

第一节　环境问题的社会影响 ·············· 118

第二节　环境问题社会影响的差异性分配 ·············· 128

第三节　环境问题的社会影响评价 ·············· 134

第六章　环境关心

第一节　环境关心概述 ·············· 150

第二节　测量环境关心的复杂性 ·············· 157

第三节　环境关心的影响因素和理论解释 ·············· 165

第四节　环境关心研究的意义 ·············· 171

第七章　环境行为

第一节　环境行为概述 ·············· 176

第二节　环境行为影响因素的研究模式 ·············· 182

第三节　环境行为的培育 ·············· 192

第八章　环境纠纷

第一节　环境纠纷概述 ·············· 200

第二节　环境纠纷解决 ·············· 205

第三节　中国的环境纠纷及其解决机制 ·············· 212

第九章　环境运动

第一节　环境运动的概念与内涵 ·············· 224

第二节　西方的环境运动 ·············· 235

第三节　中国的环境运动 ·············· 243

第十章　环境治理

第一节　环境治理的产生及其含义 ·············· 254

第二节　环境治理的发展阶段 ·············· 261

第三节 中国的环境治理 ··· 270

第十一章　社会转型

第一节 发展观演变的历史 ·· 282
第二节 社会学的转型研究 ·· 287
第三节 中国生态文明建设 ·· 299

第一章

环境社会学概述

【本章要点】

- 环境社会学是在 20 世纪下半叶环境问题引起广泛关注的背景下基于社会学视角的一种学术回应，它从探讨当代环境问题产生的社会原因、造成的社会影响以及引发的社会应对及其效果入手，揭示环境与社会密切联系、相互作用的复杂规律。

- 环境是相对于人类的外部生物物理世界，是人类生存、繁衍所必需的物质条件和创造。大体上，这种物质条件可以划分为自然环境、人工环境两大类型。环境中的资源（或自然资源），是人类生存与发展的重要的、直接的物质基础。

- 所谓环境问题，简单地说，就是人与环境关系的失调，这种失调不仅影响到环境系统的正常运行，而且对人类社会自身构成了威胁。环境问题可以区分为原生环境问题、次生环境问题两种类型。

- 有关环境科学的定义包括四种类型：一是专门科学说，二是学科群说，三是科学体系说，四是跨学科领域说。相对环境研究的其他学科而言，环境社会学最大的特点就是探讨环境议题的社会维度和社会现象的环境维度。

- 环境社会学理论建构的基本视角可以归结为结构功能主义、社会冲突论和社会建构主义三种类型。环境社会学研究中的方法论争议涉及多个方面，其中，在如何看待环境问题方面的建构主义与真实主义之争是至关重要的一个方面。

- 环境社会学继承了社会学学科综合性、整体性的分析视角，始终注重综合分析环境问题的社会原因、社会影响和应对之策，倡导现代社会的整体性变革。环境社会学与生态文明建设具有本质上的亲和性，是生态文明建设实践的重要学科基础之一。

【关键概念】

环境问题 ◇ 环境科学 ◇ 环境社会学 ◇ 资源社会学 ◇ 新环境范式（NEP）◇ 真实主义 ◇ 建构主义 ◇ 生态文明

人们常说："时代是思想之母，实践是理论之源。"每门新兴学科的产生都有其特定的时代和实践背景。环境社会学是在 20 世纪下半叶环境问题引起广泛关注的背景下基于社会学视角的一种学术回应，它从探讨当代环境问题产生的社会原因、造成的社会影响以及引发的社会应对及其效果入手，揭示环境与社会密切联系、相互作用的复杂规律。本章将在环境研究发展的背景下简要介绍环境社会学的产生发展、学科特色、研究领域和主要的方法论争议，讨论学习和研究环境社会学的重要意义。

第一节
环境的科学研究

毫无疑问，环境社会学是在环境研究中发展起来的，而环境研究有着悠久的历史。作为有意识的行动主体，人类在不同的时代总是以不同的方式认识和对待环境。人类对于天文现象、地理现象、生物现象、物理现象以及土地利用等方面的长期观察和分析，为现代相关科学的发展奠定了原始基础。而以环境研究为核心内容的环境科学，是相对较晚出现的学科门类，是原有各学科在回应日益严峻的环境问题基础上不断交叉和融合的结果。环境社会学是从社会学视角开展环境研究的一门学科，它是社会学的分支学科，同时也可看作环境科学的组成部分。

一、环境与资源

(一) 环境的概念

一般意义上的"环境"概念，对于社会学学者来说并不陌生。社会学的一个重要预设就是人类的态度与行为都是由"环境"所塑造的，当然这里的"环境"主要指的是社会文化环境。所谓环境，总是相对于某一中心事物而言的，它作为某一中心事物的对立面而存在，泛指中心周围的地域、空间、介质结构等，因中心事物的不同而不同。《世界大百科全书》把环境定义为生物体周围的物理和生物要素，包括生物性要素（如植物、动物、微生物）和非生物性要素（如温度、土壤、大气和辐射）。联合国环境规划署（UNEP）则将环境定义为影响生物个体或群落的外部因素和条件的总和，包括生物体周围的自然要素和人文要素。

目前，人们通常是在两个"中心"的意义上使用环境概念：一是以生物体为中心，这是生态科学意义上的环境概念；二是以人类为中心，把其他的生命和非生命物质视为环境要素，这是环境科学意义上的环境概念。本书主要是在第二种意义上讨论环境议题，这种意义上的环境是相对于人类的外部生物物理世界，是人类生存、繁衍所必需的物质条件和创造。大体上，这种物质条件可以划分为自然环境、人工环境两大类型。其中，自然环境是指基本未经人为改造而天然存在的自然要素，包括大气环境、水环境、土壤环境、地质环境和生物环境等，对应地球系统的五大圈层，即大气圈、水圈、土壤圈、岩石圈和生物圈。人工环境是相对于自然环境而言，指在自然环境基础上经过人类加工改造所形成的次生环境，比如各种建筑和土地利用等。《中华人民共和国环境保护法》（以下简称《环境保护法》）对以人为中心的环境做出了更具操作性的界定：环境指的是影响人类生存和发展的各种天然的和经过人工改造的自然因素的总体，包括大气、水、海洋、土地、矿藏、森林、草原、湿地、野生生物、自然遗迹、人文遗迹、自然保护区、风景名胜区、城市和乡村等。

根据环境与人类的关系和人类对环境加工改造的程度，我们可以把"环境"区分为以下四类：聚落环境、地理环境、地质环境和星际环境。其中，聚落环境是与人类的生产、生活关系最密切、最直接的环境，包括院落、村落、城市等；地理环境是人类活动的舞台和基地，包括大气圈、水圈、土壤圈、生物圈等；地质环境主要是指岩石圈，为人类提供丰富的矿藏；星际环境就是宇宙，它将是人类未来的活动场所。

人类通过生产生活实践与环境发生密切联系，同时也生产着复杂的社会关系，形成直接影响人类态度与行为的社会环境，包括政治制度、法律法规、经济体制、社会生活、文化传统等。无论是人类的生产活动，还是生活消费活动，无不受环境的影响，也无不影响着环境，其影响的性质、深度和规模则是随着环境条件的不同而不同，并因人类社会的发展而发展的。人类社会在与环境的相互作用中形成了复杂的系统，这一系统包含了不同时间尺度、不同空间尺度和不同组织方式的多个要素，具有开放性、非线性和不确定性等特征，是环境科学的重要研究对象。

需要指出的是，从社会学的角度看，一方面，环境表现为人类社会所依存的物质条件总体，这一总体具有外在性、系统性、一致性和抽象性特征，有人将其看作与人类社会相对的独立变量；另一方面，环境又具有时间、空间和社会维度，其嵌入人类社会的具体内容和方式千差万别、不断变化，所以要关注环境因素的差异性、动态性、社会性和具体性，具体问题具体分析，体现社会学对于"环境"的认识和解构，而不能停留在对环境概念的抽象认识和简单使用上。

（二）环境与资源的关系

从以上对环境的定义中我们可以看出，环境实际上包括了"资源"。例如，水资源、土地资源、矿产资源、森林资源等，都是环境的组成部分，或者是环境对人类社会运行发挥的重要功能。虽然今天人们在非常广泛的意义上使用"资源"的概念，创造出诸如人力资源、关系资源、组织资源、知识资源、信息资源等名词，但是，从本质上讲，资源仍然是指自然界存在的天然物质财富，在很多时候也叫自然资源。商务印书馆出版的《现代汉语词典》（第7版）把"资源"

解释为"生产资料或生活资料的来源，包括自然资源和社会资源"；联合国环境规划署也将"资源"看作在一定时间和技术条件下，能够产生经济价值、提高人类当前和未来福利的自然环境因素的总称。

环境中的资源（或自然资源），是人类生存与发展的重要的、直接的物质基础。大体上，资源可以分为两种基本类型：一是在一定意义上取之不尽、用之不竭的资源，例如空气、风力、太阳能等；二是在人类开发使用过程中可能枯竭的资源。但是，考虑到资源自身的再生产能力，我们又可以将第二种类型的资源区分为可再生资源与不可再生资源。可再生资源是指在一定时间内可以自我再生产以供人类反复开发利用的资源，例如生物资源；不可再生资源是指在一定意义上存在数量限制，并且无法自我再生产的资源，它们在人类开发利用的过程中会逐渐耗尽，例如矿产资源。当然，可再生资源与不可再生资源的区分在某种程度上也是相对的，对可再生资源的开发利用如果超过其再生的速度和数量，也会导致资源枯竭。

环境中的资源通常具有功能上的两重性。一方面，它是人类生存与发展的物质基础，是供人类开发利用的；另一方面，它又是环境系统的重要组成部分，对环境系统自身的良性运行发挥着重要作用。以森林资源为例，它既是人类的重要经济资源，可以为人类提供木材、能源和多种林副产品；又是环境系统的重要元素，具有涵养水源、调节气候、净化空气、消减噪声、保护野生生物等多种生态功能。在一定意义上，森林的生态价值要远远高于其经济价值。

正是由于环境与资源概念的密切联系，所以人们通常将节约资源与保护环境看作一个问题的两个方面。环境科学所关注的环境问题实际上也包括资源问题。

二、环境问题

所谓环境问题，简单地说，就是人与环境关系的失调，这种失调不仅影响到环境系统的正常运行，而且对人类社会自身构成了威胁。对应于前文所述四类环境，环境问题有着不同的表现，例如小至聚落环境污染，大至太空垃圾。

从理论上讲，按照环境问题产生的动力不同，它可以区分为两种类型：一种是自然灾害引起的原生环境问题，也叫第一环境问题；另一种是人类活动引起的次生环境问题，也叫第二环境问题。后者又可分为两类：一类是由于不合理地开发利用自然资源，使自然生态遭受破坏；另一类是由于城市化和工农业高速发展引起的环境污染。但是，事实上，现代社会的原生和次生两种环境问题很难截然分开，它们常常是相互影响和相互作用的；环境污染与生态破坏更是有着非常密切的关系。各种原因的环境问题彼此叠加，形成所谓"复合效应"，使得环境问题产生的动力更趋复杂化，其导致的危害更加严重，解决起来也更加困难。

历史地看，自从有了人类，也就有了相应的环境问题。一方面，环境系统自身在不停地运动变化之中，诸如地震、洪涝、飓风之类的自然现象总是造成环境变化，并对人类的生产生活造成不利影响；另一方面，人类在生产生活实践中总是要从环境中汲取能源资源，并向环境中排放人造的废弃物，当这些方面的行为超过环境承载力时，自然也就引发环境问题。西亚的美索不达米亚、中国的黄河流域，都是人类文明的发祥地。但由于历史上大规模地毁林垦荒，而又不注意培育林木，造成了严重的水土流失，以致良田美地逐渐沦为贫壤瘠土。工业革命以后，社会生产力的迅速发展，机器的广泛使用，为人类创造了大量财富，而工业生产排出的废弃物也造成了广泛的环境污染。19 世纪下半叶，世界最大工业中心之一的伦敦，曾多次发生因排放煤烟引起的严重的烟雾事件。正如恩格斯所指出的，人类对自然界的"每一次胜利，起初确实取得了我们预期的结果，但是往后和再往后却发生完全不同的、出乎预料的影响，常常把最初的结果又消除了"[①]。

　　一般而言，传统社会中的人类活动对环境的影响并不太大，即使发生环境问题也只是局部性的。然而，在现代社会，随着人口数量迅速增长、生产规模持续扩大、技术开发飞速发展，人类影响自然环境的范围不断扩展、能力不断增强、强度不断加大。有研究表明，目前地球一半以上的陆地表面已被人为活动改造，一半以上的淡水资源已被人类开发利用，人类活动已经严重影响到地球系统的生物化学过程及能量物质循环过程，而外来物种入侵、海洋鱼类的大量捕捞以及鸟类的大量灭绝，使整个地球生态系统面临空前的压力。环境污染、过度开采利用导致水资源日益短缺、油气资源和战略性矿产资源面临枯竭、物种退化灭绝及可能的生态灾难、全球气候变化、频发的自然灾害等，已经反过来危及全球范围人类社会的生存和发展。所以，现代意义上的环境问题更多的是指由于人类活动对环境系统的扰动、影响和破坏，导致环境系统内部矛盾加剧、环境系统结构和状态改变、环境要素功能丧失等，并由此引发的一系列问题[②]，本书第四章将对此进行展开分析。总之，当代的环境研究已经不再仅仅是一个科学的理论问题，它也是一个重大的实践问题。

三、环境科学的发展

　　虽然人类在关心和研究其所依存的环境方面有着悠久的历史，但是在这种研究中发展出专门的学科只是晚近的事情，日益严峻的环境问题以及不断加强的环境治理实践是其基本背景。1954 年，美国科学家首次提出"环境科学"一词。一般认为，第一个环境科学定义是研究社会经济发展过程中出现的环境质量变化的科学。[③] 如今，环境科学已经成为科学研究中的主要门类之一。周光召曾经指

---

　　① 马克思，恩格斯 . 马克思恩格斯选集：第三卷［M］. 3 版 . 北京：人民出版社，2012：998.
　　② 李本纲，冷疏影 . 二十一世纪的环境科学：应对复杂环境系统的挑战［J］. 环境科学学报，2011 (6)：3 - 14.
　　③ 马世骏 . 积极开展环境科学理论研究［J］. 中国环境科学，1983 (3)：6 - 7.

出"我们可以把现在的科学领域分成三大类，即基础科学、技术科学、环境科学"①，由此可见环境科学的重要性及其突出地位。

在环境科学发展过程中，有关环境科学的定义不断丰富。大体上，这些定义包括四种类型。一是专门科学说。例如，马世骏认为，环境科学是研究近代（包括现代）社会经济发展过程中出现的环境质量变化的科学。它研究环境质量变化的起因、过程和后果，并找出解决环境问题的途径和技术措施。②刘培桐认为环境科学是以"人类-环境"系统为其特定的研究对象，研究"人类-环境"系统的发生和发展、调节和控制以及改造和利用的科学。③二是学科群说。例如，杨志峰等认为环境科学是以"人类-环境"系统为特定整体，针对不断变化的环境问题，通过自然科学、社会科学、工程科学的跨学科综合研究，逐渐形成的交叉学科群。④三是科学体系说。例如，左玉辉等认为环境科学是研究和揭示人与环境相互作用规律、指导人类进行环境实践的科学体系。⑤四是跨学科领域说。例如埃恩格（Enger）等认为环境科学是一个跨学科的领域，包括了人类对世界影响的科学方面和社会方面。⑥

《中国大百科全书》曾经综合性地将环境科学定义为"在科学整体化过程中，以生态学和地球化学的理论和方法作为主要依据，充分运用化学、生物学、地学、物理学、数学、医学、工程学以及社会学、经济学、法学、管理学等各种学科的知识，对人类活动引起的环境变化、它对人类的影响及其控制途径进行系统的综合研究"⑦的科学。该门科学在宏观上研究人类同环境之间的相互作用、相互促进、相互制约的对立统一关系，揭示社会经济发展和环境保护协调发展的基本规律；在微观上研究环境中的物质，尤其是人类活动排放的污染物的分子、原子等微小粒子在有机体内迁移、转化和蓄积的过程及其运动规律，探索它们对生命的影响及其作用机理等。

按照李本纲等的观点，各种环境科学定义虽然表述有所区别，但其实质大同小异，大体可以归纳整理出一些共同要素，即：环境科学以复杂环境系统为研究对象、以各种环境问题为研究内容、以多学科融合交叉为典型特征、以揭示"人类-环境"相互作用的规律为核心任务、以"人类-环境"协调和可持续发展为最终目标。⑧

从历史发展看，环境科学研究呈现出"单一问题→多学科→跨学科→复杂系

① 周光召.九十年代科技发展的新趋势和我们的对策［J］.瞭望周刊，1991（44）：6.
② 马世骏.积极开展环境科学理论研究［J］.中国环境科学，1983（3）：6-7.
③ 刘培桐.环境学概论［M］.北京：高等教育出版社，1995：5-15.
④ 杨志峰，刘静玲.环境科学概论［M］.北京：高等教育出版社，2004：10-12.
⑤ 左玉辉，华新，等.环境学原理［M］.北京：科学出版社，2010：1.
⑥ 李本纲，冷疏影.二十一世纪的环境科学：应对复杂环境系统的挑战［J］.环境科学学报，2011（6）：3-14.
⑦ 《中国大百科全书》编辑委员会.中国大百科全书：环境科学［M］.北京：中国大百科全书出版社，1983：189.
⑧ 同⑥.

统科学"的发展脉络①，研究重点不断演进和拓展。20 世纪 50—60 年代，面临着严重的环境污染，环境科学主要针对公害事件进行研究，以环境质量和污染治理为主，关注人类活动污染的监测、评价与控制，环境化学、环境生物学、环境物理学、环境医学和环境工程学等一系列学科由此陆续出现。20 世纪 60 年代末期，污染防治和生态恢复工作的实践使人们认识到，要有效地保护环境还必须加强人类对自身行为的管理，因此又相应地出现了环境经济学、环境法学、环境评价学等一系列交叉学科。20 世纪 70 年代中期之后，环境保护工作实践进一步使人们认识到环境问题是一个复杂的社会问题，而不仅仅是个科学技术问题，因而要有效地解决环境问题，还必须使人类社会的发展活动与环境的自然演化规律和谐协调，进而寻求人类社会与环境的协同演化与持续发展。这一时期，重视研究环境的整体性和协调性，强调环境管理、总体规划和协调经济发展与环境保护的关系，开始了综合利用资源和保护环境的研究，环境社会学也在这一时期开始成为一门新兴学科。进入 90 年代，章申指出，环境科学研究的核心任务是研究人与自然系统协调发展的机制，即研究人口、资源、环境与经济发展之间关系变化的一般规律和持续发展的基本原理。他还指出，中国的环境科学研究应集中在环境污染、生态破坏、全球环境变化等方面，长期目标是建立环境与发展的动态调控模型，预测中国生态、环境变化趋势，为决策者提供可选择的方案和途径。②

迈进 21 世纪，李本纲等指出，环境科学研究正在发生新的战略转移，即从单要素向多要素综合研究转移，从过程和机理研究向相互联系、相互作用与相互适应研究转移，从局部地区污染防治向区域尺度和全球尺度生态环境问题研究转移，从多学科分散研究向多学科交叉融合研究转移。在发展原有的"污染环境"研究的基础上，环境科学需要更注重资源与生态系统、环境与生态系统的变化演替以及灾害与生态环境安全等方面的研究，更注重提升人类社会对可能到来的环境变化的应对能力。面对复杂环境系统的演化，整体的、综合的、长期的、多空间尺度的、多学科融合的研究是环境科学发展的大趋势，各环境要素与环境过程之间的相互联系、作用、响应、适应与反馈，是环境科学研究的重点。③

从现有环境科学的构成看，其综合性、交叉性、开放性和复杂性特征非常明显，包含了自然科学（地学、化学、物理学、生物学、医学等）、社会科学（法学、经济学、社会学、管理学等）和工程科学（材料、土建、机械等）相互交叉而形成的众多分支学科，大体上可以分为自然环境科学、社会环境科学和应用环境科学三个类别。④ 其中，自然环境科学旨在运用自然科学的理论与方法，认识环境现象、揭示环境规律、解决环境问题，包括环境地学、环境化学、环境生物

---

① 李本纲，冷疏影. 二十一世纪的环境科学：应对复杂环境系统的挑战 [J]. 环境科学学报，2011（6）：3 - 14.

② 章申. 环境问题的由来、过程机制、我国现状和环境科学发展趋势 [J]. 中国环境科学，1996（6）：401 - 405.

③ 同①.

④ 同①.

学、环境毒理学、环境物理学、环境医学等分支学科；社会环境科学旨在运用社会科学的理论与方法，解析环境现象、建立环境规则、调控人类活动对环境的影响，包括环境法学、环境伦理学、环境管理学、环境经济学、环境社会学、环境政治学等分支学科；应用环境科学旨在运用工程技术科学的理论与方法，认识环境特征、治理环境污染、改善生态环境质量，包括环境监测学、环境工程学、环境规划学、环境控制学等。目前，随着环境议题的深化，环境科学的相关分支学科还在不断发展之中。

从以上介绍情况看，环境科学研究包括了对"人类-环境"系统的研究，其中人类社会与环境的复杂互动关系是一个研究重点。有的学者已经意识到，"人类-环境"是复杂环境系统中最重要的子系统，也是最复杂的子系统，涉及地理、地质、生态、水文、工程、人口、社会、经济等复杂环境系统的诸多要素，需要多学科交叉进行综合研究。因此，以人类行为、社会组织、社会制度和文化价值等为核心研究内容的社会学，应该是能够对环境研究做出贡献的，它有助于更好地揭示人类社会与环境之间的复杂关系。但是，在实际的环境科学研究中，社会学，甚至整个社会科学，都还处在非常边缘的位置。20 世纪 90 年代中期，有学者慨叹：相对于技术科学和自然科学的环境研究来说，社会科学的环境研究在一定意义上还只是二等公民或三等公民[1]，这种情形目前仍然没有实质性的改变。在专业教育和实际的研究工作中，环境科学更多关注的还是人类活动排放的污染物引起环境污染方面的科学问题。[2] 很明显，这种状况是不适应环境问题发展和环境保护实践需要的，其中原因有制度性的，但是也与社会科学介入环境研究的程度和质量有关。

第二节
环境社会学的特色

就与环境研究相关而言，环境社会学无疑是环境科学的组成部分。但是，环境社会学的产生也体现了社会学学科对环境问题的回应以及对自身研究的反思和拓展。

一、环境社会学定义

社会学诞生于 19 世纪中叶，其基本背景是工业革命以来的社会大转型，这

---

① 徐嵩龄. 中国可持续发展研究与社会科学的应有地位 [N]. 中国环境报，1996 - 05 - 21.
② 林菲，杨舰. 中国环境科学研究热点及其演化：基于文献计量学方法的量化分析 [J]. 科学学研究，2016（9）：1294 - 1300.

种转型凸显了社会秩序与发展方向问题。社会学可以说是对此进行的学术回应，它在支持现代社会发展的基础上侧重探讨新的社会秩序原理。尽管不同学者给出的社会学定义不尽一致，但是关注现代社会的运行和发展是其共同的内涵。郑杭生曾经明确地将社会学定义为研究现代社会良性运行和协调发展的条件与机制的综合性具体社会科学。[1]

虽然包括生物因素在内的地理环境对社会运行和发展具有重要影响，但是早期的社会学正是在反对地理环境决定论和生物决定论中确立自己独立的学科地位的，它更加重视人类社会的特殊性，关注各种社会事实（现象）之间的关系，特别聚焦文化、组织与制度现象及其对人类行为、社会生活、社会分层和社会变迁等的影响。由此，早期的社会学似乎忽略了环境与社会之间的关系。实际上，在社会学产生的时代，现代环境问题虽然已经显现，但其规模、影响和严重性还不像 20 世纪以来表现得那么突出，尤其是相对当时明显的社会失序和社会不平等问题而言更是如此。因此，邓拉普等学者在 20 世纪 70 年代曾指出，此前的社会学尽管有着不同的理论流派和研究重点，但是都共享着人类中心主义的价值观，强调人类社会相对于自然环境的特殊性和独立性。[2] 或许正是因为如此，在环境问题成为公众话题的时候，社会学学科却表现出严重的回应不足问题，似乎认为环境研究是与己无关的。

不过，社会学传统上关于人类社会文化、组织和制度及其影响的研究，对于探索人类社会与环境之间的复杂关系提供了重要的独特视角，社会学完全可以在环境研究中发挥重要作用。施耐伯格（Allan Schnaiberg）1972 年在其油印本论文《环境社会学与劳动分工》中就提出了环境社会学的概念，指出关于环境与社会之间的相互作用的研究是环境社会学的核心，包括环境对社会的影响（例如资源匮乏对社会分层的影响），以及社会对环境的影响（例如不同经济体系对环境的影响）。而邓拉普等则在推动环境社会学学科化、制度化方面发挥了重要作用。[3] 在其 1978 年的文章中，邓拉普等区分了社会学研究的人类例外范式和新环境范式（后文将介绍），为环境社会学的发展找到了理论支点，并凸显了其与传统社会学的本质区别。在 1979 年的文章中，邓拉普等将环境社会学界定为一个具体的分支学科，聚焦于探讨物理环境中的因素形塑社会组织和社会行为以及被社会组织和社会行为所形塑的方式。

---

① 郑杭生. 社会学对象问题新探［M］. 北京：中国人民大学出版社，1987：23.

② 这里需要深入研究。首先，对所谓社会学的人类中心主义，也不能全盘否定。聚焦于人类社会的研究同样可以通过转换视角而增进关于人类社会与环境关系的认识。其次，邓拉普等的观点可能更多的是基于已经翻译成英文的西方社会学著作的一种判断，而且只是在初步研究的基础上做出的判断。后来的很多研究表明经典社会学家也有值得发掘的重要环境思想。再次，马克思主义社会学以唯物史观为指导，一直强调环境因素在人类社会运行和发展中的重要作用，并且提出了分析环境与社会关系的重要思想。当然，受制于时代和问题的局限，早期对于环境问题的直接具体研究确实还不够充分。

③ CATTON W R, DUNLAP R E. Environmental sociology：a new paradigm［J］. American sociologist，1978，13（1）：41 - 49；DUNLAP R E, CATTON W R. Environmental sociology［J］. Annual review of sociology，1979，5（7）：243 - 273.

在后来的发展过程中环境社会学出现了不同的定义。例如，弗雷德里克·巴特尔（Frederick Buttel）1987 年就将环境社会学等同于新人类生态学[①]，相比邓拉普等 1979 年提出的环境社会学内涵而言要更为狭窄，因为后者包括了环境社会影响评估、自然灾害、建筑环境等研究领域。日本学者饭岛伸子将环境社会学定义为研究有关包围人类的、自然的、物理的、化学的环境与人类群体、人类社会之间的各种相互关系的学科领域。[②] 左玉辉将环境社会学定义为环境科学和社会科学之间的交叉学科，它从社会科学的角度研究人与环境的相互作用，探求其中的规律性，寻求调控人类环境行为、解决环境问题的社会手段和途径。[③] 姜晓萍等将环境社会学定义为环境科学与社会学交叉渗透而产生的一门新兴学科，它主要运用社会学的理论和方法研究环境与社会进步之间的关系，进而寻求环境与社会进步和谐发展的途径，以促进人类社会的健康发展。[④]

尽管各种环境社会学的定义有所区别，但是有几个关键词是共同体现的，这就是环境、社会、环境问题、社会学，无论何种定义都绕不开环境与社会的关系以及从社会学的角度研究环境问题。洪大用曾在 1999 年将环境社会学定义为一门在环境与社会关系的基础上，研究当代社会的环境问题及其影响的学科。[⑤] 当时所言环境问题的影响是指社会影响，并且包括社会应对的举措，在后续的相关研究中，他已经做出了进一步说明。为了更加准确地反映环境社会学的内涵，本书将其定义为这样一门社会学的分支学科：从探讨当代环境问题产生的社会原因、造成的社会影响以及引发的社会应对及其效果入手，揭示环境与社会密切联系、相互作用的复杂规律。

本书关于环境社会学的定义表明了其关键内涵：一是环境社会学是社会学的分支学科；二是环境社会学以当代环境问题为主要研究对象，对历史上环境问题的研究是为了更好地说明当代环境问题的特点；三是环境社会学的研究重点包括环境问题的社会原因、社会影响和社会应对三个主要方面；四是环境社会学研究主要采用社会学的理论与方法，并在研究过程中发展具有社会学特点的知识体系；五是环境社会学研究的宗旨是增进对于环境与社会互动关系的理解，促进环境治理和绿色发展。

① BUTTEL F H. New directions in environmental sociology [J]. Annual review of sociology, 1987, 13 (1): 465-488.

② 饭岛伸子. 环境社会学 [M]. 包智明, 译. 北京：社会科学文献出版社, 1999: 4.

③ 左玉辉. 环境社会学 [M]. 北京：高等教育出版社, 2003: 前言.

④ 姜晓萍, 陈昌岑. 环境社会学 [M]. 成都：四川人民出版社, 2000: 4.

⑤ 洪大用. 西方环境社会学研究 [J]. 社会学研究, 1999 (2): 85-98。这一观点也为后来的一些教材、著作全部或者部分地采用，例如：崔凤, 唐国建. 环境社会学 [M]. 北京：北京师范大学出版社, 2010；王芳. 环境社会学新视野：行动者、公共空间与城市环境问题 [M]. 上海：上海人民出版社, 2007；林兵. 环境社会学理论与方法 [M]. 北京：中国社会科学出版社, 2012。我们也注意到，邓拉普等最近也倾向于从环境问题的社会原因、社会影响和社会应对三个方面介绍环境社会学。参见 DUNLAP R E. Environmental sociology [C]. International encyclopedia of the social & behavioral sciences. 2nd ed. Amsterdam: Elsevier Ltd., 2015 (7); YORK R, DUNLAP R E. The Wiley Blackwell companion to sociology [M]. 2nd ed. New York: John Wiley & Sons Ltd., 2019.

二、环境问题的社会学视角

社会学重视对人类行为与社会系统进行科学研究，在这种研究中积累了非常重要的知识体系，其在方法论上尤其注重整体性与综合性视角。因此，从社会学的视角研究环境问题，非常强调环境问题致因、影响和应对的广泛性、综合性、复杂性和系统性，强调推进社会整体性变革以因应环境问题的重要性，而不仅关注某个单独因素的影响与改变。相对而言，社会学的研究虽然也关注个人行为的影响，但是更加注重文化、组织与制度层面的因素。特别是在从个人层面讨论环境与社会关系时，环境社会学强调的是现实的而非抽象的个人，这样的"人"总是生活在特定制度、文化与社会结构中，是具体的、现实的，社会制度与文化环境塑造了人的行为乃至思想与观念。由此，从社会学的角度来分析环境问题，需要重视以下几个基本点。

一是人与人之间是存在社会差异的。虽然人在生物意义上具有共性，我们可以用"人类"或者"人口"这样的概念来指称个体的集合与存在，并分析其演变发展的规律性，但这样明显不是社会学的特色。社会学更加关注人的社会角色差异，并进而关注社会规范、社会制度、社会结构和社会文化的差异。社会学看到的人不是孤立的、抽象的人，而是嵌入在社会关系网络中的、承担着具体社会角色的、现实的人，比如说城里人、乡下人，工人、农民、企业家、干部，富人、穷人，上海人、北京人，等等。所以，社会学在分析人类行为与环境之间的关系的时候，不是借用"人类中心主义"之类的概念简单地分析人类行为的共同性，而是更加关注人与人之间的行为差异及其社会机制。

二是人与人之间的行为差异具体表现为社会角色要求的差异，是由特定的社会制度与文化环境所塑造的。人并非天生地具有人类中心主义或者生态中心主义倾向，也不是天生地要破坏环境或者保护环境。人的行为都是后天习得的，都是在具体的社会处境中做出的行为选择，一般具有社会合理性，而不是简单地由个体理性所决定。在日常生活中，我们可以观察到一些人、一些组织在破坏环境，而且他们也知道这是不对的、有害的，但是仍然要继续其行为。这种现象就不能仅仅从所谓个体理性、价值主张的角度去解释，而需要深入分析不同的人所处的社会情境以及塑造这种情景的社会动力。

三是人类社会与环境关系之间的失调所导致的环境问题，在本质上不是一个人的"德性"问题。社会学的这样一种视点和分析路径，与哲学/伦理学不同，它基于前述对于现实的人及其行为的假定。虽然不能否认人性善、人性恶或者自私、无私等德性与人的实际行为可能有着一定关系，但是社会学更加看重特定的人所处的特定社会情境，个人思想观念上的自觉与正确并不一定直接导致实际行为方式的改变。很多环境意识与行为的调查研究发现，公众意识与行为之间总是存在着很严重的脱节现象。社会学更加注重结构性制约，更加注重分析人们行为背后的制度因素。实际上，一些设计良好的制度可以防止坏人使坏，而一些设计不好的制度却会使好人也变成坏人。关注制度结构分析可以更好地促进环境保护行为。

四是环境问题具有社会建构性。虽然我们同处一个地球，地球上的空气、淡水、土壤、森林、矿产等资源都是有限的，当这个地球的资源被耗竭、环境空间被挤占时，人类社会就将面临崩溃，这正是生态危机的实际意涵。种种科学证据也表明，这种意义上的环境问题具有客观性、严峻性。但是，世界毕竟不是平的，世界各国各地区的社会经济发展并不均衡。即使是在同一个国家或地区内部，社会成员分布在不同的区域、面对不同的环境状态、处在不同的社会空间位置上、秉持不同的价值主张，其对什么是环境问题、什么不是环境问题以及优先解决何种环境问题的看法也是不一样的。在此意义上，特定环境问题的呈现也是一种社会建构的结果，社会学非常关注这种社会建构的过程、机制与社会影响。进一步而言，社会学学者虽然不否认整体环境问题的客观性、严峻性，但是更加关注在什么地区什么人以什么方式讨论什么样的环境话题，这种讨论又有何影响。

三、环境社会学的学科特点

相对环境研究的其他学科而言，环境社会学最大的特点就是探讨环境议题的社会维度和社会现象的环境维度。

第一，与自然科学、技术科学的环境研究相比，环境社会学更加重视环境与社会之间的互动关系，更加强调环境衰退及其治理的社会因素。中国环境社会学尤其重视当前中国正在经历的剧烈而深刻的社会转型对于环境的消极和积极影响。[1] 可以说，环境社会学在一定程度上正是通过反思和批评自然科学的环境研究而逐步发展起来的，最典型的就是对以保罗·埃利希（Paul Ehrlich，又译保罗·艾里奇）为代表的"人口论"和以巴里·康芒纳（Barry Commoner）为代表的"技术论"的反思与批评。[2]

第二，与传统社会学相比，环境社会学更加重视社会分析中的环境因素。特别是在环境社会学的早期，以邓拉普等人为代表的环境社会学学者对其所认为的传统社会学的忽视环境因素倾向进行了整体性批评，强调人类与其他物种的一致性，强调树立新环境范式并在社会研究中重视环境因素的必要性，强调环境对人类社会的资源供给、污染储存和居住空间等重要功能。

第三，作为社会学的分支学科，环境社会学更加关注环境议题之社会原因、社会影响和社会应对的综合性。正如前文所说，社会学研究具有明显的综合性视

---

① 洪大用. 社会变迁与环境问题 [M]. 北京：首都师范大学出版社，2001：85－86.

② SCHNAIBERG A. The environment：from surplus to scarcity [M]. New York：Oxford University Press，1980；DUNLAP R E. The nature and causes of environmental problems：a socio-ecological perspective [M] //Korean Sociological Association. Environment and development：a sociological understanding for the better human conditions. Seoul：Seoul Press，1994.

角，涉及整个社会系统、系统与各子系统以及各子系统各个层次之间的关系，因为社会学并不是那种以社会的某一个子系统为自己研究对象的单科性学科（例如政治学、经济学、法学等）。因此，相比环境经济学、环境政治学、环境法学等学科的环境研究而言，环境社会学更加倾向于从综合性、整体性、全局性的视角来分析环境议题。例如，邓拉普等在 20 世纪 70 年代就借用邓肯（Otis Dudley Duncan）在 1961 年提出的"生态复合体"（ecological complex）概念，从多个层面阐释了环境问题的复杂原因，以及各种原因之间的相互影响。[①]

第四，作为社会学的分支学科，环境社会学更加注重分析具体的社会过程对于环境的影响。社会学不仅关注社会的结构，而且关注社会的过程；不仅关注社会制度的文本，而且关注社会制度的实践。因此，相比其他一些环境社会科学（例如环境法学，其基本研究对象就是环境法制建设）而言，环境社会学对于环境衰退以及环境治理的具体过程分析，可以提供更为丰富、具体的洞见，从而不仅增进人们对于环境问题的具体理解，而且对改进和完善环境政策大有裨益。国内一些环境社会学学者在分析环境政策的执行过程以及环境问题的社会致因时，已经做出了一些有益的尝试。[②]

第五，作为社会学的分支学科，环境社会学更加注重对环境问题的经验分析和研究。社会学在很大程度上可以说是一门经验性学科，基于经验调查和分析而开展学术研究是社会学的重要传统。在这方面，社会学明显区别于哲学等学科。由此，环境社会学研究与环境哲学、环境伦理学等学科的研究有很大不同，后者具有较强的抽象思辨色彩，更加重视探讨人类社会与环境的一般规律，而前者更多地采用社会学的经验研究方法，在掌握经验资料并对之进行分析的基础上，更加倾向于发现和总结环境与社会互动关系的具体规律。当然，从理论层面讲，两者还是相互联系、相互补充的。在中国环境社会学成长的过程中，针对环境关心、环境纠纷、环保组织、环境污染、环境政策等主题，不少学者开展的研究都是经验性很强的。[③]

---

① CATTON W R，DUNLAP R E. Environmental sociology：a new paradigm [J]. American sociologist，1978，13（1）：41 – 49；DUNLAP R E，CATTON W R. Environmental sociology [J]. Annual review of sociology，1979，5（7）：243 – 273.

② 洪大用. 社会变迁与环境问题 [M]. 北京：首都师范大学出版社，2001：88；林梅. 环境政策实施机制研究：对洞庭湖区"平垸行洪、退田还湖、移民建镇"政策实施过程的考察 [D]. 北京：北京大学，2001.

③ 卢淑华. 城市生态环境问题的社会学研究：本溪市的环境污染与居民的区位分布 [J]. 社会学研究，1994（6）：35 – 43；洪大用. 公众环境意识的综合评判及抽样分析 [J]. 科技导报，1998（9）：13 – 16；洪大用. 转变与延续：中国民间环保团体的转型 [J]. 管理世界，2001（6）：56 – 62；洪大用. 环境关心的测量：NEP 量表在中国的应用评估 [J]. 社会，2006（5）：71 – 92；洪大用，肖晨阳. 环境关心的性别差异分析 [J]. 社会学研究，2007（2）：111 – 135；陈阿江. 水域污染的社会学解释：东村个案研究. 南京师范大学学报（社会科学版），2000（1）：62 – 69；陈阿江. 文本规范与实践规范的分离：太湖流域工业污染的一个解释框架 [J]. 学海，2008（4）：52 – 59；陈阿江. 从外源污染到内生污染：太湖流域水环境恶化的社会文化逻辑 [J]. 学海，2007（1）：36 – 41.

四、环境社会学与资源社会学

尽管环境社会学实际上包括了对于资源问题的社会学分析，但是，一些环境社会学学者在反思的过程中，也指出了环境社会学与资源社会学（或"自然资源社会学"）的区别。例如，巴特尔在同事提示和自己反思的基础上，认为环境社会学与资源社会学确实存在一些差异，表面上看有着同样的研究主题，实际上是不同的知识工程。它们之间的差异具体体现在学科起源、对环境的定义、从业者的骨干力量、分析尺度与分析单位、问题意识、理论承诺等各个方面（见表1-1）。

表1-1　　　　　　　　　　　环境社会学与资源社会学的区别

区别维度	环境社会学	资源社会学
学科起源	诞生于环境运动	农村社会学家、闲暇/户外娱乐研究者、资源机构中的社会科学家中长期以来强调的重点
对环境的定义	单数的、包容性的、累积性的破坏	区域生态系统或景观
所强调的环境的主要特征	污染、资源短缺、全球环境、生态区域（足迹）	保育、区域承载力
可持续性的定义	降低污染聚集水平和减少原材料使用	自然资源的长期持续生产、资源分配和使用的社会公正、减少针对自然资源的社会冲突
从业者的骨干力量	自由主义人文社会学学者	自然资源机构职员、农业/自然资源学院职员、农村社会学学者
分析尺度与分析单位	民族国家、大都会集中区	社区或区域，非都会集中区
问题意识	解释环境退化	改进公共政策、使环境影响和冲突最小化、改进资源管理
理论承诺	高度理论化的，通常是超理论的	不强调社会理论

资料来源：BUTTEL F H. Environmental sociology and the sociology of natural resources: institutional histories and intellectual legacies [J]. Society and natural resources, 2002, 15: 205-211.

从本质上讲，环境社会学与资源社会学的差异主要是历史形成的，是学科起源上的差异和知识遗产方面的差异。尽管环境社会学和资源社会学都声称自己有着很长的历史，或者可以追溯到19世纪和20世纪初期的一些经典社会学家那里；但是，客观地说，资源社会学有着更长的历史，早在20世纪60年代中期就初步定型，并被认可为一门分支学科。当时的资源社会学学者主要由三部分相关人员组成，他们是关注资源依赖型社区的农村社会学学者、资源管理机构的社会学家、关注户外休闲活动的社会科学家，这些人参加了诸如农村社会学会自然资源研究组之类的组织。他们对有效资源管理的社会因素非常感兴趣，并在20世纪 70 年代及以后关注资源开发的社会影响评估。

相比而言,环境社会学则基本上是 20 世纪 60 年代末期 70 年代早期环境运动的产物,其主要学者是持自由主义立场的人文社会学家。虽然有一些在资源社会学创立时期的活跃人物扩展了其对环境社会学的兴趣,并成为环境社会学学者,但是更多的是一些新的中青年学者,这些人对环境主义有着很强的认同。事实上,环境社会学早期的核心议题正是环境主义的性质和动力以及环境运动的结构。直到 20 世纪 70 年代末,环境社会学才开始关注理论建构的重要性,并逐步发展为一门独立的分支学科。

此外,环境社会学与资源社会学在对环境的定义和理解方面也有不同。环境社会学学者倾向于将环境看成是单数的、不加区别的某种完整的东西或整体,并且这种意义上的环境正在日趋衰退和污染。但是,事实上,环境变迁的社会影响在空间上并不是完全一致的。相对而言,资源社会学则是建立在社区和区域社会学的基础上,优先分析的是地方性的、区域性的景观动力学。资源社会学学者常常对于地方性的或区域性的生态动力学和平衡有着相当复杂的理解,但是很少注意到跨越边界或全球的环境现象。

尽管巴特尔指出了环境社会学与资源社会学之间的差异,但是他本人也认为这种差异主要存在于北美,而不是其他地区(如英国)。环境社会学与资源社会学之间的差异不应被过分夸大。事实上,它们之间有着很好的综合和相互受益的基础,并且一些学者已经开展了卓有成效的研究,跨越了环境社会学与资源社会学之间的区隔,创造了理解资源环境问题的新洞见。

整体而言,在当代社会学中,认真考虑自然世界、为自然世界所形塑的社会关系以及形塑自然世界的社会关系的研究著作还是有限的,因此,将关注自然世界与社会关系的社会学分支学科再进一步划分为环境社会学、资源社会学,就显得不是非常必要。特别是就中国的情况而言,则更是如此。[①] 所以,在本书中,我们不再详细区分资源社会学与环境社会学的研究,而是把资源环境问题的研究都放在环境社会学的名义下面。

第三节
环境社会学的产生与发展

虽然关于环境与社会的关系的研究由来已久,但是作为一门学科的环境社会

[①] 在中文学术刊物中,也有学者指出环境社会学与自然资源社会学的区分主要局限在北美学术界。中国环境社会学完全有希望从一开始就实现环境社会学与自然资源社会学的实质性融合。参见秦华. 西方环境社会学与自然资源社会学的分野与融合 [J]. 国际社会科学杂志(中文版),2009(1):119-121;秦华,弗林特. 建构跨学科的中国环境与资源社会学 [J]. 资源科学,2012(6):200-207。

学只有几十年的历史，其学科地位的确立始于 20 世纪 70 年代的美国。目前，环境社会学已经高度国际化，在国际社会学社区中具有重要地位和影响。

一、环境社会学产生的背景

环境社会学在 20 世纪 70 年代出现不是一个偶然事件，而是有其深刻的社会背景和学科发展背景。

第一，环境社会学的产生是对日趋严重的环境问题的反映。20 世纪 70 年代以来，世界环境状况恶化的趋势进一步加剧，不仅威胁到一部分人的健康，而且日益威胁到整个人类社会的生存和发展。这种状况引起了人们普遍的关注，包括社会学学者的关注。但是，鉴于当时所认识到的传统社会学研究旨趣和概念框架的局限，一些学者开始借鉴其他学科的概念框架来分析和研究环境与社会的相互作用关系。

第二，日益活跃的环境运动引起了社会学学者的注意。这种环境运动在很多方面都与传统的社会运动不一样，是一种新的社会现象，为社会学学者提供了新的研究对象。就其最基本的方面而言，就是这种运动的基础并非直接地表现为阶级的对立与冲突，因而新兴的环境运动吸引了一些社会学家的注意，他们分别就其根源、主张、运动的组织形式和策略等进行研究，从而开辟了社会学研究的新领域，并促生了环境社会学。

第三，在原有的社会学框架内，一些学者也进行了相关研究。例如，对野外娱乐休闲场所（如森林、公园和野营地等）的游客行为的研究，对资源管理与运用的研究，对环境主义的研究，对公众环境态度的研究，对人类社会之生态制约的研究，等等。这类研究为环境社会学的诞生奠定了资料基础与思想基础。更为重要的是，在对经典社会学著作的深入研读中，学者们发掘出了越来越多的可以支持环境社会学研究和学科建设的思想资源和理论视角。

第四，环境社会学是第二次世界大战以后社会学自身分化发展的产物。分支社会学的发展是第二次世界大战以后社会学发展的一个重要特点。随着社会经济的发展，社会现象日趋复杂化，跨学科研究势在必行。据不完全统计，第二次世界大战以后的社会学分支学科已达 70 余种，而且都有其相应的社会需求和学科地位。环境问题的日益严峻迫使社会学学者反思自身的学科传统，发掘和建构能够有效回应环境问题并刻画新型现代性发展的思想理论。20 世纪 70 年代后，一些著名社会学家，如英国的安东尼·吉登斯（Anthony Giddens）、德国的尤尔根·哈贝马斯（Jürgen Habermas）和乌尔里希·贝克（Ulrich Beck），以及法国的安多·戈茨（André Gorz）等，都从理论上对现代社会与环境的关系做出了回应，这些理论创新成果支持和强化了环境社会学的学科建设。

此外，生态学在 20 世纪 60 年代的迅速发展也在某种程度上促进了环境社会学的产生，一些重要的环境社会学家都在某种程度上直接采用或借鉴生态学的概念和理论框架，例如生态系统与生态平衡等。

二、环境社会学的发展阶段

从世界范围来看，我们可以把环境社会学的发展大体上划分为五个阶段。

第一阶段是从社会学产生到 20 世纪 70 年代，这个阶段可以说是环境社会学的史前阶段。此阶段虽然还没有明确意义上的环境社会学学科，但是社会学的发展为环境社会学奠定了一些思想、理论和方法的基础，例如马克思主义关于人与自然关系的研究。此外，如前所述，也确实出现了一些关于环境问题和自然保护的经验研究。

第二阶段是整个 20 世纪 70 年代。这个阶段可以说是环境社会学学科的确立阶段。随着环境问题和生态危机引起全球关注，不仅相关的调查研究不断增加，而且像邓拉普等明确倡导发展专门的环境社会学学科，其标志性事件就是卡顿和邓拉普 1978 年发表了一篇题为《环境社会学：一个新范式》的文章，并在 1979 年的美国《社会学年评》中再次撰写相关专题文章。卡顿和邓拉普的范式区分对于西方环境社会学的学科化具有十分重要的意义。

卡顿和邓拉普将传统社会学所公开或不公开使用的"范式"概括为"人类例外范式"（human exceptionalism paradigm，HEP），认为这种范式离不开以下几条公认的假设：第一，人类不同于其他动物，人类是独一无二的，因为有文化；第二，文化的进化、发展与变迁是无限的，以文化为媒介的进化比起物种的生物特征进化更为迅速；第三，人群的差异是由有文化的社会引起的，并非从来就有，而且这种差异可以通过社会加以改变，甚至被消除；第四，文化的积累意味着进步可以无限制继续下去，并使所有的社会问题（包括环境问题）最终可以得到解决。而这几条假设导致一种错误的观念，即认为环境的负荷能力可以无限增长，予取予求，从而否定匮乏的可能性。显然，这种观念在卡顿和邓拉普看来是不利于正确认识环境与社会的关系、不利于环境社会学之发展的。

因此，卡顿和邓拉普根据人类社会对于环境系统的依存性这一前提，提出了与传统社会学所持范式相对的、能够指导环境社会学研究的一种新范式，即"新环境范式"（new environmental paradigm，后又调整为 new ecological paradigm，NEP）。构成这一范式的几条基本假设为：第一，社会生活是由许多相互依存的生物群落构成的，人类只是众多物种中的一种；第二，复杂的因果关系及自然之网中的复杂反馈，常常使有目的的社会行动产生预料不到的后果；第三，世界是有限度的，因此经济增长、社会进步以及其他社会现象，都存在自然的和生物学上的潜在限制。很明显，这种范式与传统社会学所持的范式差别很大，它强调了环境因素对于社会事实变化的作用。

第三个阶段是 20 世纪 80 年代。随着新自由主义思潮在欧美的盛行，环境保护思潮在一定程度上遭受抑制，美国政府的态度也发生变化，环境社会学的研究空间和可用资源都比较有限。相对于 70 年代的勃兴，整个 80 年代环境社会学学科一直比较低迷，以至于一些人开始退出这个圈子，环境社会学的学科发展一度出现倒退趋势。但是，依然有一些中坚力量在坚守，他们从更加深入的反思与交流中推进环境社会学学科的发展。例如，在 1987 年的《社会学年评》上巴特尔撰文讨论了环境社会学的新方向，包括：（1）新人类生态学研究；（2）环境态度、环境价值和环境行为研究；（3）环境运动研究；（4）技术风险和风险评估研究；（5）环境政治经济学和环境政治研究；等等。

第四个阶段是 20 世纪 90 年代。随着全球气候变暖议题进入公众视野，全球性的环境变化再度抓住人们的眼球。联合国在 1992 年召开的联合国环境与发展大会更是将环境议题提到了新的高度，学术界对于环境问题的研究热情就像蓬勃发展的环境运动一样再度被点燃，环境社会学在学术共同体中得以迅速发展。美国社会学学会环境社会学分会的会员数量重新迅速增加，环境社会学研究成果在专业社会学杂志上发表的机会不断增大。特别是，在此阶段，区域性的环境社会学研究已经开始向全球扩散，环境社会学的国际化进程加快。例如北美的环境社会学扩散到欧洲、东亚等地，日本的环境社会学研究也引起了欧美和中国的关注，许多国家的全国性社会学社团中都建立了环境社会学组织。国内早期介绍西方环境社会学的两本教材都是在 20 世纪 90 年代末期出版的。[①]

21 世纪以来，可以说是环境社会学发展的第五个阶段。这个阶段有两个重要现象值得关注：一是一些发展中国家在发展过程中造成的国内、国际层面的生态环境影响受到了广泛关注，特别是受到了西方环境社会学学者的关注，他们中的一些人开始研究中国、印度、巴西、南非、越南等新兴工业化国家的环境问题与环境治理；二是环境治理的全球化进程日益加速，特别是信息技术的快速发展，不仅改变着环境信息的传播方式，也对各国环境治理的条件与模式选择有着重要影响。在此阶段，全球合作解决环境问题变得更加迫切，同时也更加艰难。与此同时，全球性的环境社会学社区也在不断扩大和深化，其中，中国环境社会学的快速发展也是本阶段环境社会学发展的重要组成部分。

三、世界上主要的环境社会学社区

自环境社会学学科在美国率先制度化以来，世界上有越来越多国家和地区的学者基于实践的需要和知识的兴趣，纷纷加入环境社会学研究社区中来，共同对全球环境社会学的发展做出贡献。大体上，美欧、日澳韩和中国是三个主要的区域，这里仅做简单介绍，相关理论将在本书第二章进一步阐述。

（一）美欧的环境社会学

北美，特别是美国，是环境社会学学科的诞生地，这里有规模较大的、学科意识很强的学术群体，也有一些学术杂志和定期的学术会议，孕育了人类生态

---

① 哈珀. 环境与社会：环境问题中的人文视野 [M]. 肖晨阳，等译. 天津：天津人民出版社，1998；饭岛伸子. 环境社会学 [M]. 包智明，译. 北京：社会科学文献出版社，1999.

学、政治经济学、社会建构论、环境公正论、世界体系论等重要的理论流派。邓拉普、巴特尔、施耐伯格和弗罗伊登伯格（W. R. Freudenburg）等都是为环境社会学发展做出重要贡献的学者。其中，邓拉普（1978）提出的新环境范式、施耐伯格（1980）提出的生产的跑步机（treadmill of production）和福斯特（J. B. Foster, 1999）提出的代谢断裂（metabolic rift）等都是非常有影响力的学术概念。巴特尔、邓拉普和墨菲（Raymond Murphy）等都曾担任国际社会学学会环境与社会研究委员会主席。20 世纪 90 年代以来，美国学者还就源于西欧的生态现代化理论开展了大量经验研究并进行了深入的批评，以邓拉普等为代表的学者在推进全球气候变化的社会学研究方面也做出了积极贡献。

欧洲，尤其是荷兰、英国和德国等国家的环境社会学社区也很活跃。其中，荷兰瓦格宁根大学（Wagenigen University）是个学术重镇，该校校长、环境政策系的首席教授摩尔（Arthur P. J. Mol）是环境社会学的著名学者，他曾经担任国际社会学学会环境与社会研究委员会主席。可以说，他已经创建了一个以生态现代化理论为中心的环境政策学派，对环境治理进行了广泛的研究，包括对中国环境治理的研究，也在国际上产生了广泛的影响。而英国社会学家吉登斯、德国社会学家贝克和英国社会学家耶利（Steven Yearley）则对现代性理论、结构化理论、社会建构论、风险社会论等做出了重要贡献，也被应用于环境社会学研究中。在其 21 世纪的进展中，斯巴哈伦、摩尔和巴特尔等还提出了"环境流动"的概念作为环境社会学研究的重要工具。[①] 与此同时，社会实践论（social practice approach）也被应用于可持续消费等领域的研究。[②]

美欧环境社会学的国际影响很大，世界其他地区的环境社会学或多或少都是其后来者和学习者。该区域的环境社会学在致力于深化环境与社会关系探索方面有共同点，而且都与农村社会学关系密切。但是对比北美和欧洲可以看到，两者在对环境的理解、理论的基础、理论的目的和理论的应用等方面有一些差别。[③]大体上看，北美环境社会学更重视寻求学科合法化和独立的依据，其学术社区内部的学科认同和一致性程度比较强，研究议题相对集中在环境问题产生及其恶化的社会原因上，体现出较强的社会批判性；而欧洲环境社会学似乎并不谋求学科的独立地位，其学术社区成员来源更加多样化，学科认同主要集中在环境议题研究上，他们更加关注环境治理的综合研究，在研究取向上体现出较强的建设性和建构性。也有学者指出，欧洲学者在环境问题研究中具有不可知论（agnosticism）的倾向，而北美学者则流行采取实用主义（pragmatism）立场。[④] 与此同

---

① SPAARGAREN G, MOL A P J, BUTTEL F H. Governing environmental flows: global challenges to social theory [M]. Cambridge: The MIT Press, 2006.

② 范叶超. 社会实践论：欧洲可持续消费研究的一个新范式 [J]. 国外社会科学, 2017 (1)：96 - 105.

③ 卢春天. 美欧环境社会学理论比较分析与展望 [J]. 学习与探索, 2017 (7)：34 - 40.

④ DUNLAP R E. Environmental sociology [C] //International encyclopedia of the social & behavioral sciences. 2nd ed. Amsterdam: Elsevier Ltd., 2015 (7).

时，相对于北美社区，欧洲环境社会学研究的发展与主流社会学理论建设之间有着更为密切的相互借鉴、相互促进的互动关系。

(二) 日澳韩的环境社会学

日本、澳大利亚和韩国同属亚太地区，其环境社会学发展都受到美欧的影响，但又有着地区特色，特别是日本，还发展出一些相关的理论。相对而言，韩国的环境社会学比较集中在环境运动研究方面，最近在气候变化领域也比较活跃。澳大利亚学者在资源使用和管理方面的社会学研究有重要影响。澳大利亚国立大学的洛基（Stewart Lockie）教授就曾经担任国际社会学学会环境与社会研究委员会主席，并且正在主编该委员会主办的《环境社会学》学术刊物。

这里重点介绍日本的情况。若从研究时间上看，日本的环境社会学可以追溯到 20 世纪 50 年代，但是其成长为一门独立学科也是在 20 世纪 70 年代末 80 年代初。① 截止 2019 年 3 月，日本环境社会学学会注册会员数为 564 名，是世界规模最大的环境社会学学会，据说是该国社会学社区中最大、最活跃的学术团体，环境社会学家鸟越皓之曾担任日本社会学学会会长。长谷川（Koichi Hasegawa）曾担任国际社会学学会环境与社会研究委员会主席。该国环境社会学具有三大特色：在本国社会学研究中诞生、直面本国环境问题、发展本土性的理论解释。鸟越皓之称日本环境社会学主要有四种理论："受害结构论"（也称加害/被害论）、"受害圈/受益圈断裂论"、"生活环境主义"以及"社会两难论"。其中，前两种理论主要回答了环境问题及其社会影响问题，后两种理论侧重于分析环境问题的解决方案。② 也有学者认为受害结构论和生活环境主义适用于分析工业公害产生的原因与治理困境，受益圈/受害圈断裂论和社会两难论则适用于分析生活型环境问题的产生机制及治理。③ 日本环境社会学在推动公害受害者赔偿问题的解决、促进公众参与生活环境的共同治理等方面发挥了重要作用，这种学以致用的特点值得我们学习借鉴。

(三) 中国的环境社会学

中国的环境科学研究几乎是与世界同步的，并且有着重要的国际影响。中国社会学自 20 世纪 70 年代末恢复重建后，也比较早地关注了环境研究。狄菊馨、沈健（1982）编译的美国环境社会学家邓拉普和卡顿发表在《社会学年评》（1979 年第 5 卷）上的综述文章，是社会学恢复重建以来环境社会学领域的第一篇文献。费孝通在 1984 年《水土保持通报》第 2 期和 1988 年《瞭望周刊》第 14、第 16 期上分别撰文讨论了小城镇的环境污染问题和呼伦贝尔森林保护问题。郑杭生将环境资源作为社会运行的重要条件，并在其 1993 年出版的《社会运行导论》一书中专门进行了论述。

---

① 包智明. 环境问题研究的社会学理论：日本学者的研究 [J]. 学海，2010 (2)：89 - 94.
② 陈阿江. 环境社会学的由来与发展 [J]. 河海大学学报（哲学社会科学版），2015 (5)：32 - 40.
③ 李国庆. 日本环境社会学的理论与实践 [J]. 国外社会科学，2015 (5)：124 - 132.

在 2006 年召开的首届中国环境社会学学术研讨会上，洪大用曾提出以 20 世纪 90 年代中期为界，将中国环境社会学的发展大致区分为"无学科意识的自发介绍和研究"与"有学科意识的自觉研究和建构"两个阶段。从文献发表情况看，2000 年以后中国环境社会学确实进入了快速成长时期。顾金土等指出，相比 2000 年之前所发表的 15 篇环境社会学方向学术论文，2000—2010 年间发表了 155 篇。[①] 有学者指出，中国环境社会学已经出现了社会转型范式、"次生焦虑"、政经一体化开发机制、理性困境等理论建构的探索。[②] 从承担科研课题和发表研究成果等情况看，中国人民大学环境社会学研究所、河海大学社会学系、中央民族大学社会学系、中国海洋大学社会学系、中国社会科学院城市发展与环境研究所、厦门大学人口与生态研究所、南京大学社会学系、吉林大学社会学系、中南大学社会学系等，已经成为国内主要的环境社会学人才培养和科学研究机构。

在学术社区的制度化方面，中国社会学会 2009 年将原人口与环境社会学专业委员会更名重建为环境社会学专业委员会，创建了"中国环境社会学网"，确立了中国环境社会学学术年会制度，迄今已经成功举办了六届年会。与此同时，环境社会学专业委员会加强与日本、韩国和中国台湾地区环境社会学学者之间的联系，从 2008 年开始，已经共同举办七届东亚环境社会学国际学术研讨会。结合中国环境社会学学术年会的举办，环境社会学专业委员会还和承办单位一起编辑出版《中国环境社会学》，以书代刊呈现代表性研究成果，现已正式出版了四辑。除此之外，关心支持环境社会学研究成果发表的正式学术刊物也越来越多。自 2007 年中国人民大学联合国际社会学学会环境与社会研究委员会举办中国环境社会学国际学术研讨会以来，中国环境社会学与全球环境社会学社区的联系也日益加强。洪大用于 2010—2014 年、2018—2022 年两次担任国际社会学学会环境与社会研究委员会执行理事，同时还担任其《环境社会学》学术杂志编委。随着中国环境问题与环境治理的发展，中国环境社会学成长也很快，相信未来会成为国际学术共同体的重要成员并贡献中国智慧。

需要指出的是，上述中国环境社会学未包括中国台湾地区的情况。有学者指出，台湾地区的社会学学者 20 世纪 80 年代初就介入台湾环境问题研究，在环境意识、环境价值观、环境运动、环境正义等方面取得了一些颇有价值的成果。但无论在研究范式和具体方法的应用上还是在理论视角的选择上，台湾地区的环境社会学在很大程度上都是移植和践履美国学者的观点，本土化意识和本土化努力还显得不够。[③] 如果台湾环境社会学能突破其瓶颈约束，加强与祖国大陆的联系，更加注重环境问题研究的全球视野，不仅将会促进其自身的发展，也将壮大中国的环境社会学社区，贡献于世界环境社会学的发展。

---

① 顾金土，邓玲，吴金芳，李琦，杨贺春.中国环境社会学十年回眸 [J].河海大学学报（哲学社会科学版），2011（2）：35－41.

② 卢春天，马溯川.中日环境社会学理论综述及其比较 [J].南京工业大学学报（社会科学版），2017（3）：72－80.

③ 陈占江.台湾环境社会学研究：回顾与反思 [J].鄱阳湖学刊，2013（4）：108－114.

最后，在国际层次上，环境社会学社区的一个重要体现是国际社会学学会环境与社会研究委员会（RC24）的建立与发展。该委员会成立于1971年，原名"社会生态学研究委员会"，1994年正式更名为"环境与社会研究委员会"。其宗旨包括：发展专家学者个人以及专业组织间的交流，集合所有专业知识、社会共识及世界范围内环境与社会问题上的研究经验；鼓励国际宣传和重大进展的信息交流，促进环境与社会研究领域的科学活动发展；促进所有国家、地区以及国际层面上的会议、交流及研究项目。前文已述一些著名环境社会学家曾经担任委员会主席，现任主席为加拿大阿尔伯塔大学资源经济学和环境社会学系戴维森（Debra J. Davidson）教授。委员会设立以巴特尔名字命名的杰出环境社会学家奖，被公认为是环境社会学界的最高奖项之一。2018年，该委员会创办了《环境社会学》英文杂志。

第四节
环境社会学研究及其方法论

环境社会学在40多年的发展历程中，积累了大量的围绕不同方面主题的研究文献，体现了理论建构的不同视角，形成了若干核心议题。与此同时，研究者之间关于方法论的争议也一直在持续。

一、环境社会学的研究领域

环境社会学的具体研究领域随着时代与环境问题的变化而变化，整体趋势是在不断扩大。1979年，邓拉普等指出，环境社会学的基本研究领域包括：人工环境；环保团体、工业界及政府对环境问题的反应；自然灾害与灾难；（环境）社会影响评价；能源及其他资源紧缺的影响；资源配置与环境容量。[1]

1989年针对环境社会学研究领域的一次调查表明，其实际研究大概涉及九个方面：（1）环境研究的伦理标准、概念和方法；（2）对环境问题的描述与分析；（3）环境污染的影响；（4）环境立法；（5）环境政策；（6）环境管理；（7）环境意识（关心）、行为、运动和环境犯罪；（8）环境教育；（9）环境与信息。[2]

20世纪90年代以来，上述部分研究领域进一步强化，如环境政策制定和执行的过程分析、环境政策和工程项目的社会影响评估、环境破坏与环境保护的社会机制分析、公众环境意识（关心）研究、环境运动与公众参与研究、城市环境

---

① DUNLAP R E, CATTON W R. Environmental sociology [J]. Annual review of sociology, 1979, 5 (7): 243-273.

② 塞尔，刘瑞祥. 技术、生产、消费与环境 [J]. 国际社会科学杂志（中文版），1995（2）：71-83.

对于人类的影响、全球环境变化等。与此同时，一些新的研究领域得以拓展，例如环境与社会关系的经验性理论研究、环境公平、环境抗争、性别与环境、企业与环境、社会分层与环境、技术风险评估、社会与环境变迁中技术的角色、风险社会、生态现代化、可持续消费、环境流动、全球气候变化等。在部分研究领域，目前已经积累了一些成熟的研究方法、规范性知识和比较系统的理论观点，环境社会学研究日趋成熟。

2020 年年初，我们[①]以"环境社会学"为检索词，检索了中国学术期刊网络出版总库、中国优秀硕士学位论文全文数据库、中国博士学位论文全文数据库、国家图书馆和当当图书网中收录的 2011－2019 年所发表的中国环境社会学学术研究成果，凡全文中出现"环境社会学"字样的文献均搜集，再逐一甄别，剔除重复和明显不符合环境社会学学科定义的文献，最后得到期刊论文 834 篇，硕士学位论文 296 篇，博士学位论文 44 篇，专著 58 部，共计 1 232 篇（部）学术研究成果。我们按照理论与方法研究、经验研究、政策研究和综述进行大致归类，其中，经验研究又包括专项环境问题[②]、环境意识与环境关心、环境行为、环境风险与健康、环境纠纷、环境运动、环境（信息）传播、环境治理、生态文明等内容。我们按照上述分类对这些成果进行了统计（见表 1－2），结果发现：其一，在研究成果数量上，2011－2019 年间的成果比 21 世纪之前及 21 世纪前十年的环境社会学研究成果有了极大的增加[③]；其二，理论与方法研究在这十年间呈快速成长趋势。

表 1－2　　　　　　2011－2019 年中国环境社会学研究领域分布

归类		篇（部）数	百分比（%）
理论与方法研究		126	10.22
经验研究	专项环境问题	277	22.48
	环境意识与环境关心	74	6.01
	环境行为	176	14.29
	环境风险与健康	89	7.22
	环境纠纷	91	7.39
	环境运动	19	1.54
	环境（信息）传播	47	3.81
	环境治理	150	12.18
	生态文明	71	5.76
政策研究		39	3.17
综述		73	5.93
合计		1 232	100

---

① 这项工作是在洪大用的指导下由本教材编写者之一、厦门大学龚文娟博士完成的。

② 指针对某一类型环境问题展开的研究，如水体、大气、土壤、城市生活垃圾、核污染、沙漠化、海洋环境、气候变迁等。

③ 顾金土，邓玲，吴金芳，李琦，杨贺春．中国环境社会学十年回眸［J］．河海大学学报（哲学社会科学版），2011（2）：35－41.

与此同时，我们通过登录全国哲学社会科学工作办公室网站和中国高校人文社会科学信息网（教育部人文社会科学研究管理平台），统计了 2011—2019 年国家社会科学基金和教育部人文社会科学基金中环境社会学方向的立项数目，合计 182 项。其中，国家社会科学基金立项 99 项，研究范围涵盖环境社会理论、环境关心、环境行为、环境抗争与环境运动、环境风险、环境治理、气候变化、生态移民、少数民族村落环境问题、环境政策等，立项数量逐年增多。教育部人文社会科学基金立项 83 项，研究范围覆盖了自然灾害（如极端气候、地震、洪涝、核污染等）应急机制、农村面源污染、生态补偿机制、农民环境维权、环境集群行为、风险评价、公众参与、环境非政府组织、海洋环境、全球气候变迁等，议题非常广泛。

二、环境社会学理论的基本视角

虽然环境社会学在研究中借鉴了一些自然科学的概念与方法，但是作为社会学的分支学科，其理论建构的基本视角依然可以归结为结构功能主义、社会冲突论和社会建构主义三种类型。[①] 当然，有些研究也尝试综合运用不同的理论视角。[②]

（一）结构功能主义视角

结构功能主义强调社会均衡，它认为社会系统是一个有机整体，由对社会系统发挥功能的、相互联系的各个子系统共同组成，一个子系统的变化会引发其他子系统的相应变化。结构功能主义非常强调共同价值观与信仰对于社会运行与社会秩序的重要性。

从结构功能主义的角度阐释环境问题，大致包括以下几个要点：（1）环境问题的产生在很大程度上是由于人们价值观的扭曲，因为正是人们对于环境的看法指导着其针对环境的行动；（2）西方文化具有物质主义和逐利的本质，过于强调物质消费以及人与自然的二元对立，把物质占有看成舒适与快乐的源泉，因而西方文化与环境问题之间有着密切的关联；（3）关于环境状况的研究需要广泛探讨人们社会生活的组织方式，环境问题是某种社会过程的必然结果；（4）结构功能主义的分析提供了关于环境问题的一种乐观前景，社会系统是在对环境的不断适应中进化的，当环境状况持续恶化时，社会系统会自动调整以建设性地回应环境威胁；（5）转变社会成员的价值观对于促进环境保护和维护社会安全有着重要意义。

结构功能主义视角的局限在于忽视了社会系统内部强制与紧张的一面，忽视

---

① 马逊尼丝（John Macionis）在其 1995 年出版的社会学教材中曾经尝试做部分概括。参见 MACIONIS J. Sociology［M］. 5th ed. Englewood Cliffs：Prentice Hall，1995。
② 洪大用. 社会变迁与环境问题［M］. 北京：首都师范大学出版社，2001：52-57.

了社会不平等和权利分配问题。同时，其关于解决环境问题的乐观看法不仅有可能模糊人们的环保意识，而且与环境状况实际的演变趋势很不相符。

（二）社会冲突论视角

社会冲突论强调社会系统内部的紧张与对立，它认为社会秩序是建立在强制基础上的，社会系统内部始终存在着不平等，特别是权力分配的不平等。掌握权力的人总是压制没有权力的人，并规定着社会上"适当"的价值观和行为方式，控制着整个社会的进程。

社会冲突论阐释环境问题的主要观点是：（1）社会中的权力分配是不平等的，掌握权力的精英影响着社会事件，他们通过控制经济、法律以及环境导向设定区域及国家层次的议事日程。（2）环境问题是不可避免的，因为环境问题的产生源于对精英利益有利的社会安排。（3）资本主义制度本身必然制造环境威胁。资本主义的逻辑是追逐利润，而对利润的追逐则需要不断的经济增长，资本主义本身总是不断地制造匮乏和需求，从而制造了资源消耗的长期风险。（4）全球环境危机正是全球财富与权力分化的直接后果。发达国家的少数人口消费着绝大部分的能源和资源，他们的富裕和舒适建立在对地球尤其是穷国剥削的基础上。（5）解决环境问题的关键是促进资源在全世界的公平分配，这既是对社会正义的追求，也是保护自然环境的一种策略。

社会冲突论视角所强调的正是结构功能主义所忽视的问题。但是也有人指出：从长远的观点看，所有社会成员、所有国家在保护自然环境方面实际上有着重要的共同利益，全球范围内环境保护日益合法化并在一些地区显著改善了环境质量；社会主义国家同样存在严重的环境问题；在穷国片面追求经济增长、使用更多资源并排放更多废弃物的过程中，全球环境问题有可能变得更加严重。这些都是对社会冲突论视角的挑战。

（三）社会建构主义视角

社会建构主义视角是从互动的、过程的、动态的角度看待社会现象，在建构主义者眼里没有一成不变的"社会事实"。所谓社会事实，基本上是人们经由特定过程建构出来的，并且总是处于不断的变化之中。

大体上，社会建构主义阐释环境问题的要点可以概括如下：（1）对于人类社会与自然环境之间关系的理解是一种文化现象；（2）这种文化现象总是通过特定的、具体的社会过程，经由社会不同群体的认知与协商而形成的；（3）由于具有不同文化与社会背景的人对于环境状况的认知不一样，所以"环境问题"一词本身基本上是一个符号，是不同群体表达自身意见的一个共同符号；（4）特定的环境状况最终被"确认"为环境问题，实际上反映的是不同群体之间意见竞争的暂时结果，这种结果的出现源于一系列互动工具与方法的使用，并且涉及权力的运用；（5）我们与其关注目前环境究竟出了什么问题，不如分析是谁在强调环境问题，对"环境问题"进行解构很有必要；（6）解决特定环境问题的关键是利用科学知识、大众传媒、组织工具以及公众行动成功地建构环境问题，并使之为其他人群所接受，进入决策议程，最终转变为政策实践。

社会建构主义视角的优势也是它的劣势，一些人批评这种视角实际上回避了环境问题的客观性，转移了公众的视线，降低了公众对于环境问题本身的关注度。

三、环境社会学研究的核心议题

目前，越来越多的学者认为环境社会学研究中客观形成的三个核心议题是环境问题的社会原因、社会影响以及社会应对，这些议题既大致上对应于环境问题自身的社会性发展的三个阶段，又与前述环境社会学学科发展的第二阶段到第四阶段相对应。但是，在当下的研究中，这三个方面的议题常常是共同呈现的。

在 20 世纪 60 年代末 70 年代初期，当环境问题浮现在公众面前时，人们最关心的是它们因何而生，所以学术界的一个核心关切是解释环境问题产生的社会原因。最初人们是从人口增长、技术进步方面找原因，后来又考虑到生活消费因素，再进一步发展出人类生态学的理论解释以及制度层面政治经济学解释、世界体系理论解释等，所有这些都在试图解释环境问题产生的复杂的社会动力机制。

到了 20 世纪 80 年代，学者们在继续探讨环境问题的社会原因的同时，又增加了一个新的核心议题，即环境问题作为一种外部变量，对社会系统有什么样的影响？这里包括两个方面以及相应的两个主要的理论解释：一是环境危害或风险的社会分配问题。是不是社会成员均匀地承受了这种危害或者风险呢？社会学的研究表明不是这样，一些人比另外一些人可能更多地暴露在环境风险之中，比如说美国大多数垃圾处理设施是建在黑人社区附近的。由此，学者们提出了环境公正理论。二是环境问题是否会直接激起社会系统的真实反映？也就是说，是否所有的环境问题都能够像照镜子一样被社会系统照下来？社会学的研究表明也非如此，社会系统对于环境问题的传导是有选择性的，有些问题被关注并进入政策议程，有些问题则被长期漠视。由此，社会学家们提出社会建构理论来解释环境问题差异化的社会影响及其社会机制与过程。

在历经 70、80 年代之后，环境问题在一定程度上已经被广泛接受为一种客观的社会事实，简单地盲目乐观或是悲观都无济于事，各国各地区面临的急迫问题是如何改善现实的环境状况或者如何总结环境治理的经验并加以推广。虽然在新的阶段对于环境问题之社会原因与社会影响的研究仍在继续，但是，第三个核心议题——环境治理——呈现出来，并且出现了影响广泛的一些理论模式，例如生态现代化理论、风险社会理论等。生态现代化理论反驳早期关于环境问题的激进的、悲观的社会理论解释，坚信现代性可以朝着有利于保护生态环境的方向转化，而且事实上这样一种进程已经在西欧一些国家和地区发生了，并且具有全球推广的价值；风险社会理论则提供了人们看待现代社会发展的另一种视角，强调传统现代性发展与全球风险社会之间的某种必然联系，主张重塑风险（包括环境风险）管理体制与机制，推进反思性现代化。虽然这些理论仍在发展之中，但是目前已经产生了比较广泛的影响。

四、环境社会学研究的方法论之争

在研究的具体方法方面，环境社会学基本上沿用的是社会学常用的定量与定性分析方法，在一些研究中也包括了生态学方法。在方法论层面，洪大用曾经指出环境社会学研究要坚持整体的、历史的、辩证的和实践的视角。[①] 事实上，现有的环境社会学研究在方法论层面存在着若干重要争议。在争议中进一步凝聚共识，推动环境社会学的健康发展，我们需要更加重视辩证思维。

一是关于如何看待环境。前文在介绍环境社会学与资源社会学的区别时谈到，其中一个方面就是对环境的定义和理解有所不同，按照本书的观点，这种不同体现的就是环境社会学内部的分歧。一些学者倾向于将环境看成单数的、整体性的东西，并且这种意义上的环境正在遭到人类的破坏。这种意义上的环境是相对于整个人类的外部存在。但是，人们经验意义上的环境是多种多样的，是地方性的、区域性的，是一种复数的存在。基于这种意义上的环境认知，其研究更加贴近人们生产生活的实践，甚至更加具有操作性和科学性。两种不同的环境认知往往导致不同的研究议题、研究路径和研究成果。

二是关于如何看待环境与社会。环境社会学一般被看作关于社会与环境关系或者相互作用的研究，但这种观点本身隐含着某种本体论意义上的困境或风险，即将人与社会从自然中分离出来，看作对立的两个方面。这种认知虽然是现代性发展的结果，但是也越来越体现出现代性的困境。事实上，自然环境与人类社会是相互作用、密不可分的共同体，没有脱离环境的社会，没有社会的环境也不具有经验的意义。环境与社会的分离只是理论和概念上的建构，在生产生活实践中，环境因素与社会因素以多种多样的、动态的方式紧密结合在一起，这样一种混合型态［或者叫"社会自然"（socionature）］正是环境社会学要研究的对象。在环境与社会的结合中，甚至是各方互为主体的，而不简单地只有人类是行动主体。基于环境与社会的分割以及人类、环境的主客二分法而形成的两种方向的极端研究，应该说都偏离了环境社会学的初衷。

三是关于如何看待环境问题。考虑到环境社会学主要研究的是现代社会环境问题，所以这一方面的争议对于环境社会学的发展至关重要，其中的分歧集中体现为建构主义与真实主义之争。[②] 建构主义观点虽然不否认环境问题的生物物理属性，但是关注对于环境问题的科学表述过程，质疑环境问题的确定性，同时对

[①] 洪大用．环境社会学的研究与反思［J］．思想战线，2014（4）：83－91．

[②] 汉尼根．环境社会学（第二版）［M］．洪大用，等译．北京：中国人民大学出版社，2009；肖晨阳，陈涛．西方环境社会学的主要理论：以环境问题社会成因的解释为中心［J］．社会学评论，2020（1）：72－83．另外，前文也提到，邓拉普（2015）指出目前这种分歧正在演化为不可知论与实用主义的分歧。

于环境问题的社会影响持一种谨慎分析的态度，对社会应对环境问题的急迫性并不直接肯定。建构主义观点强调环境问题的社会文化属性，重视环境问题的区域和文化差异以及伴随的相互冲突的各方利益，认为环境问题如同其他社会问题一样都是经由社会建构的，主要不是基于科学证据，而是代表各利益相关者的社会力量之间博弈的结果。建构主义观点特别注重分析社会对环境变化的陈述及其形成过程。相对而言，真实主义观点特别强调环境因素是对人类社会具有直接影响的客观存在，是考察人类社会运行的内在变量。环境科学所揭示的环境变化是真实存在的，环境的有限性及其衰退对于人类社会的影响是直接的、现实的，因此对于环境问题的应对是必需的、急迫的，在环境社会学研究中应当直接承认环境有限和衰退的现实，并分析其社会原因、社会影响和应对之策。简单地说，真实主义与建构主义之争的焦点在于环境问题的真实性、环境问题社会影响的确定性以及应对环境问题的急迫性。两种观点拥有不同的道德制高点，但是也都有局限性。如何合理地整合两种方法论视角是环境社会学研究的重要议题。

四是关于如何看待环境问题研究中的行动因素与结构因素。相对而言，多数环境社会学研究关注社会文化、组织制度、社会分层、社会变迁等宏观结构性因素对于环境状况的影响，以及环境状况对宏观社会进程的影响。人类生态学、政治经济学、生态现代化、风险社会等理论，可以说都是遵循这一脉络的研究。但是，就像社会学学科中有强调行动主体的微观视角一样，环境社会学研究中也有不少研究重视个体行为研究，认为环境问题是众多个体的环境不友好行为的结果，由此侧重探讨价值观、世界观、信念和个人社会经济地位等因素对其行为的影响，并形成了肖晨阳等所说的一系列"规范行为解释"[①]。事实上，社会学学科的发展表明，过分关注宏观结构或者微观行动的研究都存在偏差，结构与行动的二元对立应当走向统一，而源于马克思主义的社会实践论，有可能成为统一或者超越行动与结构之争的重要方法论视角。

五是关于如何看待环境问题研究中的价值介入。前文所述真实主义与建构主义之争的一个方面，就是真实主义认为建构主义可能导致低估环境衰退的状况，转移人们对于环境衰退的注意力，并因此扩大社会运行的成本和风险。简单地说，就是建构主义观点不利于环境保护，虽然建构主义者反驳说其对于社会建构过程和技术的分析也可能发现有利于促进环境保护的因素。这里实际上涉及社会学传统中的一个重要争议，就是价值中立和价值介入问题。一般而言，环境社会学的诞生与其推动者比较强烈的环保价值倾向有关，促进环境保护、协调环境与社会关系，可以说是环境社会学的核心价值关怀。但是，也有研究者主张环境社会学回归"科学本质"，不应把个人价值观带进学术研究中。毫无疑问，这种方法论之争必然对环境社会学发展造成影响。事实上，科学研究不存在纯粹的价值中立，直面实践、实事求是是科学研究最为本质的方法论，环境社会学研究也应秉持这一原则。

---

① 肖晨阳，陈涛. 西方环境社会学的主要理论：以环境问题社会成因的解释为中心［J］. 社会学评论，2020（1）：72－83.

第五节
环境社会学的意义

环境社会学的意义可以从两个方面来看。

第一，对于非专业研究的学习者而言，首先这是学习社会学的一个必要的组成部分。传统上，社会学反对地理环境决定论和生物还原论，非常强调文化、社会交往、组织制度等方面的研究，这样就凸显了社会学的学科特色。但是社会运行和发展不可能离开生物物理环境，所以要全面深入地学习社会学，就不能不学习环境社会学，了解环境与社会之间的复杂互动关系。在此意义上，环境社会学是学习社会学的必修课。

其次，学习环境社会学有助于了解人类社会与环境之间的关系，从而进一步促进自知之明。虽然每个社会成员都生活在当下，但是同时也生活在历史过程中、社会人群中和自然环境中，人与人的关系、人与自然的关系、当下与历史的关系是每个人身处其中的基本关系。学习社会学能够帮助人们了解自己所处的社会环境和历史方位，学习社会学中的环境社会学则能促进人们洞察社会关系的环境维度，了解人与自然关系中的个体存在。

再次，学习环境社会学有助于提升环境友好的行为能力，增强环境友好行为的自觉。社会与环境关系的失调体现了人与人、人与社会关系的失调，不适当的生产生活方式是加剧环境压力的重要原因。保护环境，人人有责，需要人人尽责。每个人的行为调整将会凝聚磅礴之力，推动社会与环境之间的关系走向新的协调，促进生态文明建设。

第二，对于从事环境社会学专业研究者而言，这种研究的学术价值与应用价值主要体现为以下四个方面。

一是有助于拓展社会学研究领域，丰富社会学的知识体系，推动社会学的理论创新。客观而言，传统上社会学对于环境因素确实关注不够深入，以至于在环境问题引发广泛关注之时缺乏必要的学科回应。与此同时，忽视环境因素也不利于全面深入地揭示社会运行和发展的客观规律，从而不利于社会学学科自身的发展。面对环境风险的日益扩大和环境社会学的不断成长，当代一些重要的社会学家已经越来越关注环境因素了。正是在这种意义上，一些人认为环境社会学的研究将影响整个社会学的发展。戴维·波普诺就曾指出："未来的社会学家们可能不得不更多地考虑环境因素，甚至会像他们现在关注文化一样。"[①]

二是有助于拓宽人们对于环境问题的视野，增进人们对于当代环境问题的更加全面深入的科学认识。长期以来环境问题研究主要集中在自然科学、工程科学

---

① 波普诺. 社会学（第十版）[M]. 李强，等译. 北京：中国人民大学出版社，1999：559.

领域，社会科学介入程度不足，这种状况影响了人们对于环境问题的全面认知和有效解决。实际上，从环境社会学的角度看，环境问题不仅仅是一个工程技术问题，更不是一个外在于社会运行的问题，它深深地嵌入环境与社会的复杂互动中，是这种互动失调的一种体现。从本质上讲，环境问题与特定的社会结构和过程有关，与社会的组织模式和制度安排有关，与人们的观念和行为模式有关，解决环境问题也需要充分考虑到人类行为和社会领域的变革。与此同时，我们从社会学的角度也可以观察到，社会力量是多种多样的，并不完全是一致性的支持环境保护的力量，甚至还有巨大的否认环境保护的力量。重要的是，各种力量的存在都有其一定的社会合理性，所以环境社会学研究可以揭示环境问题之社会影响和社会应对的复杂性。

三是有助于探索更为合理、更加全面的环境保护组织制度安排和政策落实机制，完善环境问题社会影响评估和环保工作绩效评估，从而为环境保护工作提供科学的理论、规范性的知识和丰富的信息，推动政府和民间环境保护事业的发展。特别是，环境社会学可以充分利用社会学研究的优势，揭示社会组织和制度运行的复杂逻辑，探索政策执行的复杂机制以及影响人们行为的复杂因素，这样可以使得环境保护决策和政策设计更加科学，更能发挥作用，实现预期目标。同时，环境社会学的研究也可确认环境保护工作的长期性、艰巨性。

四是有助于推进生态文明建设伟大实践。环境社会学继承了社会学学科综合性、整体性的分析视角，始终注重综合分析环境问题的社会原因、社会影响和应对之策，倡导现代社会的整体性变革。无论是人类生态学、政治经济学，还是生态现代化和风险社会理论，实际上都体现了对现代社会的系统性反思以及对环境友好型社会建设的倡导。生态文明建设所呼唤和要求的正是这样一种全面系统的社会变革，它坚持节约优先、保护优先、自然恢复为主的方针，着力推进绿色发展、循环发展、低碳发展，形成节约资源和保护环境的空间格局、产业结构、生产方式、生活方式，要求从技术、组织、制度、观念和行为等层面重构人类文明的新形态，推动人与自然的和谐共生。在此意义上，环境社会学与生态文明建设具有本质上的亲和性，是生态文明建设实践的重要学科基础之一，需要予以重视并加快发展。

思考题

1. 什么叫环境？如何看待环境与资源的关系？

2. 如何理解环境社会学的定义？

3. 如何理解社会学研究环境问题的特点？

4. 如何看待北美环境社会学与欧洲环境社会学的区别与联系？

5. 环境社会学研究中的方法论争议有哪些？

阅读书目

1. 洪大用. 环境社会学的研究与反思 [J]. 思想战线，2014 (4).

2. 陈阿江. 环境社会学是什么：中外学者访谈录 [C]. 北京：中国社会科学出版社，2017.

3. 汉尼根. 环境社会学（第二版）[M]. 洪大用，等译. 北京：中国人民大学出版社，2009.

4. 哈珀. 环境与社会：环境问题中的人文视野 [M]. 肖晨阳，等译. 天津：天津人民出版社，1998.

5. GOULD K A，LEWIS T L. Twenty lessons in environmental sociology [M]. 2nd ed. New York：Oxford University Press，2014.

6. YORK R，DUNLAP R E. The Wiley-Blackwell Companion to Sociology [M]. 2nd ed. New York：John Wiley & Sons Ltd.，2019.

第二章

环境社会学的主要理论

【本章要点】

- 北美环境社会学理论的发展和古典社会学家（马克思、韦伯和涂尔干）的理论贡献密不可分，欧洲环境社会学理论则和当代社会学的理论发展密切联系。

- 马克思代谢断裂思想、韦伯文化棱镜折射环境问题，以及涂尔干关于人口和稀缺资源对社会分工的推动，为环境社会学的理论建设提供了思想资源。

- 北美环境社会学理论更为关注如何解释环境问题产生及其恶化的原因；相比之下，欧洲环境社会学理论更加关注如何通过环境改革来提升环境品质。

- 日本环境社会学理论更为偏重本土环境问题的解释，更多的是从微观层面进行探究，对全球环境问题关注较弱。

- 中国环境社会学理论呈现多层次（宏观和微观）、多元化（研究对象的类型）和多学科（人口学、人类学和民族学）的视角。生态文明建设实践呼唤中国环境社会学的理论创新。

【关键概念】

代谢断裂 ◇ 新生态范式 ◇ 后物质主义价值观 ◇ 生产的跑步机 ◇ 环境公正 ◇ 生态现代化 ◇ 风险社会

现代社会学的成就和三位古典社会学家——卡尔·马克思（Karl Marx）、马克斯·韦伯（Max Weber）和埃米尔·涂尔干（Emile Durkheim，又译迪尔凯姆）的研究成果密不可分。所处的时代背景和发展阶段使得他们对环境问题着墨不多，但是他们的一些学术观点却为环境社会学的理论建设提供了宝贵的思想资源。

第一节
古典社会学家对环境问题的理论解释

古典社会学家对有关人类和自然环境关系的论述往往被后人所忽视，这很大程度上是因为不少社会学家认为社会学是一门了解人类社会变迁及其规律的学科，对社会现象的分析根植于对社会、历史、制度和文化的解释，排除了自然环境的议题。但是，近年来环境问题的日益凸显引发了环境与社会关系的再思考，使得当代社会学研究者重新审视环境社会学的古典传统，对这三位社会学大师进行更进一步的了解。正如美国社会学家巴特尔（Frederick Buttel）所指出的，一个有意义的环境社会学可以从这三位古典社会学家那里获得灵感。[①]

一、马克思

尽管马克思对环境退化的关注不如对资本主义社会结构变化的分析多，但是他对后者的分析为后来人提供了更宏观的视角去理解资本主义发展过程中自然环境恶化的原因。马克思认为资本主义农业生产不仅使得普通劳动者和他们的劳动异化，同时也使得他们对自然变得陌生起来。在资本主义农业发展过程中，农民被迫离开他们的土地，成为城市产业工人的一员，农场主为了摄取最大的利润，对土地进行了最大限度的开发和利用，由此导致了一系列的环境问题，而产生这些问题的根本原因就是资本主义制度。因此，马克思提出以"自由人联合体"的共产主义社会去取代资本主义社会。

需要指出的是马克思的思想也处在不断变动之中，这就使得一些学者对马克思所论述的人类和自然的看法存在不同的解读。在马克思和恩格斯早期著作里，他们认为有必要在人类和自然之间建立新的关系，但是在晚期的著作里更表明了人类将征服自然的态度，这主要是因为他们看到了技术的革新和自动化。吉登斯认为马克思对自然有着普罗米修斯的（Promethean）态度，也就是说马克思推崇

---

① BUTTEL F H. Sociology and the environment：the winding road toward human ecology [J]. International social science journal，1986，38（3）：337 - 356.

技术而反生态论。① 另外，雷德克利夫特（Redclift）和伍德盖特（Woodgate）也持有类似的看法：尽管马克思认为人和自然的关系本质上是社会性的，但是这个关系在社会的不同发展阶段是一成不变的②，因此人和自然的关系在社会变迁中是恒定的。但是更多的学者认为，马克思的理论中包含了一些生态学的重要思想。

在约翰·贝拉米·福斯特（John Bellamy Foster）看来，马克思的理论中包含了代谢断裂的重要思想。马克思对资本主义农业的批评必须与当时以大量使用化肥和杀虫剂为特征的第二次农业革命联系起来。"代谢断裂"这一概念是马克思对农业化学家李比希（Liebig）土壤退化理论的发展。这里所谓的新陈代谢不是生物体内物质和能量的转变过程，而是人和自然之间的物质变换的过程。③ 然而，因为现代资本主义的生产关系以及随之而来的城乡对立，这种新陈代谢出现了无法弥补的裂缝。这种断裂的现实表征就是生态危机，其根本原因就是资本主义生产方式对土地的剥削。

借助于代谢概念的拓展，马克思还强调了要维持地球能够满足未来世代发展需求的必要性。从这个意义上说，马克思抓住了当代可持续发展的核心思想。马克思写道："在这两个形式④上，对地力的榨取和滥用……代替了对土地这个人类世世代代共同的永久的财产，即他们不能出让的生存条件和再生产条件所进行的自觉的合理的经营。"⑤ 马克思认为人类与自然之间的代谢是动态关系，反映了人类通过生产调节自然和社会之间的变化，为了保证后代的发展，人类与自然的互动总是采取代谢的形式。当然，人类并不能随心所欲地改变与自然的关系，他们总是从历史中继承而且必须符合当时的历史进程。

马克思认为人类和自然的可持续关系并不会自动来临。相反，他认为需要一系列的措施，例如通过人口疏散消除城乡对立、通过土壤营养循环恢复和提升土壤的肥力。另外，马克思还写道："资本主义生产过程……也是在一定的物质条件下进行的……这个领域⑥内的自由只能是：社会化的人，联合起来的生产者，将合理地调节他们和自然之间的物质变换，把它置于他们的共同控制之下，而不让它作为一种盲目的力量来统治自己"⑦。此外，恩格斯也持有类似的看法，他在《自然辩证法》中指出，将建设社会的希望建立在对自然的征服上是极其愚蠢

① GIDDENS A. A contemporary critique of historical materialism ［M］. Berkeley and Los Angeles：University of California Press，1981：60.

② REDCLIFT M，WOODGATE G. Sociology and the environment ［M］//REDCLIFT M，BENTON T. Social theory and the global environment. New York：Routledge，1994，1：53.

③ FOSTER J B. Marx's theory of metabolic rift：classical foundations for environmental sociology ［J］. American journal of sociology，1999，105（2）：366-405.

④ 分别指小农业与大农业。——引者注

⑤ 马克思．资本论：第三卷 ［M］. 2 版．中共中央马克思恩格斯列宁斯大林著作编译局，译．北京：人民出版社，2004：918.

⑥ 指自然必然性的王国。——引者注

⑦ 同⑤927-928.

的："我们不要过分陶醉于我们人类对自然界的胜利。对于每一次这样的胜利。自然界都会对我们进行报复"①。

二、韦伯

韦伯著作中关于生态内容的思想最早被威斯特（Patrick West）发掘，但是由于威斯特 1975 年撰写的博士论文《社会结构和环境：对人类生态分析的韦伯视角》（Social Structure and Environment：A Weberian Approach to Human Ecological Analysis）发表在环境社会学这门学科还没有得到广泛承认之前，因此他的著作被引用得很少。随后，雷蒙·墨菲（Raymond Murphy）基于韦伯的《经济与社会》探讨了"形式理性"的扩张对自然生态的破坏作用。所谓形式理性就是强调"技术上可能的，并被实际应用的量化计算或者核算程度"②。具体地说，形式理性仅仅考虑实现某一特定目标时何种手段或程序更有效，并不关心其后果或实质。这种精于计算的思维模式被应用到人与自然的关系中，自然便不再是依自身内在规律运作的有机体，自然的存在只是为了人类的征服和支配。在最近的研究中，福斯特和汉纳·霍利曼（Hannah Holleman）对韦伯关于环境的论述进行了更系统和深入的总结。③

尽管在韦伯讨论资本主义起源和发展的比较历史分析中，环境因素不是处于核心地位，但是他还是明确地指出，炼焦煤的发现在工业资本主义的发展中是一个重要的因素。可以说，没有炼焦煤，现代意义上的资本主义发展是完全不可能的。实际上，韦伯对资本主义与环境关系的分析更侧重于资本主义发展对能源和石化燃料的依赖。在《新教伦理与资本主义精神》一书中，韦伯指出，资本主义的铁笼会一直持续到人类烧光最后一吨煤的时刻。④ 虽然韦伯只是用比喻的方式说明资本主义会持续相当长的时间，但是也说明了资本主义发展对自然资源的依赖程度。

在比较宗教研究中，韦伯通过文化这个棱镜来折射（refract）当时的环境问题。例如，在论述古代犹太教的时候，韦伯认为，由于恶劣的自然环境，贝都因人和半游牧民族为了生存使得他们的生活围绕骆驼的饲养、绿洲和贸易路线的控制。这个结果以复杂的形式在他们的宗教和政治中折射出来。在某种程度上，韦伯发展了对环境问题的因果解释方法，也就是在社会意义或解释中通过环境后果的文化折射进行比较分析。因此，对于韦伯来说，"经济条件里受大自然所制约

① 恩格斯. 自然辩证法 [M]. 于光远，等编译. 北京：人民出版社，1984：304-305.
② 韦伯. 经济与社会：第一卷 [M]. 阎克文，译. 上海：上海世纪出版集团，2010：182.
③ FOSTER J B, HOLLEMAN H. Weber and the environment：classical foundations for a post-exemptionalist sociology [J]. American journal of sociology，2012，117（6）：1625-1673.
④ WEBER M. The protestant ethnic and the spirit of capitalism [M]. Parsons：Scribner's Sons，1958：17-18.

的种种对比，向来都会在经济与社会结构的差异上表现出来"[1]。也就是说，自然环境对社会变迁所产生的后果会通过文化这面镜子折射出来；同样地，人类的文化适应也会作用于自然环境并赋予环境后果相应的社会意义。

福斯特等认为韦伯对环境社会学的贡献中还包括用两组不同的理想社会类型来对应不同的历史或现代化阶段：（1）传统有机时期；（2）理性无机时期。对韦伯来说，传统有机时期指的是前工业资本主义社会，而理性无机时期指的是工业资本主义社会的兴起。这一理想类型的划分贯穿在韦伯的著作中。韦伯指出整个生活模式的理性化（或"祛魅"，disenchanted）与那些和自然紧密联系的、依靠有机过程和自然事件的农民是对立的，因此传统有机生活的解体是伴随着理性工业资本主义发展的。[2] 在这一过程中，有机的原材料和劳动力被无机的原材料和生产方式替代。然而，只有在特定历史条件下，把生产力从自然的极限中解放出来才是可能的。

在传统的有机时期，韦伯探索了环境和文化的关系，包括气候对巴勒斯坦地区宗教的影响，中国、埃及和美索不达米亚（西南亚地区）的水文明影响，欧洲雨养农业的影响，和英国早期工业化阶段因用碳炼铁导致的森林砍伐。在理性无机时期，韦伯讨论了煤和铁的宿命结合、资本主义农业对土地的掠夺、生活有机圈的破坏、能源社会学、理性化和世界的除魅。[3] 可以说，这两种类型的社会在历史进程中的此消彼长贯穿于韦伯对人类社会的思考中。

三、涂尔干

虽然受到了达尔文与赫伯特·斯宾塞的进化论思想的巨大影响，但是涂尔干反对用生物学类比的方法去研究社会，他认为社会学的基本方法就是用一种社会事实解释另外的社会事实，而不能还原到生物或心理因素。按照涂尔干的定义，"一切行为方式，不论它是固定的还是不固定的，凡是能从外部给予个人以约束的，或者换一句话说，普遍存在于该社会各处并具有其固有存在的，不管其在个人身上的表现如何"[4]，都叫作社会事实。通过对社会事实的严格定义，涂尔干从方法上奠定了社会学作为一个独立学科的地位，把一些属于心理学或生物学的因素排除在外。

在涂尔干看来，决定社会演进的原因存在于个人之外，也就是说存在于个人生活的环境之中；同样，社会之所以发生变化，是因为环境发生了变化。当然，在涂尔干的著作中，环境包括两个层面的意思：一个是社会环境，另一个是物质环境。这里的环境更多的是社会环境，在涂尔干看来，物质环境是相对稳定的，

---

① 韦伯. 古犹太教［M］. 康乐，简惠美，译. 桂林：广西师范大学出版社，2007：27.

② FOSTER J B，HOLLEMAN H. Weber and the environment：classical foundations for a post-exemptionalist sociology［J］. American journal of sociology，2012，117（6）：1625－1673.

③ 同①.

④ 迪尔凯姆. 社会学方法的准则［M］. 2版. 狄玉明，译. 北京：商务印书馆，1995：34.

所以无法解释持续不断的变化。因此，要从社会环境中去寻找变化的最初环境。必须承认，涂尔干也认识到物质环境对社会机制的影响，也就是说，社会不能外在于自然，而且认为"任何生存在一定环境下的有机体，无论是否具有破坏倾向，它越是复杂，则与环境所发生的联系就越多"①。

涂尔干认为，社会分工的发展和外在的自然环境有着密切的关系，但不是产生社会分工的充分条件。涂尔干在其著作中指出："如果各种外界条件（气候条件和地理条件）已经在个人身上留下了印记，而且这些条件本身也有差别的话，那么它们势必会产生分化作用。"② 需要指出的是，涂尔干也再三强调，即使外界条件在很大程度上促进了社会分工专业化的发展，它们也决定不了专业本身的性质。

涂尔干认识到自然和人类社会之间的相互关系，因而把社会的发展分为两个阶段：一个是机械团结社会，在那里社会成员有着相似的经历和共同的经验，社会分工程度低；另外一个是有机团结社会，在那里社会分工程度高，个人的异质性强。涂尔干认为人口密度的增加和争夺稀缺资源的强度是有机团结社会产生复杂社会分工的重要前提。涂尔干指出："如果说，随着社会容量和社会密度的增加，劳动逐渐产生了分化，这并不是因为外界环境发生了更多的变化，而是因为人类的生存竞争变得更加残酷。"③ 因此，在涂尔干看来，人口和资源稀缺性对社会分工的发展有着巨大的推动作用。

古典社会学家从各自不同的视角出发考察了环境与社会的关系，但是这种关注度以现在的标准看来明显是不够的。④ 考虑到这三位大师所处的年代生态学等相关的环境科学还处在起步阶段，就不难理解这三位社会学大师对自然和社会的论述更多的是间接地隐藏在他们那个年代要面对的哲学般的思考中。尽管这些古典社会学家本身主要关注的是现代社会的发展，自然资源和环境的制约只是其中的一个方面，但是不可否认的是这些古典社会学家关于环境与社会之间的论述对后来的环境社会学发展仍然具有重要的指导意义。

第二节
当代西方环境社会学的理论流派

当代西方社会学对环境的关注与环境问题的演变是紧密联系在一起的。第二次世界大战结束后的 30 年里，西方经济得到了快速增长，被西方经济学家称为

---

① 涂尔干. 社会分工论 [M]. 2 版. 渠东，译. 北京：生活·读书·新知三联书店，2013：182.
② 同①221.
③ 同①223.
④ 王芳. 文化、自然界与现代性批判：环境社会学理论的经典基础与当代视野 [J]. 南京社会科学，2006（12）：23-29.

"黄金时代"；与此同时，自然资源日趋匮乏，环境问题渐趋严重，环境运动蓬勃发展，公众环境保护意识增强，也引起了社会科学家的广泛关注。其中有两个标志性的事件：一个是1970年美国设立"地球日"，这次活动标志着美国环保运动的崛起，并促使美国政府采取了一系列治理环境污染的措施；另外一个是1972年联合国在瑞典首都斯德哥尔摩召开的人类环境会议（简称"斯德哥尔摩人类环境会议"），会议通过了全球性保护环境的《人类环境宣言》和《人类环境行动计划》，号召各国政府和人民为保护和改善环境而奋斗，它开创了人类社会环境保护事业的新纪元。西方环境社会学正是在这样的大背景下产生和发展起来的。

一、北美环境社会学理论

（一）范式转移理论和后物质主义价值观

面对一系列的环境危机，邓拉普和卡顿反思传统社会学研究范式的不足，提出范式转移理论。在20世纪70年代末和80年代初的时候，邓拉普和卡顿通过对古典社会学理论的生态学批判，开始了对新范式更深入的思考。在定义环境社会学这一学科的时候，邓拉普和卡顿发现古典社会学家对环境问题着墨较少，或者他们对把环境作为一个研究对象不是很感兴趣。这个发现促使他们反思，究竟是什么样的传统和假设使得社会学家没有认识到日益增长的环境问题的重要性。[①]

邓拉普和卡顿认为，这个答案就在于古典和当代社会学理论存在着人类中心主义的世界观。他们把这个世界观称作人类豁免主义范式（human exemptionalism paradigm，最初用 human exceptionalism paradigm，被翻译为人类例外主义）。[②] 该范式认为：第一，人类在地球生物中是独一无二的，因为他们有文化；第二，文化可以无限地变动，而且比生物学特征变化快得多；第三，许多人类差异是社会引入而非天生的，它们可以被社会改造，而且不利的差异可以被消除；第四，文化积累意味着进化可以无限地进行，这使得所有社会问题最终都可以得到解决。这个范式和他们后来所称的新生态范式（new ecological paradigm）完全不同。[③] 根据他们的观点，人类豁免主义范式不仅使得主流社会学家没有认识到环境问题的重要性，而且也乐观地接受了西方主流世界观所认为的无限增长，人类不会受到自然资源稀缺性和其他生态方式的限制的观点。

邓拉普和卡顿认为人类豁免主义和新生态范式的主要区别在于对人类本质、社会因果关系、人类社会属性及其限制等一系列假设的不同。首先，新生态范式

① DUNLAP R E. Paradigms, theories, and environmental sociology [M] //DUNLAP R E, BUTTEL F H, DICKENS P, GIJSWIJT A. Sociological theory and the environment: classical foundations, contemporary insights. New York: Rowan&Littlefield Publishers, Inc., 2002: 329-335.

② DUNLAP R E, CATTON W R, Jr. Environmental sociology [J]. Annual review of sociology, 1979（5）: 243-273.

③ 最早称为 new environmental paradigm，后改为 new ecological paradigm。

认为尽管人类有着独特的属性，包括文化、技术等，但他们仍然属于地球生态系统的众多物种的一支；其次，人类事务不仅受到社会和文化因素的影响，而且也和自然有着复杂的因果和反馈的关系；再次，人类相互生存于有限的生态环境，这些生态环境反过来制约着人类事务；最后，它假设了尽管人类有着独特创造力和其得到的能力在一定时间内能够扩展承载力的限定，但是生态规律还是不能违背的。与传统社会学强调一种社会事实只能被其他社会事实所解释不一样，新生态范式拓展了传统社会学的研究领域，将环境变量纳入社会学家的视野。

与范式转移理论强调人类的文化价值观有些类似，美国政治学家英格尔哈特（Ronald Inglehart）提出了富裕国家的代际文化转移理论，他称之为后物质主义价值观。[①] 他认为人们对环境的关心属于后物质主义价值观的一部分，和后物质主义价值观对应的是物质主义价值观，物质主义价值观关注经济发展、国家安全，而后物质主义价值观则强调生活质量和个人自由。对环境的日益关心是后物质主义价值观在年轻一代中社会化的产物。

英格尔哈特的概念是从马斯洛需求理论发展而来的，从物质层次，比如生存，到更高层次的精神和价值需求。需求理论认为，人们满足了基本需求才能向更高层次的需求迈进。英格尔哈特认为发达国家正经历向后物质主义价值观转移的阶段，因为它们已经基本解决了温饱问题，处在富裕工业社会阶段。英格尔哈特还试图证明后物质主义价值观和关心环境之间存在着正相关关系，也就是说具有后物质主义观的人更倾向于关心环境，表现环境友好行为。根据他的研究，一些有着更多后物质主义价值观的欧洲国家比别的国家采取了更多的行动来保护环境。这表明，后物质主义的价值观可以转化为环境行为。

范式转移和后物质主义观从文化或者价值观角度为解释环境问题提供了有益尝试。但是，我们首先应该认识到，环境问题的产生、形成甚至恶化，很多时候是多种因素共同作用的结果，而文化因素只是其中之一。其次，它承认人类豁免主义的古典社会学传统，就是认为人类有着独特的文化属性，可以通过对文化或者价值观的改造，进而影响人类行为，从而提高环境质量。最后，尽管有不少对范式转移理论和后物质主义的经验研究，但是对于如何测量环境意识或者价值观还存在着许多的争论，因为这类公众态度、价值观的测量把一些假设过分简单化了。

（二）政治经济学视角

美国社会学家艾伦·施耐伯格（Allan Schnaiberg）认为分析环境问题应深入资本主义社会政治经济制度中，在资本主义制度下，企业为了追求高利润必须不断地扩大投资才能在残酷的竞争中生存下去。[②] 这就是说一个企业追求利润是永无止境的，不断扩大的生产必须伴随日益增长的消费过程。这个过程包含着一

---

① INGLEHART R. Public support for environmental protection: objective problems and subjective values in 43 societies [J]. Political science and politics, 1995, 28 (1): 57-72.

② SCHNAIBERG A. The environment: from surplus to scarcity [M]. New York: Oxford University Press, 1980: 230

个不可调和的矛盾：经济增长是大家所乐见的，但是其不断地投资引发的环境后果最终会损害经济的长期发展。因此，经济增长产生环境和社会问题，而那些掌权者又急切地想通过追求增长去解决这些问题，这个过程如同一台永不停止的"跑步机"。施耐伯格和他的同事认为，这种生产体系从生产和消费上彻底改变了环境。[①]他们用一个形象的比喻"生产的跑步机"（treadmill of production）（国内也翻译为"苦役踏车"）来形容这种现代资本主义生产体系。

首先，现代工厂需要更多的物质投入。由于投入都是资本密集型的，这就要求更多的资金和技术，而且主要集中在重工业和基础工业领域。同样地，工厂为了生产更多的产品，也要求投入更多的原材料。这就要求从生态系统中获取更多的物质，最终的后果就是导致自然资源的匮乏。其次，现代工厂需要更多的化工材料。由于现代工厂有着更高效的能源、化学技术去加工产品，因此人工创造出越来越多的化工产品。这个过程导致一系列的环境问题，比如污染，施耐伯格用"生态系统的衍生物"来称污染。

根据这一理论，"跑步机"式的生产体系是环境恶化的主要原因，因为这种生产体系一方面从环境中获得自然资源，另外一方面又向环境倾倒生产过程中产生的废物。由于自然资源是有限的，这种生产体系的增长是不可持续的。在施耐伯格看来，这样的矛盾是不可调和的。唯一使得环境不再继续恶化的办法就是放弃基于这一生产体系的资本主义经济制度。对于该理论的批评者来说，制度固然重要，但是别的因素，例如文化、社会规范、消费模式的改变，对环境的影响也是不可忽视的。在这些批评者看来，生产的跑步机理论忽视了那些愿意为缓解环境恶化而采取的行动（如垃圾回收），而且在他们看来，那些促进环境的改革也许比激进的系统变革更受到公众的欢迎。[②]

对政治经济学的制度分析还包括詹姆斯·奥康纳（James O'Connor）提出的"资本主义第二重矛盾"这一概念。[③]这与人们熟悉的马克思所揭示的资本主义第一重矛盾，即资本主义生产力和生产关系的矛盾必然会导致资本的生产过程的经济危机有所区别。奥康纳认为第二重矛盾就是资本主义生产方式和生产条件所导致的生态危机。其中资本积累是生态危机的直接原因，生产和技术消费加重了这一趋势，而不平衡的联合发展是导致全球生态危机的主要原因。此外，福斯特应用马克思的"代谢断裂"视角表明资本主义制度中生产和消费的内在不可持续性。这三个政治经济学视角都表明以资本主义为驱动的经济增长是造成全球生态恶化的一个核心因素，全球自由市场经济是实现生态可持续性的主要障碍。但是也有学者认为任何一种政治经济制度对经济增长的欲望都是强烈的，环境问题的

① SCHNAIBERG A, GOULD K A. Environmental and society: the enduring conflict [M]. New York: St. Martin's Press, 1994: v.

② GOULD K A, LEWIS T L. Twenty lessons in environmental sociology [M]. New York: Oxford University Press, 2014: 34-35.

③ 奥康纳. 自然的理由：生态学马克思主义研究 [M]. 唐正东，臧佩洪，译. 南京：南京大学出版社，2003：1-5.

实质并不在于政治经济制度本身。[①]

(三) 世界体系理论和世界社会理论

政治经济学视角与世界体系理论的结合能够从全球范围来理解环境问题在不同民族国家中不平等的环境影响。世界体系理论被认为是全球化研究的一种重要方法。该理论兴起的主要标志是 1974 年美国纽约州立大学教授伊曼纽尔·沃勒斯坦（Immanuel Wallerstein）《现代世界体系（第一卷）：16 世纪资本主义农业和欧洲世界经济体的起源》的出版。最初，世界体系理论是为了了解不同经济和社会变迁的长期历史过程。班克（Bunker）在他的著作《亚马逊的低度发展》中首先将该理论应用到环境研究上。[②] 在这里，我们主要关注从世界体系理论来考察环境影响这一问题。

与别的理论相比，世界体系理论运用一个系统的观点来考察当今社会对环境的影响。根据世界体系理论，世界经济体可以分为三个部分：核心、边缘和半边缘。核心国家（比如美国和欧洲国家）制定了有利于它们自己的贸易规划，这就使得边缘和半边缘国家处于不利的地位。在某些情况下，这个体系也对边缘和半边缘国家的代理精英有好处。这种不平等的体系使得核心国家可以通过国际贸易向边缘国家和半边缘国家转移不利于它们的环境后果，从而实现最大利润和超级工业化。

世界体系理论强调了经济支配的政治效应。由于核心国家掌握了规则的制定权，这就使得它们的公司或者组织可以决定环境后果的分配。全球化允许生产和消费分别属于不同的国家，这样一来一个国家的环境后果可能就是另外一个国家资源需求和政治权力运作的结果。和生产的跑步机观点类似，世界体系理论认为，为了使得这个体系能运转，所有在这一体系内的国家都要不停地吸收和积累资本。其最终的后果就是，核心国家实现了财富的积累，而非核心的国家却环境恶化。许多经验和理论研究也表明，全球化对富裕国家的环境有积极的影响而对发展中国家更多的是消极的影响。[③] 环境经济学家从国际分工的角度出发也得到了类似的结论：核心国家把污染少的服务业留在本国，而把污染大的工业转移到非核心国家。这一结论也从侧面反映了世界体系理论在国际层次上也能够解释资本驱动下的自由市场经济是造成全球生态恶化和不平等的主要动力。

尽管世界社会理论与世界体系理论都与全球化进程密切相关，但是它们的理论侧重点不同，前者更强调文化和理念在民族国家的传播或者扩散过程。20 世纪 90 年代，斯坦福大学的梅耶（John W. Meyer）和其他研究者认为全球文化及

---

① 孔德新. 环境社会学 [M]. 合肥：合肥工业大学出版社，2009：13.

② BUNKER S G. Modes of extraction, unequal exchange and the progressive underdevelopment of an extreme periphery: the Brazilian Amazon, 1600—1980 [J]. American journal of sociology, 1984, 85 (5): 1017-1064.

③ JORGENSON A K. Uneven processes and environmental degradation in the world-economy [J]. Human ecology review, 2004, 11 (2): 103-117.

关联进程塑造了民族国家的认同、结构和行为等特征。[1] 世界社会理论用于解释全球范围内民族国家环保主义的兴起，认为跨国网络、国际非政府组织和知识共同体越来越多地将在世界社会中建构的文化模式和理念向民族国家扩散，这使得环境保护的原则成为国家的基本责任，促使越来越多的国家制定相应的环境保护法规、设立国家公园、成立专门的环保部门或者加入国际环保组织等。[2] 例如，美国在 1872 年设立第一个国家公园，到 1990 年，全球有将近 7 000 个国家公园。可以说，世界范围内的各个国家致力环境保护的行为在过去的 100 年中得到了迅速的扩展。

关于国家环保职能的传统解释都侧重从国内的因素中寻求，主要基于两个视角：一是从刺激和反应模型出发，认为国家之所以重视环境保护，那是因为环境恶化；二是类似后物质主义价值观解释，认为富裕国家的公众满足基本需求后，会要求更高的生活质量，如良好的自然环境。而世界社会理论则从外部的文化动力进行分析，这一点使得不少批评家认为该理论忽视了政治权力在传播文化和规则中的重要性，没有认识到民族国家作为行动者在采纳或制定环境保护政策过程中的能动性。

（四）IPAT 模型解释

对环境压力效应的争论可以追溯到经济学家托马斯·罗伯特·马尔萨斯（Thomas Robert Malthus）的人口论。巴里·康芒纳（Barry Commoner）首先给出了 I＝PAT 这一方程表达式，保罗·埃利希（Paul Ehrlich）和约翰·霍尔登（John Holdren）首先应用这个模型探讨了人口和环境的关系，使得测量人类活动对环境的影响有了一个量化的模型。

这个模型提出了量化以人类为中心的环境影响的函数，函数表达式为 I＝PAT，其中 I 代表环境影响，是人口数量（P）、富裕程度（A）和技术应用（T）的乘积。人口可以用人口数来表示，有些学者也用人均 GDP 表示富裕程度（应当注意的是，尽管人均 GDP 广泛应用在经济领域，但是能否以人均 GDP 准确测量一个国家的富裕程度还是存在不少争论的）。另外，人们对技术的操作化也有不同的理解，有些学者用每单位的生产或者消费所需要的能源来测量。

就 IPAT 模型而言，对其中的人口和技术因素在环境影响中的角色还有一些争论。埃利希和霍尔登认为人口因素是决定环境恶化的主要因素，在某些情况下甚至是决定因素，他们不认为技术影响能超过其他的因素[3]，而康芒纳认为这三个因素是各自独立地发挥作用。一些人认为这个模型过分简单化了，但是这一模

①　MEYER J W，BOLI J，THOMAS G M，RAMIREZ F O. World society and the nation-state [J]. American journal of sociology，1998，103：144－181.

②　PELLOW D N，NYSETHBREHM H. An environmental sociology for the twenty-first century [J]. Annual review of sociology，2013，39：229－250.

③　HOLDREN J P，EHRLICH P R. Human population and the global environment [J]. American scientist，1974，62（3）：282－292.

型毕竟对如何量化各个地区或者国家的环境影响做出了有益尝试。后来，迪茨和罗莎（Dietz and Rosa）在 IPAT 基础上进一步发展出 STIRPAT 模型去评估环境影响。[①] STIRPAT 全称为 stochastic impacts by regression on population，affluence，and technology，这种方法分解 P、A、T，使得各个指标更有代表意义，而且还是一个包括人口和富裕交互作用变量的对数模型。

IPAT/STIRPAT 模型给我们的主要启示是，如果不考虑所在国家的富裕程度和消费水平，单独考虑其人口规模和人口增长的影响将是毫无意义的。一个有着中等程度的人口增长率但是消费水平高的国家对环境能够产生巨大的压力，而有着较高人口增长率但同时具有适度消费水平的国家所产生的环境压力可能要小得多。

（五）环境建构主义理论

在环境社会学的建构理论出现之前，环境问题更多地被描述为真实的、可证明的和有害的，这个认识传统来自涂尔干主义。涂尔干主义认为，社会事实只能用社会事实来解释，这使得归属于自然的因素被排除在外。同样地，韦伯主义传统认为，理解人们定义周围环境的方式，以及以此来解释人们的行为变得更加重要，因此用自然环境来解释人类行为就显得有点微不足道。随着环境问题研究的深入，从建构主义视角来研究环境问题成为今天环境社会学研究中一个引人注目的方向。

最早提出环境建构主义视角的是环境社会学家巴特尔及其同事，他们采用源自科学社会学的社会建构视角，以分析全球环境变迁的出现，并提出环境社会学关于这一问题的研究纲领，强调了"解构"的重要性。[②] 环境问题的社会建构主义者趋向于研究环境问题的问题化过程，也就是说，为什么有些环境问题早已存在，但是只是到了特定时候才引起世人的重视。

约翰·汉尼根（John Hannigan）对建构主义研究视角以及环境问题的建构做了较为系统的阐述。尽管建构主义者承认环境问题的客观性和真实性，但是他们认为环境社会学家的中心任务并不是为这些环境问题的客观性和真实性做出证明，而是要揭示这些问题是"某种动态定义、协商和合法化等社会过程的产物"[③]。

首先，汉尼根总结了 20 世纪三种主要环境话语的类型。第一种是田园话语，认为自然具有无价的美学和精神价值，标志性著作有《我在塞拉的第一个夏天》，提倡返回自然运动。第二种是生态系统话语，认为人类对生物群落的干涉扰乱了自然的平衡，代表著作有《寂静的春天》和《沙乡年鉴》，主要集中在生物科学领域。第三种是环境正义话语，标志性著作有《美国南部各州的废弃物倾倒》，

① THOMAS D，ROSA E A. Rethinking the environmental impacts of population，affluence and technology [J]. Human ecology review，1994，(2)：277 - 300.
② 汉尼根. 环境社会学（第二版）[M]. 洪大用，等译. 北京：中国人民大学出版社，2009：序言.
③ 同②33.

主要集中在黑人教会,该话语的支持者还包括民权运动和草根环境组织。

与社会问题的建构类似,汉尼根认为环境问题的社会建构有三项关键任务:环境主张的集成、环境主张的表达、竞争环境主张(见表2-1)。在研究环境主张起源的时候,研究者必须关注这些主张来自何处、由谁操持、主张提出者代表谁的经济和政治利益,以及主张提出过程中带来什么样的资源。在环境主张表达的时候,问题的经营者既要吸引公众的注意力,又要合法化他们的主张,而且科学发现和证明本身并不足以推动一个环境问题获得合法性。为了使竞争环境主张得到实质性的行动,主张者要不间断地进行抗争,以寻求实现法律和政治上的变革。

环境主张的成功还与听众规模和影响力有着密切关系。为什么有些环境主张获得了广泛的关注,而有些环境主张却销声匿迹,关键就在于维持和建构环境主张的四种特性:第一是独特性,就是公众将一个问题与其他具有相似特征的问题区分理解的程度;第二是关联性,是指一个特定的环境问题与普通公众之间紧密联系的程度;第三是关注度,即对处于环境恶化中特定物种、人群、地方的态度;第四是熟悉性,即听众对一个特定问题的熟悉了解程度。

表 2 - 1 环境问题建构中的关键任务

	任务		
	集成	表达	竞争
主要行动	发现问题	寻求注意	激发行动
	命名问题	合法化主张	动员支持
	确认主张的基础		保护主张所有权
	建立参数		
核心载体	科学	大众媒体	政治
支柱性依据	科学的	道德的	法律的
支柱性科学角色	动向观察员	传播者	实用政策分析者
潜在陷阱	条理不清楚	可视度低	政治同化/招安
	含糊	新鲜感下降	议题疲劳
	科学证据存在分歧		抵消性主张
成功策略	创造经验性焦点	与流行话题和原因相关联	建立网络
	理顺知识主张	利用戏剧性的口头和视觉表象	发展专业技能
	科学的职能分工	修辞策略与战略	开辟政策窗口

资料来源:汉尼根.环境社会学(第二版)[M].洪大用,等译.北京:中国人民大学出版社,2009:72.

其次,汉尼根还提出成功建构环境问题的六个必要条件。[1] 第一,一个环境问题的主张必须有科学权威的支持和证实。第二,对环境问题的建构要有一个或者多个"科学的普及者",这样他们就能将深奥的科学研究转化为通俗易懂的环境主张。第三,一个有前景的环境问题必须受到大众媒介的关注,其相关的主张

---

① 汉尼根.环境社会学(第二版)[M].洪大用,等译.北京:中国人民大学出版社,2009:33-82.

要被塑造得正式而重要，例如全球变暖。第四，一个潜在的环境问题必须用非常形象化和视觉化的形式生动地表达出来。第五，对环境问题采取行动必须要有看得见的经济收益。第六，需要能够确保环境问题建构合法性和持续性的制度化支持者。

与其他环境社会学理论相比，环境建构主义理论有两个明显体现社会学视角的优势。首先，该理论更符合社会学理论化的现有规范，它试图用社会变量来解释当前凸显的环境问题，而且借鉴了社会学古典理论关于理解和权力的视角。其次，该理论通过探究环境主张及反对的问题，将环境话题置于相关的社会和政治背景中考虑，为环境决策做出了有价值的分析。

（六）环境公正理论

社会发展中的不平等一直是主流社会学家关注的核心议题，他们更多关注教育、社会地位获得、收入等社会属性的不平等。然而，随着人类与自然环境互动的加深，自然资源及环境污染风险在社会成员中的不平等分配问题逐渐引起了社会学家的广泛关注。20 世纪 80 年代美国的北卡罗来纳州沃伦郡抗议化学废弃物填埋示威游行拉开了环境公正①运动的序幕。到 1991 年，美国"第一次全国有色人种环境领导高峰会"（People of Color Environmental Leadership Summit）正式提出了环境公正问题和 17 条环境公正原则。环境公平不是孤立存在的，必须在环境事务和过程中体现出来。环境公平可以分为三个部分：第一个是程序公平，程序公正与否要看环境事件的处理和决策的过程与程序对事件的利益相关方和当事人是不是无差别对待。第二个是地域公平，环境风险应该同等地被不同社区或地区承担。第三个是社会公平，就是在环境决策的过程中，要考虑到种族、阶级和其他文化因素的影响。

对于环境公正的定义目前还存在不同的版本。例如，班杨·布赖恩特（Bunyan Bryant）从环境种族主义的视角出发，对环境公正的定义是："那些支持社区可持续发展的文化规范、价值、规章、制度、行为、政策和决议，而且居住在该社区的人相互确信他们的环境是安全、富裕和有活力的。当人能发挥他们最高潜能的时候，环境正义就实现了……环境公正包括：体面的稳定的有酬工作、高质量的教育和娱乐、舒适的住房和充足的卫生保健；民主决议和个人知情权、参与权，社区里没有毒品、暴力、贫困。在这些居住区内，文化多样性和生物多样性受到尊重。没有种族歧视，到处充满公正。"② 罗伯特·布拉德（Robert Bull-

---

① "公平"这一概念往往和正义、平等联系在一起，因为都包括了公正、平等的意思。在英语中，公平被表述为 fairness，正义被表述为 justice。在国内，一般将正义和公平统称为 justice，因此，国内将 environmental justice 翻译为环境正义或环境公平。2008 年洪大用和龚文娟的文章认为，从社会学视角将环境与社会公正结合起来，纳入社会结构和过程中进行考察，将 environmental justice 翻译为环境公正更为合适，本书沿用此法。

② PELLOW D N. Environmental inequality formation：toward a theory of environmental injustice [J]. The American behavioral scientist，2000，43（4）：581 - 601.

ard）则把环境公正当作一项原则，那就是"所有的人和社区都有权利获得环境和公共卫生法律法规的平等保护"①。尽管他们的定义有差别，但是核心思想是一致的，即所有的人不分世代、种族、文化、性别，或社会、经济地位，在环境资源、机会的使用和风险的分配上一律平等，享有同等的权利和承担同等的义务。

国内学者梳理了环境公正研究的进展，认为环境公正的理论解释可以分为两大类。② 第一类是基于地域性研究建构起来的模型。其主要有三种解释：一是从市场机制所提倡的理性选择入手，认为企业不是有意歧视少数族裔、有色人种或者穷人，而是他们居住的地方地价和污染赔偿低；此外，还突出了在工业选址过程中的技术理性，即选址是根据技术标准而不是该地区的人口构成。二是社会资本和政治力量在社会成员之间的分布不均衡，使得穷人、少数族裔比白人拥有更少的可动用资源，致使他们在政策制定上没有发言权，无力参与污染选址决策并抵抗污染转移。另外，他们在政治和经济上的弱势地位使得他们对生存的担忧远超过了污染选址带来的担心。三是种族歧视，认为由于种族偏见、种族优越感及信仰等原因使得低收入群体或者少数族裔（主要为有色人种）聚居区被有意作为污染地点。当然上述三种解释（经济、社会政治和种族歧视）并不是相互排斥的，而是相互交织在一起的。除了以上三种解释外，佩罗（David N. Pellow）还从建构主义出发提出了环境不公平的视角，该视角关注多方环境利益相关者在争夺环境资源过程中互动演变的过程。

第二类是基于全球视野建构的理论观点。环境正义除了关注美国国内不公正的现象，还将视角伸展到国际上，认为在发达国家和发展中国家之间也存在着环境不公正。佩罗通过全球废弃物贸易的考察认为这也是跨国环境不公正的一种形式，加剧了发达国家和发展中国家的环境不平等。③ 另外，也有不少学者以全球气候变化作为切入点，分析气候变化所导致的全球富裕国家和贫穷国家之间的环境后果（健康、生态、经济）的不平等。当然，这里需要强调的是，尽管目前环境公正研究取得了很大进展，但是研究者不能够满足于仅仅对当前环境后果分配机制的研究，不能把研究对象局限于环境弱势群体，还需要将环境特权者纳入研究视野中。

二、欧洲环境社会学理论

北美和欧洲的环境社会学都认为学科的研究对象是现代社会中环境与社会的互动问题，但是它们对环境有着不同的理解。北美的环境社会学把环境看作自然环境，在环境社会学的研究中要考虑到环境物理变量，这也意味着环境社会学必

① BULLARD R D. Environmental justice: more than waste facility sitting [J]. Social science quarterly, 1996, 77 (3): 493-499.

② 洪大用，龚文娟. 环境公正研究的理论与方法述评 [J]. 中国人民大学学报，2008 (6): 70-79.

③ PELLOW D N. Resisting global toxics: transnational movements for environment justice [M]. Cambridge: The MIT Press, 2007: 9.

须依靠自然科学的规律性、可计算性和物质性，而欧洲的传统更多的是把环境看作社会建构的产物，认为无论是自然科学知识还是社会科学知识，其本质上都是社会建构的，需要将自然科学及其技术表征置于社会情景中进行社会学的批判和分析。① 这两种对环境的不同定义使得北美环境社会学理论关注的是解释环境问题产生的原因，而欧洲的环境社会学更为关注通过环境改革提升环境品质。

（一）生态现代化理论

生态现代化理论产生于 20 世纪 70 年代末和 80 年代的欧洲，最早在政治学和社会学领域提出，后来越来越多的学科加入进来，并且也扩散到北美，现已成为环境社会学中的一个重要理论。与产生于北美的环境社会学理论（范式转移和生产的跑步机理论）不同，生态现代化理论更加关注如何提高环境质量，而不是解释环境恶化问题。德国学者约瑟夫·哈伯（Joseph Huber）和马丁·杰尼克（Martin Janicke）可以说是生态现代化理论的奠基人，但是他们关于生态现代化的理论视角有一些差别。哈伯从社会变迁的角度来构建生态现代化理论，而杰尼克更多地强调了国家在环境政策和政治领域的角色。

根据哈伯的观点，生态现代化是现代社会历史发展的一个阶段。在哈伯看来，工业社会的发展存在三个阶段。第一个阶段是工业突破阶段，第二个阶段是工业社会建设阶段，第三个阶段是工业体系向生态转向的超级工业化阶段。② 这三个阶段的发展动力都包括经济和技术，但是在第三个阶段发展的动力还包括协调人类活动和环境的影响的需求。

杰尼克试图从生态现代化能力的角度解释为什么一些国家在环境政策和保护上比其他一些国家更为成功。他认为，国家实现生态现代化的能力与在技术和制度层面来解决问题的能力密切相关，取决于四个基本变量：首先是问题压力，主要指的是经济绩效问题，经济绩效良好，就可以拥有更多资源抵抗问题压力；其次是有着开放的政策风格，主要是能协调各方利益，保证决策变为实践；再次是创新能力；最后是战略精熟性。③

荷兰社会学家亚瑟·摩尔（Arthur P. J. Mol）对这一理论的发展也做出了重要贡献。摩尔强调生态现代化从本质上讲并不是追求资本的积累，也不是环境恶化的绝对因素，而是社会的变迁。生态现代化认为在不离开现代化的前提下，克服环境危机是有可能的。从这方面讲，生态现代化理论可以看作对现代生产和消费过程的生态重组。

澳大利亚学者皮特·克里斯托夫（Peter Christoff）根据程度和范围将生态现代化划分为两种类型：弱生态现代化和强生态现代化。弱生态现代化强调用技

① LIDSKOG R，MOL A P J，OOSTERVEER P. Towards a global environmental sociology legacies, trends and future directions [J]. Current sociology, 2016, 63 (3)：339 - 368.

② 洪大用，马国栋，等. 生态现代化与文明转型 [M]. 北京：中国人民大学出版社，2014：1.

③ 同②7 - 8.

术手段来解决国家的环境问题，主张由科学、经济和政治精英共同参与政策制定，往往实施自上而下的路径，因此提供了一个比较封闭单一的框架。而强生态现代化强调在全球范围内解决环境问题，将生态要素整合到社会制度和经济发展中，鼓励公众广泛参与到环境的沟通、决策和实践中，因此强生态现代化是开放多元的理论。当然，这两者之间并不是相互排斥的，对于可持续发展而言，弱生态现代化过程也是非常必要的。

生态现代化理论对全球化有着乐观的看法，认为可以防止全球生态危机。对这一观点，很多社会学家怀疑全球化在环境保护方面的作用，认为环境会更加恶化，这是因为发展中国家为了吸引外资，许多当地政府会放松对环境的保护和监管。[①] 然而，摩尔对此反驳说，经济全球化能够促进经济改革，最终有利于全球经济的生态现代化，当然这一过程需要政治家和政府机构的努力，需要政治现代化为前提，也就是说政府要以合作的方式帮助协调各种利益。

生态现代化理论认为环境影响会随着经济的发展呈现倒 U 形曲线。环境影响在开始的时候逐步增加，当经济发展到一个阶段后到达一个最高点，然后慢慢减少。环境经济学家称之为库兹涅茨曲线（Kuznets curve）。这个曲线首先是在经济学家对经济增长和收入不平等关系的研究中获得的。库兹涅茨（Kuznets）认为随着经济的发展，收入不平等开始增长，到了一定程度就逐步下降。[②] 随后，格罗斯曼（Grossman M. Crossman）和克鲁格（Alan B. Krueger）认为经济发展和环境影响也存在着类似的关系。[③]

尽管生态现代化理论在一些发达国家得到了实践，但是也面临不少批评。首先，该理论的支持者把更多的希望寄托在资本主义制度和市场第一的原则中。其次，生态现代化理论根植于西方发达国家的经验，尤其是欧洲发达国家，所以一些学者认为生态现代化理论只适用于那些发达国家，对于发展中国家不一定适合。再次，生态现代化理论的批判没有考虑到现代化的社会背景和一些伦理问题，也没有考虑到权力和财富的不平等这些本身可能影响现代化过程的因素。最后一个不足是，和现代化理论一样，生态现代化理论倾向于合法化环境决策的政治文化和制度，从而规避了公司的社会责任。

（二）风险社会理论

广义的风险社会理论包括风险社会研究领域的所有理论，而狭义的风险社会理论则特指以贝克和吉登斯为代表的风险社会理论。这里主要讨论狭义层面的风险社会理论。

---

① BELL M M. Introduction to environmental sociology [M]. Thousand Oaks：Pine Forge Press，2004：165.

② KUZNETS S. Economic growth and income inequality [J]. American economic review，1955，45：1-28.

③ GROSSMAN G M，KRUEGER A B. Economic growth and the environment [J]. Quarterly journal of economics，1955，110：353-377.

　　德国社会学家乌尔里希·贝克在 1986 年出版的《风险社会》一书中首次提出了风险社会概念。贝克的一个基本命题就是传统的工业社会已经走向充满风险和不确定性的社会，如果不改变已有的现代化模式，那么随之而来的风险和过去相比有着本质的变化。从这点可以看出，贝克对于现代性表现出一种批判和质疑的态度。在工业或阶级社会，其中心问题是财富的分配如何按照不平等的方式进行，同时又能使其合法化；而在风险社会中，风险是现代化的产物，可以被认为"系统地处理现代化自身引致的危险和不安全感的方式"①，风险的分配更为均衡。按照贝克的说法就是"贫困是等级制的，化学烟雾是民主的"②。无论是财富分配的社会还是风险分配的社会都包含了不平等，这两种不平等在第三世界的工业中心区域尤为明显。

　　贝克认为环境遭破坏并非是现代化进程失败的产物，而恰恰是这一进程取得成功所带来的后果。在工业化进程中，大自然遭到破坏，这些副作用尚未引起人们的足够重视。而风险社会意味着伴随现代化进程产生的负面影响已对社会基石构成威胁，它是现代化发展的一个新阶段，一个取得成功的阶段。在贝克看来，现代性的出发点是控制不确定性，但是现代性又产生了新的不确定性，很难找到不确定性产生的确定原因。贝克将后现代社会诠释为风险社会，其主要特征在于：人类面临着威胁其生存的由社会所制造的风险。贝克认为，在前工业时代，灾难被认为是同自然本身紧密相连的，所以人类并不需要对灾难负责。但是现代社会的风险更多的是人为风险，同人类的决策相关。

　　贝克还将晚期工业社会的风险和早期工业社会的风险做了对比。早期工业社会的风险具有地域性，而晚期工业社会的风险有着全球性。在现代工业社会，自然风险和技术风险是相互交织在一起，无法区分的。对于这种复合型全球风险的预防和控制，贝克持悲观的态度，甚至认为灾难可能会打断现代文明。贝克认为全球风险的一个主要效应是创造了一个"共同的世界"（common world），一个我们无论如何都只能共同分享的世界，一个没有"外部"、没有"出口"、没有"他者"的世界。③ 而各国唯一能做的只有合作，建立全球治理体系。贝克认为，没有一个国家可以独自解决这些问题。

　　面对风险社会的到来，如何解决工业资本主义社会的掠夺性生产和过度消费的现实逻辑，贝克提出了两个解决方案：一个是反思现代性，指对传统现代性的一种反思和批判，强调科学技术的负面影响，因此在意识层面，要进行以"生态启蒙"为核心内容的"第二次启蒙"。另外一个解决方案就是世界主义，由于当今世界遭受的风险经常跨越民族国家的边界，要消除现代风险，全人类必须联合起来，共同努力。在实践层面上要以依托非政府组织和环保运动的"生态民主政治"来践行启蒙的内容和要求，重在强调一种"意识形态"与"社会行动"相结

　　① 贝克. 风险社会 [M]. 何博闻，译. 南京：译林出版社，2004：19.

　　② 同①38.

　　③ 贝克，邓正来，沈国麟. 风险社会与中国：与德国社会学家乌尔里希·贝克的对话 [J]. 社会学研究，2010（5）：1-24.

合的过程和作用。①

贝克的风险社会理论对于认识当前人类社会所面临的各类风险有着一定的启示，并且积极地探索人类如何走出风险社会的出路，这是难能可贵的。但是该理论也存在一些内在的矛盾。一方面贝克认为客观的可证实的全球风险在增加，另一方面他又认为风险是社会建构的，因此当风险超越了人类的认知时，它们就不存在。② 另外，贝克为风险社会提出的关于"世界主义"方案，希望建立超越民族国家模式的社会与政治治理新形式有一定创新性，但是这一方案也有明显的理想化色彩。

吉登斯认同和采纳了贝克的部分主张，但详细考察了现代社会更具体的风险景象，并增加了对风险的两个维度（风险强度和风险环境）的分析，增加了风险社会对个人日常生活影响的分析，强调了风险的两重性等特征。因此，他的风险社会分析角度更加微观细致。吉登斯的风险社会理论建立在对现代性的反思和重构上。他将风险区分为"外部风险"和"人造风险"，"以往社会所面对的是自然风险的威胁；现代社会所面临的则是人类自己所制造的风险的威胁，这些风险危及个人和地球的生命，它们无疑是由我们今天的生活方式所造成的"③。"人造风险是由人类的发展，特别是由科学与技术的进步所造成的。"④ 但"由于生态方面的危机，对科学产生敌对态度，甚至进一步对其他的理性思想也采取敌视态度，这种态度显然是不可取的。因为没有科学的分析手段我们甚至不能认识到这些危机"⑤。与此同时，风险既有消极作用，又有积极作用。"从积极的角度来看，风险社会是一个人们的选择余地扩大了的社会。"⑥ 风险也暗含着机遇，我们要做的是如何在风险和机遇当中求得一个均衡状态。

吉登斯对现代性风险采取的是一种乐观积极进取的态度，认为应该积极的卷入，以期能够降低风险的影响或战胜它，"风险总是要规避的，但是积极的冒险精神正是一个充满活力的经济和充满创新的社会中最积极的因素"⑦。他从宏观和微观两个层面设想了风险社会的应对之策：宏观上，创造一种"乌托邦现实主义的模式"，一种超越现代性的"后现代秩序"来应对现代性风险，这需要政治领域的现实举措来实现，具体包括建立地方的政治化、全球的政治化、解放的政治（不平等的政治）、生活的政治（自我实现的政治），以及寻求第三条道路等；微观上，通过个体对风险的主动接受和被动接受，发挥保护壳的作用，以此构建个体的安全，尽量减少或降低现代性风险给个体带来的不利影响。

显然，吉登斯并不像贝克一样具有明显的生态主义偏向，他只是简单认同了

① 林兵．西方环境社会学的理论发展及其借鉴［J］．吉林大学社会科学学报，2007（3）：94 - 98.
② 汉尼根．环境社会学（第二版）［M］．洪大用，等译．北京：中国人民大学出版社，2009：24.
③ 吉登斯，皮尔森．现代性：吉登斯访谈录［M］．尹宏毅，译．北京：新华出版社，2001：18.
④ 同③195.
⑤ 吉登斯．失控的世界［M］．周红云，译．南昌：江西人民出版社，2001：31.
⑥ 同③197 - 198.
⑦ 同⑤32.

生态风险作为现代化风险之一的观点，并将生态风险归为一种由人类行动对自然界的影响造成的人造风险。但正如前面所述，吉登斯的风险社会分析多了微观角度，而且持有更多积极心态，认为个体可以通过自身的积极行动降低风险对自身的危害。从吉登斯的思路出发解决生态风险可以看到，他不仅提倡从宏观的制度设计、政治改革出发，而且提倡从微观的个人行动出发，理性接受风险的到来，利用各种积极策略减少而非完全规避生态风险的消极影响。

总的来看，风险社会理论抓住了风险社会中的生态（环境）风险进行分析，虽然不同学者的态度和角度不同，提出的风险解决方案也不同，但他们都站在批判反思现代化发展的角度，认同风险是全球性的，并采取改良主义的方式应对风险。在风险社会中，没有一个国家、没有一个个体能免于其难。虽然风险是难以控制的，但不代表人类只能消极应对，当各国联合起来做出积极行动时，当人们能够正视科技发展带来的双面效应时，将最大限度减少风险对人类社会的威胁。

（三）社会实践论

社会实践论（social practice approach，又称"实践论"）兴起于 20 世纪 70 年代，是当代欧洲社会理论界广泛关注的一种新兴研究范式。安东尼·吉登斯、皮埃尔·布迪厄、米歇尔·福柯等欧洲社会理论家为社会实践论的产生与发展提供了思想资源，其中吉登斯在 1984 年出版的《社会的构成》一书中提出的"结构化理论"（structuration theory）影响最为深远。[①] 根据这一理论，社会科学研究的基本领域应是跨越空间和时间的有序社会实践，而并非传统认为的个体行动者的经验或社会总体的任何存在形式。[②]

社会实践是能动和结构的中介，是一定时空中社会成员共享的、一组被惯例化的行为类型。[③] 从社会实践的视角来看，行动者或能动主体只是社会实践的演绎者或载体，结构一方面支配着社会实践，另一方面也是后者社会再生产的结果。通过强调社会实践循环往复的特征，实践论提供了理解社会变迁的一个新角度：具有相应知识和能力的行动者利用一定时空的结构特征循环演绎和再生产一组社会实践，这些社会实践的动态演化汇聚成日常生活领域的社会变迁。[④]

由此可见，社会实践论具有鲜明的经验主义趋向，主要关注生活世界里一系列具体的变迁。20 世纪 90 年代以来，社会实践论日臻完善并被应用于消费、组织、全球化、环境变化等多个领域，取得了丰硕的成果。在当前欧洲社会实践论的应用研究中，以格特·斯巴哈伦（Gert Spaargaren）、伊丽莎白·肖夫（Eliza-

---

① 范叶超. 社会实践论：欧洲可持续消费研究的一个新范式 [J]. 国外社会科学，2017（1）：95-104.

② GIDDENS A. The constitution of society：outline of the theory of structuration [M]. Oakland：University of California Press，1984：2.

③ RECKWITZ A. Toward a theory of social practices：a development in culturalist theorizing [J]. European journal of social theory，2002，5（2）：243-263.

④ 范叶超. 社会实践论：欧洲可持续消费研究的一个新范式 [J]. 国外社会科学，2017（1）：95-104；SHOVE E，PANTZAR M，WATSON M. The dynamics of social practice：everyday life and how it changes [M]. Thousand Oaks：Sage Publications，2012：213-217.

beth Shove)、艾伦·沃德（Alan Warde）等为代表的欧洲社会学家在消费领域的可持续研究上积累了大量实证研究成果，对欧洲环境政策领域产生了一定影响。

斯巴哈伦基于实践论，挑战了可持续消费研究领域社会心理学和经济学的两种环境行为研究取向，对传统环境行为研究中的"态度-行为"模型和"理性选择"模型进行了批判，构建了一个可持续消费实践分析模型①（见图 2-1）。根据模型，斯巴哈伦将实践论下的可持续消费研究划分成穿衣、饮食、居住、出行、运动与休闲六大门类，在每个门类下又细分了 36 种日常生活消费实践，衣、食、住、行等与消费有关的社会实践处于分析的中心，受到能动主体和社会结构的影响。② 能动主体对不同社会实践的纳用模式构成了他们独特的生活方式，市场或国家主导的不同供应模式组成了有差别的供应系统。社会-技术革新流动（图中曲线）影响社会实践的变迁，通过增加系统供应或者促进公民消费生活方式的转型，最大限度地减少社会实践对环境的影响，最终实现消费过程的可持续。③

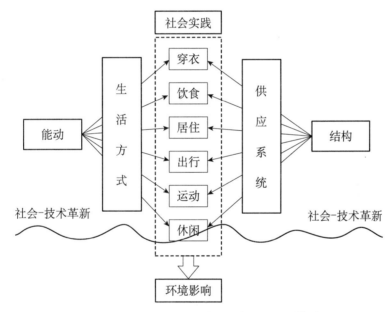

图 2-1　斯巴哈伦的可持续消费实践分析模型

资料来源：范叶超 . 社会实践论：欧洲可持续消费研究的一个新范式［J］. 国外社会科学，2017（1）：95 - 104.

---

① SPAARGAREN G，OOSTERVEER P. Citizen-consumers as agents of change in globalizing moder-nity：the case of sustainable consumption ［J］. Sustainability，2010，2（7）：1887 - 1908；SPAARGAREN G. Sustainable consumption：a theoretical and environmental policy perspective ［J］. Society and natural re-sources，2003：687 - 701；范叶超 . 社会实践论：欧洲可持续消费研究的一个新范式 ［J］. 国外社会科学，2017（1）：95 - 104.

② 李潇然，刘文玲，张磊 . 置于社会实践研究框架中的可持续消费 ［J］. 世界环境，2017（4）：55 - 57.

③ 刘文玲，SPAARGAREN G. 可持续消费研究理论述评与展望 ［J］. 南京工业大学学报（社会科学版），2017，16（1）：84 - 91.

肖夫对社会实践动态性的解析推进了可持续消费研究，她认为社会-技术系统和实践相互依存且不断变迁，消费的需求水平和模式是二者交互作用的结果。若只推广有效率的、可持续的技术，在实践层面反而可能导致走向更加资源密集的消费模式，最终的环境成本并未降低；若只注重效率的提高，会导致一些不可持续的习俗逐渐变得自然化并牢牢嵌入日常消费实践中，与可持续目标相悖。只有注重实践和社会-技术系统的协同演进，才能实现对消费的可持续重构。① 此外，肖夫还开展实践论的理论建构工作，聚焦发掘世界动态性的一般规律，关注实践的文化意义与可持续目标的协调性，是对可持续消费实践理论的必要补充。②

沃德主要致力于将实践论应用于消费社会学领域。他认为消费是一种社会实践中的某一时刻，在不同实践中，这些时刻的汇总构成了不同的消费模式，特定的社会实践决定了一种物品或服务的消费。沃德强调研究中应关注消费实践的社会差异：个体的消费行为差异既非社会经济因素也非态度、理解或动机等决定，而在于不同消费实践引起的实践本身的分层③，基于消费实践的隐蔽性。他还批判了当代消费社会学研究中盛行的"文化转向"，认为文化分析忽视了消费过程中社会结构的影响，提倡使用实践论来重构消费社会学研究。④

社会实践论在消费研究中的应用反映了环境社会学和消费社会学对如何促进可持续发展有着共同的理论旨趣。该理论要求研究者把关注日常生活实践和环境变化有机关联起来，将个体的行为嵌入实际情景进行分析，提供了一个整合微观与宏观、能动主体和社会结构的分析框架，为理解中国的可持续消费提供了一个新的视角。但是该理论也存在着欧洲中心主义的倾向、对社会-技术革新的乐观主义，和对宏观集体性消费思考得不足等问题。⑤

（四）环境流动理论

环境流动理论（environmental flows）起源于21世纪初。以格特·斯巴哈伦、亚瑟·摩尔、弗雷德里克·巴特尔等为代表的一批西方环境社会学家在借鉴曼纽尔·卡斯特和约翰·厄里两位全球化理论家的主要观点的前提下，对生态学和古典环境社会学理论中物质性流动的概念进行重新诠释，提出了以"环境流动"为核心分析概念的新型环境社会学理论范式。环境流动是由人为因素引起的、与生态系统运行相关的一系列物质性流动。⑥ 在物质性流动的众多影响因素

① SHOVE E. Comfort, cleanliness and convenience: the social organization of normality [M]. Oxford: Berg, 2003: 144-145.

② 范叶超. 社会实践论：欧洲可持续消费研究的一个新范式 [J]. 国外社会科学, 2017 (1): 95-104.

③ WARDE A. After taste: culture, consumption and theories of practice [J]. Journal of consumer culture, 2014, 14 (3): 279-303; WARDE A. Consumption and theories of practice [J]. Journal of consumer culture, 2005, 5 (2): 131-153.

④ WARDE A. The practice of eating [M]. Cambridge: Polity, 2015: 3-4; WARDE A. Consumption and theories of practice [J]. Journal of consumer culture, 2005, 5 (2): 131-153.

⑤ 同②.

⑥ 范叶超. 环境流动：全球化时代的环境社会学议程 [J]. 社会学评论, 2018 (1): 56-68.

中，环境流动关注受人类社会活动影响的物质性流动在流动方向、数量和质量等方面的特征，以专门分析环境变化的社会成因。环境流动兼具社会性和物质性，以环境流动作为核心分析单位对探寻主流社会学和环境社会学的交集具有重要意义，是全球化时代背景下环境与社会关系的创造性论述。

环境流动理论并不是凭空产生的，其核心概念——物质性流动——在"生产的跑步机"（treadmill of production）、"生态现代化"（ecological modernization）和"社会新陈代谢"（society's metabolism）等古典环境社会学理论中被当作重要的分析对象。① 这些理论都注意到了环境流动对环境变化和环境治理的研究意义，但其关注的环境流动却很少突破地方层次，或者在民族国家的层次上未能充分认识到环境流动本质上超越了地域限制。随着全球化的不断深入，环境的社会影响可以超越国家的边界，而古典环境社会学理论未能及时将社会与环境之间的互动关系的探索置于全球化这一现实前提下，环境流动分析试图弥补这一缺憾。

卡斯特和厄里在 20 世纪 90 年代提出的全球网络和流动社会学为环境流动范式的诞生奠定了重要基础。卡斯特认为全球社会正在经历明显的网络化趋势，信息技术革命成功克服了传统意义上网络组织社会实践时在灵活性和适应性方面的缺陷，重新赋予网络新的活力，迅速在全球范围内扩张，网络社会作为一种全新社会形态已经在崛起。② 随着网络化程度的不断提高，流动空间将取代地方空间成为社会实践发生的主要场所，因此全球网络化的一个重要结果是流动全球化。在厄里看来，全球复杂性背景下的社会变迁正在向不可预测、非线性甚至无序混乱的方向发展。因此，传统社会学的对立分析概念，如结构和能动、主体和客体、人类与非人类、社会与物质，可能不再适合全球复杂性分析，需要将研究中心转向流动性分析。③

环境流动理论在一定程度上拓展了全球化时代背景下环境社会学的研究议题，强调对环境变化的社会成因、社会后果及社会反应的探究不能局限于一时一地，需引入一种流动性的视角并将之贯穿于研究始终。尽管这个理论还处在不断完善的过程中，其理论基础，如全球网络和流动社会学、生态现代化理论等，还存在不少竞争性理论，但是，与古典的环境社会学理论相比，环境流动理论还是提供了一个新的学术研究视角：从流动性的视角来看待环境与社会之间的互动关系，将全球化或网络化思维引入环境社会学的研究。④

三、日本环境社会学理论

日本是东亚国家中最先实现工业化的国家，其工业化进程也面临着欧美发达

① 范叶超．环境流动：全球化时代的环境社会学议程［J］．社会学评论，2018（1）：56-68.

② 卡斯特．网络社会的崛起［M］．夏铸九，王志弘，等译．北京：社会科学文献出版社，2001：569.

③ URRY J. Global complexity［M］．Cambridge：Polity Press，2003：4-6.

④ 同①．

国家在相同阶段类似的环境问题。日本学者舩桥晴俊将日本的环境问题分为两个时期：第一个时期是第二次世界大战后到 20 世纪 80 年代前半期，该时期是公害和开发问题时期，这期间遭遇了环境四大公害问题，这个阶段环境社会学的主要理论有三个，分别是受益圈和受害圈理论、受害结构论和生活环境主义理论。第二个时期是 20 世纪 80 年代后半期的环境问题普遍化时期，这一阶段环境社会学的主要理论有社会两难论、公害输出论和环境控制系统论等。

（一）公害和开发问题时期的理论建设

第一是受益圈与受害圈理论。受益圈与受害圈理论是指 20 世纪 70 年代末 80 年代初，梶田孝道等对新干线等日本大规模开发所造成的严重公害问题进行实证研究后提出的理论。环境公害问题必然涉及谁是受益者、谁是受害者。该理论认为环境公害发生时会出现两类群体，受益的人群称受益圈，而受害的人群称受害圈。该理论不仅要分析哪些是受益圈的人群或组织，哪些是受害圈的人群或组织，以及这些人群或组织的社会背景和阶层结构，同时还要关注受益圈与受害圈的关系结构，即分析这两个圈究竟是相互分离的，还是有重叠或交叉的地方。比如，在新干线公害中，新干线的顾客和经营者是受益圈的人群或组织，而作为受害圈的人群则是那些受新干线噪声、震动之害的沿线居民和被强行搬迁的新干线用地的所有者。该理论认为，环境问题导致受益圈和受害圈出现重叠的时候，该问题比较容易得到解决。

第二是受害结构论（也叫加害和受害论）。该理论由饭岛伸子通过对水俣病等环境问题的研究提出。该理论认为，像水俣病一类的患者不仅受到医学层面的伤害，还会因水俣病的病症受到社会歧视，因此加害和受害是环境问题中不可分割的两个方面，对加害和受害的结构研究也是必不可少的。加害结构可以分为以工业领域产生的污染为中心的"公害型"与以农业生产生活污染为主的"农林渔业·生活型"这两种结构。对受害结构的分析要关注受害水平和受害度，每个方面都有社会要素相关联。受害水平包括四个维度："生命·健康""生活""人格"及"地区环境和地区社会"。[①] 受害程度是指受害水平在四个维度所造成的危害的程度，例如，因水俣病而使"生命·健康"受害致死的家庭主妇，随着她的去世，她的丈夫和孩子的"生活"就会遭到破坏，个体的健康受害最终发展为家庭的生活受害。对加害和受害的结构分析有利于我们从社会层面找到减少危害程度的办法和对策。

第三是生活环境主义理论，鸟越皓之是该理论的主要代表人物。20 世纪 70 年代末，鸟越皓之等对琵琶湖地区进行了田野调查，实地调查的结果令他们大为吃惊——作为既定政策而被利用的科学模式与当地人的想法大相径庭。他把以往解决环境问题的范式分为"自然环境主义"范式和"现代技术主义"范式。在他

---

① 鸟越皓之 . 环境社会学：站在生活者的角度思考 [M]. 宋金文，译 . 北京：中国环境科学出版社，2009：99.

看来，自然环境主义在生态学立场上认为保护自然环境是最重要的目标，不管这种保护是否真正对当地人有利。同时，他把那些信赖现代技术的理论称为"现代技术主义"。他认为该理论忽视当地人的本土经验和知识，也不管这种"科学的"治理方式是否会对当地人的生活系统造成新的问题。而生活环境主义则不同，它从生活者的立场出发，将保护当地人的生活系统作为最重要的目标。这个理论应该说是具有日本本土特色的理论，因为该理论体现了"日本社会学经验研究中擅长分析生活的特点"，又有"东亚的传统文化特色"①。

（二）环境问题普遍化时期的理论建设

进入环境问题普遍化时期后，公害问题虽然存在，但是已经大幅度减少了。随着经济的发展，具有全球性影响的环境问题日益突出，不仅发生了区域性的环境污染和大规模的生态破坏，而且出现了温室效应、臭氧层破坏、全球气候变化、酸雨、物种灭绝、土壤侵蚀等大范围的或全球的环境危机，严重威胁着全人类的生存和发展，原有的本土化色彩较浓的理论已不能很好地解释上述环境问题，新的理论解释提上了日程。

第一个是社会两难论。该理论代表人物舩桥晴俊下了这样一个定义："在多个行为主体能够不受限制地追求自己利益的关系中，人们都在进行私人的合理行为，而他们行为的累积结果会导致集体财产的恶化，从而对各个行为主体和其他的主体产生不利的结果，具有这种结构的状况叫社会两难论。"② 究其本质，社会两难论其实是个人合理性与集体（整体）合理性相违背的结果。哈丁的"公地的悲剧"可以说是社会两难论的一个基本类型而已。必须要指出的是，社会两难论对于分析那些受益圈与受害圈重叠的、致害主体多元化的环境问题十分有效。但是，当面对受益圈与受害圈分离的、致害主体单一的环境问题时，社会两难论就显得束手无策。这时从致害和受害的角度分析环境问题更为有效。③

第二个是公害输出论。饭岛伸子是最早对公害输出概念进行研究的日本学者。所谓公害输出就是日本因为本国的环境法规比较完备，于是将污染企业转移到公害管理比较宽松的地区或者国家。从这个意义上讲，公害输出论也是全球化产业转移的一个缩影。例如，20 世纪 70 年代，日本东邦亚铅株式会社未经韩国政府公害管理部门的同意，就在韩国温山工业开发区建立工厂，不仅导致附近地区的农业受到损害，而且还损害了农民的健康。当然要注意的是，除了直接性的公害输出外，还有间接性的公害输出。比如说，由于发达国家已步入消费社会，消耗了大量的消费品，而发展中国家因为生产大量的消费品，既消耗了原材料，又制造了污染。由于日本专门从事公害输出问题研究的学者很少，所以成果极其有限，有学者认为该理论是日本环境社会学理论当中最不成熟的一种理论。④

① 陈阿江. 环境社会学的由来与发展 [J]. 河海大学学报（哲学社会科学版），2015，17（5）：32-40.
② 包智明. 环境问题研究的社会学理论：日本学者的研究 [J]. 学海，2010（2）：85-90.
③ 同②.
④ 同②.

第三个是环境控制系统论。舰桥晴俊是环境控制系统论的代表人物。环境控制系统论所倡导的是一种系统性的控制，与环境政策紧密相关。环境控制系统论与社会控制有相似的地方，必须与环境政策紧密结合才能发挥作用。该理论认为环境政策作为一种社会控制的手段，应该具有系统化和有可持续的操作性。为了使环境政策的社会控制获得成功，需要具备三个条件：一是必须制定适当的控制目标。二是社会控制的理念或者原则应基于公众长远利益或者具有普遍性。三是这种基于普遍性的理念的环境政策和控制主体要具有独立自主性，不容易被巨大压力所左右。该理论一方面重视发挥社会或民间力量，以此来约束市场对环境的危害，并补充政府在环境问题解决中的不足，另一方面也重视环境保护意识培养和有利于环境问题解决的价值观的树立。[①]

日本环境社会学的发展基本与欧美环境社会学发展同步，但是其理论建设与欧美表现得有所不同。日本环境社会学是在研究本国公害问题中发展起来的，本土化特色明显，然而对全球环境问题研究不足，主要集中在微观层面具体环境问题的解释，缺乏欧美环境社会学家对宏观环境社会学理论的建构。[②]

第三节
中国环境社会学的理论建设

自然环境和人类社会的互动关系不仅是古典理论家和当代西方学者所关注的议题，而且一直为当代中国马克思主义者所关注。中华人民共和国成立以来，中国共产党在社会发展的不同阶段对生态环境保护和治理均非常重视。特别是党的十八大以来，以习近平同志为核心的党中央提出了生态文明建设的丰富思想，其核心内容包括了六大原则：坚持人与自然和谐共生，绿水青山就是金山银山，良好生态环境是最普惠的民生福祉，山水林田湖草是生命共同体，用最严格制度最严密法治保护生态环境，共谋全球生态文明建设。该思想汲取古今中外历史上人与自然相处的正反两方面经验，继承和发展了马克思主义关于人与自然关系思想的基本观点，是指导中国环境社会学发展的当代中国马克思主义的最新成果。

在中国环境社会学学科发展过程中，基于环境问题的经验研究，一些学者不断推进理论建设，在既有研究中已经呈现若干具有自身特色的理论概念和研究范式，例如"社会转型范式"、"次生焦虑"概念、政经一体化增长推进机制、理性困境视角，等等，以下做简要介绍。

首先是阐释中国环境问题的"社会转型范式"。所谓社会转型就是指社会结构和社会运行机制从一个形式转向另外一种形式的过程，当然也包括社会价值观

---

① 包智明. 环境问题研究的社会学理论：日本学者的研究 [J]. 学海，2010（2）：85-90.
② 孔德新. 环境社会学 [M]. 合肥：合肥工业大学出版社，2009：46.

和行为方式的转换。① 洪大用将社会转型概念应用到中国环境问题研究中，指出以工业化、城市化和地区发展不平衡为主要特征的社会结构转型，以建立市场经济体制、放权让利改革和控制体系变化为主要特征的体制转轨，以道德滑坡、消费主义兴起、行为短期化和社会流动加速为主要特征的价值观念变化，在很大程度上直接加剧了中国环境状况的恶化，导致中国环境问题具有特定的社会特征。结合中国社会转型的实际，他提出要辩证地看待社会转型对环境的影响，既要看到社会转型导致的经济发展和环境保护不协调加剧了环境破坏，也要看到社会转型带来了环境保护的新机遇，为通过组织创新和结构优化促进环境保护提供了可能。② 考虑到社会转型的长期性和复杂性，该理论强调中国环境问题的解决是一个长期和艰苦的过程。

其次是揭示环境问题演化机制的"次生焦虑"概念。陈阿江通过对太湖流域水污染的持续多年的调查，试图从中国社会历史文化视角来解释太湖水污染的发生和发展历程。次生焦虑是相对于断后焦虑而言的，断后焦虑是中国人一直持有的传统性焦虑，影响了中国人口的生产和再生产，进而影响了中国环境，这也是长期以来中国人口快速增长的一个重要原因。③ 次生焦虑是近代以来我国在面临"救亡图存"外部世界的压力情况下，选择追赶现代化道路，加之历史文化压力和中国人的特殊心理文化结构产生的一种社会性焦虑。这种焦虑被认为是中国环境问题和其他社会问题的社会文化根源。

再次是关于中国农村环境污染和冲突的政经一体化增长推进机制解释。该机制的提出者张玉林认为，在工业化发展过程中，中国农村环境污染及冲突的增多与中国独特的政经一体化增长推进机制有着密切的联系：在以经济增长为主要任期考核指标的压力型行政体制下，GDP 和财政税收的增长成为地方官员的优先选择，从而导致重增长、轻保护的环境保护主义倾向，地方政府和企业有可能结成增长的同盟，受害农民的经济利益和健康权利往往受到忽视，导致围绕污染而生的社会冲突加剧。④ 从政治经济学的视角来看，任何一种政治经济制度都对经济增长有着类似的渴求，那么究竟是什么因素导致这种同盟能够以牺牲民众的环境权益为代价，还需要进一步思考。

最后，理性困境视角，它与日本学者提出的"社会两难论"类似。国内学者王芳从环境行为的视角出发提出了理性的困境，用以解释转型期中国环境问题的根源。⑤ 该理论认为中国的环境问题，尤其是在微观和中观层面的，主要是由社会行动者的环境行为失当造成的。当然，这个行动者包括个人行动者（公众）和作为法人的行动者（企业和政府组织）。作为个体理性和集体理性冲突的社会根

　① 洪大用. 社会变迁与环境问题 [M]. 北京：首都师范大学出版社，2001：67.
　② 洪大用. 环境社会学的研究和反思 [J]. 思想战线，2014，40（4）：83 - 91.
　③ 陈阿江. 次生焦虑：太湖流域水污染的社会解读 [M]. 北京：中国社会科学出版社，2012：4.
　④ 张玉林. 政经一体化开发机制与中国农村的环境冲突 [J]. 探索与争鸣，2006（5）：26 - 28.
　⑤ 王芳. 理性的困境：转型期环境问题的社会根源探析 [J]. 华东理工大学学报（社会科学版），2007，22（1）：6 - 10.

源主要包括三个方面：有私无公的传统文化惯性、价值观多元化导致的集体价值理性认同的缺失，以及制度变迁中制度约束的弱化和偏离。一个深层的问题是，该理论解释的是转型期的环境问题，那么这是否就意味着在转型前不存在理性困境造成的环境问题呢？因此，需要反思转型前后造成环境问题的社会根源是否有着内在的一致性。

总体而言，2000 年以后，中国环境社会学快速发展，涌现了更为丰富的研究成果，理论建设逐步得到重视和强化。一方面，学者们研究和介绍西方环境社会学理论的力度有所增强；另一方面，基于中国经验研究的理论探索也不断取得新进展。与此同时，中国环境社会学理论建设呈现出多层次、多元化的视角，并体现了不同学科的交叉融合，环境社会学的理论发展与民族学、人类学、人口学、历史学等学科的环境研究日益紧密地结合在一起。

但是，中国环境社会学仍然是一门新兴分支学科，其理论建设无论在解释本地经验的深度和广度，还是与西方理论对话并产生国际影响等方面，都还有持续提升的空间。展望未来，在马克思主义中国化最新成果习近平新时代中国特色社会主义思想的指导下，继续扎根本土实践，广泛借鉴吸收多学科研究成果以及国际上环境社会学的理论创新，中国环境社会学理论建设一定能够取得更大进展，并为中国生态文明建设做出应有贡献。

思考题

1. 马克思、韦伯、涂尔干是如何论述社会与环境之间的关系的？
2. 简述北美环境社会学的流派。
3. 简述生态现代化理论对我国生态文明建设的启示。
4. 谈谈你对贝克和吉登斯风险社会理论的理解。
5. 简述日本环境社会学的主要理论及其特征。
6. 简述中国环境社会学的理论建设及其方向。

阅读书目

1. FOSTER J B, HOLLEMAN H. Weber and the environment：classical foundations for a post-exemptionalist sociology ［J］. American journal of sociology，2012，117（6）：1625 - 1673.

2. 包智明. 环境问题研究的社会学理论：日本学者的研究 ［J］. 学海，2010（2）.

3. 洪大用，马国栋，等. 生态现代化与文明转型 ［M］. 北京：中国人民大学出版社，2014.

4. 汉尼根. 环境社会学（第二版）［M］. 洪大用，等译. 北京：中国人民大学出版社，2009.

第三章

前工业社会的环境问题

【本章要点】

- 自有人类社会以来，人类就对自然环境施加着影响。在前工业社会，由于人类对自然的认识能力和改造能力有限，因此并没有出现系统性的环境危机。

- 环境观指的是人类对自然环境以及人与环境关系的认知与理解。在不同的时空背景下，人类对环境的认识以及对人类与其相互影响关系的认识存在差别，进而会形成不同的环境认知、价值观念、民间习俗、宗教信仰以及行为习惯。

- 采集、狩猎和渔业是人类最原始和最古老的生计方式，它们对自然的影响很小。到了旧石器时代晚期，人类对环境的破坏初现端倪。在这一历史时期，人类与环境的关系表现为人类适应自然环境，并且呈现出对大自然的图腾崇拜。

- 游牧社会逐水草而居的生产和生活方式以及宗教禁忌，对于保护草原环境发挥了重要作用，但是也存在草原沙化等环境问题。

- 农业社会开启了人类与环境关系发生深刻变化的历史阶段，出现了森林破坏、水土流失、土地沙化、生物多样性减少和海洋环境变化等问题。

- 农业社会的环境观大致包括自然环境支配论、人与自然和谐观以及人类中心主义等方面。

【关键概念】

环境观 ◇ 图腾崇拜 ◇ 宗教禁忌 ◇ 地理环境决定论 ◇ 人类中心主义

根据人类获取食物的方式，雷蒙德·弗思（Raymond Firth）将人类社会分为以下几种：采集、狩猎及渔业社会，畜牧社会，农业社会以及工艺（artisans）社会。其中每一类别又可分为几个亚类，同时，这种分类并不意味着这些社会类型之间是截然分开的，比如，放牧人也从事简单的农业活动，主要从事农业生产的人也打猎、捕鱼和采集野果。[①] 应该说，这种依据人类获取食物的途径、从事的主要行业以及依赖的技术而进行的分类，有利于厘清不同的社会类型及其主要特征。本书参照了弗思的分类标准，但为聚焦前工业社会环境问题，我们没有采用畜牧社会这种说法，而使用的是"游牧社会"这一概念。本章旨在介绍和描述前工业社会的环境演变史以及人类的环境观。

第一节
采集、狩猎与渔业社会的环境问题

在远古时期，人类的生活资料主要是通过采集、狩猎和渔捞获得，这是人类最原始和最古老的生计方式。当时，人类面临着恶劣的生存条件，人类对自然的认识能力和改造能力都十分低下，因此人类对环境的影响很小，人类与环境的关系主要表现为人类逐渐适应自然环境，并对大自然产生图腾崇拜。

一、人类的生活状况

人类社会是经过漫长时间的进化而产生的：大约 400 万年前，非洲出现了类人猿；此后至 150 万年前直立人出现，人类进化的舞台一直在非洲大陆；在大约100 多万年前，在非洲进化的原人分布扩大到亚洲和欧洲地带；在距今大约 4 万年前，已经进化成和我们一样的新人（neoanthropus）；在距今约 3 万年前，东北亚的蒙古人种的一部分经过白令海峡到达北美，后来又扩散到南美洲；到了距今 2 万～3 万年前，地球上的所有地区都有人类分布了。[②] 从人类产生到大约 1万年前为止，先民们主要依靠采集和渔猎来获取食物等生活物资。

按照考古学的划分，石器时代包括旧石器时代、中石器时代与新石器时代等三个阶段，其中采集狩猎时期基本处于旧石器时代和中石器时代。旧石器时代的生产工具以打制石器为主，也使用木器、骨器等工具。[③] 在这段漫长的历史时期，人类以采摘植物的果实、根茎以及叶子等为食物，同时捕食野兽和鱼蚌维持

① 弗思. 人文类型 [M]. 费孝通，译. 北京：商务印书馆，1991：47.
② 秋道智弥，市川光雄，大冢柳太郎. 生态人类学 [M]. 昆明：云南大学出版社，2006：13 - 14.
③ 邬沧萍，侯东民. 人口、资源、环境关系史（第 2 版）[M]. 北京：中国人民大学出版社，2010：44.

生活。其中，采集获取的是植物性食物，狩猎和渔业获取的则是动物蛋白和热量。在这三种食物获取途径中，采集活动出现得最早，是旧石器时代的主要经济活动。有研究表明，大约在农耕开始前的1.5万年，人类开始捕捞。这是人类到江河湖海等水域捕捉鱼类、海兽及其他水生经济动植物，并将之作为食物的一种生活手段。[①] 这一时期出现了人类历史上的第一次分工，即女性主要从事采集，而男性主要从事狩猎和渔业。

考古发现，山顶洞人主要的食物依靠的是狩猎和渔捞。其中，猎取最多的是赤鹿、斑鹿、野牛、野猪、羚羊、狐狸和兔之类的野兽，还能捉到鸵鸟和其他鸟类，而捕捞的食物中有青鱼、海蚶和厚壳海蚌。[②] 渔业不仅仅停留于对食物的获取上，还包括对装饰品的制作。同时，捕鱼方式也在逐步进化中。

远古人类的渔业及其捕鱼方式

远古人类不仅摄食贝肉，而且充分利用贝壳制作蚌刀、蚌镰等收割工具。此外，蚌镞则用于渔猎。当时的人们还用贝壳制作珠和环等精美的装饰品。这反映了古人十分熟悉贝壳，因而充分利用着贝壳。

对于海滨居民来说，捕鱼是极重要的。人们发明了鱼钩、钓针、鱼叉和渔网坠等工具，大量捕捞水产品。根据对民族学资料的研究发现，最古老的钓鱼方法并不用鱼钩。居住在云南境内的苦聪人、芒人钓鱼时，在竹竿上系一根野麻绳，斜插在河岸上，绳的下端拴条蚯蚓丢在水里。当鱼群争食蚯蚓时，岸上的竹竿鱼镖似的左右摇动。此时快速拉起麻绳，即可抓到鱼。沿海渔民钓捕梭子蟹也采用类似的方法。后来人们又发明了以树的棘刺、鸟类的爪子钓鱼，进而仿照它们制作了鱼钩。钓钩的使用有助于扩大捕鱼范围，提高钓鱼效率。此外，人类还曾利用骨、角、贝壳、石料以及植物之类制成粗糙的原始钓钩。

资料来源：于临祥，王宇. 从考古发现看大连远古渔业 [C] //大连市文物考古研究所. 大连考古文集：第一集. 北京：科学出版社，2011：130-131.

英国学者克莱夫·庞廷（Clive Ponting）指出，当直立人在大约150万年前向非洲以外移居时，他们所占据的地域很有限，所掌握的技能只能应用于亚热带地区的生态系统。"在这些生态系统中有着易于采集到的各种植物，有着很多小型的、容易捕猎的动物来作为食物的补充。"[③] 作为大多数民族在发展初期都经历的阶段，采集、狩猎和渔业活动是人类获取食物和营养的重要途径。随着人类社会的发展演进，采集狩猎民族几乎消失殆尽，迄今仅存的几个采集

① 贾蕙萱. 中日饮食文化比较研究 [M]. 北京：北京大学出版社，1999：12.

② 上海博物馆《中国原始社会参考图集》编辑小组. 中国原始社会参考图集 [M]. 上海：上海人民出版社，1977：25.

③ 庞廷. 绿色世界史：环境与伟大文明的衰落（新版）[M]. 王毅，译. 北京：中国政法大学出版社，2015：20.

狩猎民族被认为是人类社会发展史上的"活化石"。[1] 比如，西南非洲的布须曼人（the Bushmen）、非洲赤道树林中的俾格米人部落（Pygmy Groups）、印度和东南亚的一些部落、大洋洲的一些阿布里吉人（Aborigines）、北极的一些因纽特人（Inuit）和南美洲热带森林中的一些土著居民。目前，他们基本生活在一些贫瘠地带。[2] 而渔业仍占有较大的比重，但生产方式与历史早期早已不是一个概念。

这一历史时期的先民们生活在严酷的自然环境中，因此现代人类曾普遍推测他们必然面临着食物短缺等问题。但是，生态人类学在20世纪60年代之后的研究发现，这是文明社会的偏见造成的错误认知，实际上他们享受着充裕的闲暇时间，过着富裕的闲暇生活。[3] 比如，马歇尔·萨林斯（Marshall Sahlins）指出，在经济发展理论中，这一时期并不是"糊口经济"（subsistence economy），而是一个原初的丰裕社会。[4] 当然，这种丰裕社会是相对的，人类能够获取的食物种类很少。同时，即使在发明钻木取火后，人类不再过饮血茹毛的生活，其生存条件依然是非常严酷的。

二、人类对环境的影响

这一时期是人类生产力发展的原始阶段，也是蒙昧时期。由于文字没有产生，关于先民的生产生活状况及其对环境的影响，人们主要依靠考古发现进行科学推测。

因为先民对自然缺乏科学认知，大自然显得神秘莫测，而且威力无穷。同时，当时没有机械化的生产工具，人类改造自然的能力非常低，只能不断地顺应和适应自然环境。此外，由于人口稀少、人口密度小，因此人类对自然环境的影响非常微弱。克莱夫·庞廷认为，采集和狩猎部落在数十万年的时间内适应了地球上每一种可能的生存环境。在这些不同的自然环境中，人们获取生活资料的技术差别很大，有的依赖于采集野果和狩猎小动物，有的依靠驯养驯鹿以及捕杀野牛。一般而言，人们认为这些部落生活在与环境的和谐之中，对生态系统形成的是最低限度的损害。[5]

在当时的历史条件下，人类的生产工具非常落后，人类的生产生活范围非常有限，对自然的破坏微弱到可以忽略不计。不过，"在旧石器时代晚期，人类对

① 温士贤. 家计与市场：滇西北怒族社会的生存选择 [M]. 北京：社会科学文献出版社，2013：152.

② 庞廷. 绿色世界史：环境与伟大文明的衰落（新版）[M]. 王毅，译. 北京：中国政法大学出版社，2015：15.

③ 秋道智弥，市川光雄，大冢柳太郎. 生态人类学 [M]. 昆明：云南大学出版社，2006：21.

④ 萨林斯. 石器时代经济学 [M]. 张经纬，郑少雄，张帆，译. 北京：生活·读书·新知三联书店，2009：1.

⑤ 同②26.

自然的破坏力已经初现端倪"①。很多史料也说明了当时的先民对自然环境的影响。比如，克莱夫·庞廷的研究认为："东非的现代哈德扎人（Hadza）就以索取少量蜂蜜而大量摧毁野生蜂窝而出了名，其他的部落为了获取自己需要的野生植物而满不在乎地成片连根拔起而毁了它们。而且，采集和狩猎部落也的确在改变野生'作物'的生长条件，他们以牺牲那些自己不需要的植物为代价来扩大那些对自己有用的植物的生产。"从大约 3 万年前开始，新几内亚就出现了广泛的毁林现象，包括"砍伐、环状剥皮和火烧"。人类处理掉森林植被，以"增加可供食用的植物，如山芋、香蕉和芋头"。此外，采集和狩猎部落也采用了控制性的火烧、建立"灌溉"地块和移植等手段，以"促进自己想要的那些植物的生长"。② 这种生产生活实践表明了人类基于自身需求而有选择性破坏和损毁其他动植物的生存空间，体现了人类意志对自然环境的影响。不仅如此，人类的滥捕滥捞滥杀行为也加剧了某些生物资源的灭绝。可见，当人类自身具有改变生存条件的意识和能力时，对环境的影响就开始增加，而随着人类生存需求的增多以及作用自然能力的增强，其对环境的影响范围和程度也在不断扩大与加深。

三、人类的图腾崇拜

在采集、狩猎和渔业社会，人类既没有树立改造自然和征服自然的意识，也没有萌生与自然和谐相处或爱护自然的思想。在这一历史时期，与其说人类具有什么样的环境观，倒不如说他们在恶劣的自然环境中谋求生存时形成的是什么样的图腾崇拜。这是人类社会早期阶段的共同状态，几乎不存在东西方差别。

人类的图腾崇拜源自对自然力的束手无策。一方面，由于无法解释复杂的自然现象，人类对风、雨、雷、电等自然现象和自然力量有着本能的恐惧和敬畏。另一方面，人类对于野兽侵袭也只能通过简单的石器加以抵御。因此，人类对自然界产生了敬畏之情，并在某种程度上塑造了天命论。这种对自然的敬畏和天命论虽然没有促成人类形成与自然和谐相处的意识，但促成了和谐相处的结果。

图腾崇拜是与狩猎、采集生活相适应的宗教形式，它产生于旧石器中期，繁荣于旧石器晚期。图腾最初被视为民族或部落的亲属和祖先，万物有灵观念产生之后，它才被神化，成为氏族、部落的保护神，或演化为地域保护神。③ 图腾崇拜的对象具有栩栩如生的形象，具有神灵化的力量。在漫长的蒙昧时期，人类以图腾的形式表达对自然现象的崇拜，这是人类产生最早的生态文化现象。④ 人们认为，世界被自然神主宰，于是出现了对日、月、星辰、风、雨、雷、电的自然

① 邹沧萍，侯东民．人口、资源、环境关系史（第 2 版）［M］．北京：中国人民大学出版社，2010：49.

② 庞廷．绿色世界史：环境与伟大文明的衰落（新版）［M］．王毅，译．北京：中国政法大学出版社，2015：26 - 32.

③ 何星亮．中国自然崇拜［M］．南京：江苏人民出版社，2008：11.

④ 姜春云．中国生态演变与治理方略［M］．北京：中国农业出版社，2004：8.

崇拜，并因此形成了原始宗教。研究表明，在宗教崇拜方面，人类先是崇拜形态各异的动物神，进而崇拜半人半兽形的神，之后才是崇拜人形的神。从自然崇拜到早期的宗教崇拜，都属于采集、狩猎这一历史时期。在中国古代的神灵中，动物神占据多数。由动物神到人神的转变标志着人类影响自然能力的提高，因为人类开始崇拜自己了。[①]

在这段历史时期内，先民的生产生活中出现了一些试图保护资源的行为，以便在很长时间内维持食物供应。比如，一年之中的某些时候禁猎某些动物，或者是每隔几年才可以到一个地区去捕猎的模式，都有助于那些被捕猎动物维持一定的数量。[②] 就此意义而言，先民们已经形成了某些图腾禁忌，进而避免了对自然资源的过度索取。但是，这种间歇式渔猎更多的是无意识的行为，并不具有普遍性和广泛性。

总的来说，由于认识和积极改造自然的工具缺乏，生产能力受限，这一阶段的人类将自然元素当作其认识"非人"力量的一种方式，无意中创造了人与环境相关的早期人类文化。这种由敬畏和尊重建构起来的图腾崇拜和图腾禁忌，延伸出人类作用于自然的某些规则和特定的生产生活方式，但人类力量本身并没有影响自然环境的演变，从而维持了人与自然和谐共生的画面。

第二节
游牧社会的环境问题

游牧属于传统畜牧，与现代的牧场畜牧业存在着本质的区别。由于生产工具与技术等方面的限制，传统的畜牧是移动性的和无固定场地的游牧。提到游牧，人们往往就能联想到逐水草而居、四季轮牧以及人与草原生态环境和谐共处的画面。本章介绍的是前工业社会的环境问题，因此采用的是"游牧社会"这一概念。在游牧社会，人类对环境的影响已经有所增强，并带来了一定的环境问题。

一、游牧社会的基本状况

牧业萌芽于狩猎采集经济阶段，但游牧经济的形成往往以农业生产发展到一定阶段为基础。[③] 游牧是一种具有流动性的生计方式。放眼全球，绝大多数牧人都依赖自然生长的草场提供生计基础。在这种生境中，他们放牧着牛、骆驼、绵

---

① 陈鹰. 生态文明与旅游价值观的重建 [M]. 杭州：浙江人民出版社，2009：19.
② 庞廷. 绿色世界史：环境与伟大文明的衰落（新版）[M]. 王毅，译. 北京：中国政法大学出版社，2015：26.
③ 李根蟠，卢勋. 中国南方少数民族原始农业形态 [M]. 北京：农业出版社，1987：112.

羊、山羊、驯鹿、马、美洲驼、南美羊驼、牦牛等各类群居动物，并依靠畜类提供的肉、奶、奶制品等产品维持生计和生活。[①]

关于游牧社会的起源，学界众说纷纭，至今没有达成共识。一般认为，在一万年前，就有了动物驯养这种生计方式。公元前四千年左右，在乌拉尔山以东的中亚地区，人类首次尝试抓获和驯化马[②]，随后开始用它来放牧。而牲畜增加和草场资源枯竭迫使畜牧者迁移，并最终形成了游牧。西方相关研究认为，随着草场资源的枯竭，早期畜牧人群发生了迁移，而这有助于欧亚草原游牧业的形成。[③] 目前，最早的游牧部落形成的时间和地点目前仍未确定，人们通常认为，这大约发生在公元前三千年的欧亚草原的西端。[④] 游牧社会并不是采集、狩猎和渔业社会进化到农业社会的中间阶段，它在农业社会成型后得以快速发展，具有相对的独立性。

游牧社会可以划分为多种类型。有学者认为，它包括欧亚草原类型、中东类型、近东类型、东非类型、欧亚北部类型和亚洲内陆高原类型。每种类型的产生都有其特定的诱因，主要包括气候、气温、人口、农业以及贸易发展等。[⑤] 对中国而言，长城以内主要是农业区，长城以外主要为游牧区，在游牧地区生活的主要是少数民族。游牧地区具有植被发达、水草丰茂的特征。南北朝时期的《敕勒歌》就生动地诠释了草原的优美环境："敕勒川，阴山下。天似穹庐，笼盖四野。天苍苍，野茫茫。风吹草低见牛羊。"在生产生活方面，"逐水草而居"的生产方式使得被放牧过的草场得以有时间进行自我修复和恢复。因此，游牧社会对草场环境的压力较小。需要指出的是，游牧地区也有种植业这种经济形态，特别是过度的和大范围的农业垦殖及农业发展对草原环境产生了破坏性的影响。

二、人类对环境的影响与破坏

游牧社会出现了草场破坏和草原沙化等环境问题，由此导致了水土流失和生态失衡等矛盾。比如，鄂尔多斯高原、河西走廊和科尔沁等地的土地沙化都与人类过度的农垦和放牧等问题密切关联。在明清时期，这一问题比较严重。就人类活动的影响而言，这种环境问题的主要诱因可以归结为经济因素和军事因素两类。

(一) 经济因素

由于粮食生产需求，很多草原地区被开垦成农区或半农半牧区，牧区范围被

① 庄孔韶. 人类学概论（第三版）[M]. 北京：中国人民大学出版社，2006：165.
② 马立博. 中国环境史：从史前到现代 [M]. 关永强，高丽洁，译. 北京：中国人民大学出版社，2015：78.
③ 郑君雷. 西方学者关于游牧文化起源研究的简要评述 [J]. 社会科学战线，2004 (3)：217-224.
④ 邵方. 中国北方游牧起源问题初探 [J]. 中国人民大学学报，2004 (1)：144-149.
⑤ 郑君雷. 西方学者关于游牧文化起源研究的简要评述 [J]. 社会科学战线，2004 (3)：217-224.

不断压缩，这导致很多优质草场被破坏甚至形成沙化问题。中国历代王朝都有"重农轻牧"倾向，并向草原地带大批移民和屯田。比如，隋唐时期就是我国屯垦的一次高潮期。安史之乱（755—763 年）后，由于内地人逃亡到陕北开荒种地，使得这一地区所剩不多的草原再度遭到破坏。而政府为了安置难民，往往采取鼓励开荒的政策，而这又导致滥垦滥种之风盛行。[1] 显然，开荒种地特别是过度垦殖，加剧了草原环境的破坏速度与程度。

通常情况下，游牧民与农业社会并非处于相隔绝的状态，相反，他们与定居农业社群存在很多联系。[2] 而在不同的历史时期，二者之间的联系程度特别是农业对牧业的影响差异甚大。比如，在两千多年前，蒙古地区就产生了作为畜牧业副业形式的灌溉犁耕农业。[3] 此后，局部地区的过度开垦和过度砍伐导致了草原沙化问题，比如，科尔沁地区的草原沙化就是这方面的典型。但是，整体上看，直到清朝建立之前，"蒙古的传统农业是以游牧经济的副业形式出现的"，不存在大面积的滥垦农场现象。而在清代，汉族农民大批涌入草原并开始大肆开垦牧场，使得草场逐渐被侵蚀。由此，蒙古的游牧生产受到了农业社会的冲击。[4] 而清政府为增加财政收入，推行了垦种政策，导致毁林烧荒和滥垦过牧问题。此外，耕作破坏了草原植被和生草土层，沙质土地下的沙质沉积物成为沙丘的物质来源。[5]

可见，过度放牧特别是农业的过度发展导致了草场资源的退化以及日益严重的沙化问题。就客观效果而言，这种农业生产实践促进了粮食增收，对当时的社会发展具有一定的实际意义。但与此同时，这些行为导致了环境退化这一非预期性后果。在历史发展进程中，随着农业生产技术的革新、人口增长以及人类对草原环境施加影响程度的加深，环境衰退呈现出持续加深之势。

（二）军事因素

军事因素是导致草原退化的又一主要因素。

战争是草原退化的关键因素之一。在战乱时期，草原难逃战火洗劫。在历史上，草原地带的历次大型战事都导致草原环境遭到严重破坏。比如，在汉征战匈奴、曹魏北伐乌桓、金灭辽以及康熙讨伐准噶尔等历史时期，战火都殃及草原地带，对草原环境产生了破坏性的影响。[6] 与此同时，为了军事防御目标而采取的相关政策也会破坏草原环境。比如，明朝军队采取的"烧荒"措施就对草原环境造成了破坏。相关史料表明：明边军于冬初草枯蒙骑入塞之时，挑选精兵，驻守边塞，临边三百里，将出入之处的野草烧尽，使蒙人不得就边地放牧。这一举措

① 陶炎，高瑞平．历史时期草原的变迁与牧业的兴衰 [J]．中国农史，1992（3）：59-65.
② 郑君雷．西方学者关于游牧文化起源研究的简要评述 [J]．社会科学战线，2004（3）：217-224.
③ 色音．蒙古游牧社会的变迁 [M]．呼和浩特：内蒙古人民出版社，1998：1.
④ 同③4.
⑤ 余文涛，袁清林，毛文永．中国的环境保护 [M]．北京：科学出版社，1987：73.
⑥ 同①.

主要是军事安全之需，但也破坏了天然草场。明朝末叶以后，特别是清朝乾嘉以来，这一地区滥垦乱伐的情况更趋严重，致使水土流失和生态失衡状况日益严重。[①]

军事屯田是草场退化的又一个重要影响因素。在历史上，很多昔日的绿色走廊因此变为戈壁荒漠。比如，曾是古代丝绸之路交通要道的河西走廊，本来是个水草丰茂之地，但屯田戍边政策加速了其土地沙化进程。有研究认为，中国历史上在河西地区的屯田戍边政策往往在国力鼎盛时推行。在屯垦的高潮时期，大量草场被辟为农田。当人从屯垦区撤走后，屯垦区被撂荒，"其结果是地面长期裸露"，甚至连农作物对风沙的微弱阻滞作用都不复存在。于是，"劲风便可携大量沙粒，侵向内地"。[②] 其实，在汉朝时期，河西走廊的沙化问题已经出现。简而言之，军屯政策以及边疆驻军及其相伴随的垦荒等活动对草原生态造成了强大的环境负荷。

三、人类的环境观

一般而言，环境观指的是人类对自然环境以及人与环境关系的认知与理解。在不同的时空背景下，人类对自然、资源和环境的认识以及人类与其相互影响关系的认识存在差别，进而会形成不同的环境认知、价值观念、民间习俗、宗教信仰以及行为习惯。本书所探讨的环境观是特定时间和区域的占据主流和支配地位的环境观。在游牧社会，人们在生产生活实践和宗教信仰方面形成了朴素的环境观。

（一）生产习俗中的环境观

游牧社会的生产实践孕育了自成体系的环境知识，这在一定程度上反映了人们对自然的基本意识与观念。在历史长河中，这种观念又促进了环境知识的再生产。

游牧社会的生产习俗中蕴含着深刻的生态智慧。相关文献梳理表明，在汉语（包括古代汉语和现代汉语）中，"游牧"一词含有"逐水草而居"和"居无常处"的意思。而蒙古人所理解的"游牧"包括三层含义：首先，游牧是为了保护草场，"这是游牧经济的生态特征所决定的"；其次，游牧指的是赶着牲群，逐水草而居的生活方式，它是基于游牧生产的基础而形成的；再次，游牧是指根据季节变化与更换草场的需要，每年经常往返于不同营盘之间的过程。[③] 显然，这种生产生活实践有利于草场资源的再生与更新，从而维系了草原生态平衡。

在传统游牧社会，牧民从水和草两方面来考虑放牧，形成了有利于草场保护的生产实践。比如，青藏高原的藏族牧民在放牧时严格遵循季节更替原则，其

①　中国农业科学院，南京农业大学中国农业遗产研究室．中国古代农业科学技术史简编［M］．南京：江苏科学技术出版社，1985：280．

②　赵冈．中国历史上生态环境之变迁［M］．北京：中国环境科学出版社，1996：12．

③　额灯套格套．游牧社会形态论［M］．沈阳：辽宁民族出版社，2013：8-9．

中，"冬不吃夏草，夏不吃冬草"就体现了保护不同季节草场资源的思想。① 一年之内依季节变化划分牧场，是游牧生产的重要组成部分。在通常情况下，牧民基于两个原则划定季节牧场：其一，保证牧场有良好的再生能力，且植物成分不被破坏；其二，饮水条件以及牧草生长状况可以满足季节要求。② 可见，逐水草而居是一种适应草原生态环境的生产方式，对于保护草原和水源都发挥着重要作用，从而使牧民和生态环境整体上呈现出和谐共生的局面。

当然，游牧社会的生产习俗中也有破坏性的一面。比如，有学者认为，东非的游牧部落在畜群繁殖方面"以数量论英雄"。这是因为，它们不仅是食物的重要来源，也是维系社会关系的重要基础——很多社交活动都需要彼此交换牲畜，由此增加了环境的承载负荷。此外，蒙古族也把牲畜数量视为财富和地位的象征，这种衡量原则或曰文化同样助长了超载放牧③，对草原环境产生了破坏性影响。

(二) 宗教崇拜与禁忌中的环境观

游牧民族中的宗教崇拜和宗教禁忌中具有朴素的环境观，其中蕴含着质朴的生态保护的思想。这种宗教信仰中的"规训"与"惩罚"促使人们尊重自然和遵守自然法则，在客观上对自然环境起到了保护作用。

由于对自然现象的认识能力和理解能力有限，牧区先民给大自然赋予了神灵色彩，产生了宗教崇拜。而宗教信仰中的神灵思想也蕴含着自然保护思想。比如，有研究认为，古代的蒙古族信仰萨满教，崇尚自然万物有灵论，"并且常常把自然事物本身与神灵同等看待"，成为"自然而然的生态保护论者"。所以，蒙古族具有生态保护的意识传统，这种传统反对滥垦滥伐行为以及污染环境行为。④ 由此可见，萨满教的神灵崇拜对于环境保护的影响是具体的，而非抽象的，在预防过度垦伐方面具有积极作用。

为了让禁忌和敬畏具有更直接的效力，有的宗教还或直接或间接地明确了违反禁忌和触犯神灵的严重惩罚。比如，"牧民禁忌在神山上开采挖掘，禁忌采集砍伐神山上的草木花树，禁忌将神山上的任何物种带回家。如果挖掘了神山或采掘了神山上的草木并带回家，家中便不平安；禁忌在神山上打猎，如果打猎就会受山神惩罚，猎人触犯灵山，山神的冰雹就会降下来。"此外，"如果在神湖中扔脏物，便会受到龙神惩罚得皮肤病"⑤。这种宗教禁忌已经超越了道德紧箍咒，具有一定的诅咒色彩。同时，它不同于现代意义上的法律惩戒以及自上而下的政府监管逻辑，而是在宗教规范及其信仰内部设定"规训"与"惩罚"，强化了人们对大自然的敬畏之心，对于人们将禁忌内化为自身的行为准则具有重要意义。

---

① 王剑峰. 环境保护的民间镜像：传统游牧社会的环境知识及其当代价值 [J]. 黑龙江民族丛刊，2013 (4)：118-123.
② 韩茂莉. 中国历史农业地理：下 [M]. 北京：北京大学出版社，2012：796.
③ 麻国庆. 环境研究的社会文化观 [J]. 社会学研究，1993 (5)：44-49.
④ 麻国庆. 草原生态与蒙古族的民间环境知识 [J]. 内蒙古社会科学 (汉文版)，2001 (1)：52-57.
⑤ 同①.

此外，游牧社会在生产生活实践方面也有一套禁忌体系。比如，"禁忌夏季举家搬迁，另觅草场，以避免对秋冬季节草场的破坏"。这是顺应自然规律的表现：之所以要求牧民夏季不搬家，是因为夏季是草原牧场的生长季节，不能让牲畜践踏。此外，禁忌还要求不在草地上挖水渠，是因为水道易形成水土流失，以免破坏草场；禁止挖掘采集山上草木，以免造成草山沙化……这些禁忌使牧民可以有限度地按照自然规律使用草场（四季轮牧法），但在一般情况下不会挖掘毁坏草场。① 显然，这种"不可为"的禁忌限定考虑到了牧区的资源条件、资源更新能力及其规律，蕴含着生态智慧。

从整体上看，与采集、狩猎与渔业社会相比，在游牧社会，人们不再无意识地与自然相处，而是开始有意识地改造自然环境。然而，由于生产技术等方面的原因，人类对环境的影响还比较有限，同时宗教禁忌在一定程度上也规训着人类行为。不过，与人类改造自然的需求和动力相比，宗教禁忌对人类行为的约束力日益无法抹平其破坏力，人类对生态环境的破坏渐趋严重。

第三节
农业社会的环境问题

在人类以采集和渔猎作为获取食物的主要手段的历史时期，农业就开始萌芽了。考古发现，农作物栽培和牲畜饲养是新石器时代的特征②，由此推断，农业社会发展迄今已有一万年的历史。河南新郑的裴李岗遗址（约前 5500—前 4900 年）和浙江余姚的河姆渡遗址（约前 5000—前 3300 年）都发现了农业生产工具。另据考证，"第一批农作村落出现在公元前 4300 年左右，而农业的完全建立大约是在公元前 3500 年"③。在农业社会，人类对自然环境的改造能力明显增强，尽管没有产生系统性的生态危机，但出现了明显的环境问题。

一、人类对环境的影响

农业社会包括原始农业社会和传统农业社会两个阶段。在原始农业社会，人类对环境的影响完全可以通过系统的自我调节而消除。与原始农业相比，传统农

① 南文渊. 藏族传统文化生态概说 [C] //马子富. 西部开发与多民族文化. 北京：华夏出版社，2003：167 - 169.

② 中国农业科学院，南京农业大学中国农业遗产研究室. 中国古代农业科学技术史简编 [M]. 南京：江苏科学技术出版社，1985：3 - 6.

③ 庞廷. 绿色世界史：环境与伟大文明的衰落（新版）[M]. 王毅，译. 北京：中国政法大学出版社，2015：40.

业单位土地上的能量投入及其单位产出都有了大幅度的提高。[①] 同时，人类对自然生态系统的人工改造能力明显增强，人类与自然环境之间的关系发生了深刻的变化。在这一历史时期尤其是近 2 000 年以来，随着农耕区的扩张和经济发展，森林破坏、水土流失和土地沙化等问题日趋严峻，而生物多样性减少和海洋环境变化等问题也都以不同程度呈现了出来。

（一）森林破坏

在远古时期，陆地上森林密布，可谓茫茫林海。但是，自农业时代开启以来，森林遭到砍伐和破坏的范围越来越大，遭到破坏的程度越来越深。从整体上看，森林破坏的结构性因素主要包括以下几个方面。

第一，农业发展对森林系统的侵蚀。人类的开垦农场和农田活动存在以清除森林为代价的历史事实，美国学者马立博将此称为一个渐进式的森林清除过程。在大约一万年前农业发展起来并向外扩张之时，这一活动就已经开始。[②] 恩格斯曾深刻地指出："美索不达米亚、希腊、小亚细亚以及其他各地的居民，为了得到耕地，毁灭了森林，但是他们做梦也想不到，这些地方今天竟因此成为不毛之地，因为他们使这些地方失去了森林，也失去了水分的积聚中心和贮藏库。"[③] 雷蒙德·弗思指出，有高度文明的人们以他们优越的知识、科学和杰出的技术来利用和改变他们的物质环境，"毫不顾忌应有的限度，有时甚至到了杀鸡取卵的地步。人们造田地、砌墙壁、筑篱笆、种庄稼，组成了农业社会"，但却在有些地方使森林受到严重破坏。[④] 在中国，到了清朝中叶，"全国森林遭受到了史无前例的大破坏"。当时，棚民（山上搭棚居住的流民，属于无家可居之人）人数以百万计，他们以"灭绝性的方式清除深山中的林木，开辟农田，种植玉米"。[⑤]

第二，人口压力加剧了毁林开荒问题。在人丁兴旺时期，人口增多引发人地矛盾，往往掀起毁林开荒热潮，导致森林资源被破坏。徐波对西部地区近400 年来生态变迁的考察发现，在急遽增长的人口和粮食需求压力下，农业垦殖不断向西北地区生态薄弱的河谷平原、丘陵山地和林区拓展，使得森林草原等生态系统发生了极大改变。到嘉庆之后，西北地区森林破坏程度已经呈现不可逆转之势。[⑥]

第三，生活燃料需求和经济利益刺激导致森林资源遭到持续破坏。比如，早在 5 000 年前，为了满足建造船只、居住和公共建筑等需求，黎巴嫩广阔的雪松林就已经消失了。另外，燃料需求也导致塞浦路斯、希腊和地中海沿岸地带大片

① 孙鸿烈. 中国生态系统：上册 [M]. 北京：科学出版社，2005：26.
② 马立博. 中国环境史：从史前到现代 [M]. 关永强，高丽洁，译. 北京：中国人民大学出版社，2015：23.
③ 马克思，恩格斯. 马克思恩格斯选集：第三卷 [M]. 3 版. 北京：人民出版社，2012：998.
④ 弗思. 人文类型 [M]. 费孝通，译. 北京：商务印书馆，1991：40.
⑤ 赵冈. 中国历史上生态环境之变迁 [M]. 北京：中国环境科学出版社，1996：10.
⑥ 徐波. 近 400 年来中国西部社会变迁与生态环境 [M]. 北京：中国社会科学出版社，2014：162.

林地的消失。① 在中国西北地区，随着社会需求的增加，各地纷纷建设官办采木厂，商人纷纷前往采购木材，甚至承包山林以牟取暴利。陇东森林草原地带在明代以前可谓古木参天，但至清初已变成光山秃岭。② 此外，造船、造纸、陶器、冶炼以及制盐等产业的发展都需要消耗大量林木资源，导致森林被大面积砍伐。

第四，大型工程建设破坏了森林资源。防御设施建设、城市兴建、宫殿和陵寝建设都会对其附近的森林资源造成严重破坏。比如，长城修建导致的大面积森林破坏已经为史学界所关注。根据史料，内蒙古鄂尔多斯高原上的森林和阴山上的森林就因秦始皇修长城就地取材而破坏，此时，华北平原已经没有所谓的原始森林。③ 此外，都城兴建、宫廷殿宇建设、陵寝修建和园林建设等也导致森林遭受过量砍伐。唐代文学家杜牧的《阿房宫赋》既总结了秦朝统治者骄奢亡国的历史经验，也展现了大兴土木导致的森林破坏问题，其中，"蜀山兀，阿房出"（蜀地山林中的树木被砍伐殆尽，阿房宫殿得以建成）就是生动的注脚。

第五，屯田导致了大面积森林毁坏问题。自汉朝开始，中央王朝都重视通过屯田以筹集军饷和税粮。一般而言，屯田包括军屯、民屯和商屯等类型，其中，军屯对森林资源和生态环境的影响最大。比如，中国汉朝施行了移民实边政策，大量移民迁移到东北。到汉平帝元始二年（公元2年），已垦耕地1 102万亩，此时辽宁省特别是辽西地区的森林植被已大量损毁，辽西平原地区基本无林可采。④ 在历史上，这种集体性耕作制度对特定地区的森林资源造成了严重的破坏。

第六，战争加剧了森林毁坏。一方面，兵燹战祸本身就容易焚毁和破坏森林；另一方面，战争需要的战船、战车和箭杆等设备制造对林木资源的大量需求也会导致森林资源遭到破坏。比如，在秦朝初期，司马错率十万大军攻巴蜀，造战船万艘，此次战事对四川森林造成了一次比较大的破坏。再比如，清朝时期，乾隆两次出兵平定四川藏族大小金川部落的叛乱，而这同样使得当地森林在战火中尽毁。⑤ 类似案例在世界战争史上可谓不胜枚举。

森林是一个重要的生态系统，具有调节气候、保持水土、涵养水源、防沙固沙、改良土壤以及维持系统内其他动植物生存等功能，被认为是陆地中生物种类最丰富、结构最复杂、功能最稳定的生态系统。因此，森林被破坏后，会形成连锁的负面生态效应。下文所介绍的水土流失、土地沙化、生物多样性减少等问题，都与森林破坏有着密切的联系。

（二）水土流失

一般认为，水土流失是指在山地丘陵区，由于雨水不能就地消纳，顺着坡沟

① 彭纳. 人类的足迹：一部地球环境的历史［M］. 张新，王兆润，译. 北京：电子工业出版社，2013：143.

② 中国林学会. 中国森林的变迁［M］. 北京：中国林业出版社，1997：110.

③ 同①37.

④ 同①16.

⑤ 同①24.

下流，冲刷土壤，使水分和土壤同时流失的现象。① 植被不良、滥砍滥伐、盲目开荒、森林破坏、超越生态承载力的农耕活动都会使土壤受到侵蚀，继而导致水土流失问题出现。

我们以中国为例进行说明。在西汉时期，为了应对突出的人地矛盾，开荒种粮成为朝廷解决粮食压力的最主要手段。有研究发现，西汉时期，"人类活动第一次较大规模地侵入原始生态系统"，特别是对黄河中游地区的广泛开垦，破坏了森林和草原，"使水土流失趋于严重，黄河支流变浊，黄河由浑变黄，下游河床淤积抬高，最终形成频繁泛滥与黄河改道的局面"。同时，"关中地区原有的茂密森林大量消失，全国范围内的草原大量减少"。这被认为是中国历史上的第一次环境恶化时期，人口增长和人地矛盾是直接影响因素。② 汉平帝元始二年，人口较秦汉之初已经增加了 10 多倍。在解决粮食压力的导引下，砍伐林木辟作农田已经成了普遍的社会现象。③

黄土高原的三次乱伐滥垦高潮

秦汉以来，黄土高原经历了三次乱伐滥垦高潮。

第一次是秦汉时期的大规模"屯垦"（边防军有组织地大垦荒）和"移民实边"开垦。这次大"屯垦"使晋北陕北的森林遭到大规模破坏。

第二次是明王朝推行的大规模"屯垦"，此次屯垦使黄土高原北部的生态环境遭到空前浩劫。据考证，明初在黄土高原北部陕北（延安、绥德、榆林地区）和晋北大力推行"屯田"制，竟强行规定每位边防战士毁林开荒任务。由于军民争相锄山为田，使林草被覆的山地丘陵都被开为农田，结果屯田"错列在万山之中，岗阜相连"。据《明经世文编》记载，自永宁（今离石）至延（安）绥（德）的途中，"即山之悬崖峭壁，无尺寸不耕"。从这里我们不难看出，明代推行"屯田"制对环境破坏之严重。

第三次大垦荒是在清代，清代曾推行奖励垦荒制度，垦荒范畴自陕北、晋北而北移至内蒙古南部，黄土高原北部和鄂尔多斯高原数以百万亩计的草原被开垦为农田，使大面积的土地沙化，水土流失加剧。

资料来源：黄土高原恶化的历史原因 [EB/OL]. （2009-07-09）[2016-01-02]. http://www.rxyj.org/html/2009/0709/3379.php.

黄河素有"三年两决口，百年一改道"之说，据统计，黄河大的改道迄今已经发生了 26 次。黄河改道是气候变化和人类活动等多种因素所致。黄河在新石器时代至少发生过两次大改道，而气候波动可能不是黄河改道与洪水泛滥

① 余文涛，袁清林，毛文永. 中国的环境保护 [M]. 北京：科学出版社，1987：66.
② 曲格平，李金昌. 中国人口与环境 [M]. 北京：中国环境科学出版社，2007：15.
③ 马玫. 中国传统文化与环境保护关系初探 [M] //中国社会学会人口与环境社会学专业委员会. 中国人口与环境（第2辑）. 北京：中国环境科学出版社，1995：63-66.

的唯一因素[1]，水土流失是其重要诱因之一。水土流失使得黄河下游被输送大量泥沙，导致河道淤塞、洪水肆虐以及河流改道等一系列问题。

（三）土地沙化

原始种植业和畜牧业打破了人类与自然之间的平衡状态，由此开启了人地关系冲突的先河。[2] 人地冲突的后果有很多表现形式，其中土地沙化是最直接的表现形式。这一问题在秦汉时期就已经比较明显。

历史学的研究发现，中国古籍文献中关于"雨土""雨黄土""雨黄沙""雨霾"等记录达上百处。其中，最早的"雨土"记录可追溯到公元前 1150 年，这里的"雨土"就是沙尘暴。从公元前 1 世纪开始，有关沙尘暴的记载屡见于文献，其发生范围多在甘肃等西北地区。辽金之后，沙尘暴的发生区域几乎遍布我国北方地区。[3] 还有研究表明，北京地区历史上的沙尘天气与北魏建都对森林破坏有很大关系。近百年的大肆毁林，使得绿色屏障被摧毁，导致了比较严重的沙尘暴问题。[4]

土地沙化的累积效应会诱发沙漠的产生。比如，中国西北地区不少沙漠的形成就与人类活动有很大关联。鄂尔多斯在三四万年前还处于草木茂盛的状态，有着良好的植被。秦汉以来的过度农垦引起了沙漠化问题。唐宋以后，这一地区的环境质量出现了急剧下降趋势，最终演化为今天的格局。[5] 这种因不合理的经济社会活动导致的沙漠，被称为"人造沙漠"。

（四）生物多样性减少

生物多样性对于维系生态安全具有重要意义。一般认为，生物多样性指的是生物与环境组成的生态复合体以及与此相关的各种生态过程的总和[6]，它是人类赖以生存的条件，是经济社会可持续发展的基础。但是，人类的过度摄取以及生物栖息地被破坏等因素，导致生物多样性急剧减少，并呈现日益加重的态势。到17 世纪中叶，从事皮毛贸易的印第安人已经灭绝了新英格兰的海狸。[7] 统计数据显示，近两千年来，地球上已经有 110 多种兽类和 139 种鸟类灭绝。[8]

由于人类生产生活区域的扩大以及气候变化等因素，很多生物的栖息空间被

① 刘莉. 中国新石器时代：迈向早期国家之路 [M]. 陈星灿，乔玉，等译. 北京：文物出版社，2007：25.

② 邹沧萍，侯东民. 人口、资源、环境关系史（第 2 版）[M]. 北京：中国人民大学出版社，2010：55.

③ 岳高伟，蔺海晓，常旭. 沙尘暴科学问题研究 [M]. 郑州：郑州大学出版社，2009：32 - 33.

④ 翟旺，米文精. 山西森林与生态史 [M]. 北京：中国林业出版社，2009：93.

⑤ 陈育宁. 鄂尔多斯地区沙漠化的形成和发展述论 [J]. 中国社会科学，1986（2）：69 - 82；韩昭庆. 明代毛乌素沙地变迁及其与周边地区垦殖的关系 [J]. 中国社会科学，2003（5）：191 - 204.

⑥ 蒋志刚，马克平，韩兴国. 保护生物学 [M]. 杭州：浙江科学技术出版社，1997：1.

⑦ 贝纳特，科茨. 环境与历史：美国和南非驯化自然的比较 [M]. 包茂红，译. 南京：译林出版社，2011：27.

⑧ 陈德娣，华丕长. 环境公害纵横谈 [M]. 北京：中国环境科学出版社，1993：10 - 11.

不断挤压。大象的退却就是这方面很好的注脚。[①] 有学者按照时间脉络绘制了大象栖息地由北向南的退却路线图：公元前 6000 年至公元前 11 世纪，野象活动的北界在天津、北京和阳原一带；公元前 11 世纪至公元前 8 世纪，它们退缩到东台、驻马店、襄樊附近；公元前 8 世纪至公元前 3 世纪，大象退到连云港、济南、洛阳附近；从公元前 3 世纪至 10 世纪，它们向南退到南通、淮南、安陆、三峡一带；公元 10 世纪至 11 世纪，它们退到长江以南的上海、南昌、洞庭湖、自贡一线；公元 12 世纪初至 12 世纪末，又退到厦门、上杭、赣州、贵州南部地区。[②] 当然，大象南撤的原因是多方面的，除了人类活动的影响，还有气候变化等因素的影响。

（五）海洋环境变化

在农业社会，沿海国家和地区加强了对海洋资源的开发和利用，在发展海洋经济和增加经济收入的同时，这种活动也导致了一定的环境问题。

首先，人类高强度的捕捞活动导致了海洋资源减少问题。比如，唐朝时期，定期的过度捕捞使得珍珠蚌几乎被捕捞殆尽。742 年的一次滥捕直接导致一个监管部门的设立，以限制珍珠蚌的捕捞数量和维护牡蛎海床。[③]

其次，围海造地在增加发展空间的同时也导致了环境问题。精卫填海是中国上古时期的一个文化传说，而技术发展和人类的开发能力则使填海从传说演变为人类的实践活动。比如，我国最早的围填海的记述是在春秋时期，当时钱塘江口和杭州湾出现了围海制盐业。宋元时期，长江口三角洲地区多设盐场对海涂进行围填开发。北宋时期，珠江三角洲和关东沿海开始有填海工程。[④] 日本填海造地的历史记录出现于 11 世纪。到了明治初期（17 世纪中后期），日本已经开始在鹤见、川崎地区填海造陆，修建大型工厂。[⑤] 填海造地对于沿海国家和地区的陆域面积增加和经济发展具有重要意义，但会破坏自然海岸和渔场，还会导致湿地消失、海洋多样性减少等问题。

二、环境对人类社会的反作用

农业的产生是人类社会发展进程中的一个巨大飞跃，由此开始，人类对自然规律的认识以及改造自然的能力明显增强。但是，大自然对人类的报复也出现

---

① 伊懋可. 大象的退却：一部中国环境史 [M]. 梅雪芹，毛利霞，王玉山，译. 南京：江苏人民出版社，2014.
② 吕恩琳. 西南环境治理 [M]. 昆明：云南教育出版社，1992：5.
③ 马立博. 中国环境史：从史前到现代 [M]. 关永强，高丽洁，译. 北京：中国人民大学出版社，2015：160.
④ 刘振，刘洪滨. 中国围填海历史、现状、政策演变和法律对策 [C] //王曙光，鲁英宰. 中韩围填海环境影响与管理政策研讨会论文集. 北京：海洋出版社，2012：11 - 19.
⑤ 张军岩，于格. 世界各国（地区）围海造地发展现状及其对我国的借鉴意义 [J]. 国土资源. 2008（8）：60 - 62.

了，导致人类生存环境恶化、自然灾害和健康受损，也加快了某些文明的衰亡进程。

（一）灾荒问题

人类的滥砍滥伐导致环境破坏与生态恶化，而这反过来又导致水土流失和土地肥力减弱问题，进而引发洪灾、旱灾、荒灾以及饥饿等问题，甚至导致大量流民以及社会秩序和政治不稳定等次生问题。

人类对自然环境的过度索取与破坏使人类遭到大自然的惩罚。相关文献表明，在汉唐时期，华北平原就出现了因农业生态的恶化而导致灾荒的频发。到了明清时期，人类的经济活动造成全国范围内的农业生态系统恶化，加剧了灾荒问题，"小范围的灾害几乎年年出现，大范围、持续性的水旱灾害也相当频繁"。[①]简单来说，其基本演变逻辑如下：局部的生态环境破坏导致土地生产力下降。在环境容量不足的情况下，人口被迫迁移，不断在新的地方开发生产和生活所需的土地等资源。而如果出现大面积的水旱灾害，就容易导致农业减收以及绝收，进而导致百姓流离失所与亡命、人口死亡率上升以及战争诱发等连锁性的社会问题。可见，在某种程度上，生态破坏与灾荒形成了恶性循环。一方面，生态破坏会加剧灾荒；另一方面，灾荒出现后，会引发新一轮的毁林开荒和过度垦荒等生态破坏问题。更重要的问题是，灾荒会导致底层群体食不果腹，由此诱发农民起义。可以说，历史上的政局动荡和王朝更替多半都与此有着某种内在的联系。

（二）健康受损问题

环境污染导致的健康受损是当代环境社会学关注的重要内容。日本的水俣病、痛痛病等环境公害就引起了环境社会学界的广泛关注。而事实上，环境问题对健康的损害早已有之，农业社会这一历史时期已经出现了健康受损害问题。

在农业社会，人类有冶炼、开采矿山等生产实践，而技术水平不足以及防护不到位容易诱发健康受损问题，受影响者主要是直接的生产者（矿工）及其附近居民。有研究表明，从距今 2 200 年前起，罗马人从数座矿井中生产出大约 1 815 吨银，以及相当数量的铜、铁和黄金。这些矿井中的矿石几乎含有所有的"硫化物"，考虑到此后连续 4 个世纪的生产及矿井数量，它对环境和健康的影响肯定是巨大的。[②] 在 8 世纪的奈良时代，日本为建造大佛像使用大量水银，而这种行为导致了公害。饭岛伸子推测，汞中毒事件可能发生在周围居民身上。而在 9 世纪之后，矿害问题趋于增多。比如，在别子铜矿山工作的矿工由于罹患矽肺病（后来称作尘肺），平均寿命很短。[③] 中国历史上的采矿业也存在类似问题。比如，15 世纪前后，中国西南地区利用汞从矿砂中提取白银。在开采和提炼白

① 吴滔. 关于明清生态环境变化和农业灾荒发生的初步研究 [J]. 农业考古, 1999 (3)：285-308.

② 彭纳. 人类的足迹：一部地球环境的历史 [M]. 张新, 王兆润, 译. 北京：电子工业出版社, 2013：145-146.

③ 饭岛伸子. 环境社会学 [M]. 包智明, 译. 北京：社会科学文献出版社, 1999：14-16.

银时，矿工必须将汞带入矿井，而汞中毒则会腐蚀软组织和内脏器官。[①] 但是，受限于史料等问题，这方面的详细研究尚不多见，其健康危害以及人们的应对措施也不是很清晰。

（三）文明的衰亡

历史上，有些文明的衰落和消亡与人类活动有着密切关联，其中苏美尔文明的衰落是一个典型。克莱夫·庞廷指出，大约在公元前 3000 年时，苏美尔成为世界上第一个有文字的社会。但随着对自然索取能力的增强，环境问题日益恶化，其中，土地的盐化问题越来越严重。从公元前 2000 年起，苏美尔出现了"土地变白"的报告，而这是土地盐化严重的表征……最终，苏美尔的政治历史和它的城邦随着农业基础的崩溃而结束。[②] 卞文娟的《生态文明与绿色生产》对此提供了详细描述。

苏美尔文明的消亡

公元前 3500 年，苏美尔人在两河（底格里斯河和幼发拉底河）流域的下游，即美索不达米亚建立了城邦，这是人类文明的发源地之一。它是世界上最早使用文字的社会，时间约在公元前 3000 年。使用文字的同时，苏美尔人在幼发拉底河流域修建了大量的灌溉工程。这些工程不仅浇灌了土地，而且防止了洪水灾害。巨大的灌溉工程网提高了土地的生产力，使数百万的人从土地上解放出来，去从事工业、贸易或文化活动，他们创造了灿烂的古代文化——巴比伦文明。

巴比伦文明从人类利用水灌溉开始，以不合理的灌溉所造成的土地盐碱化和灌溉渠道淤积的严重后果而告终。苏美尔人对森林的破坏，加上地中海气候冬季倾盆大雨的冲刷，使河道和灌溉渠道的淤积不断增加，人们不得不反复清除淤泥，甚至重新挖掘新的渠道，尔后又无奈地将其放弃，这样的不良循环使得人们越来越难将水引到田中。与此同时，由于只知道灌溉，不懂得排盐，其结果是美索不达米亚的土地盐碱化严重，正如当时的文字记载的"earth turned white"（土地变白）。土地的恶化和人口的增加使文明的"生命支持系统"濒于崩溃，并最终导致文明的衰落。历次朝代的更迭都没能恢复土地的生产力、改善生态环境和自然资源的恶化状况，美索不达米亚地区永远地沦为一个人口稀少的穷乡僻壤。如今伊拉克境内的古巴比伦遗址已是满目荒凉，只有沙漠和盐碱化的土地。

资料来源：卞文娟. 生态文明与绿色生产 [M]. 南京：南京大学出版社，2009：5.

---

① 马立博. 中国环境史：从史前到现代 [M]. 关永强，高丽洁，译. 北京：中国人民大学出版社，2015：236-237.

② 庞廷. 绿色世界史：环境与伟大文明的衰落（新版）[M]. 王毅，译. 北京：中国政法大学出版社，2015：59-60.

除此之外，还有很多因环境恶化等原因而消失的城市（邦）。比如，公元994年，因生态恶化，我国的统万城毁于沙化之中；1276—1299年，美国的梅萨维德城，出现了连续24年旱灾，印第安人弃城逃亡；14世纪，我国的高昌国故都因旱废弃；15世纪末，津巴布韦的大津巴布韦城，由于生态恶化被迫弃城。[①]其实，这些地方本来都是水草丰美之地，但都因生态恶化而被废弃或消失。此外，中国的西域名城古楼兰的消失也与此有关。古楼兰的消亡是一个谜，"消失说"有很多版本，而生态环境恶化是其中的重要影响因子。这一地区本是一个绿洲，有着灿烂辉煌的文明，而且是古丝绸之路的交通枢纽之一。但大量的屯田活动，以及水系改变等因素，导致下游断水，植被减少，这一地区的文明最终因为沙化而成为传说。

三、人类的环境观

在农业社会，人类对大自然仍有本能的畏惧，存在自然崇拜。但相比早期社会阶段，人类对自然环境的认识能力和改造能力有了质的飞跃，由此影响了人类的环境观。

（一）自然环境支配论

在农业社会，人类在自然面前仍然是十分渺小的，自然以鬼神等人类未知的力量或其他形式支配着人类的生产生活实践，由此形成了自然环境支配论，这其中包括自然崇拜和环境决定论。

一般认为，自然崇拜是指人类出于对一些未知力量（鬼神等）的敬畏，将自然作为一种信仰对象而进行崇拜，它晚于图腾崇拜，产生于新石器时代。在居住于山区的民族那里，自然崇拜及其环境保护价值体现得更为明显。尹绍亭指出："在山地民族意识里，神林是神灵栖居的地方……由于世代传说擅自进入神林或破坏神林将会蒙受灾难，因而没有人不对神林深怀敬畏之情。人们既不敢冒险入内，更不敢动其一草一木，所以神林始终能够保持其原始的面貌，显得郁郁苍苍、阴森恐怖。神林虽源于鬼神崇拜，但客观上有益于环境保护，从这个意义上讲，世界上也许没有什么环境保护法比鬼神崇拜更为灵验了。"[②]

除了敬畏自然和鬼神崇拜外，人们在漫长的农业生活中还发展出了环境决定论（theory of environmental determination）。环境决定论原称地理环境决定论，是认识人地关系以及人与环境关系的一种理论。环境决定论认为，人类和动植物一样，都是环境的产物，人类的性格特征、法律规范、社会制度、民族特性、道德面貌、宗教信仰以及整个社会发展等都受自然环境特别是气候条件的支配，因此，地理环境在社会发展中起着决定性作用。环境决定论萌芽于古希腊时代（前

①　陈德娣，华丕长．环境公害纵横谈［M］．北京：中国环境科学出版社，1993：9.
②　尹绍亭．云南山地民族文化生态的变迁［M］．昆明：云南出版集团公司，2009：141.

800—前 146 年），希波克拉底、柏拉图和亚里士多德等都有相关论述。到了 16 世纪，近现代的地理环境决定论开始产生并日臻成熟。整体上看，地理环境决定论有两种表现形式：一方面，地理环境决定着人们的思想气质，而思想气质又决定着社会的政治法律制度；另一方面，地理环境决定生产力，生产力决定生产关系从而决定一切社会关系。① 比如，法国思想家博丹（Jean Bodin）认为，不同民族间的差异在一定程度上是因为他们身处的自然环境不同，地理和气候导致不同区域的人群性格和气质差异。② 德国人文地理学家拉采尔（Friedrich Ratzel）认为，"国家是属于土地的有机体"，环境"以盲目的残酷性统治着人类的命运"。因此，"一个民族必须居住于命定的土地上，受了定律的支配，而老死于斯"。③ 孟德斯鸠（Montesquieu）有关地理环境对人的精神、社会制度以及社会发展影响的阐述更为集中。在《论法的精神》中，他通过"法律与气候性质的关系""民事奴隶制法律与气候性质的关系""家庭奴隶制法律与气候性质的关系""政治奴役的法律与气候性质的关系"以及"法律与土壤性质的关系"等章节就此展开了长篇阐述。比如，在论述气候对人群的影响时他认为，"生活在寒冷地区的人们充满了精力，因此，他们有着较强的自信和勇气。……生活在炎热地区的人们缺乏勇气，年轻人像老年人一样懦弱"④。在论述土壤性质对法律的影响时候他认为，"土壤较好的国家常常实行君主统治，土壤不太好的国家常常实行共和政体。阿提加土地贫瘠，建立了民主政体；拉栖代孟土地肥沃，建立了少数人统治的贵族政体"⑤。

地理环境是人类生存和社会发展的基础，并且对经济社会发展模式产生着重要影响。比如，早期人类大多生活在水草丰美、食物充足的地方，这与这些区域的资源供给有密切关系；草原文明与农业文明的差别，其实也与自然禀赋有关；海湾地区石油资源储备丰富，因而影响了该地区国家经济和人们的生活状况。可见，环境决定论指出了地理环境对人类生存和发展的深刻影响，阐释了自然环境对人类和社会发展的制约，对于破除唯心主义的影响具有重要意义。此外，在生态环境严重恶化的当下，重新思考地理环境决定论的精髓，依然具有重要的现实意义。但是，地理环境决定论忽视了人的主观能动性以及文化等因素的影响，同时它过分夸大了地理环境对人的发展和社会发展的决定作用，因而遭到了学界批判。

（二）人与自然和谐观

人与自然和谐观认为人与自然并不对立，强调人类的生产生活实践应该顺应

---

① 杨琪，王兆林．关于"地理环境决定论"的几个问题［J］．社会科学战线，1985（3）：77-84.
② 沃尔夫．十六、十七世纪科学、技术和哲学史［M］．周昌忠，苗以顺，等译．北京：商务印书馆，1984：653-654.
③ 王恩涌．"人地关系"的思想：从"环境决定论"到"和谐"［J］．北京大学学报（哲学社会科学版），1992（1）：82-88.
④ 孟德斯鸠．论法的精神［M］．申林，编译．北京：北京出版社，2007：87.
⑤ 同④110.

自然规律，从而达到人与自然的和谐统一。这种观念是在人对自然有了进一步了解的基础上建构起来的。人与自然的和谐观念强调环境保护、资源保护以及更深刻和全面地认识世界，同时也强调人类的主观能动性以及人类对自然现象和自然资源的科学认识与合理改造。

人与自然的和谐统一是中国农业社会的主流的自然观。在先秦时期，中国就倡导这一观念，并孕育了天人合一的思想。比如，《庄子》有"天地与我并生，而万物与我为一"的表述。到了宋代，思想家在吸收儒家思想的同时还吸收了墨家的"兼爱"，庄子"泛爱万物，天地一体"的思想，进一步发展了"天地人合一"思想，主张人与自然平等。① 此外，中国的"阴阳五行"同样强调万物相互依存、相生相克以及天人合一的思想。这种天人合一的环境观为后人留下了很多文化遗产和生态智慧。出于人与自然和谐相处的观念，中国古代也比较重视自然资源保护，强调物尽其用。在战国时期，"战争促使对自然资源的利用更加密集化，并催生了一种新的意识，即自然的馈赠是有可能耗尽的，而那些耗尽本国资源的国家会产生相当严重的问题，甚至灭亡。在这个层面上来说，这段时期也是中国人自然观念的形成时期"②。中国的古代先贤在资源保护方面有过很多经典阐述。比如，《荀子·天论》中有这样的精辟阐述："天行有常，不为尧存，不为桀亡。应之以治则吉，应之以乱则凶。强本而节用，则天不能贫；养备而动时，则天不能病；修道而不贰，则天不能祸。"这段话强调了大自然的运行规律不以人的意志为转移的特征，所论述的"节用"具有环境保护的意涵。《管子·八观》亦有相应阐述："山林虽广，草木虽美，禁发必有时……江海虽广，池泽虽博，鱼鳖虽多，网罟必有正。船网不可一财而成也。"此外，先民还发现有益鸟类具有生态价值并倡导环境保护。比如，秦汉时期，先民们就发现啄木鸟啄食林木害虫的现象，因此，《礼记·月令》要求在孟春之月"禁止伐木，毋覆巢……胎夭飞鸟，毋麛毋卵"。③ 在某种程度上，这是一种朴素的环境保护观念，它反映了人们对资源环境的认识，这种认识也可能受到环境破坏等因素的影响。很多地方在制定村规民约时还主动将这一议题纳入，比如明确某些树不能砍伐、动物在繁育季节不能捕猎等，这些村规民约刻在村内的石碑上或者写在宗族的族规里，以教育村民和子嗣后代。

除了资源保护，我国在农业发展中亦重视资源的循环再利用，最大限度地避免了废弃物的产生，这方面的典型例子是桑基鱼塘和稻鱼共生系统。我国的桑基鱼塘发展和成熟于珠江三角洲地区，是通过因势利导构建人工生态系统，促使物质得到良性循环的生态模式。桑基鱼塘的"基"是指隔开鱼塘的土埂，俗称"塘基"，上面种桑，称之为"桑基"，它的养分来源主要是池塘中的有机物。我国农

---

① 姜春云．中国生态演变与治理方略［M］．北京：中国农业出版社，2004：14．

② 马立博．中国环境史：从史前到现代［M］．关永强，高丽洁，译．北京：中国人民大学出版社，2015：98．

③ 中国农业科学院，南京农业大学中国农业遗产研究室．中国古代农业科学技术史简编［M］．南京：江苏科学技术出版社，1985：216-217．

业传统中非常重视河泥和塘泥的生态价值。桑基鱼塘的应用范围主要位于珠江三角洲的中部。早在 17 世纪，这一带就已初步形成种桑、养蚕和养鱼的生态体系，至 19 世纪发展成为比较完善的体系。① 珠江三角洲的基塘是人们为了排涝灌溉，因地制宜地改造自然，将低洼地深挖为塘，蓄水养鱼，并把泥土覆于四周成基，种果植桑进而形成的特殊的土地利用方式。② 这种循环利用促成了种植业、养畜业和渔业的综合经营，对于环境保护具有重要意义。遗憾的是，随着工业化和城市化的发展，桑基鱼塘这种种养结合模式逐渐消失殆尽。但是，它的生态价值依然值得深入挖掘。稻鱼共生系统是我国南方地区农民智慧的结晶，发源于 2 000 多年前的汉朝。所谓稻鱼共生系统，即通过在稻田养鱼，实现水稻种植和鱼类养殖互利共生。浙江青田县的稻鱼共生经营模式是这方面的典型代表，村内"稻鱼共生系统"已有 700 多年的历史。2005 年，青田县的稻鱼共生系统被联合国粮食及农业组织列为首批"全球重要农业文化遗产"保护试点之一，迄今村内依然保留着传统的稻鱼共生生产方式，稻田内放养田鱼，家家户户在房前屋后挖坑凿塘，饲养田鱼，形成了"有水有田鱼"的奇特景观。③ 稻鱼共生系统是中国传统农业的精华之一。一方面，它利用稻田中的水、虫类以及有害生物养殖田鱼，这样对杂草和水稻病虫害的控制就可以不使用除草剂和杀虫剂，不但有利于减少农业面源污染，也降低了生产成本。另一方面，鱼类排除的粪便成为水稻生长的有机肥料。这样，不但收获了优质的稻米与鱼类，也保护了农田环境。从生产方式的角度来看，这反映了传统农业社会的套种（养）技术，而这种技术在我国具有悠久的历史。据考证，早在汉代，我国就有了间作套种的萌芽。④ 除此之外，我国历史上还存在稻田养鸭传统，其原理与稻鱼共生系统类似。

　　我国古代的生态智慧丰富而深刻，迄今仍有重要的理论价值和现实意义。就实际成效而言，它在民间特别是少数民族地区的环境保护实践方面发挥了积极作用。但是，在统治阶级那里，这些思想并没有得到很好的应用。正因为如此，秦汉以来由统治阶级推动的屯垦等政策才导致诸如森林乱砍滥伐、土地沙化等问题。另一方面，诸如桑基鱼塘等生态农业实践对于推动农业区域环境保护具有直接意义，对于今天的生态农业发展和环境保护仍然具有借鉴价值。

　　西方国家也发展出了人与自然和谐统一的思想和观念。随着认知能力的提升，西方人不再单纯地认为地理环境支配一切，愈加科学化地认识人与自然的关系，认为人是自然的一个部分，两者和谐统一。例如，古希腊人从自然界本身的运行与发展入手，加强对自然现象做出解释。此时，人类已经能依据经验解释一些日常现象，如意识到地球是圆的，是宇宙的中心，白天和黑夜的产生是因为地

① 中国农业科学院，南京农业大学中国农业遗产研究室. 中国古代农业科学技术史简编 [M]. 南京：江苏科学技术出版社，1985：262.
② 赖作莲. 论明清珠江三角洲桑基鱼塘的发展 [J]. 农业考古，2003（1）：99-104.
③ 孙业红. "稻鱼共生系统"全球重要农业文化遗产价值研究 [J]. 中国生态农业学报，2008（4）：991-994；焦雯珺，闵庆文. 浙江青田稻鱼共生系统 [M]. 北京：中国农业出版社，2014.
④ 同①102.

球的自转。到了亚里士多德时期，人们对世界的认识更趋科学。从整体上看，这种观念认为人就是大自然的一部分，人与自然是和谐的。[①]

（三）人类中心主义

人类中心主义（anthropocentrism）认为人类是宇宙的中心，是自然的掌控者，人可以根据自身需要而改造自然。与自然环境支配论以及人与自然和谐相处的环境观不同，人类中心主义更加强调支配环境和控制环境，认为环境从属于人类。纵观已有研究，一般认为，人类中心主义是以人类利益为中心点和出发点，认为"人是万物的尺度"，是以支配自然、控制自然、征服自然和占有自然为特征的价值观念，并以人类的价值尺度评价其他事物，强调自然万物对人类有利的才有价值。[②]

关于人类中心主义的由来，学界至今尚未达成共识。有人认为，人类中心主义萌芽于人类自我意识觉醒之际，有人认为它起源于文艺复兴时期，有人认为它肇始于近代工业社会，还有人认为它源自宗教传统的神学目的论。[③] 一般认为，在柏拉图时代，人类特别是西方社会就开始强调人是万物之中心，其他一切生物都是服务于人类利益的。到了文艺复兴时期特别是随着科学技术的发展，人类中心主义得到了前所未有的宣扬，并逐渐在西方思想领域占据着重要的甚至主流的位置。马立博认为，在欧洲的传统中，大多数情况下"自然"通常被认为是与人类截然分开的，并假设在"自然与人文"或"自然与人类"之间存在着对立或分裂。[④] 无论是古典传统还是基督教传统，都将人类置于支配自然界其他部分的位置上。[⑤]

概而言之，这一观念认为人是万物的主宰，人类有权力使用和支配自然。随着工业社会的发展与人类改造自然能力的增强，人类中心主义已经具有"普适性"，被广泛奉行。然而，正是这种环境观导致人类对自然环境肆无忌惮地攫取和破坏，最终使得生态危机日趋严峻，并对人类社会的可持续发展构成挑战和制约。这也正是邓拉普和卡顿加以批判和反思以及倡导环境社会学研究的现实基础所在。

思考题

1. 如何理解采集、狩猎和渔业社会的图腾崇拜？
2. 如何认识游牧社会的环境观？
3. 农业社会对自然环境的影响主要有哪些？

---

① 刘胜康. 中西方对人与自然和谐相处的哲学思考 [J]. 贵州民族学院学报（哲学社会科学版）. 2006（6）：48－53.

② 杨冠政. 环境伦理学概论 [M]. 北京：清华大学出版社，2013：43.

③ 陈新夏. 可持续发展与人的发展 [M]. 北京：人民出版社，2009：92－93.

④ 马立博. 中国环境史：从史前到现代 [M]. 关永强，高丽洁，译. 北京：中国人民大学出版社，2015：120.

⑤ 庞廷. 绿色世界史：环境与伟大文明的衰落（新版）[M]. 王毅，译. 北京：中国政法大学出版社，2015：117.

4. 如何理解农业社会的环境观?

5. 如何理解地理环境决定论?

阅读书目

1. 马立博. 中国环境史：从史前到现代 [M]. 关永强，高丽洁，译. 北京：中国人民大学出版社，2015.

2. 庞廷. 绿色世界史：环境与伟大文明的衰落（新版）[M]. 王毅，译. 北京：中国政法大学出版社，2015.

3. 伊懋可. 大象的退却：一部中国环境史 [M]. 梅雪芹，毛利霞，王玉山，译. 南京：江苏人民出版社，2014.

4. 邬沧萍，侯东民. 人口、资源、环境关系史（第 2 版）[M]. 北京：中国人民大学出版社，2010.

5. 中国农业科学院，南京农业大学中国农业遗产研究室. 中国古代农业科学技术史简编 [M]. 南京：江苏科学技术出版社，1985.

第 四 章

工业社会的环境问题

【本章要点】

● 全球人口激增、工业化、城市化、市场化、科技革新、生活方式及价值观念的转变等因素塑造了工业社会的环境问题，呈现出全球化、复杂化、社会化、政治化、科技化等发展趋势。工业革命后，自然界受到人类活动的极大影响，反过来，环境破坏对全人类构成前所未有的威胁。

● 工业社会中的原生环境问题与次生环境问题相互交织，产生复合效应；环境污染和生态破坏并存；全球十大环境问题威胁人类的生存与发展，全球环境问题的跨国界性、全球化特征倒逼全人类正视工业社会环境问题并行动起来。

● 当代中国社会发展复合了前工业社会、工业社会和后工业社会的特征。转型中的中国面临快速工业化、城市化、信息化和网络化问题。当代中国环境问题呈现压缩性、复合性、区域差异性等特征。

● 21世纪以来，中国环境治理取得一定成效，环境总体质量有所提高，但环境治理和保护工作仍然面临巨大压力。环境问题与其他社会问题交织，与此同时，环境不公正问题显现，易催化社会风险。当务之急，亟须审视和重建对自然价值的认识，动员多元社会力量参与环境治理和生态文明建设，实现发展成果由全体社会成员共享。

【关键概念】

工业社会 ◇ 环境问题 ◇ 工业化城市化 ◇ 全球化 ◇ 社会风险

启蒙运动和工业革命掀开了人类发展史的新篇章。新思维、新科技的涌现让人们乐观地认为人类凭借其独有的智慧和文化，可以穷尽自然规律，从而征服自然。然而，20世纪30年代以来，由于环境污染而造成的八次震惊世界的公害事件给希望征服自然的人类上了残酷的一课，将"人类例外主义"者从幻想中拉回现实，重新思考人类与自然的关系。本章将在总结工业社会发展特征的基础上，介绍工业社会环境问题的主要类型、特征及其发展趋势，以及中国当代环境问题发展的历史阶段、综合特征及趋势。

第一节
工业社会的发展及特征

一、工业社会的特征

发端于18世纪60年代的工业革命不仅使科技和生产效率全面提升，同时带来剧烈的社会分化和结构变迁。工业社会的特征包括人口增长、科技革新、工业化、城市化、市场化、全球化等。

从19世纪到21世纪前20年，短短200多年，全球人口急剧增长。世界人口从10亿增长到20亿用了一个多世纪，从20亿增长到30亿仅用了30多年，而从1959年开始，每10多年就增长10亿（见表4-1）。全球人口总量增加及人口数量翻倍时间缩短说明人口急剧增长。据联合国人口与发展委员会估算，2005—2010年期间，世界人口每年增加7 800万，其中7 500万新增人口来自欠发达地区；2005—2010年，最不发达国家年人口增长占欠发达地区增量的26%，相反，发达国家出现了人口下降现象。据联合国人口与发展委员会推算，世界总人口在2050年将达98亿。[①]

表4-1　　　　　　　　1800—2019年全球人口增长情况

年份	1804	1927	1959	1974	1987	1999	2011	2019
全球人口数量（单位：亿）	10	20	30	40	50	60	70	77

资料来源：联合国. 世界人口状况报告［R/OL］. https://china.unfpa.org/zh-Hans/publications/190410.

工业化作为工业社会的基本特征，是指工业产值在国民生产总值中的比重不断上升，工业就业人数在总就业人数中的比重不断上升，工业逐步取代农业成为经济主体的过程。城市化是工业化的孪生姐妹，工业化的发展吸引人口与资本聚

---

① 联合国人口与发展委员会. 世界人口展望（2019）［R/OL］. 2019（04）. https://population.org/wpp/publications/files/wpp2019_volume-1_comprehensive-Tables.pdf.

集，推动城市化进程，城市化反过来为工业化创造更多需求。城市化体现为城市数量增加、规模扩大，城市人口在总人口中的比重提高，产业结构调整升级，第二、第三产业劳动生产率逐渐高于第一产业。随着市场扩张及居民消费水平不断提高，城市文明不断发展并向农村渗透和传播，国民生活方式、价值观念发生重大变化，整体素质不断提高。表4-2展示了1980—2018年六个国家的工业化和城市化水平。其中发达国家的工业化水平呈下降趋势，中国和印度的工业化率有起伏。相比发达国家的城市化进程，中国自改革开放以来，城市化高速推进，而发达国家城市化水平较高，且城市化速率较稳定。在发达国家，20世纪20—60年代，城市人口平均年增长率为2%，90年代，平均年增长率为0.8%；而在发展中国家，20世纪城市人口增长率超过了3%，几乎是全球城市人口年增长率的两倍，比发达国家高出两倍以上。[①]

表4-2　　　　1980—2018年六个国家的工业化率和城市化率（%）

年份	中国		印度		英国		美国		法国		日本	
	工业化率	城市化率	工业化率	城市化率	工业化率	城市化率	工业化率	城市化率	工业化率	城市化率	工业化率	城市化率
1980	48.06	19.36	24.28	23.09	—	78.48	—	73.73	30.70	73.28	39.06	76.17
1985	42.71	22.87	25.69	24.34	—	78.39	—	74.49	28.38	73.65	38.22	76.71
1990	41.03	26.44	26.49	25.55	29.22	78.14	—	75.30	26.91	74.05	38.05	77.33
1995	46.75	30.96	27.40	26.61	27.76	78.35	—	77.25	24.52	74.91	32.01	78.02
2000	45.53	35.88	25.99	27.66	25.34	78.65	23.15	79.05	23.34	75.87	30.00	78.65
2005	47.02	42.52	28.13	29.23	22.02	79.91	21.93	79.92	21.51	77.13	26.96	85.98
2010	46.39	49.22	32.42	30.93	20.11	81.30	20.39	80.77	19.60	78.36	26.46	90.81
2015	41.11	55.56	27.34	32.77	18.14	82.62	18.52	81.67	17.68	79.65	29.02	91.38
2016	40.07	56.73	26.64	33.18	17.58	82.88	17.95	81.86	17.43	79.91	28.90	91.46
2017	40.54	57.96	26.49	33.60	17.56	83.14	18.21	82.05	17.21	80.18	29.14	91.53
2018	40.65	59.15	26.74	34.03	17.51	83.39	—	82.25	16.89	80.44	—	91.62

资料来源：世界银行数据库 . https：//data.worldbank.org.cn/indicator.

全球化是一种世界经济、政治、文化相互影响和渗透的动态过程和复杂社会经济现象，它通过贸易、资金流动、技术创新、信息网络和文化交流，使各国经济、政治和文化在世界范围内高度交融，形成相互依赖关系。国际货币基金组织对全球化的定义是："跨国商品与服务交易及国际资本流动规模和形式的增加，以及技术的广泛迅速传播使世界各国经济的相互依赖性增强的过程。"[②] 全球化的特征包括：市场化、网络化、信息化和民主化。[③] 市场化是将市场作为解决社会、政治和经济问题的基础手段，利用价格机制达到供需平衡的一种市场状态。而网络化、信息化和民主化的兴起，则意味着科技、信息、资源、文化、商贸在

---

① SNARR M T，SNARR D N. Introducing global issues［M］. Boulder：Lynne Rienner Publishers，1998：39.

② 国际货币基金组织 . 世界经济展望［R］. 1997（05）.

③ 林其屏 . 全球化与环境问题［M］. 南昌：江西人民出版社，2002：17-19.

全球范围内的加速流动和交融。因此，全球化既给环境保护带来机遇，也带来巨大的压力和挑战。

全球化的进程

全球化进程体现在社会生活的方方面面。经济全球化指跨国贸易水平和经济调控手段的不断增加，全球化进程的社会面向包括不断增长的不同社会都熟知的通用文化符号，政治全球化关涉政治议题的全球影响等。

（1）社会、政治、经济活动跨越国界在全球范围内扩展，这意味着影响某一地区人群的决策可能在世界范围内影响其他地区的人群。

（2）各国政治、社会和经济活动之间的联系增强。

（3）交通和通信科技的发展加速了全球交融。

（4）地区事件的影响在全球扩大化。例如，由于新媒体的兴起和发展，我们能迅速知晓和评价发生在世界其他地区的政治事件。

资料来源：HELD D, MCGREW A, GOLDBLATT D, PERATON J. Global transformations [M]. Cambridge：Polity Press，1999：15.

工业社会的另一特征是开展以高新科技的研发和无生命能源的消耗为核心的专业化社会大生产。科技革新使得生产效率全面提高，同时也带来更为细致的专业化社会分工。各种交通和通信工具的快速发展拉近了个人、群体、组织和国家之间的距离，改变了人与人、组织与组织之间的沟通方式，也改变了人们的生活方式和价值观念。工业社会人口流动性增强，业缘关系取代血缘和地缘关系成为人们社会联结的主要形式；现代人知识更新更快，竞争意识和时间观念更强，崇尚科学追求变革，生产和生活方式都发生了极大变化。

二、工业社会发展对环境的影响

（一）工业化、城市化对环境的影响

大规模工业化和城市化对能源获取和废物排放产生了巨大需求，继而带来日益严重的生态环境问题。施耐伯格等提出的生产的跑步机理论，围绕工业社会劳动生产率的增长，很好地阐释了工业化对环境造成的巨大影响。该理论指出资本主义经济生产以追求更高利润率为目标，生产率增长一方面要求增加作为原材料的物资投入，向生态系统"攫取"（withdrawals）更多原材料，导致与自然资源耗竭相关的环境问题；另一方面，现代科技的应用主要体现在化石能源和人工合成物质（如化肥）的使用上，带来大规模污染，同时工业规模的增大引起作为废料的垃圾量增大以及消费后的生活垃圾量增大，这些作为"添加"（additions）大量进入生态系统，导致环境污染。这个过程如同一台永不停止的"跑步机"不断循环。

　　在国家之内，环境污染变动趋势可能与经济发展趋势呈倒 U 形关系。20 世纪 90 年代，由美国经济学家格鲁斯曼和克鲁格提出的环境库兹涅茨曲线（environmental Kuznets curve，EKC）描述了经济发展与环境污染水平的演替关系。这一模型假定，在没有环境政策干预的情况下，一个国家经济发展水平较低的时候，环境污染程度较轻，随着人均收入增加，环境污染则由低趋高，环境恶化程度随经济增长而加剧；当经济发展到一定水平后，即达到某个临界点时，随着人均收入进一步增加，环境污染则由高趋低，环境质量逐渐改善。[①]

　　但从全球范围来看，大规模工业发展排放的污染物给环境自净能力和全球生态系统带来沉重负担，同时原材料的巨大需求耗竭着自然资源。而作为工业化孪生姐妹的城市化，其显著特征是人口、产业集中，进而改变土地使用性质，而生态环境的自净和恢复能力有限，过高的人口密度和频繁的工业活动导致生态环境负荷过重，造成环境问题。根据世界银行发布的相关数据（见表 4-3）分析发现：其一，工业化、城市化给生态环境带来了巨大压力；其二，不同发展程度国家的能源消耗水平及 PM2.5 平均暴露水平呈现巨大差异。

表 4-3　　　　　　　　　世界多国工业化、城市化与环境状况

国家	2018 年人均 GDP（美元）	2018 年城市化率（%）	2018 年城市群人口比例（%）	2017 年三次产业结构（比例）	2017 年 PM2.5 平均暴露水平指数（微克/立方米）	2014 年化石能源消耗比例（%）	2014 年能源使用量（人均千克石油当量）
中国	9 970.85	59.15	27.89	7.6：40.5：51.9	52.66	87.67	2 236.73
英国	42 934.90	83.39	26.82	0.7：17.6：81.7	10.47	82.72	2 776.84
美国	62 794.59	82.25	46.26	0.9：18.2：80.9	7.41	83.09	6 960.68
德国	47 603.03	77.31	9.58	0.8：27.4：71.8	12.03	79.71	3 779.46
日本	39 289.96	91.62	64.63	1.2：29.1：69.7	11.70	94.41	3 470.76
法国	41 463.64	80.44	22.76	1.6：17.2：81.2	11.81	46.23	3 658.87
俄罗斯	11 288.87	74.43	23.19	3.6：30.5：65.9	16.16	92.14	4 942.88
巴西	8 920.76	86.57	41.95	4.6：18.4：77.0	12.71	59.11	1 495.54
阿根廷	11 683.95	91.87	43.01	5.5：21.9：72.6	13.31	87.72	2 029.92
印度	2 009.98	34.03	15.44	15.6：26.5：57.9	90.87	73.58	636.57
巴基斯坦	1 482.40	36.67	20.07	22.9：17.8：59.3	58.28	61.59	460.23
印尼	3 893.60	55.33	13.38	13.2：39.4：47.4	16.50	66.09	883.92
菲律宾	3 102.71	46.91	14.28	9.7：30.4：59.9	18.07	62.43	474.30
尼泊尔	1 033.91	19.74	4.73	27.1：13.2：59.7	99.73	15.48	434.45
孟加拉国	1 698.26	36.63	15.12	13.4：27.8：58.8	60.85	73.77	229.25

　　资料来源：世界银行数据库．https：//data.worldbank.org.cn/indicator.

---

　　① GROSSMAN G M，KRUEGER A B. Economic growth and the environment [J]. The quarterly journal of economics，1995，110（2）：353-377.

此外，发达国家的工业化与市场化是基本同步的，而许多发展中国家的城市化速度超过了工业化速度，由此带来更多的环境和社会问题，如城市居民住房条件恶劣、城市基础设施缺乏、废弃物处置困难、水源污染、农业林业用地转换成城市基础设施用地等，短时间内快速城市化导致生态系统脆弱化、农业非可持续发展等问题。

(二) 全球化、市场化对环境的影响

全球化和市场化如同双刃剑，在带来环境治理机遇的同时，也造成环境破坏。例如，科技革新、市场化和全球贸易在带来开放政策、巨额资金和新技术的同时也带来了污染转移和生态破坏。表4-4显示，部分发达国家和地区的城市污染增长比率明显低于欠发达国家和地区。

表4-4　　　　　　　　世界多国和地区投资贸易状况与环境状况

国家	2018年外商投资（资金净流入，单位：百万美元）	2018年商品贸易（% of GDP）	森林采伐（2000-2015，年平均%）	城市污染增长比率（2013-2014,%）
美国	258 390	20.83	-0.14	1.0
英国	58 651	40.60	-0.43	1.0
法国	59 849	45.16	-0.74	0.7
德国	105 278	72.11	-0.04	-1.2
日本	25 877	29.91	-0.02	0.4
巴西	88 324	22.93	0.35	1.2
中国	203 492	33.97	-1.18	2.8
印度	42 117	30.76	-0.54	2.4
巴基斯坦	2 354	26.69	2.03	3.3
东亚及太平洋地区	560 141	48.56	-0.17	2.4
欧洲及中亚	410 388	66.20	-0.10	0.5
拉美及加勒比海地区	287 021	41.13	0.36	1.4
中东和北非	61 467	68.31	-0.88	2.5
北美	303 880	23.35	-0.06	1.0
南亚	49 877	31.37	-0.37	2.7
撒哈拉以南非洲地区	32 213	41.88	0.48	4.2

资料来源：世界银行数据库 . https：//data. worldbank. org. cn/indicator.

(三) 人口增长、技术发展对环境的影响

从著名的"埃利希-康芒纳之争"中，我们看到了人口与技术对环境问题的重要影响。1968年，保罗·埃利希（Paul Ehrlich）出版了《人口爆炸》（*The Population Bomb*）一书，指出世界人口增长过快，人口数量超出了全球生态系统的承载力，这势必增加资源开采和使用、占据空间、制造污染。为了解决环境问题，必须控制人口。[①] 几乎是在埃利希强调人口增长对环境破坏的同时，巴

①　保罗·艾里奇，安妮·艾里奇 . 人口爆炸 [M]. 张建中，钱力，译 . 北京：新华出版社，2000.

里·康芒纳（Barry Commoner）在 1971 年出版了一本针锋相对的书《封闭的循环》（*A Closing Circle*）。康芒纳认为，在最近几十年里，由于污染扩大比人口增长更为迅速，环境衰退不能主要归因于人口增长，而应归因于制造业和农业中日益扩大的无机物或人工合成化学品（尤其是石油制品）的使用。[①] 前者强调人口对环境的影响，后者强调技术对环境的影响。随着双方争论的演进和激化，彼此都认识到不能完全忽略对方的观点，于是埃利希与霍尔登提出了"IPAT 模型"，试图包容双方的竞争性观点。[②] 这一模型还表明，富裕的生活方式比不富裕的生活方式消费了更多的资源，制造了更多的污染。2019 年的《人类发展报告》指出："全球二氧化碳当量排放高度集中"，"现今的发达国家要为 1750 年以来绝大多数的累积二氧化碳排放负责"。[③] 但该模型隐含了线性假定，即将不同变量对环境的影响视为均等。为了克服 IPAT 模型中影响因素的同比例线性变化问题，研究者们将 IPAT 模型修正为随机影响回归模型，即 STIRPAT 模型[④]。研究者们对人口、技术、富裕程度与环境影响之间关系的剖析越来越精细化，例如细分人口结构、迁移、分布与密度对环境的差异性影响，区分富裕水平与超额消费模式对环境的影响。目前，人口增长和技术革新加速，其复合效应通过对资源需求的增加（其中部分需求是被制造出来的）和对废弃物的排放施加于自然生态系统。表 4-5 是近年来人口超过 1 亿的国家发展状况，以及按照人类发展指数[⑤]（HDI）划分的国家组发展状况。

表 4-5　　　　　　　　世界多国和地区发展状况

国家/地区	2018 年人类发展指数	2018 年人口数量（单位：百万）	2010—2017 年研发支出（% of GDP）	2012—2017 年自然资源消耗（% of GNI）	2018 年人均国民总收入（2011 年购买力平价美元）
中国	0.76	1 427.65	2.11	0.90	16 127
印度	0.65	1 352.64	0.62	1.00	6 829
美国	0.92	327.10	2.74	0.21	56 140
印度尼西亚	0.71	267.67	0.08	1.93	11 256
巴基斯坦	0.56	212.23	0.25	0.81	5 190
巴西	0.76	209.47	1.27	1.86	14 068
尼日利亚	0.53	195.87	—	4.44	5 086
孟加拉国	0.61	161.38	—	0.55	4 057
俄罗斯	0.82	145.73	1.10	5.82	25 036

① 康芒纳. 封闭的循环：自然、人和技术 [M]. 侯文蕙，译. 长春：吉林人民出版社，1997.

② EHRLICH P, HOLDREN J. The impact of population growth [J]. Science, 1971 (171)：1212-1217.

③ UNDP. Human development report 2019：Beyond income, beyond averages, beyond today：inequalities in human development in the 21st century [R/OL]. http：//hdr. undp. org/en/2019-report.

④ ROSA E A, DIETZ T. Climate change and society：speculation, construction and scientific investigation [J]. International sociology, 1998，13 (4)：421-455.

⑤ 人类发展指数（HDI）通过健康、教育、生活水平三个维度的指标来衡量国家/地区发展程度。

续前表

国家/地区	2018 年 人类发展指数	2018 年 人口数量 （单位：百万）	2010—2017 年 研发支出 （% of GDP）	2012—2017 年 自然资源消耗 （% of GNI）	2018 年人均国民 总收入（2011 年 购买力平价美元）
日本	0.91	127.20	3.14	0.01	40 799
墨西哥	0.77	126.19	0.49	2.23	17 628
埃塞俄比亚	0.47	109.22	0.60	9.39	1 782
菲律宾	0.71	106.65	0.14	0.71	9 540
极高 HDI	0.89	1 532.10	2.33	0.72	40 112
高 HDI	0.75	2 857.71	1.52	1.50	14 403
中 HDI	0.63	2 245.26	0.52	2.16	6 240
低 HDI	0.51	923.22	—	6.37	2 581

资料来源：联合国开发计划署人类发展数据库．http：//hdr. undp. org/en/data.

（四）生活方式、价值观念改变对环境的影响

除了人口、富裕程度、技术对环境产生影响外，文化、价值观念、生活方式、消费结构、人格系统等要素同样对环境具有深刻影响。以全球气候变暖为例，大量证据显示化石燃料燃烧、农业和土地利用改变、生活方式改变等人类活动，与关键温室气体（CO_2、CH_4、N_2O、O_3）浓度持续增加有密不可分的关系。第二次世界大战后，西方社会经济复苏和繁荣，消费主义生活方式逐渐兴起。销售分析家维克特·勒博曾如此描述西方人的消费观念："我们庞大而多产的经济要求我们使消费成为我们的生产方式，要求我们把购买和使用商品变成一种仪式，要求我们从中寻找我们的精神满足和自我满足。我们需要消费东西，用前所未有的速度去烧掉、穿掉、换掉和扔掉。"[1] 艾伦·杜宁也认为：在消费社会，被人承认和尊重通过消费能力表现出来，买东西成为自尊和被社会接受的一种证明。[2] 20 世纪 90 年代至 21 世纪初，消费的"跑步机"与商品的时尚更新周期加速相互关联，使得产品早在其实用性被耗尽之前就丧失了社会价值，进而导致人们快速丢弃原有产品而购买新产品。[3] 与此同时，以扩大生产规模追求更高利润为目的的商品制造商，通过广告、媒体不断刺激消费者欲望，催生消费者体系。正是这种社会文化倡导刺激需求与市场，从而形成大量生产—大量需求—大量丢弃—大量生产的循环，这种循环的直接后果就是资源消耗和环境恶化。

文化熏陶和制度诱导通过影响个体行为进而对自然环境造成影响。历史学家林恩·怀特（Lynn White）指出，基督教传统强调人类是上帝创造的，因此人类

---

[1]　杜宁．多少算够：消费社会与地球的未来 [M]．毕聿，译．长春：吉林人民出版社，1997：18.

[2]　同[1]20.

[3]　SCHOR J B. Plenitude：the new economics of true wealth [M]．New York：Penguin Press，2010.

（认为自己）有权主宰自然界的其他部分，这种观念在西方社会中创造了对于自然环境的一种剥削的态度。[①] 诸如宗教传统、经济和政治体制等原因，导致包括美国在内的一些发达国家形成了内在的反生态的文化系统。人类把自然看成某种被驯服的对象，相信通过技术进步能解决包括环境问题在内的诸多问题；更是将自由企业、有限政府、私人产权和个人自由看作一个好社会的本质。这一系列价值和信仰深植于西方发达社会，使得人们对待自然的态度是"工具性利用"，而不是"价值性相容"。另外，制度缺失还导致了"公地困境"，即人们知道其行为对于环境的破坏效果，并且愿意为此做出改变，但是最终因为害怕别人不做出改变（搭便车）而放弃自己的努力。个体的环境行为并不仅取决于他自身的意愿和价值观念，还取决于周围相关他者的影响。

对于工业社会的环境价值观，卡顿和邓拉普在 1978 年发表的题为《环境社会学：一个新范式》的文章中做了系统论述。[②] 他们在这篇文章中概括了人类例外范式和新环境范式。以"人类掌握无限发展与变迁的文化"立论的人类例外范式认为，文化的积累意味着进步可以无限制继续下去，并使所有的社会问题得以解决。显然，这种价值观不利于正确认识环境与社会的关系。而新环境范式非常强调环境因素对于人类社会的影响和制约，认为经济增长、社会进步以及其他社会现象都存在自然的和生物学上的潜在限制。要处理好环境与社会的关系，价值范式必须从人类例外范式转移到新环境范式。

在 20 世纪 70 年代，西方社会迎来一场深刻的价值观革命，即人们由强调经济和人身安全的价值取向向强调自我表现、生活质量的价值取向转变，后者即英格尔哈特所提的"后物质主义价值观"。随着社会的代际更替、年轻一代新的价值观的产生和形成，后物质主义价值观逐渐成为社会的主流价值观念。伴随全球环境问题的涌现，西方社会的环境关心和环境友好行为日渐盛行。

关于工业社会发展对环境的影响，邓拉普和卡顿通过构建环境问题的生态学分析框架进行了综合性阐释。[③] 他们强调环境因素的中心地位，并着力回答如下问题：第一，人口、技术以及文化、社会和人格系统等变量如何影响自然物理环境。例如，人口的增长会给技术的改进制造压力，并扩大城市规模，进而造成更多的污染。第二，自然物理环境由此发生的变化又如何影响人口、技术、文化、社会和人格系统以及它们之间的相互关系。此后，邓拉普和卡顿又在该阐释的基础上提出了环境的三维竞争功能（three competing functions of the environment）观点，即提供生活空间、生存资源和进行废弃物储存与转化，并指出这些功能间存在冲突关系，它们相互竞争资源和空间，并作用于其他功能，由此形成当代环

---

　　① WHITE L Jr. The historical roots of our ecologic crisis [J]. Science, new series, 1967, 155 (3767): 1203 - 1207.

　　② CATTON W R Jr, DUNLAP R E. Environmental sociology: a new paradigm [J]. The American sociologist, 1978, 13 (1): 41 - 49.

　　③ DUNLAP R E, CATTON W R Jr. Environmental sociology [J]. Annual review of sociology, 1979 (5): 243 - 273.

境问题产生的根源。[①] 近年来三项功能的交叠和竞争越发明显了，并且区域性生态系统的功能竞争现已扩散到了全球范围。环境三维竞争功能还融入了时间因素，随着时间推移，环境竞争性功能也会发生变化。

第二节
工业社会的环境问题

一、工业社会环境问题的演化及特征

人类活动对环境产生影响亘古有之，但在工业革命以前，人类活动对自然环境的影响并不大，尽管农牧社会大面积砍伐森林和盲目开采对环境造成一定影响，但人类生产、生活方式对环境的影响并未超出自然环境的承载力和调节力。

以蒸汽机的发明和应用作为标志的第一次工业革命以来，世界发生了翻天覆地的变化。18世纪60年代至20世纪60年代被视为传统工业文明时期，这两百年间科技快速发展，劳动生产率大幅提高，人类利用和改造环境的能力逐步增强，对自然的开发能力达到了空前水平。这一阶段的初期，煤炭作为主要能源被肆意开采并广泛使用，造成大气污染、水体污染及生态破坏。到了这一阶段后期，能源除煤炭外还增加了石油，且石油所占能源比例逐渐上升。石油及石油产品的大量使用导致大气中氮氧化合物含量增加。同时，化学工业及汽车工业的发展使环境问题更具有普遍性和严重性，人为的环境污染与生态破坏相互叠加，威胁着人类的生存和发展。20世纪30年代后发生的"世界八大公害事件"（见表4-6）就是一个有力的例证。

表4-6　　　　　　　　"世界八大公害事件"基本情况

公害事件名称	公害污染物	发生地	发生时间	中毒情况	中毒症状	致害原因	公害成因
马斯河谷烟雾事件	烟尘、二氧化硫	比利时马斯河谷（长24千米，两侧山高约90米）	1930年12月（1911年发生过但无死亡）	几千人发病，60余人死亡	咳嗽、呼吸短促、流泪、喉痛、恶心、呕吐、胸口窒闷	在硫氧化物和甲氧基微粒作用下，二氧化硫氧化为三氧化硫，进入肺部深处	山谷中重型工厂多；遇逆温天气；工业污染物积聚；遇雾日

---

① DUNLAP R E, CATTON W R Jr. What environmental sociologists have in common? [J]. Sociological inquiry, 1983 (53): 113-135.

续前表

公害事件名称	公害污染物	发生地	发生时间	中毒情况	中毒症状	致害原因	公害成因
多诺拉烟雾事件	烟尘、二氧化硫	美国多诺拉（马蹄形河湾，两边山高120米）	1948年10月	4天内42%（约6 000人）的居民患病，17人死亡	咳嗽、喉痛、胸闷、呕吐、腹泻	二氧化硫同烟尘作用生成硫酸盐，吸入肺部	工厂多；遇雾天；遇逆温天气
伦敦烟雾事件		英国伦敦	1952年12月	5天内4 000人死亡，历年共发生12起，死亡近万人	胸闷、咳嗽、喉痛、呕吐	粉尘中的三氧化二铁使二氧化硫变成硫酸沫，附在烟尘上，吸入肺部	居民使用烟煤取暖，煤中硫含量高，排出的粉尘量大；遇逆温天气
洛杉矶光化学烟雾事件	光化学烟雾	美国洛杉矶	1943年5月至10月	大多数居民患病；65岁以上老人死亡400余人	刺激眼、鼻、喉，引起眼病、喉头炎	石油工业和汽车废气在紫外线作用下生成光化学烟雾	汽车每天耗油2 400万升，产生1 000多吨碳氢化合物进入大气；城市三面环山；市区空气水平流动缓慢
水俣事件	甲基汞	日本九州南部熊本县水俣镇	1956年（1972年统计）	第一次发现有人中毒病重身亡，水俣镇病者180多人，死亡50多人	口齿不清，步态不稳，面部痴呆，耳聋眼瞎，全身麻木，最后神经失常	甲基汞被鱼吃后，人吃中毒的鱼而生病死亡	氮肥生产中，使用氯化汞和硫酸汞作催化剂；含甲基汞的毒水、废渣排入水体
富山事件（痛痛病）	镉	日本富山县（蔓延到群马县等一带七条河的流域）	1931年至1972年3月	患者超过280人，死亡34人	开始关节痛，后神经痛和全身骨痛，最后骨骼软化萎缩，自然骨折，饮食不进，在衰弱疼痛中死去	吃含镉的米，喝含镉的水	炼锌厂未经处理净化的含镉废水排入河中

续前表

公害事件名称	公害污染物	发生地	发生时间	中毒情况	中毒症状	致害原因	公害成因
四日事件（哮喘病）	二氧化硫、煤尘、重金属粉尘	日本四日市（蔓延到几十个城市）	1955年开始	患者500多人，有36人在气喘病折磨中死去	支气管炎、支气管哮喘、肺气肿	有毒重金属微粒及二氧化硫吸入肺部	工厂向大气排放二氧化硫和煤粉尘数量大，并含有钴、锰、钛等重金属粉尘
米糠油事件	多氯联苯	日本九州爱知县等23个府县	1968年	患者5 000多人，死亡16人，实际受害者超过10 000人	眼皮肿，全身起红疙瘩，重者呕吐恶心，肝功能下降，肌肉痛，咳嗽不止，甚至死亡	食用含多氯联苯的米糠油	在米糠油生产中，用多氯联苯做载热体。因管理不善，毒物进入米糠油中

资料来源：王翊亭，井文涌，何强．环境学导论［M］．北京：清华大学出版社，1985：2-3.

20世纪60年代后人类进入以电子工程、遗传科学等新兴技术为基础的信息工业社会阶段。这一阶段，新技术、新能源和新材料大量研发和应用，改变了产业结构、社会结构和人们的生活方式、价值观，进而也改善了人类与自然之间的关系。一方面，新的科技革命有利于提高资源利用效率，解决已有环境问题，促进环境保护；另一方面，"前史之鉴"及生活水平的提高让人们越来越关心环境质量的改善，并付诸行动。但因为环境问题的滞后性，恰恰在这一阶段，随着城市化进程加速，过往的环境影响累积效应体现出来。20世纪80年代全球性环境危机出现，其特征是大范围的环境污染及生态破坏，例如全球气候变化对世界各国国民健康、经济发展、社会稳定等造成不同程度的影响，尤其是一些发展中国家受到的冲击更大，而应对能力较弱。此外，这一阶段"环境公正"议题得到关注，人们开始将环境问题的影响同国家发展水平及人口社会经济地位相关联。例如，新科技的发展使发达国家在发展新兴产业的同时，以"科技援助"或者"投资援助"为由，将相对落后的技术和环境污染严重的产业转移到发展中国家；在一国之内或以区域为例，污染可能从城市流向农村，环境风险聚集在社会经济地位较低群体的聚居区附近。

随着工业化、城市化、现代化推进，人们生产和生活方式的改变，环境问题日益凸显。工业社会的环境问题呈现以下特征：第一，污染源复杂。在一国之内，既有来自工矿企业等的生产污染，也有来自普通公众的生活污染；从国际层面看，既有来自发达国家的污染源，也有来自发展中国家的污染源。第二，影响在空间和时间维度上有扩展趋势。大范围的环境污染和生态破坏不仅对某个民族国家、某个地区造成损害，还通过大气循环、水体输送等途径，对人类赖以生存的全球生态系统造成不可逆的危害，进而对子孙后代的生存和发展造成严重威胁。例如，人类活动造成的全球气候变化、臭氧层破坏、海洋污染等环境问题，改变生存环境，导致生物多样性持续降低，灭绝的物种不再重生，严重影响后代对资源和生存环境等基本需求的满足。第三，影响的不可预见性。环境变化及环境问题的呈现是一个大规模、长时间潜伏的过程，其影响在特定时段内具有隐蔽性和累积性的特点。以科技为例，新技术、新材料的大量应用一方面缓解了已有环境问题，另一方面因其影响的不可预见性，在未来某个不确定时间点可能引发其他环境问题。人工合成的有机氯类杀虫剂 DDT，在使用初期被证明具有高效的杀虫性能，但在大规模使用数十年后，才被发现其对生物链和人类健康存在重大危害。

二、工业社会环境问题的类型

（一）原生环境问题和次生环境问题

按照环境问题产生的动力，环境问题大致可划分为原生环境问题和次生环境问题两类。由自然灾害引发的环境问题被称为原生环境问题，由人类活动引发的环境问题被称为次生环境问题。在工业社会中，很难将这两种环境问题截然区分。工业社会的自然灾害不同于前工业社会的自然灾害。前工业社会的自然灾害更多的是由于自然环境和生态系统周期性变化带来的"天灾"，如洪水、干旱、地震等；而工业社会的自然灾害却带有强烈的"人祸"性质，其根源是工业革命以来人类对自然资源特别是化石燃料的过度开发和利用，例如全球气候变化、水体污染、土地荒漠化等。工业社会的发展模式及其相应的社会制度安排和文化认同，让"一个工业占支配地位的时代，无论付出多少代价都要赚钱的权利很少受到挑战"[①]。工业社会的自然灾害复合了自然环境规律性变化和人为制造风险的特点，让问题更加复杂化和难以防范，"我们现在的社会秩序已陷入人类自由和人与自然关系的机械论圈套，与生态规律直接形成冲突"[②]。

工业社会人工环境（如城市、大型工程建设等）的快速发展也对自然生态系统造成巨大影响。快速城市化增加了人口对城市住房、公共服务设施的需求，城市的数量和面积不断膨胀。在城市化进程中，一方面对生态保护区域的侵占，压缩了其他物种的生存空间，改变了地域生存环境和气候，如兴建大型水库和大坝；另一方面，大型人工环境建成后的使用过程中，人口聚集，如城市，可能会造成污染物集中排放，使生态系统的自净力和承载力超负荷，导致环境污染。

（二）环境污染与生态破坏

由人类活动引起的次生环境问题又可划分为环境污染和生态破坏两类。环境

① CARSON R. Silent spring［M］. Boston：Houghton Mifflin，1964：13.
② 福斯特 . 生态危机与资本主义［M］. 耿建新，译 . 上海：上海译文出版社，2006：44.

污染是指由于人为因素，环境的化学组成或物理状态发生了变化，与原来情况相比，环境质量恶化，扰乱和破坏了人们正常的生产和生活条件，又称"公害"。[①] 生态破坏是指人类社会活动引起的生态退化及由此衍生的环境效应，导致环境结构和功能变化，对人类生存发展及环境本身发展产生不利影响的现象，如水土流失、沙漠化、生物多样性减少等。[②]

工业革命后，随着采矿、冶金和化工等行业的发展，一方面不可再生自然资源无节制地被攫取，造成生态破坏，另一方面，生产过程中产生的废水、废气、废渣大范围排放，造成环境污染。工业生产的持续扩大带来了对生态系统中的物质和能源的大量攫取，而生产及消费造成的大量废弃物又是生态系统难以收纳的异质物，这导致了各种生态循环（土壤养分、水、能源等）被打破。一个典型的例证就是碳循环出现问题。大规模工业生产排放了大量以碳为基准物的各种温室气体，远超生态系统循环所能容纳的量级，从而造成温室气体在大气中的聚集，引起全球气候变化。[③]

（三）全球环境问题

目前，威胁人类的全球十大环境问题包括：全球气候变化、臭氧层破坏、生物多样性锐减、酸雨污染、森林资源锐减、土地荒漠化、大气污染、淡水资源危机、海洋退化和危险废物越境转移。

1. 全球气候变化

根据《联合国气候变化框架公约》定义，气候变化是指"除在类似时期内所观测到气候的自然变异之外，由于直接或间接的人类活动改变了地球大气的组成而造成的气候变化"[④]。2014 年联合国政府间气候变化专门委员会发表《气候变化 2014：综合报告》指出：20 世纪中叶以来全球平均温度升高的主要原因极有可能是人为温室气体的排放上升及其他人为因素。[⑤] 工业革命以后，由于全球人口激增以及人类生产活动的规模越来越大，石化燃料广泛使用并不断向大气排放二氧化碳（CO_2）、甲烷（CH_4）、氯氟碳化合物（CFCs）等温室气体，导致大气的组成发生变化。

全球气候变化主要体现在以下三方面：第一，全球平均气温升高。根据美国国家航空航天局（NASA）的测算数据，1880—2014 年，全球地表平均温度升高 0.85 摄氏度，2014 年全球地表温度是自 1880 年以来的最高点；同期大气二氧化

① 王翊亭，井文涌，何强. 环境学导论 [M]. 北京：清华大学出版社，2004.

② 左玉辉. 环境学（第二版）[M]. 北京：高等教育出版社，2010.

③ 肖晨阳，陈涛. 西方环境社会学的主要理论：以环境问题社会成因的解释为中心 [J]. 社会学评论，2020（1）：72 - 83.

④ 联合国. 联合国气候变化框架公约 [R/OL]. 1992：3. https：//unfccc. int/sites/default/files/convention _ text _ with _ annexes _ chinese _ for _ posting. pdf.

⑤ 联合国政府间气候变化专门委员会. 气候变化 2014：综合报告 [R/OL]. https：//www. ipcc. ch/site/assets/uploads/2018/02/SYR _ AR5 _ FINAL _ full _ zh. pdf, pp4. 2014.

碳浓度也呈上升趋势（如图 4-1）。[①] 全球气候变化程度主要取决于温室气体的排放量，尤其是二氧化碳的累积排放量。第二，海平面上升。地表温度不断上升，最终导致两极冰川融化，海平面上升，一些岛国和地势低洼国家及城市将面临被淹没的危机，例如荷兰。第三，极端事件不断出现。干旱、洪涝、强热带风暴、沙尘暴等发生频率增高，出现森林火灾、野生动物灭绝、淡水资源枯竭等连锁反应，给人类生存和发展带来灾难性后果。

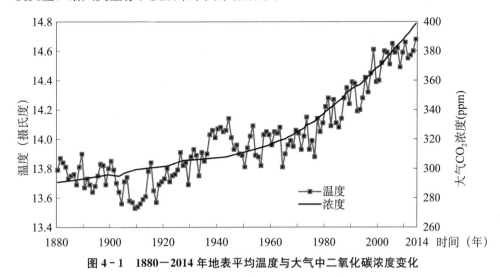

图 4-1　1880—2014 年地表平均温度与大气中二氧化碳浓度变化

　　全球气候变化已经影响了全球生态系统和经济社会的发展，对国际粮食安全、水资源安全、生态安全、环境安全、能源安全、重大工程安全、经济安全等传统与非传统安全造成严重威胁。即使现在人类停止温室气体排放，过去温室气体排放导致的气候变化及其相关影响仍将持续很长时间。如果近期和长期采取减缓措施，将有效地降低本世纪后期的气候变化影响；如果没有采取更多减缓措施，则本世纪末全球平均地表气温可能比工业化前高出 4 摄氏度。[②]

2. 臭氧层破坏

　　臭氧（O_3）是氧的同素异性体，存在于地面以上至少 10 千米高度的地球大气层中，含量很少，其浓度随海拔高度而异。臭氧浓度变化对人类健康和气候产生巨大影响。臭氧层对地球生命有两种作用：一是阻止过量紫外线到达地球表面，通常可过滤掉 70%～90% 紫外线，从而保护人和地球上其他生命免遭过量紫外线的伤害；二是臭氧与二氧化碳一样，也是一种温室气体，能够对地球的气温起调节作用，臭氧浓度的变化会影响地球气候。[③]

　　但近几十年来，臭氧层却遭到了严重破坏。1984 年英国科学家偶然发现、1985 年美国科学家证实在南极上空出现了一个"臭氧空洞"，这个"空洞"的面

　　①　https：//data. giss. nasa. gov/gistemp/graphs_v4/customize. html.

　　②　郑国光. 科学认知气候变化，高度重视气候安全［R/OL］. (2014-11-24). http：//www. scio. gov. cn/ztk/xwfb/2014/32144/mtpl32153/Document/1386995/1386995. htm.

　　③　王翊亭，井文涌，何强. 环境学导论［M］. 北京：清华大学出版社，2004：219.

积相当于美国领土的面积，并且逐年在扩大。美国科学家研究发现，平流层臭氧损耗与 CFC_s（氯氟碳，又称氟利昂）向平流层释放氯离子有关。氟利昂主要用于冰箱、空调、消防设备和电子产品等，而这些都是人们日常生活中大量使用的产品。臭氧层受到破坏后，大量太阳紫外线和宇宙射线直射到地球上，给地球生物带来严重危害。其具体表现为：对人体健康的影响，臭氧的减少会使皮肤癌和角膜炎疾病患者增加；对植物的影响，过量的紫外线会影响植物的光合作用，从而造成农作物减产；对生物化学循环的影响，臭氧层减薄会引起地面光化学反应加剧，使对流层臭氧浓度增高、光化学烟雾污染加重；对材料的影响，过量的紫外线能使塑料等高分子材料更加容易老化和分解；等等。

3. 生物多样性锐减

生物多样性是指各种生物之间的变异性或多样性，包括陆地、海洋及其他水生生态系统，以及生态系统中各组成部分间复杂的生态过程。它包括三个层次，即物种多样性、遗传多样性和生态系统多样性。[①] 生物多样性为人类生存与发展提供食物、药材及多种工业原料，特别是食物，它是无法用化学合成产品所取代的。生物多样性还具有保持土壤肥力，保证水质，以及调节气候等"服务功能"。人类健康和福祉与生物多样性紧密相关，但目前全球生物多样性正在锐减。

生物多样性锐减包括物种消失和物种灭绝。物种消失是指物种在地球的大部分地区消失，而在个别地区仍有存活；而物种灭绝是指某一物种在全球的消失。物种消失可以恢复；但物种灭绝不能恢复，从而导致全球生物多样性减少。物种灭绝包括自然灭绝和人为灭绝两种过程。前者是一个以地质年代为单位计算的缓慢自然进化过程，后者是伴随着人类的大规模开发活动产生的物种灭绝。近几个世纪以来，人类对生态系统的开发规模和强度增大，人为物种灭绝的速率和受灭绝威胁的物种数量大为增加。

世界自然保护联盟（international union for conservation of nature，IUCN）发布的《濒危物种红色名录》显示，截至 2020 年 1 月，已知濒危物种达到 31 030 种，世界上八分之一的鸟类、四分之一的哺乳动物、三分之一的鲨鱼和鳐鱼、三分之一的珊瑚礁、三分之一的针叶树、五分之二的两栖动物面临灭绝。[②] 导致生物多样性减少的主要原因包括：生存环境改变或退化、不可持续的发展方式、入侵物种扩散、过度开发及污染等。有证据表明，全球气候变化会对生物多样性造成严重威胁。[③]

4. 酸雨污染

酸雨是指雨雪及其他形式的降水在形成和降落过程中溶解了空气中的二氧化硫、氮氧化合物等物质，形成 pH 小于 5.6 的酸性降水。酸雨的危害主要表现在

---

① 张风春，李俊生，刘文慧. 生物多样性基础知识 [M]. 北京：中国环境出版社，2015：3.

② IUCN. IUCN Red List of Threatened Species [R/OL]. [2020 - 04 - 15]. https：//www. iucnredlist. org/.

③ 联合国环境规划署. 全球环境展望 6 [R/OL]. 2019. https：//wedocs. unep. org/bitstream/handle/20. 500. 11822/27652/GEO6SPM _ EN. pdf？ sequence＝1&. isAllowed＝y.

四个方面：对陆地生态系统的危害、对水生生态系统的危害、对人体健康的影响、对建筑物和机械的腐蚀。[①] 酸雨通过冲淋植物表面直接伤害植物，还会导致土壤酸化、肥力降低，间接伤害植物；通过杀死水中的浮游生物，减少鱼类食物来源，破坏水生生态系统；通过污染河流、湖泊和地下水，危害人体健康；酸雨对金属、石料、水泥、木材等建筑材料都有强腐蚀作用，会严重损害电线、铁轨、桥梁、房屋等。[②]

酸雨的形成原因分为自然原因和人为原因两种。自然原因包括诸如火山爆发、森林火灾、高空云雨闪电、细菌分解等自然过程天然排放酸性物质，溶于降水形成酸雨。人为原因是化石燃料燃烧后释放的大量含硫化合物和含氮化合物，在大气中被氧化成不易挥发的硫酸和硝酸，并溶于雨雪降落到地面形成酸雨。[③] 工业社会，酸雨形成的主要原因是人为原因。全球二氧化硫的产量从 1860 年的 1 000 万吨增加到 1910 年的 5 000 万吨，到 20 世纪 70 年代已超过 1.5 亿吨。全球二氧化硫的排放在过去 130 多年中增加了 15 倍。[④] 由于大气中硫可以输送至几百甚至上千公里以外，酸雨能在长距离迁移中形成，因此最初发现于欧美的酸雨问题已经打破国界扩展到全球范围，成为全球性环境问题。世界三大酸雨区包括西欧酸雨区、北美酸雨区和东亚酸雨区（中国）。[⑤] 酸雨的发展和影响呈全球扩展和加深趋势。

5. 森林资源锐减

森林是重要的生态资源，它具有涵养土壤、调节气候、蓄积水资源、调控旱涝、提供物种栖息地等重要生态功能。全球森林资源锐减，严重破坏生态系统，最直接的原因就是人类为追求经济利益，过度采伐，潜在原因包括人口增加、森林产品市场化等。1980 年联合国粮食及农业组织和环境规划署曾对热带森林进行的一次评估发现：20 世纪中期以来，热带森林以每年 1 130 万公顷的速度被砍伐，发展中国家的森林面积持续减少。[⑥] 2015 年的评估报告则显示，世界森林面积已经由 1990 年的 41.28 亿公顷减少到 2015 年的 39.99 亿公顷，森林占全球陆地面积的比例则由 31.6％降低到 30.6％。[⑦] 森林面积锐减，不但造成水土流失、土地荒漠化等问题，还导致动物栖息地消失、生态多样性锐减、气候变化等全球性环境问题。

6. 土地荒漠化

地球陆地面积约为 1.49 亿平方公里，为人类和其他动植物提供居所和生命

① 雷科德，等. 酸雨手册 [M]. 王邵基，周熙钦，译. 北京：原子能出版社，1986：20 - 27.

② 魏惠荣，王吉霞. 环境学概论 [M]. 兰州：甘肃文化出版社，2013：75.

③ 吴丹，王式功，尚可政. 中国酸雨研究综述 [J]. 干旱气象，2006（2）：70 - 77.

④ 庞廷. 绿色世界史：环境与伟大文明的衰落 [M]. 王毅，译. 上海：上海人民出版社，2002：389.

⑤ 张新民，柴发合，王淑兰. 中国酸雨研究现状 [J]. 环境科学研究，2010（5）：527 - 532.

⑥ 联合国环境规划署. 全球环境展望 3 [R]. 中国国家环保总局国际合作司，译. 北京：中国环境科学出版社，2002：87.

⑦ 联合国粮食及农业组织. 2015 年全球森林资源评估报告：世界森林变化情况（第 2 版）[R/OL].
http：//www. fao. org/forest-resources-assessment/past-assessments/fra - 2015/zh/.

支持来源。由于人类的不合理开发，土地功能退化，荒漠化危机日趋严峻。根据《联合国防治荒漠化公约》定义，土地荒漠化是指"由于气候变化和人类活动等因素所造成的干旱、半干旱和亚湿润干旱地区产生的土地退化"[①]。土地荒漠化意味着人类和其他物种将失去最基本的生存基础，即有生产能力的土地。除了破坏生存条件，土地荒漠化还制约经济发展，加深贫困程度，影响社会稳定。

20世纪末，全球干旱陆地（不包括沙漠）中，就有大约70%的土地发生严重退化，估计受影响地区占地球表层的50%。[②] 2006年，联合国大学发布《对解决荒漠化问题的政策重新评估》报告，称以往的土地荒漠化治理政策已失败，今后10年荒漠化将使5 000万人成为环境难民。荒漠化对世界1亿～2亿人产生影响，使他们在获得食品、淡水和其他基本服务方面的能力不断降低。如果不采取全球性应对政策，荒漠化将影响20亿人口。[③] 2019年，联合国环境规划署发布报告指出，土地退化和荒漠化加剧，土地退化的热点地区覆盖全球约29%的土地，而有大约32亿人居住在这些土地上。[④]

7. 大气污染

大气污染是由于人类活动或自然过程引起某些本不属于大气成分[⑤]的物质（如硫化物、氮氧化物、粉尘等）进入大气，并呈现足够浓度，达到足够时间，以至破坏生态系统，对人、动植物及物品造成不利影响和危害的现象。[⑥] 造成大气污染的自然因素包括森林火灾、火山爆发等，人为因素包括工业废气排放、生活燃煤、汽车尾气排放等，并且以人为因素为主。大气中有害物质浓度越高，污染越严重。污染物在大气中的浓度取决于排放总量、排放源高度、气象和地形等因素。

大气污染的后果不容小觑。首先它对人体健康的危害体现为急性中毒、慢性中毒和致癌三种。空气中大气污染物浓度较低，气流湍急时，通常不会造成人体急性中毒，但如果大量有害气体在特定空间内短时间集中外泄，加上气象条件突变，极易引起人群急性中毒，如印度帕博尔毒气泄漏事件。大气污染物对人体慢性毒害表现为污染物低浓度、长时间作用于人体，人群出现患病率升高的现象，如城市居民呼吸系统疾病发病率逐年升高。致畸和诱发肿瘤是大气污染物对人体长期影响的后果，由于污染物长时间持续作用于肌体，可能改变遗传信息，诱发细胞突变，显著降低人体寿命。大气污染物包括有害气体（如二氧化碳、氮氧化

---

① 联合国. 联合国防治荒漠化公约 [EB/OL]. https：//www. unccd. int/sites/default/files/relevant-links/2017－08/UNCCD＿Convention＿text＿CHI. pdf.

② 联合国环境规划署. 世界资源报告（1988－1989）[R]. 北京：北京大学出版社，1990：59.

③ UNU-INWEH. Overcoming one of the greatest environmental challenges of our times：re-thinking policies to cope with desertification [R/OL]. https：//collections. unu. edu/eserv/UNU：2658/Re-thinkingPolicietoCopewithDesertification. pdf.

④ 联合国环境规划署. 全球环境展望6 [R/OL]. 2019：14. https：//wedocs. unep. org/bitstream/handle/20. 500. 11822/27652/GEO6SPM＿EN. pdf? sequence＝1&. isAllowed＝y.

⑤ 正常空气成分包括氮（N_2）约78%，氧（O_2）约21%，稀有气体（氦 H_e、氖 N_e、氩 A_r、氪 K_r、氙 X_e、氡 R_n）约0.939%和二氧化碳（CO_2）约0.031%及其他气体（如臭氧 O_3、一氧化氮 NO、二氧化氮 NO_2、水蒸气 H_2O 等）约0.03%。

⑥《环境科学大辞典》编委会. 环境科学大辞典：修订版 [M]. 北京：中国环境科学出版社，2008.

物、碳氢化物、卤族元素等）及颗粒物（粉尘和酸雾、气溶胶等）。其次，大气污染还对工农业生产造成损害，如大气中的酸性污染物和二氧化硫会腐蚀工业建材和设备，粉尘影响精密仪器的使用，从而提高生产成本；酸雨和粉尘直接影响农作物生长，渗入土壤后，还会引起土壤和水体酸化，通过生物链进而影响动植物的生存。再次，大气污染物影响天气和气候。大气中的颗粒物降低大气能见度，引发烟雾事件，高层大气中的碳氧化物和氟氯烃类污染物还能使臭氧大量分解，引发"臭氧洞"问题。

8. 淡水资源危机

地球水资源总体积约为 14 亿立方千米，其中淡水仅占 2.5％，约 3 500 万立方千米。在淡水资源中，约 2 400 万立方千米（约 68.9％）的淡水以冰雪形式储存于南北极地区，1 090 万立方千米（约 30.8％）的淡水以地下水形式存在，地表江河湖泊的淡水约 10.5 万立方千米，占世界淡水资源的 0.3％。实际上，人类可获得的淡水总量约 20 万立方千米，不到地球淡水资源的 1％、地球水资源总量的 0.01％。[①]

淡水资源十分有限且在空间分布上非常不均匀。联合国界定，当一个地区的人均水资源量低于 1 700 立方米/人时为用水紧张，当人均水资源量低于 1 000 立方米/人时为缺水。2016 年，亚太地区 48 个国家中有 29 个国家因缺水和地下水超采而成为水不安全地区。《2017 年世界水资源发展报告》强调，"非洲最缺水，欧美最耗水"，即非洲仍是获得高质量水资源最少的大陆，欧美仍是世界上人均消费水资源最多的地区，在撒哈拉以南非洲，得到可饮用水供应的区域不足60％。[②] 据《2019 年世界水资源发展报告》估计，从地区视角看，由于人口增长和气候变化，阿拉伯地区的人均水资源短缺将继续加剧。在冲突地区，水基础设施遭到破坏、损毁并成为被摧毁目标，确保人们在缺水条件下获得供水服务面临的挑战更加严峻。[③] 水资源压力将进一步扩大各国、一国各地区和各部门之间的不均衡，其负担最终将落在贫困人口身上。

在过去两个世纪中，全球人口数量激增，工业化和城市化推进，导致一方面人类用水量（如工业用水、农业灌溉、生活用水等）激增，另一方面水污染加剧（如过度使用农药和化肥，地表水和地下水都受到了严重污染），人类活动不仅从数量上消耗淡水资源，而且无控制地排放污水对水体质量造成严重影响。据联合国统计，全球淡水消耗量在 20 世纪增加了 6 倍，其增长速度是人口增速的两倍，全球约 14 亿人缺乏安全清洁的饮用水。[④] 目前，全世界约三分之一的人生活在缺

① 张海滨. 环境与国际关系：全球环境问题的理性思考［M］. 上海：上海人民出版社，2008：241-243.

② 联合国. 2017 年世界水资源发展报告［R/OL］. http：//www. unesco. org/new/en/natural-sciences/environment/water/wwap/wwdr/.

③ 联合国. 2019 年世界水资源发展报告［R/OL］. https：//unesdoc. unesco. org/ark：/48223/pf00-00367303 _ chi.

④ UN. The 2nd UN world water development report：water, a shared responsibility［R/OL］. http：//www. unesco. org/new/en/natural-sciences/environment/water/wwap/wwdr/wwdr2-2006/.

水地区，主要集中在非洲和亚洲，有 80%～90%的疾病和三分之一以上的死亡都与受细菌或化学污染的水有关。全球用水量以每年约 1%的速度增长，预计到 2050 年，全球需水量相比目前用水量将增加 20%～30%，届时将有超过 20 亿人生活在水资源严重短缺的国家。①

9. 海洋退化

全球海洋面积约 3.62 亿平方公里，占地球表面积的 70.6%。海洋为人类和其他生物的生存提供了独一无二的丰厚资源，但随着人类开发活动的增加，包括海洋污染和海洋资源的过度开发，海洋出现退化现象。海洋污染主要发生在受人类活动影响广泛的沿岸海域，据估计，世界沿海地区的三分之一处于退化的高度危险之中。② 其中约 70%海洋污染源来自陆地，其中包括农药、化肥、污水、石油、重金属污染等，由于海洋污染的漂流性和转移性，海洋污染呈跨国跨界特征，因此备受国际社会关注。另外，对海洋生物的过度捕捞造成海洋资源锐减，严重影响了海洋生产力和生物多样性。据联合国粮食及农业组织统计，20 世纪 50 年代，世界捕鱼量为 2 000 万吨，2016 年全球捕捞总量为 9 090 万吨，海洋和内陆水域渔业分别占全球渔业的 87.2%和 12.8%。③ 大量捕捞的结果是某些鱼类和其他海洋生物正濒临灭绝。

10. 危险废物越境转移

根据《控制危险废物越境转移及其处置巴塞尔公约》（简称《巴塞尔公约》）的定义，所谓"废物"是指处置的或打算予以处置的或按照国家法律规定必须加以处置的物质和物品；所谓"越境转移"是指危险废物或其他废物从一国的国家管辖地区移至或通过另一国的国家管辖地区的任何转移，或者移至或通过不是任何国家的国家管辖地区的任何转移，但该转移须涉及至少两个国家。④ 危险废物是国际上普遍认为具有爆炸性、易燃性、腐蚀性、生态毒性和传染性等特征的生产或生活垃圾，这些废物给环境和人类健康带来危害。随着发达国家国内环境标准提高，其国内处理危险废物成本增加，于是从 20 世纪 80 年代开始，发达国家逐渐将废物转移到环境管理松懈的发展中国家。以电子垃圾为例，美国是世界上电子垃圾的最大生产国，它每年都会将大量电子垃圾转运到发展中国家。发达国家的公害转移通常采取以下几种形式：第一，将具有危险的公害型企业转移到发展中国家；第二，将发达国家禁止销售和使用的产品出口；第三，将产业废弃物转运到发展中国家；第四，大量进口别国资源，使出口国在开采资源过程中造成环境污染和生态破坏；第五，表面上提供资金援助，实则为本国利益，导致受援

---

① 联合国.2019 年世界水资源发展报告［R/OL］. https：//unesdoc. unesco. org/ark：/48223/pf0000367303＿chi.

② 联合国环境规划署.全球环境展望 3［M］.中国国家环保总局国际合作司，译.北京：中国环境科学出版社，2002：17.

③ 联合国粮食及农业组织.2018 年世界渔业和水产养殖状况［R/OL］. http：//www. fao. org/3/I9540ZH/i9540zh. pdf.

④ 联合国.控制危险废物越境转移及其处置巴塞尔公约［EB/OL］. http：//archive. basel. int/text/conv-rev-c. pdf.

国环境遭受破坏。[①]

　　发达国家将环境污染成本转嫁给发展中国家的做法是典型的环境非公正。《巴塞尔公约》的目的就是遏制越境转移危险废物，特别是向发展中国家出口危险废物。尽管该条约发挥了一定作用，但有害废物非法贸易屡禁不止，发达国家每年仍以各种方式向发展中国家出口有毒废物。进入 21 世纪后，部分发展中国家开始逐步严控境外有害废物的跨国转移。

三、工业社会环境问题的发展趋势

　　工业社会的环境问题本质上是人与自然、人与人之间关系的折射。全球环境问题在不同国家和地区的表征具有普遍性、共同性，其影响和危害具有跨国性、跨地区性。因此，全球环境问题的解决需要全人类共同行动和努力。工业社会的环境问题具有以下发展趋势。

　　第一，全球化。其一，影响全球化。前工业社会的环境问题大多在不同地区不同程度地存在，其影响的范围、危害的对象或产生的后果相对集中于污染源附近或特定的生态环境中，并未对全球生态环境构成威胁。而工业社会的全球性环境问题，如气候变化和酸雨等，其影响时间是跨代的，影响空间是全球性的，对人群健康、社会经济发展、生物生态、环境变迁等的影响也是全方位的。其二，应对环境问题的努力全球化。各民族国家国内公众环境关心水平的提高、风险意识的增强、环境友好行为的增加、环境友好型社会的建设、国际环境保护合作的加强、高规格大规模环境会议的增加、国际环保非政府组织频繁的活动，都彰显了全球开展环境治理的决心。

　　第二，复杂化。前工业社会的环境问题，污染源与污染对象相对单一，污染对象主要是农田、草场和森林等。工业社会环境问题复杂性增强，其影响也是多维度多层面的。现代科技的发展，一方面增强了人类适应自然、改善生活质量的能力，另一面也加大了人类破坏和污染环境的能力。因此，同一地区可能同时出现森林锐减、沙漠扩大、土壤肥力丧失、物种濒临灭绝等多种问题，其危害涉及生态、资源、人口、文化、经济、政治、社会等各方面，撒哈拉以南非洲的人口、粮食与环境问题，巴西热带雨林的危机，笼罩在墨西哥城上空的黄色烟雾莫不如此。[②]

　　第三，社会化。其一，环境关心社会化。传统工业社会以前，关心环境问题的群体主要集中在有关地区的居民。而工业社会的环境问题已然影响到全球公众社会生活的方方面面，世界各国及社会各阶层对环境问题的关注与日俱增，尤其21 世纪以来，各国公众的环境关心水平普遍有所提高，各国政府间的环境合作意识逐步增强。其二，环境治理与保护社会化。由于全球环境问题的跨国性、综

---

　　① 洪大用 . 当代中国环境问题的八大社会特征［J］. 教学与研究，1999（8）：11 - 17.
　　② 曲格平，尚忆初 . 世界环境问题的发展［M］. 北京：中国环境科学出版社，2007.

合性、复杂性，使得其应对和治理成为一项十分复杂的系统工程，这需要全人类、全社会共同关注、参与和努力。全民参与环境保护成为世界性倡导。

第四，政治化。生态环境问题已然演化为国家安全问题的一部分，作为公众议题进入政治议程，环境治理成为各国国家治理的重点。目前环境问题的政治化主要表现为：其一，在国家政策体系中明确环境保护的重要性和内容。如，2015年1月1日，中国"史上最严格"的《环境保护法》正式执行；自2015年以来的全国"两会"上，环境问题与收入分配、社会保障、反腐等并列为议事焦点。其二，绿党崛起。全球的绿色革命引起绿党——作为一种政治力量——在全球崛起。绿党的基本政治主张是：生态优先、非暴力、基层民主、反核原则等。绿党积极参政议政，开展环境保护活动，对全球的环境保护运动具有积极的推动作用。绿党20世纪开始在欧洲扩散，除了欧洲之外，世界各地多个国家或地区都成立了绿党，如新西兰、澳大利亚、北美、非洲，最著名的就是德国绿党。其三，环境外交日益频繁。各种高规格、大规模的有关环境问题的国际会议数量日渐增多。1992年在巴西召开的联合国环境与发展大会被公认为环境外交史上的重要里程碑。2015年12月，《联合国气候变化框架公约》近200个缔约方一致同意通过《巴黎协议》，展现各国推动全球绿色低碳发展的决心。保护和改善环境关系到社会的进步和经济的发展，是各国政府应尽的政治责任。[①]

第五，科技化和市场化。科技与市场都是双刃剑，既能对环境造成不可逆的损害，也能用以应对环境问题，优化环境质量，关键看如何使用它们。如20世纪80年代欧洲兴起的生态现代化理论，提倡在解决环境问题过程中，革新现代政府-市场关系，并用对环境更友好的科学和技术缓解当下的环境问题，而不是摒弃科技和市场。科技快速更新和市场化是工业社会及后工业社会的重要特征，如何运用科技和市场的力量处理好环境问题，是未来全球环境保护的重要议题。

第三节
当代中国的环境问题

当代中国社会发展复合了前工业社会、工业社会和后工业社会的特征。转型中的中国面临快速工业化、城市化、信息化和网络化问题。要把握转型期中国环境问题的实质，需从历史角度梳理当代中国环境问题变迁历程，审视和重建对自然价值的认识，进而推动多元治理主体参与环境治理和生态文明建设，实现发展成果由全体社会成员共享。[②]

---

① 曲格平，尚忆初. 世界环境问题的发展［M］. 北京：中国环境科学出版社，2007.
② 洪大用. 关于中国环境问题和生态文明建设的新思考［J］. 探索与争鸣，2013（10）：4-10.

一、中国环境问题发展的历史阶段

在人类社会初期，人们依靠渔猎、采集等方式谋生，且普遍敬畏和崇拜自然，几乎不存在次生环境问题；农业社会时期，由于农业生产方式的改变，出现局部性的水土流失、沙漠化等环境问题，但此时并无大规模机器生产，对生态系统的破坏程度和范围较小。

中华人民共和国成立之初，百废待兴。1954 年第一届全国人民代表大会明确提出"建设四个现代化"，即工业现代化、农业现代化、国防现代化和科学技术现代化。1953 年第一个五年计划开始，中央政府仿照苏联的模式自上而下地通过指令式进行社会主义经济建设，优先发展重工业和能源，重工业占总投资比重的 83%。由于生产技术落后，形成了一种高投入、低产出的资源浪费型发展模式。1958 年，中国开始了"大跃进"运动。在这一政治纲领指导下，全国各地"大炼钢铁"，土法炼钢，没有采取任何环保措施。同时，在"以粮为纲"的政策指导下毁林、毁牧和围湖造田。20 世纪 70 年代，生态破坏和环境污染的问题显现。[①]

改革开放以来，中国创造的经济奇迹让世界为之惊叹，但中国也为之付出了巨大代价，尤以环境污染触目惊心。国家环保总局和国家统计局在 2006 年发布的《中国绿色国民经济核算研究报告 2004（公众版）》显示：2004 年全国因环境污染造成的经济损失为 5 118.2 亿元，占当年 GDP（国内生产总值）的 3.05%。此外，2004 年全国环境虚拟治理成本[②]为 2 874.4 亿元，占当年 GDP 的 1.80%。[③]《中国环境经济核算研究报告 2010（公众版）》显示，2010 年我国生态环境退化成本达到 15 389.5 亿元，占当年 GDP 的 3.5%。其中，环境退化成本 11 032.8 亿元，占 GDP 比重 2.51%；生态破坏损失（森林、湿地、草地和矿产开发）4 417 亿元，占 GDP 比重 1.01%。[④]对比 2004 年和 2010 年的数据可以看到，7 年间我国环境退化成本从 2004 年的 5 118.2 亿元提高到 2010 年的 11 032.8 亿元，增长了 115.56%；虚拟治理成本从 2004 年的 2 874.4 亿元提高到 2010 年的 5 589.3 亿元，增长了 94.45%。2015 年，我国经济-生态生产总值为 122.8 万亿元，其中，GDP 为 72.3 万亿元，生态破坏成本为 0.63 万亿元，污

---

① 童志锋. 历程与特点：社会转型期下的环境抗争研究 [J]. 甘肃理论学刊，2008（6）：85-90.

② 环境污染成本由污染治理成本和环境退化成本两部分组成。其中，污染治理成本又分为实际污染治理成本和虚拟污染治理成本。实际污染治理成本是指目前已经发生的治理成本；虚拟治理成本是将将目前排放到环境中的污染物全部处理所需花费的成本，即污染物排放量与单位污染物虚拟治理成本的乘积。单位污染物虚拟治理成本按事件所在地前三年单位污染物实际治理平均成本计算。详细核算方法参见於方，王金南，曹东，等. 中国环境经济核算技术指南 [M]. 北京：中国环境科学出版社，2009.

③ 国家环境保护总局，国家统计局. 中国绿色国民经济核算研究报告 2004（公众版）[R/OL]. http：//www. caep. org. cn/yclm/hjjjhs _ lsgdp/tx _ 21977/200609/t20060907 _ 627810. shtml.

④ 环境保护部环境规划院. 中国环境经济核算研究报告 2010（公众版）[R/OL]. http：//www. caep. org. cn/.

染损失成本为 2 万亿元，生态破坏成本和污染损失成本总占比约为 2.10%。[①] 这些触目惊心的数据还仅限于环境污染带来的经济损失，更严重的是，环境问题加剧人与人、群体与群体、组织与组织之间的矛盾，20 世纪 90 年代至 21 世纪初我国环境群体性事件有所增加，环境风险催生社会风险。

面对严峻的环境问题，中国政府积极应对：其一，进入 21 世纪以来，在国家治理的顶层设计中高度重视生态环境保护，秉持"绿水青山就是金山银山"的重要理念，把生态文明建设纳入国家发展总体布局，努力建设美丽中国。其二，在治理制度安排方面，连续出台各类环境政策法规，逐步完善环境治理政策体系。目前已基本形成以《宪法》为根本依据，以《中华人民共和国环境保护法》为基本法，以《中华人民共和国大气污染防治法》《中华人民共和国固体废物污染环境防治法》《中华人民共和国水污染防治法》（以下简称《水污染防治法》）等政策法规为内容的环境治理政策体系，各地也逐步形成了独具特色的地方环境治理体系。其三，环境保护组织建设逐步升级。自 1974 年 10 月国务院环境保护领导小组正式成立以来，我国国家级环境保护机构迄今经过约半个世纪的发展：1982 年 5 月，城乡建设环境保护部组建，部内设环境保护局；1984 年 5 月，国务院环境保护委员会成立；1984 年 12 月，城乡建设环境保护部环境保护局改为国家环境保护局；1988 年 7 月，将环保工作从城乡建设部分离出来，成立独立的国家环境保护局（副部级）；1998 年 6 月，国家环境保护局升格为国家环境保护总局（正部级）；2008 年 7 月，国家环境保护总局升格为环境保护部；2018 年 3 月，生态环境部组建。近半个世纪的环保机构变迁见证了我国生态环境事业从无到有、从弱到强、从小环保到大环境的历史进步。其四，国家持续加大环境污染治理投资力度。1981 年，中国政府的投入是 25 亿元，占当年 GDP 的 0.51%；2010 年中国政府投资达 7 612.19 亿元，占当年 GDP 的 1.67%[②]；2017 年投入9 538.95 亿元。[③] 进入 21 世纪以来，国家高度重视生态环境保护，不断完善环境治理政策法规体系，积极开展环保教育和宣传工作，调动多元社会力量（如市场力量、普通公众、民间机构等）参与环境保护事业，在全国各地掀起环保浪潮。近年来，我国环境治理总体形势向好。

需要保持清醒的是，目前我国环境治理和保护工作仍面临巨大压力。我们正处于社会转型期，面临着前工业化时期、工业化时期以及后工业化时期的各种环境问题，高速发展所造成的环境问题复合效应日趋明显，环境治理难度加大。由于后发优势的影响，后发展国家的工业化进程在时间上被高度压缩。例如，英国、美国完成工业化分别经历了 200 年、135 年，而日本、韩国仅分别用了 65

① 王金南，马国霞，於方，等．2015 年中国经济-生态生产总值核算研究［J］．中国人口·资源与环境，2018（2）：1-7．
② 洪大用．经济增长、环境保护与生态现代化：以环境社会学为视角［J］．中国社会科学，2012（9）：82-99．
③ 中华人民共和国国家统计局：http：//data．stats．gov．cn/easyquery．htm? cn=C01&zb=A0C0H&sj=2019．

年、33 年。在中国，加上我们特定发展模式的积极推动作用，我们长期保持了很高的发展速度。在此背景下，复合型环境挑战首先表现为空间上的普遍性。从天空到地上、从地上到地下、从陆地到海洋、从中心城市到偏远农村，都面临着不同类型和不同程度的环境挑战。不仅如此，复合型环境挑战也表现在时间的叠加性上。在快速工业化、城市化进程中，各种性质的环境问题集中爆发，交互叠加。此外，复合型环境挑战还表现在环境诉求的多样性上，这种多样性还因各地区、各部门、各行业以及各人群的差异而强化。最后，复合型环境挑战还表现在国内环境压力与全球环境压力复合并存上，从而压缩了我们应对环境问题的时间和空间。[1]

二、中国环境问题的类型与特征

按照环境问题产生的动力划分，环境问题包括由自然灾害引发的原生环境问题和由人类活动引发的次生环境问题。

中国是一个自然灾害频发的国家，自古以来，水、旱、风、虫、震等各类自然灾害不但改变了生态环境，而且在不同时空中对人民生命财产安全及社会发展造成了重大危害。因此，我国历代都非常重视"荒政"，如采取察灾情、免税赋、赈粮钱等抗灾措施。[2]进入 21 世纪以来，我国进入新的灾害多发期，极端气候事件频次增加，严重洪涝、干旱和地质灾害以及台风、森林火灾等多灾并发，给社会发展带来严重影响。[3]为此，国家高度重视防灾减灾工作，通过开展灾害风险评估，调整人类活动以规避或减轻风险。

全球主要自然灾害种类在我国基本都有分布，其主要类型包括洪水、风暴、地震、流行病、滑坡、极端气温、干旱、森林火灾、虫害等。我国自然灾害具有独特的空间分布规律，灾情总体上呈现出南重北轻、中东部重西部轻的空间分布格局，受灾最严重的省份基本集中于西南及长江中下游地区。[4]自然灾害对人身财产安全、经济发展、社会稳定造成或直接或间接的影响。对自然灾害开展社会学研究，如自然灾害社会影响评价、防灾政策研究等，十分有必要且迫在眉睫。关于自然灾害的社会学研究，在很大程度上也属于环境社会学研究的一部分。

我国的次生环境问题又分为环境污染和生态破坏两方面。环境污染涉及大气污染、水环境污染、废弃物处理、城市噪声等，生态破坏涉及土地荒漠化、水土流失、生物多样性破坏及能源消耗等。1991—1999 年的《中国环境状况公报》[5]

①　洪大用. 复合型环境治理的中国道路［J］. 中共中央党校学报，2016（3）：67 - 73.

②　桂慕文. 中国古代自然灾害史概说［J］. 农业考古，1997（3）：226 - 238.

③　廖永丰，聂承静，胡俊锋，等. 灾害救助评估理论方法研究与展望［J］. 灾害学，2011（3）：126 - 132.

④　廖永丰，赵飞，王志强，等. 2000－2011 年中国自然灾害灾情空间分布格局分析［J］. 灾害学，2013（4）：55 - 60.

⑤　自 1990 年起，中国国家环境保护局（现生态环境部）会同多部门编制并发布上一年的环境状况公报。

显示，20 世纪最后十年，我国加强了城市和重点区域环境污染的治理，全国环境污染恶化趋势在总体上得到基本控制，部分地区和城市环境质量有所改善，但人口增长、经济发展仍给资源和环境带来巨大压力，如全国生态环境相当脆弱，水土流失、荒漠化、森林和草地功能衰退等生态问题比较突出。在此阶段，农村环境问题凸显。从 2001 年中国"十五"计划开局之年到 2019 年全面深化改革政策落实之年，政府高度重视环境保护，环境治理政策体系不断完善，生态保护和投资力度加大，环境污染物排放量得到有效控制，乡村环境问题得到重视和改善。目前中国环境保护的基本状况是：总体环境质量在改善，环境治理和保护工作仍面临巨大压力。

我国环境污染集中体现在大气污染、水环境污染、废弃物处置三方面。从表4-7 和表 4-8 大致可以判断：进入 21 世纪后，我国废水排放量持续上升到 2015 年，近年有所回落；虽然全国废气中主要污染物排放量有所控制，但大气污染形势仍然严峻；一般工业固体废物和城市生活垃圾清运量呈逐年增加趋势。面对逐年递增的废弃物产生量，以"减量化、无害化和资源化"为目标的废弃物综合治理是未来环境治理的主要思路和出路。

表 4-7 　　　　　　　　21 世纪若干年份"三废"排放情况

年份	废水（亿吨）	废气污染物（万吨）			一般工业固体废物（万吨）	城市生活垃圾清运量（万吨）
		二氧化硫	氮氧化物	烟（粉）尘		
2001	432.9	1 947.8	—	2 060.6	88 745.7	13 470.4
2005	524.5	2 549.3	—	2 093.7	134 448.9	15 576.8
2010	617.3	2 185.1	1 852.4	1 277.8	240 944.0	15 804.8
2015	735.3	1 859.1	1 851.9	1 538.0	327 079.0	19 141.9
2016	711.1	1 102.9	1 394.3	1 010.7	309 210.0	20 362.0
2017	699.7	875.4	1 258.5	796.3	331 592.0	21 520.9
2018						22 801.8

资料来源：历年《环境统计年报》，http://www.mee.gov.cn/hjzl/sthjzk/sthjtjnb/；中国统计年鉴，http://www.stats.gov.cn/tjsj/ndsj。

表 4-8 　　　　　　　2006—2015 年全国废气中主要污染物排放量

年份	二氧化硫（万吨）				氮氧化物（万吨）				
	排放总量	工业源	生活源	集中式	排放总量	工业源	生活源	机动车	集中式
2006	2 588.8	2 234.8	354.0	—	1 523.8	1 136	387.8	—	—
2007	2 468.1	2 140.0	328.1	—	1 643.4	1 261.3	382.0	—	—
2008	2 321.2	1 991.3	329.9	—	1 624.5	1 250.5	374.0	—	—
2009	2 214.5	1 865.9	348.5	—	1 692.7	1 284.8	407.9	—	—
2010	2 185.1	1 864.4	320.7	—	1 852.9	1 465.6	386.8	—	—
2011	2 217.9	2 017.2	200.4	0.3	2 404.3	1 729.7	36.6	637.6	0.3
2012	2 117.6	1 911.7	205.7	0.3	2 337.8	1 658.1	39.3	640.0	0.4
2013	2 043.9	1 835.2	208.5	0.2	2 227.3	1 545.7	40.7	640.5	0.4
2014	1 974.4	1 740.3	233.9	0.2	2 078.0	1 404.8	45.1	627.8	0.3
2015	1 859.1	1 556.7	296.9	0.2	1 851.9	1 180.9	65.1	585.9	0.3

资料来源：历年《环境统计年报》，http://www.mee.gov.cn/hjzl/sthjzk/sthjtjnb/。

　　我国生态问题同样不可小觑，其主要表现为水土流失严重、沙漠化迅速发展、草场退化加剧、森林资源锐减、生物多样性减少、能源高速消耗等。据估计，我国野生高等植物物种中约 15%～20% 处于濒危状态，野生动物濒危程度不断加剧，有 233 种脊椎动物面临灭绝，约 44% 的野生动物呈数量下降趋势，高鼻羚羊、白鳍豚、野象、熊猫、东北虎等珍贵野生动物分布区显著缩小，种群数量锐减，非国家重点保护野生动物物种下降趋势明显。[①] 在能源消耗方面，基础工业和重工业的快速发展拉动能源消耗增加。我国能源总消耗量由 2000 年的 13 亿吨标准煤增加到 2005 年的 22 亿吨标准煤，再到 2010 年的 32.5 亿吨标准煤，截至 2018 年已经增至 46.4 亿吨标准煤。我国的煤炭、石油、钢等能耗居世界第一，单位 GDP 能耗是发达国家的 8～10 倍，污染是发达国家的 30 倍，劳动生产率是发达国家的 1/30，化学需氧量排放世界第一，二氧化硫排放量世界第一，碳排放量世界第一。[②]

　　我国环境问题呈现压缩性、复合性、区域差异性等特征。

　　第一，压缩性特征。我国的工业化、现代化过程体现了人口体量大、速度快、时间短的特征，在发展中解决环境问题，其压力可想而知。联合国开发署环境专家康纳（D. O. Conner）将与传统工业化国家相比，发展中国家的工业化进程显著缩短的工业化称为"压缩型工业化"。我国环境问题的压缩性特征体现在时空两个维度上。时间上，早期发达国家的工业化、现代化经历了几个世纪，而我国却要在短短几十年的时间走过人家几百年走的路，快速工业化对环境造成极大冲击。我国的工业总产值的年平均增长速度在 20 世纪 80 年代为 13.3%，90 年代前五年为 17.7%，对比西方国家在工业化过程中的发展速度，我国的工业化速度惊人，如美国第一次工业化时期的工业增长率为 4.9%～5.9%，德国为 2.5%～4.5%。空间上，一方面，由于发达国家转嫁本国资源和环境危机，制定并主导国际规则，对他国实行生态殖民主义，我国作为后发国家，生存和发展空间被发达国家占据；另一方面，我国的社会主义性质和传统文化决定了我国不会将环境和资源危机转嫁给他国。

　　第二，复合性特征。一方面，环境问题产生原因呈复合性。我国环境问题的产生和发展受国家经济格局、产能结构、技术创新、公众价值观及生活方式等多方面因素影响，环境治理面临体制上、技术上和观念方面的障碍，粗放的经济增长方式、对能源的巨大需求、地方保护主义、治污工程建设滞后等，使环境治理面临诸多困境。另一方面，环境问题产生的影响呈复合性。21 世纪初，我国三分之一国土被酸雨污染，主要水系 30% 成为劣五类水，60% 的城市空气质量为三级或劣三级，空气污染使慢性呼吸道疾病成为导致死亡的主要疾病，其造成的

　　① 中华人民共和国环境保护部. 中国生物多样性保护战略与行动计划（2011－2030 年）[EB/OL]. http://www.zhb.gov.cn/gkml/hbb/bwj/201009/t20100921_194841.htm.

　　② 贾凤姿，刘建涛. 中国环境问题的文化观省思与抉择 [M]. 大连：大连海事大学出版社，2013：5.

污染和经济成本约占我国 GDP 的 3%～8%。^① 由于对环境质量和健康的关注引起了全国各地民众极大的反应，1997—2005 年，环境污染纠纷呈上升趋势，每年上升比例为 25%。^② 因此，我国环境问题不仅仅是资金投入和技术革新就能够解决的，需要从政治稳定、国家安全与发展的高度，从整体上看待并处理，避免陷入狭隘的经济主义和技术主义的思路。

第三，区域差异性特征。一方面，随着重化工产业从城市外迁、城市化的推进，农村地区的水环境和固体废弃物污染问题凸显，并且我国污染治理投资主要向城市地区倾斜。另一方面，东部发达地区越来越重视环境保护，与此同时，随着西部大开发的推进，大规模能源、水电、旅游开发使得西部地区的生态环境面临巨大压力。人为的区域差异性特征易造成环境不公正，进而引发社会矛盾，影响社会稳定。目前，我国正在积极探索建立区域生态补偿机制，同时通过完善城乡和东西部发展布局、调整产业结构等举措，以降低环境风险带来的社会风险。

三、中国环境问题的发展趋势

中国环境问题造成的影响不仅限于自然环境恶化，更引发了人与人、群体与群体、组织与组织之间的矛盾。环境污染和生态破坏导致大量群众信访和上访，2009—2013 年，突发环境事故呈上升趋势，2014 年后逐年回落（见表 4-9），在全国范围内出现一些重大环境群体抗争事件，甚至是暴力化对抗。此外，环境问题还造成直接经济损失。可见在社会转型期，我国环境问题的严重性不仅关涉自然生态环境的恶化程度，还事关社会公正、国家安定及政局稳定，因此必须从全局通盘考虑并积极应对。

表 4-9　　　　　　　　21 世纪以来我国环境污染事故情况

年份	环境污染与破坏事故数（次）	污染与破坏造成的直接经济损失（万元）	群众来信数量（封）	群众来访数（批次/人）
2001	1 842	12 272.4	369 712	80 575/ 95 033
2002	1 921	4 640.9	435 420	90 746/109 353
2003	1 843	3 374.9	525 988	85 028/120 246
2004	1 441	36 365.7	595 852	86 892/130 340
2005	1 406	10 515.0	608 245	88 237/142 360
2006	842	13 471.1	616 122	71 287/110 592
2007	462	3 016	123 357	43 909 /77 399

① 杨东平. 十字路口的中国环境保护［M］//梁从诫.2005 年：中国的环境危局与突围. 北京：社会科学文献出版社，2006：16.

② 同①18.

续前表

年份	突发环境事件（次）	污染与破坏造成的直接经济损失（万元）	群众来信数量（封）	群众来访数（批次/人）
2008	474	18 185.6	705 127	43 862/ 84 971
2009	418	43 354.4	696 134	42 170/ 73 798
2010	420	2 256.9	701 073	34 683/ 65 948
2011	542	—	201 631	53 505/107 597
2012	542	—	107 120	43 260/ 96 145
2013	712	—	103 776	46 162/107 165
2014	471	—	113 086	50 934/109 426
2015	334	—	121 462	48 010/104 323
2016	304	—		
2017	302	—		
2018	286	—		

资料来源：历年《环境统计年报》，http：//www.mee.gov.cn/hjzl/sthjzk/sthjtjnb/。

我国当代环境问题的发展呈现如下趋势。

第一，环境总体质量有所改善，但生态环境保护工作仍然面临巨大压力。一方面，进入21世纪以来，环境保护成为国家治理的主旋律之一，一系列全国性环境保护法令政策的出台，以及严格的监管审查举措，使环境质量较上个世纪有明显改观。但另一方面，随着我国人口总量持续增长，工业化、城镇化快速推进，能源消费总量不断上升，污染物产生量将继续增加，人类活动对环境承载力将持续施压。《国家"十三五"生态环境保护规划》指出，"十二五"以来，坚决向污染宣战，全力推进大气、水、土壤污染防治工作，持续加大生态环境保护力度，生态环境质量有所改善。"十三五"期间，经济社会发展不平衡、不协调、不可持续的问题仍然突出，多阶段、多领域、多类型生态环境问题交织，生态环境与人民群众需求和期待差距较大，因此提高环境质量、加强生态环境综合治理、加快补齐生态环境短板，成为当前核心任务。[①] 未来，我国水环境污染、大气污染和废弃物处置依然是环境治理的重点。

第二，环境问题与其他社会问题交织，加剧社会矛盾，例如人口问题、贫困问题、环境风险转移问题等。我国贫困人口主要分布在西部和中西部山区，而这些地方多为大江大河的源头和生态环境的天然屏障，同时这些地方也是我国人口增长最快的地区、全国最贫困的地区、水土流失最严重的地区，也是生态移民的主要来源地。[②] 人口和贫困压力导致生态环境恶化，而恶化的环境加剧贫困，形成恶性循环。此外，经济发达地区的环境约束力越来越强（例如日益严苛的环境政策和当地居民日益强烈的环境维权意识），发达地区不但没有给予欠发达地区

---

① 中华人民共和国国务院. 国务院关于印发"十三五"生态环境保护规划的通知 [R/OL]. http：//www.gov.cn/zhengce/content/2016－12/05/content_5143290.htm? gs_ws＝tsina_636166373908348208.

② 贾凤姿，刘建涛. 中国环境问题的文化观省思与抉择 [M]. 大连：大连海事大学出版社，2013：12.

充足的生态补偿，反而将污染型企业和工厂迁往欠发达地区，形成环境污染成本和风险转移，加剧社会矛盾。此外，部分环境事故和群体性事件并不单纯由环境污染或生态破坏造成，还与当地公众的切身权益（如健康、环境权、经济利益等）密切相关。频发的环境事故受发展理念、政经体制、群体与组织利益等多方面复杂因素的影响，环境问题与其他社会问题的纠缠加剧了社会矛盾。

第三，环境不公正问题显现，需引起重视。随着城市环境监管措施日趋完善，高污染企业向城郊、农村或欠发达地区转移，因外来污染企业破坏当地环境的环境抗争事件时有发生。社会和政治发展要求对社会空间和制度安排进行调整，这是必然，但前提是坚持公平和正义。在城市规划发展过程中，环境风险有计划地向欠发达地区转移，从而人为制造了"空间脆弱性"。这种"发达地区中心-欠发达地区边缘"的工业社会发展模式使环境两极化，社会矛盾日益累积，并且矛盾的中心可能由具体的污染企业转向各级政府，解决环境问题的经济成本和社会成本将增加。

第四，环境问题成为全民关注的公共议题，公众参与环境保护的呼声越来越高。在公众环境意识增强的背景下，我国将迎来公众参与环境保护和维权的新时期。2014 年颁布的新《环境保护法》新增"信息公开和公众参与"，明确"公民、法人和其他组织依法享有获取环境信息、参与和监督环境保护的权利"；2015 年，环境保护部部务会议通过了《环境保护公众参与办法》，为公众参与环境保护提供了制度保障。公众参与逐步合法化和规范化。在公众的环境维权活动中，主动的预防性维权活动将增加，合理合法环境维权活动有助于降低和弱化环境冲突的暴力程度。

第五，基于我国环境问题的紧迫性、综合性和复杂性，亟须动员多元社会力量参与环境治理和保护工作，让政策法规成为环境治理的保障力，运用新文化的影响力和推动力，推动民众形成新生产生活方式，运用市场力量调节多元主体的亲环境行为，广泛提供安全的、精准化的、可操作性的技术指导，激励社会组织积极参与环境治理和保护工作等，推动中国环境保护事业更上一层楼。

思考题

1. 工业社会有哪些特征？对环境造成了什么影响？工业社会环境问题应归因于哪些因素？

2. 工业社会的环境问题有哪些特征？与前工业社会的环境问题有什么不同？工业社会的环境问题有哪些类型？工业社会全球十大环境问题是什么？

3. 中国环境问题发展经历了哪些历史阶段？当代中国环境问题的特征是什么？有哪些主要类型？面对当代环境问题，我国政府做了哪些努力？

4. 我国当代环境问题的发展呈现什么趋势？

阅读书目

1. 洪大用. 社会变迁与环境问题 [M]. 北京：首都师范大学出版社，2001.

2. 贝尔. 环境社会学的邀请（第 3 版）［M］. 昌敦虎，译. 北京：北京大学出版社，2010.

3. DUNLAP R E，MICHELSON W. Handbook of environmental sociology［M］. Westport：Greenwood Press，2002.

4. CATTON W R Jr，DUNLAP R E. Environmental sociology：a new paradigm［J］. The American Sociologist，1978，13（1）：41 - 49.

第 五 章

环境问题的社会影响

【本章要点】

● 环境问题造成的负面社会影响包括危害公众健康、威胁社会稳定及制约可持续发展等；带来的机遇包括提升环境关心、增进公民责任文化和公众参与、加强利益相关群体间的风险沟通、促使政策和制度回应及国际合作等。

● 环境问题的社会影响在地理性、社会性和时间向度上呈现差异性分配态势。地理性差异分配体现在地区层次和国际层次上；社会性差异分配体现在种族、性别、社会经济地位等方面；代际差异分配体现为当代人对有限的自然资源过度攫取，以"透支"后代人的发展资源为代价。

● 环境公正关注基于社会结构的环境资源和成本在社会中的公正分配问题。社会发展进程中的历史因素和一些非个人的制度、市场因素，使得社会下层人群正不成比例地承受着经济发展带来的负面环境后果。

● 环境问题社会影响评价是一套对环境问题的社会影响预先做出评估的战略性综合知识体系。其目标不仅是预测影响，还有提出减缓不利影响的方法。社会影响评价的理论基础包括可持续发展理论、环境公正理论、社会冲突理论、组织理论、系统科学理论。其评价方法包括技术式方法、参与式方法等。规范程序和核心价值理念保障社会影响评价的有效性。

● 我国环境问题社会影响评价面临制度支持困境，评价体系自身存在方法论和指标方面的缺陷，公众参与评价存在社会熟知度低、保障体制不健全、参与途径和技能匮乏等问题。

【关键概念】

环境问题 ◇ 社会影响 ◇ 差异性分配 ◇ 环境公正 ◇ 社会影响评价 ◇ 公众参与

以环境污染、生态破坏和资源耗竭为代表的环境问题，对人民身体健康与福祉、社会经济可持续发展，甚至人类生存造成重大影响。当然制造威胁的同时也带来发展机遇。尽管从人类发展历史来看，环境问题及其带来的风险制造了一个"共同世界"，一个我们只能共同分享的世界，一个没有"外部"、没有"出口"、没有"他者"的世界①，但从地理空间、社群和代际等角度对环境影响的分析发现这些影响呈差异性分配态势。换句话说，在特定时空中，环境问题带来的社会影响在不同地区、人群和世代中不是公正分配的。社会各界对环境问题及其影响日益重视，应社会稳定发展的需要，借助专业理论和方法对环境问题的社会影响进行评估势在必行。本章在梳理环境问题社会影响的基础上，介绍环境公正理论及相关研究，以及环境问题社会影响的评价方法。

第一节
环境问题的社会影响

"人类关心它的活动对自然环境的影响仅仅是最近的事情，科学地度量这种影响的尝试甚至是更近的事，而且还很不完善。"② 距离罗马俱乐部 1972 年提交的一份有关人类困境的研究报告已经过去约半个世纪，在这半个世纪中，人类从未停止过对环境问题及其影响的探究，并且这份热忱越来越高。最直接的原因是工业革命以来，环境问题全球化趋势越演越烈，并对世界各国发展造成巨大影响。如同钱币的两面，环境问题的社会影响也具有正反两面性。负面影响包括对人体健康的危害，对经济发展、文化发展、政治和社会稳定的冲击等；带来的机遇包括在全球范围内提升环境关心水平，促进环境保护行为。

一、对人体健康的影响

所谓人体健康，是指人的身体和精神与周围环境相协调适应的一种平衡关系；当人对其周围环境无法适应时，人的身体和精神将会产生不良反应从而导致疾病。③ 环境问题对人体健康的负面影响包括三个层面："生命健康""生活质量"与"心理/人格"。

---

① 贝克，邓正来，沈国麟. 风险社会与中国：与德国社会学家乌尔里希·贝克的对话 [J]. 社会学研究，2010（5）：208 - 231.

② 米都斯，等. 增长的极限：罗马俱乐部关于人类困境的报告 [R]. 李宝恒，译. 长春：吉林人民出版社，1997：39.

③ 刘新会，等. 环境与健康 [M]. 北京：北京师范大学出版集团，2009：15.

　　第一个层面，环境问题对个体健康乃至生命造成威胁和伤害。以空气污染①为例。据世界卫生组织调查，2008—2013年全球空气污染水平上升了8%。据该组织估计，超过80%的城市居民接触的空气质量水平超过了世界卫生组织的空气质量指标。2012年估计约650万人死于空气污染，占全球死亡总人数的11.6%。②空气污染的主要来源包括效率低下的交通运输方式、城市规划建设、家用燃料和废物焚烧、燃煤电厂和工业活动等。从表5-1来看，中国和印度的PM2.5③空气污染年平均暴露指数相较发达国家而言，异常之高，结合第四章我们对中国"三废"排放状况的分析发现，虽然全国废气中主要污染物排放量有所控制，但大气污染形势依然严峻。此外，空气污染存在地域性差异的特点，即低收入国家空气污染水平通常高于高收入国家，高收入国家的空气污染治理正"稳中求进"，而欠发达国家的空气污染问题越演越烈。据世界卫生组织调查，2016年，美洲和欧洲居民呼吸的空气质量高于5年前④；而生活在低收入和中等收入国家的人们受到室外空气污染所造成负担的严重影响，300万例过早死亡中87%发生在低收入和中等收入国家，世界卫生组织西太平洋区域和东南亚区域的负担最大⑤。

　　2020年4月，联合国环境规划署发表声明，称2020年在全球暴发的新型冠状病毒肺炎（COVID-19）疫情是第二次世界大战以来人类面临的最大危机。疫情导致全球范围的病毒传染及人口死亡，致因之一是人类活动持续对野生动植物栖息地造成空前破坏，野生动物被迫与人类居住区发生越来越多的交叉，其机体中的病原体入侵家畜和人类。在此过程中，病毒可能加速进化，导致疾病多样化，进而对全人类的健康和发展造成巨大危害。联合国环境规划署《2016前沿报告》曾预测一些令人担忧的新兴环境问题，并指出人畜共患传染病严重威胁人类健康、经济发展并破坏生态系统的完整性。⑥

　　再以气候变化对人体健康的影响为例。气候变化将带来超常高温、水源性传染疾病扩散、自然灾害和变化多端的降水模式增加等。据世界卫生组织估算，气候变化预计将在2030—2050年间，每年造成约25万人死于营养不良、疟疾、腹泻和气温过高；到2030年时，给健康带来的直接损失费用（不包括对诸如农业及饮用水和环境卫生等健康决定部门带来的费用）为每年20亿～40亿美元。尽

---

　　①　空气污染通常可分为悬浮颗粒污染（灰尘、烟尘、雾、吸烟）、气态污染（气体和挥发物）和气味污染。人类活动造成的空气污染源可分为固定污染源、移动污染源和室内污染源。

　　②　世界卫生组织."生命呼吸"运动［R/OL］. http：//www.who.int/phe/breathe-life/infographics/zh/.

　　③　PM 2.5（fine particulate matter）细颗粒物指环境空气中空气动力学当量直径≤2.5微米的颗粒物，它能较长时间悬浮于空气中，其在空气中含量浓度越高，就代表空气污染越严重。PM2.5包括硫酸盐、硝酸盐和黑炭等污染物，它们能深入肺部和心血管系统，对人类健康构成极大风险。

　　④　同②.

　　⑤　世界卫生组织.环境（室外）空气质量和健康［R/OL］. http：//www.who.int/mediacentre/factsheets/fs313/zh/.

　　⑥　United Nations Environment Programme. Frontiers 2016［R/OL］. https：//www.unenvironment.org/.

表5-1 2000—2015年世界多国二氧化碳排放量和空气污染情况

年份	中国 二氧化碳排放量（千吨）	中国 PM2.5空气污染年平均暴露指数（微克/立方米）	英国 二氧化碳排放量（千吨）	英国 PM2.5空气污染年平均暴露指数（微克/立方米）	美国 二氧化碳排放量（千吨）	美国 PM2.5空气污染年平均暴露指数（微克/立方米）	德国 二氧化碳排放量（千吨）	德国 PM2.5空气污染年平均暴露指数（微克/立方米）	日本 二氧化碳排放量（千吨）	日本 PM2.5空气污染年平均暴露指数（微克/立方米）	法国 二氧化碳排放量（千吨）	法国 PM2.5空气污染年平均暴露指数（微克/立方米）	印度 二氧化碳排放量（千吨）	印度 PM2.5空气污染年平均暴露指数（微克/立方米）
2000	3 405 179.9	51.63	541 784.58	12.97	5 701 829.3	10.69	829 977.78	14.08	1 220 528.0	12.45	362 090.58	12.60	1 031 853.5	61.49
2001	3 487 566.4		545 862.29		5 601 404.8		853 662.93		1 203 377.4		377 389.31		1 041 153.0	
2002	3 694 242.1		528 642.05		5 648 727.5		829 724.76		1 220 047.6		374 917.75		1 054 258.8	
2003	4 525 177.0		540 006.09		5 679 222.3		822 812.46		1 242 093.6		380 520.92		1 099 597.6	
2004	5 288 166.0		539 239.68		5 763 456.9		816 802.25		1 266 009.8		383 579.20		1 154 320.3	
2005	5 790 017.0	56.89	542 580.32	12.30	5 795 161.8	10.42	797 180.13	13.39	1 239 255.3	13.21	385 170.68	12.26	1 222 563.1	65.66
2006	6 414 463.1		541 458.22		5 703 871.8		816 472.22		1 231 495.9		375 552.14		1 303 717.5	
2007	6 791 804.7		528 425.70		5 794 923.4		780 546.62		1 252 229.2		368 914.87		1 407 607.3	
2008	7 175 658.9		520 072.28		5 622 464.4		780 564.95		1 210 135.7		366 069.28		1 568 379.6	
2009	7 618 683.9		471 400.18		5 274 128.8		721 940.63		1 103 693.7		351 632.30		1 738 645.7	
2010	8 767 877.7	58.22	493 607.54	12.09	5 408 869.0	8.61	758 537.29	13.70	1 171 841.2	12.35	352 769.07	12.23	1 719 691.0	64.63
2011	9 724 590.6	57.16	447 935.05	12.09	5 305 279.9	8.64	732 120.22	13.67	1 191 056.3	11.79	331 537.14	12.20	1 846 763.5	63.86
2012	10 020 745.0	57.38	467 197.80	12.32	5 115 806.0	8.67	739 300.20	13.29	1 229 574.4	11.98	332 956.27	12.25	2 018 503.8	66.08
2013	10 249 463.0	56.86	457 472.92	12.28	5 186 168.4	8.52	757 312.51	13.65	1 243 384.4	12.41	333 190.95	12.29	2 034 752.3	68.96
2014	10 291 927.0	57.98	419 820.00	12.36	5 254 279.0	8.49	719 883.00	13.86	1 214 048.0	12.90	303 276.00	12.32	2 238 377.0	71.62
2015		58.37		12.41		8.44		14.01		13.33		12.36		74.32

资料来源：世界银行．http：//data.worldbank.org.cn/indicator/EN.ATM.CO2E.KT；http：//data.worldbank.org.cn/indicator/EN.ATM.PM25.MC.M3.

管所有人群都将受到气候变化的影响，但有些人比其他人更加脆弱：生活在小岛屿发展中国家和其他沿海地区、大城市、山区以及极地地区的人群尤其脆弱；儿童，尤其是生活在贫穷国家的儿童，是对气候变化所产生的健康风险承受力最脆弱的人群之一，并将在更长的时间内承受健康风险的后果；气候变化对健康的影响在老年人和体弱以及患有疾病的人群中也更为严重；卫生基础设施薄弱地区（主要在发展中国家）在无援助的情况下特别缺乏应对能力和做出反应。① 再以水源污染对人体健康的影响为例，许多疾病的预防可以通过加强饮用水安全来达到。据 2012 年世界卫生组织统计，仅腹泻一种病症就占伤残调整寿命年②（DALYs）全球疾病负担的 3.6%，且每年导致 150 万人死亡。另据 2014 年世界卫生组织估计，这一负担的 58% 或每年 84.2 万例死亡归因于不安全的饮用水、环境卫生差，其中包括 36.1 万名五岁以下儿童死亡，主要是在低收入国家。③

　　其他环境问题，如淡水危机、固体废弃物污染、持久性有机污染物危害等也正以惊人的速度损害着人类健康及其赖以生存的自然生态系统。表 5-2 展示了2012 年世界多国环境因素导致的死亡状况。环境因素对人口死亡率的贡献是多方面的，可能是传染性疾病（如气候变化引起的水源性传染疾病扩散）、寄生虫害暴发、人体先天性缺陷（如环境污染对孕妇和胎儿的影响造成的婴儿出生缺陷）、地域性营养不良等。数据显示，部分发展中国家因环境因素导致的人口死亡率远远高于发达国家，其中中国和印度尤为突出。环境对人体健康的影响与一个国家和地区的经济发展状况紧密相关。关于污染和人类健康的关系问题虽然学界还在不断探索中，但二者确有关联，例如环境质量委员会的报告就曾写道："严重的空气污染事件已经证实，空气污染可以严重地损害健康。进一步研究所产生的日益增加的大量证据表明，长期暴露在污染物质里，即使浓度低，也能损害健康，并引起慢性病和过早死亡。对最脆弱的人——老年人和那些已经患呼吸系统疾病的人来说，尤其如此。"④

　　① 世界卫生组织. 气候变化与健康：2016 ［R/OL］. http：//www. who. int/mediacentre/factsheets/fs266/zh/.

　　② 伤残调整寿命年是一个定量的计算因各种疾病造成的早死与残疾对健康寿命年损失的综合指标。关于疾病相对重要性的传统测量方法——死亡率和发病率——对于比较疾病对人群健康的总体影响来说，不能令人满意，因为死亡率未能考虑到疾病的非致命性后果，而发病率则未能考虑到疾病所导致的功能丧失的严重程度和持续时间。为了克服这些传统方法的局限性，世界卫生组织、世界银行和哈佛大学联合进行了"疾病全球负担"研究，并提出一种新的关于"疾病负担"的测量方法，即"伤残调整寿命年"（disability adjusted of life years, DALYs），定量计算某个地区每种疾病对健康寿命所造成的损失，这种方法可以科学地指明该地区危害健康严重的疾病和主要卫生问题，并对发病、残疾和死亡进行综合分析。

　　③ 世界卫生组织. 与水、环境卫生和个人卫生相关的疾病和风险 ［R/OL］. http：//www. who. int/water_sanitation_health/diseases-risks/zh/.

　　④ 米都斯，等. 增长的极限：罗马俱乐部关于人类困境的报告 ［R］. 李宝恒，译. 长春：吉林人民出版社，1997：84-85.

表 5-2　　　　　　　　　2012 年世界多国环境因素导致的死亡状况

国家	环境因素导致的死亡数（人）				归因于环境因素的年龄标准化死亡状况（每 10 万人）				环境因素导致的死亡率（％）
	总数	传染性、寄生性、先天性、营养不良	非传染性疾病	伤害	总数	传染性、寄生性、先天性、营养不良	非传染性疾病	伤害	总数
中国	2 986 684	54 470	2 607 982	324 232	199	5	172	22	30
英国	64 808	683	59 412	4 714	53	1	47	5	12
美国	282 510	5 726	236 052	40 732	57	1	46	11	11
德国	98 870	1 630	90 544	6 697	51	1	46	4	11
日本	131 278	2 378	109 401	19 500	41	1	33	8	11
法国	61 117	1 115	51 203	8 800	48	1	39	8	11
俄罗斯	349 811	5 005	296 462	48 344	176	3	143	30	17
巴西	195 742	17 793	128 381	49 568	105	10	70	25	15
阿根廷	40 951	1 715	30 920	8 316	84	4	62	18	13
印度	2 911 670	655 338	1 763 813	492 519	315	62	207	46	30
巴基斯坦	331 181	117 630	151 153	62 399	258	62	155	40	25
印度尼西亚	349 872	57 012	247 738	45 123	198	25	152	21	23
菲律宾	123 459	22 391	84 891	16 177	206	27	160	19	22
尼泊尔	46 687	9 829	28 508	8 350	251	41	172	37	25
孟加拉国	201 534	48 257	113 704	39 573	189	36	122	30	23

资料来源：世界卫生组织 . http：//apps. who. int/gho/data/node. main. 162？ lang＝en.

就群体而言，环境问题对人群的健康和生命的侵害形成环境公害（environ-mental hazard）。1943 年发生在美国洛杉矶的光化学烟雾事件，大量聚集的汽车尾气中的碳氢化合物在光化学作用下产生的臭氧、氮氧化物、醛、酮、过氧化物等有毒气体，导致短短两天之内，65 岁以上的老人死亡 400 余人，受害群体的症状表现为眼睛痛、头痛、呼吸困难，甚至死亡。世界八大公害事件（参见第四章介绍）是由于人类活动而引起的环境污染和生态系统破坏，进而对公众安全、健康、生命、财产以及生产和生活造成严重危害的典型例证。

关于环境对人群健康的影响，需要特别说明的一点是，环境污染对人群的影响存在空间差异性特点，环境污染对人体健康带来的风险并非平等分配的。以空气污染为例，不同污染气体和颗粒对健康的威胁随时间浓度和距离有所变化，这表明国家之间、地区之间，空气污染对健康的影响会有所不同。其一，将近90％的空气污染相关死亡发生在低收入和中等收入国家，且近三分之二在东南亚区域和西太平洋区域；其二，空气污染持续对最脆弱的人群（妇女、儿童和老人）造成健康影响。[①] 此外，社会经济地位影响环境风险在人群中的分配。[②] 进而，风险分配状况会影响人们的健康状况。那些处于不利社会经济地位的人群更可能遭受不利物理环境给健康带来的负面影响，社会经济地位处于劣势的社区，其居民的健康状况比居住在条件良好社区的居民的健康状况差[③]，从而居民健康状况呈现地理区位差异化和空间区隔化。

第二个层面，因受害者健康损害导致受害者的家庭生计和家庭关系陷入紧张状态甚至解体。这不仅影响受害者本人的生命质量，因病致贫[④]、家庭生活节奏紊乱等，还导致整个家庭生活质量下降。

第三个层面，健康伤害影响受害者的精神、心理，甚至人格。心理伤害包括以下方面：其一，患者自身对疾病的惧怕、焦虑，及对家人的歉疚；其二，患者持续的病痛和治疗对近亲造成心理压力和经济负担，使家人心理长期处于紧张和压抑状态；其三，疾病导致的死亡更对家庭成员心理造成重创；其四，一些传染性疾病患者可能被污名化，进而被社会成员孤立，产生社会孤独感。

根据饭岛伸子对受害结构的分析[⑤]，环境问题对人体健康的影响具有连续性特点，即生命健康影响生活质量，进而影响心理状态和人格，而环境问题受害者的人格与精神状况可延伸发展到社会病理层面（见图5-1）。换句话说，环境问题可使个体和单个家庭的灾害演变为公害，导致人口迁移和骤减，削弱地域社会基本生存条件，甚至导致社会解体。

二、对经济发展的影响

环境问题不仅侵蚀生物有机体，还对社会有机体的成长产生或直接或间接的影响。对经济发展影响而言，环境问题可造成直接的劳动力损耗和财产损失，以

---

① 世界卫生组织. 世界卫生组织公布关于空气污染暴露与健康影响的国家估算［R/OL］. http：//www. who. int/mediacentre/news/releases/2016/air-pollution-estimates/zh/.

② 龚文娟. 环境风险在人群中的社会空间分配［J］. 厦门大学学报（哲学社会科学版），2014（3）：49-58.

③ THOMAS B，DORLING D，SMITH G D. Inequalities in premature mortality in britain：observational study from 1921 to 2007［J］. British medical journal，2010，341（7767）：291.

④ 世界卫生组织将"因病致贫"定义为：家庭因支付医疗卫生费用而导致家庭整体经济低于贫困线。2015年世界银行调查显示，在所调查国家，6％的人口因为支付医疗服务费而陷入极端贫困（标准为每天1.25美元），如果将贫困标准设为每天2美元，那么就有17％的人口因医疗支出致贫。

⑤ 饭岛伸子. 环境问题与受害者运动［M］. 东京：学文社，1984.

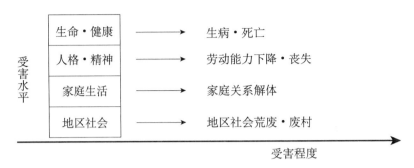

图 5-1 受害结构

资料来源：鸟越皓之. 环境社会学：站在生活者的角度思考［M］. 宋金文，译. 北京：中国环境科学出版社，2009：100.

及间接的环境治理投资增加。从国内来看，根据中华人民共和国国家统计局统计，2017 年我国环境污染治理投资[①]总额为 9 538.95 亿元，占国内生产总值（GDP）的 1.15％，占全社会固定资产投资总额的 1.6％。[②] 世界银行发布的名为《空气污染的成本：强化行动的经济依据》的报告称，中国是受害最深的国家，因为环境污染导致过早死亡、劳动时间的损失和相关福利开支增多，空气环境污染导致中国损失其 GDP 的 10％。环境污染从两个角度造成经济损失：一方面通过损害建筑物、机器设备等造成直接财产损失；另一方面通过对人口健康的影响，造成劳动年龄人口过早死亡，增加疾病、医疗费用开支，损失工作日等，进而给国家带来间接损失。此外，生态环境恶化加重区域性贫困现象，区域性贫困反过来导致掠夺性资源开发，引发新一轮生态恶化，如此往复形成人口激增—贫困加深—环境退化的循环。

从世界范围来看，环境问题导致人类疾病发生率升高，病毒加速进化和多样化，人口健康质量下降，地区的环境治理投资增加，进而影响地方的经济发展和可持续发展。表 5-3 报告了 2012 年世界多国环境因素导致的疾病负担情况。表中用伤残调整寿命年来测量疾病带给地区的负担，因某疾病损失的"伤残调整寿命年"越高，即表示该疾病带给地区的负担越重。数据显示，2012 年中国因环境问题导致的疾病负担远远高于部分发达国家。

---

① 环境污染治理投资指在污染源治理和城市环境基础设施建设的资金投入中用于形成固定资产的资金，其中污染源治理投资包括工业污染源治理投资和"三同时"项目环保投资两部分。环境污染治理投资为城市环境基础设施投资、工业污染源治理投资与"三同时"项目环保投资之和。

② 中华人民共和国国家统计局. http：//data. stats. gov. cn/easyquery. htm? cn=C01&zb=A0C0H&sj=2019.

表 5 - 3　　　　　2012 年世界多国环境因素导致的疾病负担情况

国家	归因于环境因素的伤残调整寿命年（人）				归因于环境因素的年龄标准化伤残调整寿命年（每 10 万人）				归因于环境因素的伤残调整寿命年(％)
	总数	感染性、寄生性、先天性、营养不良	非传染性疾病	伤害	总数	感染性、寄生性、先天性、营养不良	非传染性疾病	伤害	总数
中国	95 968 218	6 804 206	71 784 861	17 379 151	6 408	600	4 588	1 220	26
英国	2 358 394	47 128	1 967 831	343 436	2 819	80	2 293	446	13
美国	11 128 932	292 884	8 793 415	2 042 633	2 896	95	2 190	611	12
德国	3 260 979	62 648	2 742 226	456 105	2 580	77	2 104	399	13
日本	4 222 245	89 885	3 370 373	761 986	2 110	62	1 616	432	13
法国	2 243 630	50 084	1 774 803	418 744	2 646	77	2 054	515	13
俄罗斯	11 776 140	355 466	8 917 419	2 503 254	6 717	259	4 819	1 640	16
巴西	9 968 425	1 173 341	5 901 830	2 893 254	5 132	631	3 060	1 441	16
阿根廷	1 747 127	150 200	1 146 157	450 770	4 044	369	2 598	1 078	14
印度	133 618 390	44 137 785	61 680 765	27 799 841	12 119	3 527	6 297	2 294	25
巴基斯坦	19 468 399	9 569 515	5 744 589	4 154 295	11 385	4 320	4 798	2 267	23
印度尼西亚	16 163 070	4 276 979	8 981 207	2 904 884	7 479	1 667	4 601	1 211	21
尼泊尔	2 369 446	762 892	1 099 488	507 066	10 129	2 608	5 556	1 964	23
孟加拉国	11 346 436	3 844 616	4 949 517	2 552 303	8 520	2 461	4 364	1 695	22

资料来源：世界卫生组织 . http：//apps. who. int/gho/data/node. main. ENVDALYSBYCOUNTRY？lang＝en.

三、对文化发展的影响

文化是人类适应自然的产物，在古文明时期，人类敬畏、尊重自然，进入工业社会后，科技快速创新和劳动生产力极大提高，使"人类中心主义"膨胀。人在改造自然的实践中形成反自然的文化观，即机械化的二元论自然文化观和扭曲的发展文化观，它们共同构筑了一股强大的反自然文化力量，在实践中造成严重的环境问题。面对当代环境问题，环境伦理学家霍尔姆斯·罗尔斯顿强调自然作为创生万物的系统，具有不以人类主观兴趣爱好为转移的"内在价值"。人类文化作为人类适应自然的产物，源于自然，因此文化的建构和发展要充分尊重其自然基础，基于这种文化观，罗尔斯顿主张培养人的利他主义精神，构建利他主义精神的伦理文化。①

环境问题在不同时期、不同地区按照不同路径塑造着人们的价值观和文化观。20 世纪 70 年代，随着诸如生态环境破坏、种族冲突等一系列问题涌现，西方社会迎来一场深刻的价值观革命，即人们由强调经济和人身安全的价值取向向强调自我表现、生活质量、社会公正的价值取向转变，后者即英格尔哈特所提倡的"后物质主义价值观"。随着社会的代际更替、年轻一代新的价值观的产生和形成，包含保护环境、追求高层次精神生活等行为准则的后物质主义价值观逐渐成为社会的主流价值观念。伴随全球环境问题的涌现，在一些国家和地区环境关心日益高涨，环境友好行为日渐盛行。而在另一些国家和地区却持续粗暴地向自然索取，如区域性贫困导致的掠夺性资源开发引发了新一轮生态恶化。从全球范围来看，不同地区、不同时期的环境问题以多元化的路径形塑文化；反之，不同的文化、价值和信仰通过影响人类环境行为，进而改变人类赖以生存的生态世界。

四、对政治的影响

原美国参议员萨姆·努恩（Sam Nunn）曾直言："我们的国家安全正面临一种新的、与众不同的威胁——环境破坏。我认为，我们国家最重要的安全目标之一，必须是使正在加速的全球性环境破坏步伐得到逆转。"②

环境问题的政治影响是多面向的，如对系统信任③与政局稳定的影响、对政治参与的影响、对国际政治格局的影响等。其一，环境问题的集中涌现将突破政治稳定的底线。因为一国政治稳定，既取决于经济的可持续发展，也取决于人民生活福祉状况（包括健康、生活质量、预期寿命等）以及公众的政治信任，而这些都依赖并受限于自然资源与环境。环境问题事关政府、政权、政局、政策及社会政治心理等多方面的稳定。其二，对政治参与的影响。政治参与作为现代民主政治的核心，体现一国的政治发展程度。生态环境问题关乎人们生存和发展的根本权益，推动公众环境政治参与。20 世纪中叶以来，随着环境问题的凸显，各国公众掀起了声势浩大的环境政治参与运动，参与主体既有公民个人，也有环境非政府组织，甚至社区力量。环境政治参与不仅能影响和推动政府的决策，还能对政策实施过程加以监督。环境政治参与还体现一国的政治风格和宽容度。其三，环境问题对国际政治的影响。环境外交兴起，并日益为绿色经济服务。各国环境外交的侧重点由防止公害、保护环境向国家安全发展；欧美的"绿党"异军突起；跨国环境非营利非政府组织登上历史舞台；国际环境立法方兴未艾。随着

---

① 罗尔斯顿. 环境伦理学 [M]. 杨通进，译. 北京：中国社会科学出版社，2000.
② 迈尔斯. 最终的安全：政治稳定的环境基础 [M]. 王正平，金辉，译. 上海：上海译文出版社，2001.
③ 龚文娟. 环境风险沟通中的公众参与和系统信任 [J]. 社会学研究，2016（3）：47-72.

经济的增长，人们对健康、生命质量、自然环境的关切，对环境公正的追求，对政治参与的向往（如公众环境政治参与），都会影响政治格局。

五、对社会稳定的影响

环境问题通过以下三条路径影响社会稳定：其一，损害人民健康、财产安全，降低生命和家庭生活质量，造成人口迁移和减少，改变人口结构。求生存是所有生物的本能，世界范围内因环境污染导致公众健康受损，进而引发的环境抗争事件不胜枚举。其二，因制度安排不合理造成环境不公正，进而导致社会矛盾。由制度安排造成的健康地理区位差异化可能导致两方面的后果：一是社会经济地位、风险分配和健康之间的恶性循环——社会经济地位形塑风险地位，风险分配影响健康，健康状况反过来影响个体社会经济地位变化（如因病致贫）；二是人们对不公正风险分配带来的疾病的惧怕和对后代健康的担忧，可能激起他们的风险应对行为，包括极端的暴力抗争。其三，社会发展进程中的历史因素和一些非个人的制度、市场因素（如工业发展的历史模式、产业重组与经济调整、劳动力流动、城镇化和居住区隔等），使得社会下层人群——无论是美国的少数族群，还是中国的低收入者或农民工——不成比例地承受着经济发展带来的负面环境后果。[①] 这背后揭示的是社会制度安排、政治过程对弱势群体的多重剥夺——生存空间选择权、环境权、公共事务参与权。反之，作为一台往复循环的"生产的跑步机"，环境不公正一方面导致弱势群体脆弱性再生产，另一方面又积累了被剥夺人群的抵触和抗争情绪。社会和政治发展要求对社会空间和制度安排进行合理调整，这是必然，但不必然以牺牲弱势群体的基本利益为代价。

六、带来的机遇

环境问题在带来诸多负面影响和挑战的同时，也带来了机遇。让人类正视人与环境之间的关系（有关"环境关心"见本书第六章），促进个体间、组织间、国际的风险沟通和环境保护行为（有关"环境行为"见本书第七章）。正如乌尔里希·贝克所言，全球风险开启了一个道德和政治的空间，它孕育一种超越国家边界和冲突的公民责任文化。[②] 在一个具有不可调和的差异性的世界里，每个人都以各自的轴心为依凭，在这样的世界中，世界风险乃是人们进行沟通和合作的唯一不需要的、非意图的强制性媒介。因此，公众对风险的认知迫使那些原来并不想与其他人发生任何关系的人进行沟通。大规模的风险突破了文化、语言、宗

① SCHOOLMAN E D, MA C B. Migration, class and environmental inequality: exposure to pollution in China's Jiangsu Province [J]. Ecological economics, 2012 (75): 140-151.

② 贝克，邓正来，沈国麟. 风险社会与中国：与德国社会学家乌尔里希·贝克的对话 [J]. 社会学研究，2010 (5): 210.

教和体制的自足性，它们颠覆了国内和国际政治议程的先后顺序，并在各种阵营、党派和争吵不休的国家间创造了行动的语境。[①] 从乐观的角度看，环境问题不仅在民族国家内带来系列积极的政策和制度回应，还因其制造的全球性影响为开展环境保护事务之国际合作开辟了空间（见表 5－4）。

表 5－4 　　　　　　　　　　　　　　环境问题之社会影响

负面影响与挑战					机遇
对人体健康的影响	对经济发展的影响	对文化发展的影响	对政治的影响	对社会稳定的影响	
生命健康 生活质量 心理/人格	直接财产损失 劳动力损失 资源开发损失 治理投资损失 影响可持续发展	人类中心主义 机械的自然文化观 扭曲的发展文化观 文化认同流失	政治信任 政治参与 国家政治稳定 国际政治格局	人口迁移/减少，人口结构改变 环境公正危机/群体性冲突 社会解组/社会结构演变	环境关心 风险认知/风险沟通 公民责任文化 公众参与环境保护 政策/制度回应 全球性反思 国际合作

第二节
环境问题社会影响的差异性分配

　　面对全球环境危机，作为"命运共同体"的人类理应共同承担环境污染的代价，共尽环境保护的职责，遵循环境破坏的责任与环境保护的义务相对称的原则。社会公正是社会学的主流概念，环境公正体现了社会学对环境问题与社会公正的双重关怀，正如布拉德（R. Bullard）所言："环境问题若不与社会公正联系起来便不会得到有效的解决"，"环境问题的真正原因是社会关系和社会结构的非公正性"。[②] 所谓环境公正（environmental justice）指"在环境资源、机会的使用和环境风险的分配上，所有主体一律平等，享有同等的权利，负有同等的义务"[③]。但事实上，无论在国际层次、地区层次上、群体层次上还是代际总存在环境非公正问题。敏锐的观察者早已注意到中国在国际、地区和群体层次上面临

---

　　① 贝克，邓正来，沈国麟. 风险社会与中国：与德国社会学家乌尔里希·贝克的对话 [J]. 社会学研究，2010（5）：211.

　　② BULLARD R D. Solid waste sites and the Houston Black Community [J]. Sociological Inquiry，1983，53（Spring）：273－288.

　　③ 洪大用，龚文娟. 环境公正研究的理论与方法述评 [J]. 中国人民大学学报，2008（6）：70－79.

的环境非公正问题①，另有学者也看到了"具体风险的分布同阶级阶层结构同构"的一面，并明确指出须从风险分布角度拓宽"利益"的内涵②。环境问题的社会影响在地理性、社会性和时间向度上均呈现差异性分配态势。

一、地理性差异分配

环境问题社会影响的地理空间差异分配体现在地区层次和国际层次两个层面。地区层次上的环境问题的社会影响分配指一国范围内或特定区域内环境问题的社会影响分配，其表现多样化，如河流上游地区和下游地区、经济发展程度不同区域之间等。以 21 世纪前的中国为例，地区层次上的环境问题社会影响差异分配主要体现为城乡间的差异分配。20 世纪，由于城乡二元结构的存在，资金、人力等社会要素不断向城市汇集，城乡之间在环境保护领域出现非协调、差异化的发展态势。第一产业主要在农村，第二、第三产业主要分布在城市，而第二、第三产业产值远高于第一产业，城市居民的可支配收入也远高于农村居民。这种差距一方面强化了城市中心论，让资源持续从农村流向城市，农村成为城市发展的附属品和能源供给地，另一方面激发了农村居民发展的冲动，采取以环境破坏换取生活改善的短视行为。此外，城乡居民面对类似环境问题时，他们的环境维权意识、参与能力与方式、环境价值观等呈现差异。20 世纪 90 年代，我国城乡公众环境抗争和维权事件时有发生，对社会稳定造成不良影响。进入 21 世纪后，国家高度重视城乡环境治理，2005 年"绿水青山就是金山银山"科学论断的提出，开启了我国城乡环境治理的新时代，国家的政策和制度安排向农村环境治理倾斜，极大优化了农村环境状况。

国际层次上的环境问题社会影响分配指环境问题社会影响在全球跨越国界（国与国之间）的流动与分配，如不可再生资源的开采与跨国贸易、二氧化碳等温室气体的排放、危险废弃物越境转移等，对不同国家发展带来的影响。如果把地球比喻为浩瀚宇宙中没有能源补给站的"宇宙飞船"，那么先登上"飞船"的先发展国家占据了优势，能源的开采和使用、废弃物的排放比后发展国家有更大的空间和更少的限制；而后发展国家在发展过程中将面临更多限制，不可能延续先发展国家的发展路径前行。世界银行数据显示，不同发展水平国家在能源消耗、二氧化碳排放及人口健康风险方面呈现巨大差异（见表 5-5）。高收入国家占有和消耗更多资源，二氧化碳排放量是低收入国家的 36 倍，对全球气候变化"贡献巨大"，但在责任承担方面却没有尽相应的义务，甚至推脱责任。③

①　洪大用. 环境公平：环境问题的社会学视点 [J]. 浙江学刊，2001（4）：67-73.
②　李友梅. 从财富分配到风险分配：中国社会结构重组一种新路径 [J]. 社会，2008（6）：1-14.
③　2015 年 12 月，《联合国气候变化框架公约》近 200 个缔约方在巴黎气候变化大会上达成《巴黎协定》，这是继《京都议定书》后第二份有法律约束力的气候协议，为 2020 年后全球应对气候变化行动做出了安排。2017 年 6 月 1 日，美国总统特朗普在白宫宣布，美国退出《巴黎协定》；2020 年 5 月 29 日，美国总统特朗普在白宫宣布，美国将终止与世界卫生组织的关系，将停止向世界卫生组织提供资金。

表5-5 不同国家经济水平、能源消耗、二氧化碳排放与空气污染暴露状况等的比较

国家类型	2018年人均GDP（现价美元）	2015年化石燃料能耗（占总量的%）	2014年能源使用量（人均千克石油当量）	2014年淡水抽取量，总量（占内部资源的%）	2014年二氧化碳排放量（人均公吨数）	2014年人口在PM2.5空气污染中暴露水平超过世界卫生组织指导值（占总数的%）
低收入国家	833.9	—	—	3	0.3	99.4
中等收入国家	5 485.5	89.0	1 396	9	6.5	97.7
高收入国家	44 786.6	79.1	4 756	10	10.9	61.6

资料来源：世界银行数据库 . http://data.worldbank.org.cn/indicator.

在占用大量资源、破坏全球环境的同时，发达国家还借援助开发和投资之名，将危害环境和人体健康的生产行业转移到发展中国家，进行生态殖民。更有甚者将大量生产和消费之后的废弃物转运往发展中国家。为了控制危险废弃物的越境转移，1989年国际社会通过了《巴塞尔公约》，但是这个公约执行情况并不乐观。大量医疗、生物及化工废物以各种名义通过各种途径涌入发展中国家。为了应对"洋垃圾"跨国非法转移，近年来，我国在制度安排上做了很多努力：2011年制定并执行《固体废物进口管理办法》；为全面禁止洋垃圾入境，保护生态环境安全和人民群众身体健康，2017年7月出台了《禁止洋垃圾入境 推进固体废物进口管理制度改革实施方案》，分批分类调整进口固体废物管理目录，大幅减少进口种类和数量。2019年全国固体废物进口总量同比减少40.4%。发达国家污染和风险转移实质是对发展中国家基本权益的侵犯。环境问题社会影响的地理性差异分配，实际上映射了不同地域、国家间在政治、经济、文化等力量上的博弈。

二、社会性差异分配

最早让人们注意到环境问题的社会影响存在社会性差异分配的事实是1982年发生在美国的沃伦郡事件，也正是这一事件将"环境公正"议题推向公众视野。

沃伦郡事件

美国北卡罗来纳州的沃伦郡是该州有毒工业垃圾的倾倒和填埋点。1982年州政府在沃伦郡修建了一个有毒废料填埋场，用于储存从该州其他14个地区运来的聚氯联苯（PCB）废料，而沃伦郡的主要居民是非裔美国人和低收入的白人。此事遭到当地人强烈抵制，几百名非裔妇女、孩子和少数白人组成人墙封锁装载有毒垃圾卡车的通道进行抗议，当局逮捕了很多人，激起了民愤，并由此引发了美国国内一系列穷人和有色人种类似的抗议行动。此事件就是环境公正运动史上有名的"沃伦郡事件"。

"沃伦郡事件"首次让人们将健康、安全、公民权利与种族、性别、所属社会阶层等身份联系在一起。此后，20世纪80年代以来的五项经典研究对环境问题社会影响之社会性差异分配事实进行了分析，并奠定了环境公正研究的基础，这些研究都与非洲裔美国人反对在他们居住社区周围处理废物有关。第一项研究是1983年，美国国会下属的联邦会计总署对美国东南部几个大型有害商业垃圾填埋场附近的社区进行了调查，发现其中四分之三的填埋场都位于非洲裔美国人聚居区。第二项研究是1987年，美国联合基督教会种族正义委员会通过美国的邮政编码（ZIP code）抽样，调查并比较了有废弃物处置场所的地区与没有废弃物处置场所的地区，发现种族是商业有害废物处理场所选址的重要影响因素，由此他们发表了一篇题为《有毒废物与种族》的研究报告，正式将长期隐匿于美国社会底层的环境公正问题推到公众面前。第三项经典研究出自罗伯特·布拉德（R. Bullard）1983年出版的《将垃圾倾倒在美国南部》一书，他发现，休斯敦的25个固体废弃物处置场中有21个位于非洲裔美国人社区周边。第四项研究是1992年美国《国家法律杂志》发表的《不平等的保护：环境法律中的种族区分》一文，它指出政府在环境问题上对不同种族进行区别性对待，强调"政府不作为、歧视合法化、官商利益共谋"是环境种族主义形成的主要原因。第五项研究是1999年美国医学研究所发表的《环境公正：研究、教育和健康政策的需求》，它指出政府公共健康部门和医学科学团体应该对非白人社区的环境健康问题予以重视。进入21世纪以来，欧美环境社会学学术社区持续关注种族、性别、社会经济地位等要素与环境质量、健康之间的关系，并通过举办国际性学术研讨会、与民间环境组织合作、制作公益片、向政府建言献策等方式，推动社会各界对环境公正的关注。

在我国，虽然不存在种族歧视问题，但特殊的社会结构和发展历程也构成了特殊的环境不公正问题。20世纪，卢淑华对本溪市环境污染与居民居住区位分布的研究显示，工人和一般干部居住在严重污染地区的机会明显高于领导干部居住在此类地区的机会，污染程度低的地方居住领导干部的比例更高。[①] 新近的研究发现，中国公众的社会经济地位是影响环境风险暴露的重要因素，如低受教育程度、低收入、低房产价值、农业户籍和居住在农村社区的居民，暴露在大型垃圾处理设施及其带来的环境风险中的可能性，高于高受教育程度、较高收入、拥有较高价值房产、非农户籍和居住在城市社区的居民。[②] 国际经验显示，不同社会经济地位人群不合理地暴露在环境风险中是推动"环境公正"运动发展的重要原因。人们对环境和不公正风险暴露问题的关注被视为第二次世界大战后西方社会最深刻的政治社会变迁之一。对于我国而言，低社会经济地位者不成比例地承担环境风险，使脆弱性再生产，以社会经济地位形塑风险地位，不但有违环境公

---

① 卢淑华. 城市生态环境问题的社会学研究［J］. 社会学研究，1994（6）：32 - 40.

② 龚文娟. 环境风险在人群中的社会空间分配［J］. 厦门大学学报（哲学社会科学版），2014（3）：49 - 58.

正的宗旨，更不利于构建可持续发展的和谐社会，应引起决策部门的重视。加快户籍制度改革，完善环境立法和环境弱势群体补偿机制，促进并规范公众参与公共事务管理，是构建可持续发展的环境友好型社会必经之路。

此外，性别也被视为影响环境风险差异性分配的一个重要因素。在很多文化中，女性被视为施爱者的角色，也就是生儿育女操持家务的角色。社会期待、角色定位、与他人的互动等让女性倾向于表现出施爱者、照顾者的"母性品格"（motherhood mentality）。母亲在孕育孩子的过程中不断强化社会对女性角色的要求，更关心与家人（尤其是孩子）健康休戚相关的环境问题。正是这种富有同情心，具有养育、保护和合作的"母性品格"，加上女性的生理特征（生理周期、怀孕期、哺乳期等）让女性与自然环境更贴近，较男性而言面临环境风险时更加脆弱，为易感人群。正因为如此，女性更多地关注家庭和社区，并且对于自然环境具有一种同为被支配者的"同病相怜"的感受。

三、时间向度差异分配

所谓代际公正，是指在社会发展过程中，权利和责任在不同代人之间的分配原则和实现情况能够做到协调、公平、合理。[①] 联合国提出可持续发展观念，倡导任何一代人对自身利益的追求既不应损害同时代人的利益，也不应该以损害后代人的利益为代价。然而，正如前文所述，工业化国家发展 300 多年来，在全球范围内消耗了大量自然资源，并制造了严重的环境污染，将全球各物种（包括人类）卷入一场深不可测的生态危机中。20 世纪 70 年代后，随着各国工业化进程加快，能源紧张、生态环境恶化等全球性问题出现，不仅仅破坏了当代人的家园，更对后代人的生活资源造成透支，并通过各种所谓的科技革新"创造性摧毁"了后代的生活环境。罗马俱乐部关于增长极限的讨论早已敲响了"地球资源有限"的警钟："我们不知道地球吸收一种污染的能力的确切上限，更不必说地球吸收各种污染相结合的能力了。可是，我们确实知道存在一个上限，而许多地区的环境已经超过这个上限了。"[②] 当代人毫无节制地消耗自然资源（尤其是不可再生资源），肆意污染环境，本质上就是对后代人权利的侵犯（如健康权、生存权、发展权等），这就是代际不公正。可以认为，代际不公正是时间向度上的环境非公正。

满足当代人类的需求而不损害子孙后代满足他们自身需求的能力，是环境代际公正的基本要义。代际公正在环境与生态要素的可持续发展、经济要素的可持续发展和社会要素的可持续发展三方面对当代人类行为提出倡导，要求人类活动

---

① 《社会学概论》编写组. 社会学概论［M］. 北京：人民出版社，高等教育出版社，2011.

② 米都斯，等. 增长的极限：罗马俱乐部关于人类困境的报告［R］. 李宝恒，译. 长春：吉林人民出版社，1997：55.《增长的极限》提出五项基本问题：人口爆炸、粮食生产的限制、不可再生资源的消耗、工业化及环境污染。该报告认为这些问题都是遵循指数增长的模式发展，全球发展将面临一个极限，进而提出"零增长"对策。

尽量减少对生态环境的损害，呼吁国家和地区在每一个发展阶段内尽量创造保障人民公平、自由、安全的社会环境，强调社会公平是环境保护得以实现的重要条件。

四、环境问题社会影响的差异性分配的理论解释

环境公正作为度量环境质量与社会阶层之间关系的标尺，关注基于社会结构、环境资源和成本在社会中的分配问题。自 20 世纪 80 年代环境公正运动兴起以来，学者们围绕环境公正的讨论集中在环境负担或风险在人群中的分布问题上，特别关注健康、环境风险与种族、收入、社会阶层等要素之间的关系。

西方学者有关不同人群非公正地承担着环境问题带来的影响和风险的解释，有三项相互关联的重要模型：理性选择模型、种族歧视模型和社会政治模型。第一，理性选择模型认为，不管是工业选址/有害废弃物处置选址，还是居民选择居住地都是一种自由的市场行为，其行为依据是主体追求利益最大化，即工业组织一般将地点选在地价和污染损失赔偿较低的地区，穷人选择租金便宜的社区居住，而富人选择地价高而环境良好的社区居住，所以多数有害企业和废物处理地分布在穷人和少数族群聚居区。逐渐形成的居住隔离进一步扩大了阶层间的差距，强化并巩固了社会底层人群不成比例地承担环境风险。第二，种族歧视模型的提出源于美国社会的种族偏见、种族优越感及信仰等原因，少数族群居住地被有意作为污染地点。多数研究发现，美籍非裔人口聚居的社区和其他少数族群暴露在环境污染中的比例远超过白人社区，即便在控制收入、受教育程度、土地使用等潜在因素后，二者之间的负相关关系仍然存在。在底特律，生活在有害废弃物处理设施周边 1 公里范围内的家庭中，有 49% 是有色人种家庭；1.5 公里范围内，有 18% 有色人种家庭。[①] 更让人绝望的是，在其他制度化领域中出现的种族歧视——如住房、教育、就业和交往等——极大地限制了有色人种规避不成比例风险暴露的社会和政治能力的发育，进而强化了少数族群在环境风险中不成比例暴露的遭遇。第三，社会政治模型强调不同社会群体在抵制有害工业选址和迫使污染者清除污染的能力方面存在差异，该模型涉及社会资本和政治力量在社会成员间的不均衡分布。由于穷人、少数族群比白人掌握少得多的可动员资源，他们不能成为政策制定者，低收入群体和少数族群在政治和经济方面的脆弱性导致他们在工业界和政府中没有发言权，无力参与污染选址决策并抵抗污染转移，所以强势群体轻易地将污染转嫁给这些弱势群体。另外，对工作的渴望导致弱势群体饮鸩止渴，对不利于他们的污染选址也不强烈反对。而在中国，社会经济地位同

① MOHAI P, LANTZ P M, MORENOFF J, HOUSE J S. Racial and socioeconomic disparities in residential proximity to polluting industrial facilities [J]. American journal of public health, 2009, 99 (S3): 649－656.

样显著影响人群差异化污染暴露水平。[①]

第三节
环境问题的社会影响评价

工业社会的环境问题（如我们在第四章所见）大多数由人为因素造成。人类活动导致的环境问题，其驱动力深深根植于现代社会的日常生活实践和社会结构中。[②] 但以精确测量和客观性为特征的自然科学长期以来占据着解释和评价环境问题的中心位置，留给社会科学的空间并不多。事实上，环境问题不仅涉及物理、化学、生物等领域的科学技术性要素，还涉及制度安排、心理、风俗文化、道德等层面事项。以精确化、客观性著称的自然科学处理的是客体与客体之间的关系，如污染物排放浓度、污染物稀释模式等，属于事实层面的事项，而政治和道德要处理主体与主体之间的关系，属于价值层面的事物。在应对环境问题的过程中，如果脱离普通人的日常生活实践，试图用技术或规则等事实层面的事项去替代价值、风俗文化等价值层面的考量，终将无功而返。因此，评估和应对环境问题需要耦合自然科学系统与社会科学系统，如此一来，环境问题的社会影响评价应运而生。社会影响评价（social impact assessment，SIA）的价值便在于综合运用自然科学和社会科学的知识，在政策、项目或行动实施前，评价其可能带来的影响，尤其是不可逆的负面社会影响，以最大限度降低风险。

一、社会影响评价的界定

社会影响指任何公共或私人行为的后果，导致人们生活、工作、游憩活动中相互关系和组织协作方式的改变，以及在文化层面的影响，如价值观、规范、信仰的改变，从而指导他们对自我和社会认知的形成，并使其合理化。[③] 社会影响评价是一套对社会影响预先做出评估的知识系统，用于对因拟建项目或政策改变

---

① 龚文娟. 环境风险在人群中的社会空间分配 [J]. 厦门大学学报（哲学社会科学版），2014（3）：49-58；祁毓，卢洪友. 污染、健康与不平等：跨越"环境健康贫困"陷阱 [J]. 管理世界，2015（9）：32-51.

② FRITZ R，LASS W. Post-carbon ambivalences：the new climate change discourse and the risks of climate science [J]. Science，technology & innovation studies，2010（6）：156-181.

③ The Interorganizational Committee on Guidelines and Principles for Social Impact Assessment. Guidelines and Principles for Social Impact Assessment [EB/OL]. http：//www. tandfonline. com/doi/pdf/10. 1080/07349165. 1994. 9725857？needAccess＝true.

造成的环境变化，进而导致的对社区和个人日常生活品质产生的影响进行评价。① 西方学者对社会影响评价概念的界定包括四个部分：社会经济（social-economic）、影响（impact）、评估（assessment）和减少负面影响（mitigation or lessening of negative impacts）。社会经济包括项目的经济面向（如投入-产出，收益-成本等）、社会面向（如人口、城市规划、体制等）和文化面向（如价值观、认知、习俗等）；影响包括项目和行动产生的直接和间接的（direct and indirect）、有意和意外（intended and unintended）的后果；评估往往是基于过去类似行动或项目的影响的既存经验知识的预期性的（anticipatory）评价；减少负面影响是通过预先行动管理和减少项目开发的负面影响（或加强正面影响），减少负面影响的措施包括规避（avoidance）、最小化（minimization）、补偿（compensation）。②《国际社会影响评价手册》对社会影响评价的定义是"对干预性的行动（政策、项目、规划和工程）的预料到的或未预料到的社会后果进行分析（预测、估算和反思）和管理"③。社会影响评价关注的焦点不仅仅是识别或者改善不利结果，还包括开发前的预警和更好的开发结果。协助利益相关群体确认发展目标、实现积极效益的最大化，比将负面影响降至最低更为重要。环境问题的社会影响评价的目标是构建一个在生态、社会文化和经济发展等方面都可持续和公正的环境。

　　除了社会影响评价，其他相关的影响评价包括经济影响评价（economic impact assessment）、环境影响评价（environmental impact assessment）、健康影响评价（health impact assessment）、风险和灾害评价（risk and hazard assessment）、技术评价（technology assessment）、文化影响评价（cultural impact assessment）等。其中，最常见的是社会影响评价和环境影响评价的结合，即环境社会影响评价（environmental social impact assessment，ESIA）。最早明确环境评价法律地位的美国国家环境政策法（National Environmental Policy Act，NEPA，1969）就提出评价人类环境应既包括大气、水、土壤、生态系统等自然和物质环境，也包括美学、历史、文化、健康等社会人文环境。④

二、环境问题社会影响评价的发展历程

　　随着工业社会环境问题的涌现，西方社会在 20 世纪 60 年代对自然生态环境

　　① 伯基. 社会影响评价的概念、过程和方法［M］. 杨云枫，译. 北京：中国环境科学出版社，2011：3.

　　② FINSTERBUSCH K，FREUDENBURG W R. Social impact assessment and technology assessment［M］//DUNLAP R E，MICHELSON W. Handbook of environmental sociology. Westpert：Greenwood Press，2002：407－447.

　　③ BECKER H A，VANCLAY F. The international handbook of social impact assessment［M］. Cheltenham：Edward Elgar，2003：2.

　　④ 刘佳燕. 社会影响评价在我国的发展现状及展望［J］. 国外城市规划，2006（4）：77－81.

广泛关注。1969 年，美国《国家环境政策法》（NEPA）明确指出，涉及美国联邦土地、税收或管辖权的开发项目和政策必须提交环境影响报告书（environmental impact statement），其中必须详述拟建项目及其备选方案对自然、文化及人类环境的影响。20 世纪 70 年代之前，环境问题造成的社会影响并没有得到重视，环境不公正导致的社会冲突时有发生。当时普遍存在的观点是，从项目中获得的经济效益可以弥补任何可能的负面影响，现金补偿可以弥补任何不利的社会后果。而《国家环境政策法》认识到了人类活动造成的环境影响可能削减项目效益，甚至超过了项目带来的利益，危及项目的成功，并且严重损害人类赖以生存的环境。[①] 进入 20 世纪 70 年代后，美国联邦政府开始对社会政策和项目进行评估，超越了环境影响评价的范畴。

社会影响评价首先出现在对环境的社会影响评价中，可以认为，初期的社会影响评价被包含在环境影响评价中。1978 年，环境质量监察委员会正式提出《环境影响评价报告指南》；进入 80 年代，美国联邦政府逐步形成环境和社会影响评价两个体系：1981 年，国际影响评价协会（International Association of Impact Assessment，IAIA）成立，它是一个致力于推广环境影响评价最佳实践经验、推动环评技术创新与发展的民间学术交流机构，在国际环境评价领域有广泛而深远的影响；1986 年，环境质量监察委员会发布经修订的环境影响评价规定，同年，世界银行要求所有受资助项目都做环境影响评价，推动了社会影响评价在全球广泛开展；1987 年，世界环境与发展委员会出版《我们共同的未来》（即《布伦特兰报告》），倡导可持续发展，环境与社会影响评价得到广泛关注；1989 年，欧洲经济共同体要求其成员国建立环境影响评价制度；1992 年，地球峰会在巴西里约热内卢召开；1993 年，美国环境质量监察委员会考虑在环境影响评价过程中包括社会影响评价的指南和原则；2000 年，欧洲经济共同体颁布社会影响评价指南草案；2001 年，由联合国开发计划署资助在一些国家实施社会影响评价；2002 年，世界银行颁布《社会分析范例手册》，为发展中国家的社会影响评价工作提供指导；2003 年，国际影响评价协会出版《国际社会影响评价的原则与指南》；2007 年，亚洲发展银行提出开展区域及国家层面的社会影响评价，指出政府及相关利益方应通过社会影响评价，减少规划、项目及政策等对弱势群体及贫困人口的负面影响，提高人群的生活质量。

国际上社会影响评价的发展重点逐步向战略性环境评价转移，强调从整个决策链的源头预防和应对环境问题及其带来的社会影响。

三、环境问题社会影响评价的理论基础

环境问题社会影响评价为什么需要理论指导？拉贝尔·J. 伯基（Rabel J.

---

① 伯基. 社会影响评价的概念、过程和方法 [M]. 杨云枫，译. 北京：中国环境科学出版社，2011：4 - 5.

Burdge）恰当地回答了这个问题："只有利用相关的社会理论，在进行评价时，专业人员才知晓询问谁，询问什么（搜集什么资料），搜集的资料意味着什么。否则，在实地，我们既不确定问什么，也不知道如何解释我们的问题。"① 卡普兰（Abraham Kaplan）也注意到："理论不仅仅是隐藏在事实背后的一个发现——而是一个看待事实，以及组织并呈现这些事实的方式。"② 环境问题的社会影响评价涉及以下几项主要理论（但不仅限于此）。

（一）可持续发展理论

可持续发展包括三重要素：第一，环境与生态要素的可持续性，指人类活动尽量减少对生态环境的损害，资源永续利用和良好的生态环境是可持续性的标志，经济和社会发展不能超越资源和环境的承载能力，可再生资源的消耗速率应低于资源的再生速率，不可再生资源的利用应得到替代资源的补充。第二，经济要素的可持续性，指在经济上有利可图，可持续发展鼓励经济增长，承认通过经济增长提高人类福祉的必要性，强调依靠科技进步提高经济活动中的效益和质量，采取科学的经济增长方式才具备可持续性。第三，社会要素的可持续性，指国家和地区在每一个发展阶段内尽量创造保障人民公平、自由、安全的社会环境，强调社会公平是环境保护得以实现的重要条件，在资源分享和风险承担上体现公平性和共同性原则，兼顾代内公平（基于环境功能的数量竞争、质量竞争和空间竞争考虑）和代际公平（基于环境功能的时间竞争考虑），争取多方环境利益相关者的协作行动，发展共同的利益和责任感，促进人类自身之间、人类与自然之间的协调。

（二）环境公正理论

环境公正指"在环境法律、法规和政策的制定、实施和执行等方面，全体国民，不论种族、肤色、国籍和财产状况差异，都应得到公平对待和有效参与环境决策"③。公正对待意味着没有哪一个群体（包括各种种族、民族或者社会经济群体）应当不合比例地承担工商业活动或各级政府的项目和政策造成的负面环境影响。④ 环境公正理论的核心思想是：在环境资源、机会的使用和环境风险的分配上，所有主体一律平等，享有同等的权利，负有同等的义务。环境问题对弱势群体的影响更加严重，社会影响评估者应关注最受到问题威胁的社区群体（如土著居民和穷人），可以通过比较计划行动/环境问题区域与一个类似

① 伯基. 社会影响评价的概念、过程和方法［M］. 杨云枫，译. 北京：中国环境科学出版社，2011：44.

② KAPLAN A. The conduct of inquiry：methodology for behavioral science［M］. San Francisco：Chandler，1964：309.

③ United States Environmental Protection Agency. http：//www.epa.gov/chinese/pdfs/EJ%20Brochure _ CHI. pdf.

④ 同①92.

分析单位（如特定行政区）的人口构成（如人口种族、低收入人群的比例）[①]，来检验环境公正，其关键是检验计划行动/环境问题的影响是否被不成比例地分配。

(三) 社会冲突理论

社会影响评价往往涉及价值冲突和权力斗争。[②] 每个社会都存在各种各样的冲突，社会在变迁，冲突不可避免。按照刘易斯·科塞的理解，冲突根源于对有关价值、稀有地位的要求，对权利和资源的争夺。在环境问题上，同样存在对有限资源的争夺问题，不公正常引发矛盾和冲突，因此环境问题衍生的社会冲突是社会影响评价不可避免的要素。社会冲突理论帮助研究者、社会评价者和规划者认识一些关键因素，如不同利益群体的存在和识别，他们对待同一环境问题的不同态度和感知，环境影响在不同社会群体间的分配，以及减缓社区内和社区间紧张关系的措施。在此过程中，要注意权力、公正与冲突的关系。例如，在受政治精英支配的社区，社会经济地位越高的人越有可能成为主动政治群体，他们掌握权力，从而选择性地实施某些计划，并在社会群体之间划分利益，以及社会和环境成本。[③] 而普通公众参与决策程度较低，知晓的相关信息较少，这些都可能带来不公正的决策。从长远来看，这些社会结构方面的张力会导致环境问题的社会影响累积，甚至社会冲突的发生。

(四) 组织理论

社会组织具有整体、成长、分化、等级秩序、支配、控制、竞争等特征，社会科学家常把社会组织视为社会系统进行研究，从系统的角度观察社区和组织，观察社区/社会成员的互动，以及他们互动方式和结成的社会网络及结构，考察组织与外部环境（包括政治环境、经济环境、技术环境、地域文化环境、自然环境等）的联系。

在环境问题的社会影响评价中，运用组织理论，有助于在政策制定和实施过程中，提醒我们关注一些关键问题，例如：当提出新计划和政策时，社区和组织将会发生什么变化？受影响群体会有哪些可能的反应？社区群体是否拥有足够的"社会资本"发声，并坚持自己的主张？他们能否与其他利益相关者建立有效的沟通网络？对于新计划和政策及其带来的潜在环境风险，社区群体是否能够接受，能在多大程度上接受？他们会采取哪些应对措施？等等，进而从组织结构和社会网络层面理解政策、项目实施的社会影响。

---

① 环境公正的具体检验方法参见洪大用，龚文娟. 环境公正研究的理论与方法述评 [J]. 中国人民大学学报，2008（6）：70-79。

② 朱德米. 重大决策事项的社会稳定风险评估研究 [M]. 北京：科学出版社，2016：23.

③ 伯基. 社会影响评价的概念、过程和方法 [M]. 杨云枫，译. 北京：中国环境科学出版社，2011：45-46.

（五）系统科学理论

作为一项复杂的系统工程，环境问题的社会影响评价需要自然科学与社会科学的精诚合作。系统论观点把系统作为由从属部分结合成的集合整体来对待，从不把系统看成处理孤立因果关系的机械聚集体，生态系统和社会系统是紧密联系在一起的开放的系统。系统方法则强调以整体为出发点，开放地研究和评价环境问题的社会影响。

四、环境问题社会影响评价目的、主体、指标、方法和程序

社会影响评价广泛涉及社区、文化、人口、经济、性别、健康、基础设施、原住民、制度、贫困、心理、资源等社会各个层面的影响。社会影响评价关注政策、项目、工程的社会后果，评价目的是分析、监管和管理这些后果。这些后果包括积极的、消极的、预料到的、未预料到的、直接的、间接的、短期的、长期的。社会影响的后果包括对人群的需求、偏好、居住、工作、娱乐、相互关系、利益结构等方面带来的变化。

（一）社会影响评价目的

社会影响评价的目的是多元的，它既可以帮助决策者做出合理决策，避免或降低不利影响，为无法避免地负面影响设计减缓措施，又可以帮助受影响的公众了解预计行动对他们可能造成的影响，使他们明了预计行动中将带来的变化。环境问题社会影响评价要向利益相关者回答以下问题：

- 实施一项预计行动将会发生什么？——为什么，何时发生，在何地发生？
- 谁将受到影响？
- 谁受益，谁受损？
- 不同的备选方案将会有何变化？
- 如何避免或减缓不利影响，增强效益？[1]

（二）社会影响评价主体

国际上，社会影响评价的发展趋势为由专家决策转化为大众影响决策的公众参与过程。公众参与应贯穿社会影响评价的全过程，并广泛吸纳各利益相关的社会群体、组织和个人。对于具有不确定性的环境问题的影响评价，专家决策曾被视为理想模式，因为"专家"具备以下条件：受过专业训练、有坚实的专业知识和丰富的评价经验，掌握进行环境社会影响评价的专业技术和工具；具有广泛的知识链接和信息资源等。因此，面对专业性极强的环境问题，专家被膜拜为环

---

① 伯基. 社会影响评价的概念、过程和方法［M］. 杨云枫，译. 北京：中国环境科学出版社，2011：4.

境社会影响评价的权威，而作为"门外汉"的普通公众，在很长一段时间内被视为"无知的听众"。而事实证明，缺乏公众参与的环境社会影响评价多不具有实践性，因为单纯依靠权威（主要是行动建议者、决策者和专家）评价存在着一些根本性的缺陷：决策者和专家只是利益相关者的一部分，并不能全面代表各方意见。当"增长机器"开始运转时，当地政府和地方经济精英也会服从于增长压力，采取一种迎合的态度，并排斥大众的声音。然而，作为生活主义者，公众（特别是在地缘上接近项目/环境风险的居民）拥有地方知识、熟悉地方习俗和文化观，从某种角度而言，对当地的自然环境他们才是最有发言权的"专家"。

公众参与决策的优势在于评价和决策可以更广泛地听取来自不同利益相关群体的声音，以丰富备选方案；当地公众对地方情况更加了解，有更多的本土知识，能提出更有针对性的意见和可行性建议；多方参与还能降低环境社会影响评价不准确带来的社会风险，增强社会公正，促进民主化。

理想的环境问题社会影响评价主体是由不同利益相关群体组成的小组：了解社会，善于测量和解释个人和组织如何适应社会变化，懂得群体间的互动，善于与不同的人群沟通；熟悉政府机构、企业的决策程序；能预测预计行动方案的潜在影响；能充分理解和分析不同利益相关者的立场和观点；能很好地权衡政府、企业、公众各方面的利益；对受影响地区的历史、生活方式和价值观等有尽可能多的了解；敢于维护弱势群体的利益。正如伯基等所说："社会影响评价实践者必须跨越两个世界：社区的世界和决策机构或政治精英的世界"，"尽管许多政府部门都宣称要帮助弱势人群，然而，在社会经济下层的个人和家庭获得的项目利益最少"。① 这种情况在世界各地普遍存在。

（三）社会影响评价指标

社会影响评价指导方针和原则国际组织委员会（The Interorganizational Committee on Guidelines and Principles for Social Impact Assessment，ICGP）提出五大类 32 项社会影响评价指标②；伯基（1994）提出五大类 28 项指标，包括人口影响、社区和制度格局、变迁中的社区、个体和家庭层面的影响、社区基础设施需求③（见表 5 - 6）。

---

① BURDGE R J, ROBERSTON R A. Social impact assessment and the public involvement process [J]. Environmental impact assessment review, 1990 (10)：89 - 90.

② The Interorganizational Committee on Guidelines and Principles for Social Impact Assessment. Guidelines and principles for social impact assessment. May 1994. 12：2, 107 - 152, http：//www. tandfonline. com/doi/pdf/10. 1080/07349165. 1994. 9725857? needAccess＝true.

③ 伯基. 社会影响评价的概念、过程和方法 [M]. 杨云枫，译. 北京：中国环境科学出版社，2011：27.

表 5-6 社会影响评价的指标清单

社会影响评价指导方针和原则国际组织委员会	拉贝尔·J. 伯基
（一）人口特征	（一）人群影响
1. 人口规模、密度和变化	1. 人口变化
2. 种族和宗教信仰的分布状态	2. 临时性工人流动
3. 移民	3. 季节性（旅游性）居民的出现
4. 流动人口	4. 家庭和个人的重新安置
5. 季节性居民	5. 年龄、性别、种族和民族构成的差异
（二）社区和制度化的结构体系	（二）社区和制度的安排
6. 志愿组织	6. 对项目态度的形成
7. 社团活动	7. 利益群体活动
8. 地方政府的规模和结构	8. 地方政府结构与规模的变化
9. 变化历程	9. 规划和区划活动的出现
10. 就业和收入特征	10. 行业多样化
11. 弱势群体的公平就业权利	11. 生活/家庭收入
12. 地方/区域/国家的联系	12. 增强的经济不平等
13. 产业/商业的多样性	13. 弱势群体就业平等的变化
14. 规划和区划活动	14. 就业机会的变化
（三）政治和社会资源	（三）变迁中的社区/政治和社会资源
15. 权利和权威的分配	15. 外来机构的出现
16. 新移民和原住民的冲突	16. 组织间的合作
17. 资金的证明/鉴定	17. 新的社会阶层的出现
18. 感兴趣和受影响的政党	18. 地方商业/工业重心的变化
19. 领导能力和特征	19. 周末居民的出现（旅游性）
20. 国际组织的合作	
（四）社区和家庭的变化	（四）个人和家庭层面的影响
21. 对风险、健康和安全的感知	20. 对日常生活和活动模式的干扰
22. 对迁移和拆迁的关注	21. 宗教活动的差异
23. 对政治和社会制度的信任	22. 对家庭结构的改变
24. 居住的稳定性	23. 对社会网络的干扰
25. 相识密度	24. 对公共健康和安全的认知
26. 对政策/工程的态度	25. 休闲机会的变化
27. 家庭和友谊网络	
28. 对社会福利的关注	
（五）社区资源	（五）社区基础设施需求/社区资源
29. 社区基础设施的改变	26. 社区基础设施的变化
30. 本地人口	27. 征地和土地配置
31. 土地利用方式的改变	28. 对已知的文化、历史、宗教和考古资源的影响
32. 对文化、历史、宗教和考古资源的影响	

此外，国际影响评价协会（IAIA，2003）总结了 8 类指标，包括人们的生活方式、文化、社区、政治系统、环境、健康和福利、个人和财产权利、担心和期望等。[①]

---

① IAIA. Special publication series，2003（2）.

（四）社会影响评价方法[①]

1. 技术式方法

技术式社会影响评价方法侧重于从技术角度，对重大项目等可能带来的社会负面影响进行尽可能精确的计算和分析，特别强调量化等技术手段在评估中的重要性。这种方法借助量化资料，预测重大项目对特定地理政治区域造成的社会影响。在计划行动之前和之后测量"社会状况"，要求评估者选择可测量的，或可以合理说明变化的社会变量。并且，评估应考虑预计行动对生活方式、态度、信仰、价值观、社会组织、人口、土地利用和公民权利的潜在影响。例如，某地要兴建大型水库，在此大型项目动工之前，通过精确测算水库兴建造成的库区移民规模、人口结构变化、土地利用等，评估水库兴建可能造成的系列影响。

2. 参与式方法

顾名思义，参与式就是通过"体验"来理解并评价社会变化和影响。这种方法要求从受影响人群（如原住民）的角度来评估影响，应使受益和受损群体参与到确定指标、环境及社会影响测量方法，以及影响评估和检测过程中，参与到关于他们未来的决策中。依旧以水库兴建为例，参与式方法要求当地居民全程参与社会影响评估，表达他们对兴建水库的感受、风险认知、地方风俗文化等，而不是作为被动的被评估对象。

（五）社会影响评价程序

20世纪70年代初期到中期，西方学界竭力发展了一套有效的低成本社会影响评价方法体系；70年代末，学界就这套方法体系的基本框架达成一致；到了80年代，社会影响评价框架逐渐标准化，这个框架大致包括以下10个步骤[②]，这些步骤具有逻辑顺序，但在实践中常常重叠。

1. 辨识潜在受影响群体，制订公众参与计划

评价者需要制订一个有效的公众参与计划，尽可能地将潜在的受影响群体包括在内。在计划行动和备选方案规划刚开始时，评价者要识别潜在的受影响个人和群体，并邀请他们参与评价。例如，拟在某地兴建大型重化工项目之前，要考虑到原本生活在项目选址地周边的人群，与这个项目利益相关的人群，对这个项目感兴趣的人群，等等。在准备公众参与项目时，必须考虑公众的受教育水平、语言障碍和文化差异。可通过普查资料、文献检索、田野工作人员来识别潜在受

---

① 限于篇幅，这里介绍了两类大的方法视角，具体操作方法包括比较法、专家评价法、矩阵法、直线推演法、情景分析法和计算机模型等。拉贝尔·J. 伯基也介绍了如快速农村评估、社会性别评估、环境公正和移民分析等方法。参见伯基. 社会影响评价的概念、过程和方法 [M]. 杨云枫，译. 北京：中国环境科学出版社，2011.

② FINSTERBUSCH K, FREUDENBURG W R. Social impact assessment and technology assessment [M] //DUNLAP R E, MICHELSON W. Handbook of environmental sociology. Westport：Greenwood Press，2002：421-422；伯基. 社会影响评价的概念、过程和方法 [M]. 杨云枫，译. 北京：中国环境科学出版社，2011：75-81.

影响群体。一旦确认受影响群体，就应系统地咨询每个受益或受损群体的代表，以确定影响的潜在区域，以及每个代表在决策中的参与方式。使用公众参与方法，获得公众对计划行动的反馈信息，这个步骤持续整个政策或计划实施过程，并成为监测的基础。

2. 描述计划行动

详细地描述计划的行动，并进行一个初步评估，尽可能多地从项目或行动提议者那里获取相关资料。例如要对一个拟建的大型水库进行社会影响评价，社会影响评估者需要掌握拟建水库占地面积、地理位置、建设时间和周期等各类信息。

3. 基线研究

这一步骤包括描述计划项目或行动所在地、相关的人类环境/受影响区域的基线状况，包括其人类环境现状和历史。应考察的人类环境变量包括：与自然环境的关系、历史背景、政治和社会资源、文化/态度和社会心理状况、经济和金融背景、人口特征等。

4. 辨析可能的社会影响

开始辨析潜在社会影响时，应尽量邀请所有受影响公众都参与选择社会影响评价变量。辨析"重要"社会影响的标准包括：事件发生的可能性；将受到影响的人口数量；影响持续时间；对受影响群体而言，效益或成本的价值；识别的社会影响，在多大程度上可以消除或减缓；识别的影响，导致次级影响或累积影响的可能性；目前与未来政策决策的关联性；潜在影响的不确定性；矛盾的出现和消失。

5. 调查可能的社会影响

可能的社会影响取决于对没有行动的状况（基线状况）和有行动状况的预测。预测的社会影响为有预计行动和没有预计行动的未来状况的差异。调查可能的社会影响有 5 种主要的信息来源：来自项目发起机构的详细资料；之前相似行动经验的记录，包括其他社评-环评文件；人口普查统计数据；文件和二手资料；田野调查，包括访问知情者、听证会、小组会议以及一般人群调查。

6. 预判受影响公众的可能反应

潜在受影响公众的观点、态度和行为对于社会影响评价非常重要，因为他们在项目实施前的态度预示了他们在项目实施后的态度。例如，对于一些具有环境负外部性的大型项目（如重化工项目）的建设，原住民对其落户当地是排斥还是接受，对于项目的建设和运营有重大影响。估计受影响公众的行为可借助比较情形和访问受影响人群。

7. 评估次级和累积影响

次级和间接影响是由初级和直接影响引发的。例如，由于兴建大型水库的需要，原库区周边居民外迁异地生活，后来由于不适应新的生活方式，库区移民成规模返迁，给政府带来的压力，就属于次级影响。累积影响是指一个新行动与过去的、目前的以及可合理预见的未来的行动相互作用造成的影响的总和。环境问题影响的潜伏性和不可预见性很容易产生累积性的社会影响。

8. 计划行动的备选方案

这一步骤包括提出新方案或改进方案，并评估或预测它们的后果。计划行动的每个备选方案都应单独评估。

9. 制定一套减缓、补救和增强方案/计划

社会影响评价的目标不仅是预测影响，还应提出减缓不利影响的方法。学者们建议按照一个"顺序策略"来管理环境问题的社会影响：第一，不采取或改进一个行动来"避免"（avoidance）影响；第二，如果不能"避免"，通过重新设计方案将不利影响"降至最低"（minimization）；第三，如果既不能避免，也不能使不利影响最小化，那么提供实质性的政策、设施、资源和机会，补偿（compensation）不可逆转的影响。

10. 制定一套监察程序

制定一套监察程序，以监测计划行动的偏离程度和预期之外的社会影响。监察程序必须跟踪计划行动/项目的进程，比较实际影响与预测影响，当意外发生时，能尽早采取应对措施。

总而言之，社会影响评价将预计行动或其备选方案对文化、人口及经济等广泛领域的影响加以搜集整理，并提出应对措施，提供给所有利益相关者，或者可能受到预计行动影响的个人、群体、社区或社会部门。实施环境问题的社会影响评价，评估者需要启动公众参与程序向受影响人群广泛征求意见。

（六）社会影响评价的核心价值和基本原则

社会影响评价中最基本、经久不衰的信念陈述就是它的核心价值，包括：

（1）人类平等地享有基本人权，这种权利超越了文化、性别等界限；

（2）人们享有基本人权的权利受到法律保护，人人都可公平、平等地获得正义；

（3）人们有权在一个有益于健康和高品质生活的环境中工作和生活，这种环境有助于人类和社会实现其潜能；

（4）社会环境是人类健康和生活品质的重要组成部分，特别是（但不限于）和平、无恐惧感、良好的社会关系和归属感等；

（5）人们有权参与到影响他们生活的决策中；

（6）当地的知识和经验是有价值的，可用以增强干预措施的效益。[①]

为了保证社会影响评价的平等性（代内和代际）、价值多元性、成本内化，国际影响评价协会（IAIA）提出，社会影响评价的基本原则应包括：

（1）规划和社会影响评价要保证相关群体基本权力平等；

---

① 伯基. 社会影响评价的概念、过程和方法［M］. 杨云枫，译. 北京：中国环境科学出版社，2011：216.

（2）规划性干预的社会影响是可预测的；

（3）规划性干预能被调整，以减少负面影响，提升其正面效果；

（4）社会影响评价应纳入决策的全过程；

（5）应当更多地关注可持续发展的社会方面，社会影响评价能够提供更好的发展方式，平衡经济利益和社会成本；

（6）所有干预性规划及其评价应有助于地方社区和人力资本的培育及强化民主过程；

（7）对于从干预性规划中获益的人群应当仔细调查；

（8）当一些不可避免的影响存在时，应对干预性规划的不同方案进行比较；

（9）即使干预性规划得到批准或被认为是有益的，也应当对其环境和社会潜在影响进行全面评价；

（10）在评价过程中地方性知识、经验和文化应当被充分考虑到；

（11）在评价和干预时，不应当使用暴力、恫吓和威胁；

（12）侵犯人权的所有干预性计划都应当停止。①

五、我国当代环境问题社会影响评价存在的问题

20 世纪 70 年代，我国逐渐认识到开展环境影响评价的重要性和紧迫性；在《中国 21 世纪议程》《国务院关于环境保护若干问题的决定》等文件中明确提出开展对现行重大政策和项目的环境影响评价；特别是加入世界贸易组织和签订《〈联合国气候变化框架公约〉京都议定书》（简称《京都议定书》）后，政府相继出台了相关政策、法规和计划。2003 年 9 月 1 日《中华人民共和国环境影响评价法》（以下简称《环境影响评价法》）正式实施；截至目前，历经 2016 年 7 月和 2018 年 12 月两次修订。该法第一次将环境评价从单纯的建设项目发展到各类发展规划，用法律形式确保环境保护参与综合决策，同时突出公众在环境保护中的作用。虽然环境影响评价得到规范化发展，但环境问题的社会影响评价却迟滞不前。目前，我国环境问题的社会影响评价存在（但不仅限于）以下问题和困境。

（一）制度支持欠缺

第一，环境问题的社会影响评价的重要性和地位亟待提升。在国家立法体系中，社会影响评价并没有取得如同环境影响评价一样的地位，多数时候，我国环境问题的社会影响评价是作为环境影响评价的组成部分出现的。第二，环境问题社会影响评价本应是一个多层次的战略体系，从高到低可划分为法律—政策—规划—计划，但从目前的制度支持来看，未能满足环境问题社会影响评价的多阶发展需求。第三，机构建设和人才队伍建设也面临困境。与传统的环境影响评价相

---

① BECKER H A，VANCLAY F. The international handbook of social impact assessment［M］. Cheltenham：Edward Elgar，2003：4－5.

比，目前我国社会影响评价缺乏有合法资质的独立评价机构和监督机构，专业人才输送方面也存在瓶颈。从全国范围来看，环境问题社会影响评价在机构设置和人才培养及输送等方面获得的支持度较低。

（二）社会影响评价体系自身缺陷

社会影响评价在我国开展了 20 多年，政府和部分研究机构曾编制社会影响评价指标，且积累了较为丰富的实践经验，但由于当代我国环境问题的压缩性、复合性、区域差异性等特点，环境问题的社会影响评价体系发展面临诸多挑战，例如，评价指标不健全、技术不完善、尚未体系化地建立适合中国国情的"环境问题的社会影响评价指标体系"。

（三）公众参与面临的困境

公众参与是一个持续过程，贯穿于社会影响评价始终，能为评价者提供社会影响变量信息，但我国环境问题社会影响评价的公众参与面临诸多发展困境。

1. 社会熟知度低

环境教育的总体性欠缺，加上前述社会影响评价体系自身存在的缺陷和面临的发展困境，导致公众对环境问题社会影响评价的熟知度较低，对其目标、作用、操作程序、方法和核心价值缺乏了解。特别是当本地区并不面临环境问题及其带来的直接风险时，普通公众甚至"不愿"主动了解相关信息。

2. 公众参与的保障体制不健全

公众参与环境问题社会影响评价的对象、机构、内容、深度、职责、权力、义务和监督等保障体制不健全，在客观上限制了公众参与，进而导致信任缺失（尤其是机构信任），特别是对于那些受计划行动和政策影响且具有参与意愿的公众而言，参与途径的缺乏无异于剥夺了他们的权利。事实上，公众有效参与环境问题社会影响评价及环境风险沟通，有助于降低由环境风险引发的社会风险。[①]

3. 参与途径和技能匮乏

规范的公众参与方法包括：关键知情人；咨询小组；社区讨论会；小组提名过程；德尔菲专家法；问卷调查（包括社区调查、社区领导人研究、社区/区域独立调查和同步政策问题研究）；听证会；评审团（焦点组）等。由于我国公众的环境教育水平总体偏低，加上各种机会和有效参与途径的限制，我国环境问题社会影响评价中的公众参与多流于形式，缺乏规范性引导。

2015 年 1 月 1 日，我国"史上最严格"的《环境保护法》正式执行，其明文提出"信息公开和公众参与"，这为公众参与环境问题社会影响评价打开了一扇门。环境问题社会影响评价作为一项复杂的战略性系统工程，需要以开放的姿态涵括多元利益相关者的参与，提高评价效率。

---

① 龚文娟. 环境风险沟通中的公众参与和系统信任 [J]. 社会学研究，2016（3）：47-72.

思考题

1. 环境问题带来哪些机遇和挑战？

2. 环境问题带来的影响在人群中是公正分配的吗？如果不是，在哪些层面上呈现差异？

3. 什么是环境公正？

4. 简述环境问题社会影响评价的目的、理论基础、方法和核心价值。

5. 我国现行环境问题社会影响评价存在哪些问题和困境？

阅读书目

1. 米都斯，等. 增长的极限：罗马俱乐部关于人类困境的报告 [M]. 李宝恒，译. 长春：吉林人民出版社，1997.

2. 邓拉普，布鲁尔. 穹顶之下的战役：气候变化与社会 [M]. 洪大用，马国栋，等译. 北京：中国人民大学出版社，2019.

3. 鸟越皓之. 环境社会学：站在生活者的角度思考 [M]. 宋金文，译. 北京：中国环境科学出版社，2009.

4. 洪大用，龚文娟. 环境公正研究的理论与方法述评 [J]. 中国人民大学学报，2008（6）：70 - 79.

第六章

环境关心

【本章要点】

● 环境关心是人们对客观环境状况变化及其所造成的社会影响的主观反映。在相关研究中，人们使用环境（生态）态度、环境（生态）关心、环境（生态）意识等多种概念，这些概念相近、相交甚至相同，指称人们意识到并支持解决涉及生态环境的问题的程度以及个人为解决这类问题而做出贡献的意愿是其共通的内涵。

● 环境关心是环境社会学研究的重要方面。对于环境关心的研究可以解释环境问题的"主观"层面或者社会层面，它可以与客观的环境监测数据相对照，共同反映一个社会所面临的环境问题状况。

● 环境关心的测量具有相当的复杂性。NEP 量表是测量公众环境关心的重要尝试，在全球范围内具有影响，但是直接应用于中国有着内在缺陷。不断完善环境关心的测量是学术研究的重要议题。

● 影响环境关心的因素复杂多样，既有个体层面、群体层面的因素，也有客观环境状况、宏观社会结构层面的因素，还有体系性的变迁因素。在环境关心发展方面，存在环境问题驱动解释、经济发展（富裕）解释、后物质主义价值观解释、传播/建构主义解释等理论视角。

● 在我国环境保护进程中，继续深化环境关心研究具有重要意义，这种研究也是推动中国环境社会学发展的重要动力。

【关键概念】

环境关心 ◇ 环境意识 ◇ 问卷调查 ◇ NEP 量表 ◇ 信念体系 ◇ 后物质主义

在前面的章节中，我们讨论了环境问题及其广泛影响。作为能动主体，人类对这种变化了的环境状况及其社会影响必然有着主观反映，其中环境关心的形成就是一个重要方面。在环境社会学发展过程中，有关公众环境关心与行为的研究一直是个重要领域。学者们关注如何测量和描述公众的环境关心，比较社会发展不同阶段以及不同类型公众的环境关心差异，探讨影响公众环境关心的各种条件与机制，把握环境关心发展变化的本质规律，目前已经积累了大量的研究文献、知识和理论。本章在介绍环境关心及相关概念的基础上，着重介绍环境关心的测量、相关研究发现和理论解释。

第一节
环境关心概述

自从蕾切尔·卡逊（Rachel Carson）发表《寂静的春天》（1962年）以来，美国以及西方国家，然后是全球范围内对于环境的关心显著增长。特别是在其之后，美国以及世界范围内发生的一系列重大的环境事故（例如苏联的切尔诺贝利核电站爆炸），更促进了人们对于环境的关心。与公众关心不断增长相伴随的则是学术界对这种关心的研究兴趣不断增长，学者们在研究过程中使用了与环境关心相近、相交甚至相通的多种概念，比如环境（生态）意识、环境（生态）态度等。

一、环境关心的概念

在过去的40多年里，尽管很多学者从不同的角度对公众的环境关心（environmental concern）进行了研究，但是很多研究并没有对环境关心给出明确的界定。一些人可能认为它是一个不言自明的概念，另外一些人可能认为给出一个抽象的定义非常困难，所以只是在研究过程中采用操作性定义。这样一来，在不同的研究中就出现了不同的操作性定义。例如，有的把环境关心等同于对具体环境问题的认知和评价，有的则把环境关心等同于对人类与环境关系的看法；有的把环境关心等同于对环境保护的支持程度，有的则把环境关心等同于积极的环境保护行为；等等。有学者指出，已有的关于环境关心的操作性定义大概有数百种。[①]

邓拉普和琼斯（Jones）指出，最早对环境关心做出明确界定的是荷兰学者史克尔斯（Scheurs）和内利森（Nelissen），他们在1981年将环境关心定义为关

---

① DUNLAP R E，JONES R E. Environmental concern：conceptual and measurement issues ［M］// DUNLAP R E，MICHELSON W. The handbook of environmental sociology. Westport：Greenwood Press，2002.

于保护、控制以及干预自然环境和人造环境的观念总体，同时也包括与这些环境相联系的行为准备。1982 年埃斯特拉（Ester）和范·德梅尔（Van der Meer）做出了更为简洁的定义：环境关心是指人们对环境问题认识的程度以及致力于解决这些问题的程度。邓拉普和琼斯则倾向于接受后者的定义，并对它略微做了修正：环境关心是指人们意识到并支持解决涉及生态环境的问题的程度或者个人为解决这类问题而做出贡献的意愿。[①]

一些学者根据环境关心的对象——环境——的不同，把已有的环境关心测量区分为两个大的类型：一是针对具体环境问题的环境关心，比如说对待有害废弃物的态度、对待核电的态度，等等；二是针对综合性环境问题的环境关心，比如说对待多种环境问题的态度以及对人类与环境关系的看法，等等。邓拉普和琼斯指出，由于环境关心的概念实际上涉及对"环境"和"关心"的理解，所以其内涵是极为多样化的。

首先来看"环境"概念的复杂性。本书第一章曾经指出，所谓环境，总是相对于某一中心事物而言的，它作为某一中心事物的对立面而存在，因中心事物的不同而不同。与某一中心事物有关的周围事物，就是这个中心事物的环境。进一步讲，环境大体上可以区分为生物物理环境与社会环境两个大的方面。很明显，环境关心主要是指对生物物理环境的关心。

但是，仅就生物物理环境而言，它本身仍然是一个内涵十分丰富的概念。从其构成上看，我们可以区分出大气、水、声音、陆地、动物、植物等主要的环境成分；从其对人类社会的功能上看，我们可以区分出提供资源、吸纳废弃物以及提供居住空间等重要功能的环境；从其空间规模上看，我们可以区分出居家环境、社区环境、区域环境、国家环境、全球环境、星际环境等不同层次的环境[②]；从其时间维度看，我们还可以区分出过去的环境、现在的环境以及未来的环境。

其次来看"关心"概念的复杂性。实际上，"关心"在很大程度上是与心理学中的"意识"和"态度"相类似的概念。"意识"，按照《现代汉语词典》的解释，是"人的头脑对于客观物质世界的反映，是感觉、思维等各种心理过程的总和，其中的思维是人类特有的反映现实的高级形式"[③]。而按照一般的心理学理论，"态度"是可以区分为认知、情感和评价、意向性和实际的行为等不同层面的，其中行为层面既包括单个的行为，又包括一组行为构成的生活方式。因此，在理论上，"关心"就意味着非常复杂的过程、活动以及不同层面的特征。再加上在实际研究中，人们还对"关心"做出一些直观的区分，例如区分为对某种或

①　DUNLAP R E, JONES R E. Environmental concern: conceptual and measurement issues ［M］// DUNLAP R E, MICHELSON W. The handbook of environmental sociology. Westport: Greenwood Press, 2002.

②　这里实际上包括各种形式的人工环境（built environment），例如建筑、道路、城市以及众多人工基础设施等，其在环境社会学和环境心理学研究中都具有重要意义。

③　中国社会科学院语言研究所. 现代汉语词典（第 7 版）［M］. 北京：商务印书馆，2016：1556.

某些环境问题的认知、对于该环境问题原因的看法、对于解决该环境问题的办法的看法等不同层面，以便使研究服务于政策目的。这样一来，在经验研究中，人们对于"关心"的理解也就不可避免地存在着多样性。

正是由于"环境"与"关心"的概念都具有非常复杂的内涵，所以"环境关心"概念的内涵也是多层次、多角度的。邓拉普和琼斯（2002）发展出了一种类型学的方法，把研究者对"环境"和"关心"的理解都做简单的二分：单个环境话题-多个环境话题，单层面的关心-多层面的关心，然后将两者交叉，就得出了四种主要的环境关心类型及测量方式。后文将进一步介绍。

与环境关心密切相关的概念是环境态度。在心理学中，态度是指人们对于其所认知的人、物、事的一种赞成不赞成、喜欢不喜欢的评价性反映，并通过人们的信念、情感和行为倾向表现出来。相应地，认知、情感和行为意向是态度的基本结构。实际上，态度研究与行为研究相关，研究的是行为背后的心理过程，特定的态度是某种行为的准备状态，也就是人们准备对态度对象做出的行为反映。在此意义上，环境态度就是人们在认知和情感的作用下，对特定环境状况的一种行为倾向。相对于上面所说的环境关心而言，环境态度不如环境关心更为专注、更为稳定、更具指向性。一般而言，我们不对二者进行严格区分。在特定意义上，环境关心可以说是指环境态度中比较稳定的、明确指向环境保护行为的、更具全面性系统性的一种态度类型。

有些学者试图在科学素养的基础上进一步提出环境素养概念。所谓科学素养，指的是以正规教育为基础，通过日常学习和媒体等各种渠道所提供的信息而逐步积累形成的对科学技术的理解能力。科学素养的形成受到经济、教育、科技、文化、社会发展状况的影响，是一个渐进的过程。1983年，芝加哥大学的米勒教授（Jon D. Miller）提出了公众科学素养的三项标准：一是对科学技术知识的理解；二是对科学研究过程和方法的理解；三是对科学技术对社会影响的正确理解。米勒的观点有着广泛影响，发达国家在测定本国公众科学素养时都参照其观点，我国也参照其观点开展了多次公众科学素养调查。虽然在科学素养基础上发展出来的环境素养概念目前还不是非常流行，但是由于一些政府部门和官员的倡导，希望借此增进环境关心相关研究的权威性、持续性和价值性，我们需要重视这一概念。大体上，环境素养是指公众在环境知识、环境价值、环境规范、环境行为等方面所表现出的一种综合能力和素质素养等。就其内涵而言，环境素养要比前文所说的环境关心更为宽泛。

二、环境关心与环境意识

考虑到国内环保实践和学术研究中比较普遍地使用了环境意识概念，我们在此着重对其进行介绍，并试图厘清其与环境关心的关系。

环境意识也被称为生态意识，与环境关心概念一样，目前还缺乏一致的定义。王民曾在1999年就做过统计分析，结果发现仅在国内公开发表的书刊上就有 30 多个关于环境意识的定义①，之后还不断有新的定义出现。

最早提出环境（生态）意识概念的人是 A. 莱奥波德（又译利奥波德）。1933 年，他在《大地伦理学》一书中指出："没有生态意识，私利以外的义务就是一种空话。所以，我们面对的问题是，把社会意识的尺度从人类扩大到大地（自然界）。"②基鲁索夫认为，生态意识是一种正在形成的独立的意识形式，是根据社会和自然界的具体可能性，最优地解决社会和自然关系问题方面所反映的观点、理论和感情的总和。③

国内学者余谋昌从环境意识的基本性质出发，认为环境意识是人与自然环境关系所反映的社会思想、理论、情感、意志、知觉等观念形态的总和。它是反映人与自然环境和谐发展的一种新的价值观念。④其他相关的观点包括：环境意识是"对环境的能动反映和认识"，"环境意识在内容上也分为两部分——环境感性认识和环境思想体系"⑤；"环境意识，就其现实含义的广度和深度而言，它已不仅仅是一种单纯的哲学概念，更多的是指一种文化素质，即人们的环境素质。因而它既包含了理论认识，也包含了实践的要素，两者相辅相成，缺一不可"⑥；"环境意识是一个多层次、全方位的关于人与环境关系的内容体系，它是人类对人与环境关系的一种综合性的理论概括"⑦。

值得注意的是，有的学者把环境行为或者行为倾向也纳入环境意识的概念中，强调环境意识的"知行合一"内涵。杨朝飞在其《环境保护与环境文化》一书中指出："环境意识包括五大要素，即环境科学知识要素、环境忧患意识要素、环境法律意识要素、环境道德意识要素和自觉参与要素。"⑧受其启发，洪大用在 1998 年也提出，所谓环境意识，是指人们在认知环境状况和了解环保规则的基础上，根据自己的基本价值观念而发生的参与环境保护的自觉性，它最终体现在有利于环境保护的行为上。简言之，环境意识即人们参与环境保护的自觉性，它的水平有高低之分，可以进行定量研究。⑨

虽然有关环境意识的定义多种多样，但是其与环境关心、环境态度等概念密切相关。大体上我们可以认为，环境意识是最为宽泛的一个概念，是相对于客观环境存在的一种主观反映活动，在某种意义上也是源于马克思主义哲学的一个概念，并因此具有一定的中国特色。环境态度、环境关心是被包含在环境意识中

①　王民. 环境意识及测评方法研究［M］. 北京：中国环境科学出版社，1999：3 - 4.

②　余谋昌. 生态意识及其主要特点［J］. 生态学杂志，1991（4）：68 - 71.

③　基鲁索夫，余谋昌. 生态意识是社会和自然最优相互作用的条件［J］. 哲学译丛，1986（4）：29 - 36.

④　余谋昌. 环境意识与可持续发展［J］. 世界环境，1995（4）：13 - 16.

⑤　易先良，龚雁梓. 论环境意识［M］//国家环境保护局宣传教育司. 中国的环境宣传. 北京：中国环境出版社，1992：499 - 502.

⑥　庄国泰. 论环境意识的基本内涵［M］//国家环境保护局宣传教育司. 中国的环境宣传. 北京：中国环境科学出版社，1992：503 - 509.

⑦　王民. 环境意识及测评方法研究［M］. 北京：中国环境科学出版社，1999：15.

⑧　杨朝飞. 环境保护与环境文化［M］. 北京：中国政法大学出版社，1994：315 - 316.

⑨　中华环境保护基金会. 中国公众环境意识初探［M］. 北京：中国环境科学出版社，1998：27.

的、指向更为明确的操作性概念。

这里特别要说明的是，我们对环境意识的分析需要关注其本身具有的两重性。一方面，它是一个中性的概念，即不具有评比性，不能区分出强弱、高低的概念；另一方面，它又是一个有倾向性的概念，即具有评比性，能区分出强弱、高低的概念。

环境意识就其是一个中性的概念来说，指的是人们对周围环境的觉察和认知。在不同历史时期，不同文化，不同地区的人，对环境的觉察和认知可能相同，也可能不同。但是，我们只能对它进行定性的分析，无法评定其强弱、高低。例如，人们通常对环境中的特定场所抱有肯定或否定的看法。每个人对山都有一种害怕、尊敬和惊讶相混的感情。山给人以遥远、雄伟、神秘、深不可测和凶险的感觉。它们常常是自然的权力和统治的象征。因此，山在许多文化的宗教和宇宙观中起着重要的作用。对某些宗教来说，山是地球的中心轴，天地在这里相会合，人的精神可以在这里感到最接近天，最接近上帝，最接近宇宙。摩西在西奈山上接受十诫并与上帝会见；在希腊，奥林匹斯山被认为是诸神之家；富士山对日本人有相当大的宗教意义。把山视为地球的中心轴，视为与上天的连接点，这种思想出现在许多文化中——中国、朝鲜、伊朗、印度、德国等。[①]但是，在一些文化中，人们对山也有一些否定的态度。

不同文化的人对环境空间的觉察和认知既可能一样，也可能不一样。例如，对西方人来说，宇宙有一个垂直度空间，它由阴阳两个极地固定，分天堂、尘世和地狱三个世界。在中国人看来，虽有三界之分，但更有九重天、十八层地狱之说。至于在水平度的空间中，每一文化都倾向于把自己看成是平面的中心，而把其他文化的区域看成是边缘，这是普遍现象。随着科学的发展和社会的进步，我们逐渐可以判断不同环境意识孰是孰非，但很难评价孰强孰弱。

环境意识就其是一个有倾向性的概念来说，主要是指它是在当代环境问题日益加剧并日益威胁到人类生存、环境保护运动日趋高涨的背景下，人们对自然界、对人与自然关系的认识发生变化，从而使人类的思想、意识、文化观念和价值观念产生重大转变的产物。这里，出现了一个评判人们环境意识强弱、高低的标准，即是否有利于环境保护。正是在此意义上，环境意识与环境关心有时可以看作相通甚至相同的概念，在目前的相关研究中往往不加严格区分，可以统称环境关心（意识）。

三、环境关心的研究方法

与其他社会现象一样，研究环境关心的方法多种多样。环境关心的理论研究遵循理论研究的一般逻辑，探讨其本质、内涵、特点、历史演变和影响因素等，目前这种研究也可借助比较复杂的统计方法基于数据而展开，比如说关于环境关

---

① 奥尔特曼，切默斯. 文化与环境 [M]. 北京：东方出版社，1991：47.

心内在维度、体系等的分析，这在后文将有介绍。在经验研究层面，环境关心（意识）研究常用的方法包括以下几种类型。

（一）历史文献研究法

历史文献研究法，主要是通过查找、阅读、分析有关历史文献，研究前人的环境思想和环境关心，基本上属于一种历史学的方法。运用这种方法，可以了解环境意识的发展史，挖掘、整理前人有关环境保护的思想，作为今天环境保护实践的借鉴。例如，有学者专门研究中国古代文献《礼记》中的环境意识（关心），指出"《礼记》肯定了人们热爱和尊敬天地自然万物的行为，提出了'贵天道''顺时'和'爱类'的要求，这几个方面的互动构成了《礼记》的生态道德的从善性原则"，"《礼记》对破坏自然可能引发的生态学恶果有清楚的认识，按照生态学的季节节律制定出了否定性的行为规范"，"《礼记》也将追求人和自然关系的和谐一致作为完善道德的目标"。[①] 有的学者研究中国古代立法中的环境意识（关心），如重视自然的生态伦理观、朴素的可持续发展观以及对自然环境和自然资源的保护等。[②] 国内外也有不少学者在研读马克思、韦伯、涂尔干等著作的基础上阐述其关于自然、社会与人之间关系的思想。

（二）内容分析法

所谓内容分析，"是一种揭示社会事实的数据调查方法，在这种方法中，通过对一个现存内容的分析（如文件、图片），得出下述方面的认识：它产生的联系、发送者的意图、对接收者或对社会情景的影响"[③]。从 20 世纪 60 年代中期起，内容分析法在德国成为一种受到重视的研究方法。一些学者以日报、画报、电影、电视、连环漫画、杂志等为研究对象，研究诸如妇女形象、德国新闻界对第三帝国的描述等问题。国内已有学者运用内容分析方法，以报纸报道为对象，通过关注度（环境报道数量占报纸总容量的程度）、参与度（环境报道受重视的程度）、深度（针对性强的社论评论、大特写和理论研究等内容所占的比例）、绿色度（报道环境问题的层次）等四个方面对 1996、1997、1998 年的中国报纸的环境意识（关心）进行了调查。[④]

内容分析一般有以下几个步骤：（1）确定分析材料和样本选择；（2）建立分类体系；（3）计数单位的编码；（4）数据的加工和分析；（5）信度和效度的检验。其中，建立分类体系是十分关键的一环。在很大程度上，它决定着内容分析

① 张云飞.《礼记》的生态伦理意识."环境伦理学与可持续发展"专题研讨会论文.

② 张梓太. 中国古代立法中的环境意识浅析［J］. 南京大学学报（哲学·人文科学·社会科学），1998（4）：154－159.

③ 阿特斯兰德. 经验性社会研究方法［M］. 李路路，林克雷，译. 北京：中央文献出版社，1995：187－188.

④ 杨东平，王力雄. 中国报纸环境意识：1997 年［M］//郗小林，徐庆华. 中国公众环境意识调查. 北京：中国环境科学出版社，1998：188－223.

的成败。有的学者对内容分析的分类体系提出了六个要求，即："（1）分类标准应从理论上导出，即它应与研究目标相一致；（2）分类标准应是完整的，即它应能把握所有可能的内容；（3）分类应相互排斥；（4）不同类型应相互独立；（5）分类应满足一种统一的分类原则；（6）分类应明确地定义。"①

（三）观察法

社会研究中的观察法，就是观察者根据研究课题，利用眼睛、耳朵等感觉器官和其他科学手段，有目的地对研究对象进行考察，以取得研究所需资料、达到研究目的的一种方法。一般而言，观察可分为实验观察和自然观察（或实地观察）两类。实验观察是在实验室中对研究对象、观察情景与条件做严密的控制，然后进行观察。而自然观察则是对研究对象在自然状态下的行为或表象进行观察。

在环境关心（意识）研究中，观察法，特别是自然观察法，也是比较常用的一种方法。特别是在旅游景点，最能通过观察了解人们的环境意识（关心）水平。新闻记者由于其职业特性，最擅长运用观察法描述环境问题的状况和公众的环境关心水平。但是，观察法也有其局限性，最明显的就是不够深入、不够全面、难以进行系统的分析。

（四）问卷调查法

问卷调查法是环境关心（意识）研究中最常用的一种方法，常常用于较大规模的抽样调查，并且常常同资料的定量分析相联系。在社会研究中，抽样、问卷调查、定量分析这三者的结合构成了现代统计调查的基本特征。问卷调查法中使用的问卷实际上是用来搜集资料的一种工具，它的形式是一份精心设计的问题清单。环境关心（意识）研究中的问卷设计多种多样，一般都会包括环境认知、基本价值观念、环保态度、环保行为等核心内容。随着环境关心研究的发展，有很多人已经在问卷调查中使用各种形式的量表，其中 NEP 量表就是比较常见的一种，后文将专门分析。

问卷调查法具有一些明显的优点：具有时效性和很好的匿名性，并且相对同等规模的调查而言可以节省时间、经费和人力；所得资料便于进行定量处理和分析；可以避免主观偏见、减少人为的误差；等等。但是，学者们对问卷调查法中的问题和量表设计往往存在分歧，对问卷调查的代表性难以达成共识，对基于被访者主观报告的数据的可信度也存有质疑。事实上，这些方面多少反映出学者们对问卷调查方法本身的质疑，综合运用内容分析法、观察法等多种研究方法，同时采用一些客观统计监测数据，也许更有利于对环境关心的深入研究。

---

① 阿特斯兰德 . 经验性社会研究方法［M］. 李路路，林克雷，译 . 北京：中央文献出版社，1995：196.

（五）比较研究法

一般而言，比较研究法是通过对各种事物或现象的比较，来确定它们的共同点和相异点，并揭示它们相互区别的本质特征的一种分析方法。就环境关心（意识）研究而言，比较研究的目的不仅是比较不同时期、不同地区、不同国家、不同文化背景下不同群体的环境关心水平，而且还要检验环境关心测量工具的有效性，揭示环境关心的本质及其发展演变规律。例如，施国庆、仲秋对比分析了1950—2008 年以来中美环境意识（关心）变化及其影响因素，发现经济、政治、科学、大众传媒与环境意识（关心）具有顺序相关性并在繁荣期后又相互交织影响。[①]

在环境关心（意识）研究中，主要的比较研究涉及四种类型：客观环境状况与主观环境关心（意识）的比较；一国内各地区、各群体之间环境关心（意识）的比较；不同时期环境关心（意识）的比较；不同国家环境关心（意识）的比较。比较研究中最重要的一条规则就是注意可比性，特别是注意测量方法、数据质量和分析方法的一致。在跨国比较中，还要注意不同国家的制度背景、社会经济发展水平和文化传统等方面的差异，切忌唯数据的简单比较。

第二节
测量环境关心的复杂性

在 20 世纪 60 年代环境问题浮出水面成为公众话题之后，西方社会科学界的很多学者忙于测量公众对于具体的环境问题的认识与评价，或者对相关环境保护政策的支持意愿以及个人为解决环境问题愿意付出的努力的程度，这就是本书所说的环境关心的测量。这种测量工作，一方面是出于学术研究的兴趣，另一方面是出于服务政策制定的目的，也许更多的还是属于后者。考虑到环境关心议题的重要性，探索测量公众环境关心的科学工具是众多学者努力的一个方向。自 20 世纪 70 年代以来，学者们做出了多种尝试。目前比较有广泛影响的是邓拉普等提出的 NEP 量表。有学者指出，目前 NEP 量表及其不同版本在全球四十多个国家和地区的数百项研究得到过应用。

一、环境关心测量的类型

按照邓拉普和琼斯（2002）提出的类型学方法来说，环境关心的测量可以分

---

① 施国庆，仲秋. 中美环境意识变化比较及其影响因素分析（1950—2008）［J］. 南京社会科学，2009（7）：86-93.

为四种主要类型。第一种是就多个环境话题的多层面关心的测量，这种测量主要是研究针对多个环境话题的公众认知、情感、意向以及实际行为，包括基于心理学的态度理论的研究以及政策导向的研究；第二种是就多个环境话题的单层面关心的测量，这种测量主要是研究公众针对多个环境话题的单层面关心（或认知，或情感，或意向，或实际行为），往往是属于政策导向的研究，或者是建构研究中所需要的重要变量；第三种是就单个环境话题的多层面关心的测量，这种测量主要是研究针对单个环境话题（比如说核电或水污染）的公众认知、情感、意向以及实际行为，包括基于心理学的态度理论的研究以及政策导向的研究；第四种是就单个环境话题的单层面关心的测量，这种测量主要是研究公众针对单个环境话题的单层面关心（或认知，或情感，或意向，或实际行为），往往属于政策导向和新闻导向的研究，也有是为了建构研究中所需变量的。

在以上四种类型的环境关心的测量中，学者们很早就认为第三种、第四种测量由于是针对单个环境话题的测量，这种测量虽然具有一定的研究、政策和新闻价值，但是也具有内在的信度和效度限制，难以发展出具有普遍意义的、有效的环境关心测量工具。第一种测量虽然全面，但是又过于复杂。这类测量中最有代表性的就是马洛尼（Maloney）和沃德（Ward）在 1973 年所提出的"生态态度和知识量表"。该量表在 1975 年又进行了修订，包括涉及生态问题的知识量表、情感倾向量表、口头承诺量表、实际承诺量表四个亚量表，总共有 45 个项目。该量表后来被一些学者在研究中使用，包括使用量表的部分内容或亚量表。但是，也有学者指出该量表只注重了表面效度和内容效度，而没有深入检验建构效度，从而不是测量环境关心的最好选择。

因此，一些学者认为可能的环境关心测量的有效工具就在上述第二种类型中。换句话说，就多个环境话题进行单层面的关心的测量，有可能发展出测量公众环境关心的有效工具。在这方面，最有代表性的尝试是罗素·韦格尔（Russel Weigel）和琼·韦格尔（Joan Weigel）在 1978 年提出的"环境关心量表"以及邓拉普等于同年提出的 NEP 量表。前者由 16 个项目组成，实际上是测量美国公众对于一些生态问题、污染问题的看法以及对解决这类问题的政策支持和个人贡献。联想到前文有关环境关心的定义，该量表可以说是体现了环境关心概念的内涵。然而，由于该量表内容带有美国的地域特色，并且针对的问题和相关政策比较具体，所以难以具有普遍性和持续性的价值。在 20 世纪 80 年代，确实有很多研究者使用该量表。不过，时过境迁之后，使用者越来越少，自 20 世纪 90 年代以来，已经很少有人再使用该量表了。

邓拉普等在 1978 年提出的 NEP 量表试图超越一时一地的具体的环境问题与环境政策，其 12 个项目事实上是测量公众对一般意义上的人类与环境关系的看法与评价。按照邓拉普等的初衷，该量表就是测量公众对正在出现的新的生态价值观的接受程度，是一种抽象层次上的测量。因此，该量表内容因在一定程度上摆脱了时空背景的限制而具有某种程度的普适性。更重要的是，随着时代的变化，环境问题自身也在变化，并呈现出这样一种趋势：从最初的具有可视性的区域性公害日益演变为全球性的不具可视性的环境危机，对整个人类社会的生存与发展构成了越来越大的威胁。在此背景下，以在抽象层次上测量公众对人类与环境关系的看法与评价为主旨的 NEP 量表，越来越多地被使用。

二、国内早期的环境意识（关心）测量

需要指出的是，20 世纪 90 年代以来，中国大陆陆续开展了一系列公众环境意识（关心）问卷调查，这些调查中都涉及以不同方式测量环境关心的探索。其中，基于对环境意识（关心）的理解和 1995 年全民环境意识调查数据，1998 年洪大用曾经提出过一种测量方法。现在看来，这种测量方法是有缺陷的，还需要继续完善，但是对于环境关心研究仍然具有学术启示和价值。从表面上看，它与前述测量类型划分中的第一种类型相关，但实际上体现了另外的逻辑。

前文提到，洪大用曾经将环境意识（关心）定义为人们在认知环境状况和了解环保规则的基础上，根据自己的基本价值观念而产生的参与环境保护的自觉性，它最终体现为有利于环境保护的行为上。具体地说，这一定义中的"环境"，主要是指影响所有人生存和发展的、具有全球性的地理环境；"环境状况"指这类环境的客观存在、目前所发生的问题及其对人类的影响；"环保规则"是指广义上的规则，可以包括有关环保法律、政策、措施，甚至可以包括有关的环保标志、环保事件（运动）等；"基本价值观念"，指人们基本的生活观、人生观和世界观，也可以叫作"初级价值观念"，它包括对人与自然关系的评价、对人类眼前利益和长远利益的评价、对人类局部利益与整体利益的评价等，这些初级价值观对其他包括环境意识在内的次级的意识、态度乃至所有的行为都有影响；所谓"参与环境保护的自觉性"，即人们在主观上对待环境保护的态度；而"有利于环境保护的行为"则是环保态度的行为表现，包括各种直接或间接地有利于增强环境保护意识、保护环境的行为。

在洪大用关于环境意识（关心）的定义中，实际上包含了其四个方面的内涵，即对环境状况和环保规则的了解（环境知识）、基本价值观念、参与环境保护的态度和环境保护行为。在某种意义上，可以说这四个方面的内涵即环境意识形成的四个系统环节。它们环环相扣，级级强化。对环境状况和环保规则的了解是环境意识的知识基础，在此基础上，经过基本价值观念的过滤而发生肯定的环境保护态度，这是环境意识的关键构成要素，代表环境意识初步形成，而环保行为则标志着环境意识的强化和完善。

依据这种定义，洪大用提出了测量环境知识、基本价值观念、参与环境保护的态度和环境保护行为的操作性指标。其中，测量"环境知识"的具体指标依次为：（1）对"环境保护"这一概念的知晓程度；（2）对有关环保政策法规的了解程度；（3）对若干环境问题（全球变暖、臭氧层破坏、酸雨、荒漠化、淡水资源枯竭、生物多样性减少）的了解程度。测量"基本价值观念"的具体指标依次为：（1）对人类与自然界之间关系的看法；（2）对眼前利益与长远利益的看法；

（3）对局部利益与整体利益的看法。测量"环境保护的态度"的具体指标依次为：（1）对环境保护工作中国家与个人关系的看法；（2）对破坏环境之行为的态度；（3）对缴纳环境保护费用的态度。测量"环境保护行为"的具体指标依次为：（1）对媒介中环境宣传的注意程度；（2）对有组织的环境宣传教育活动的参与程度；（3）对有关环境保护的公益劳动或活动的参与程度；（4）对要求解决环境污染问题的投诉或上诉的参与程度。在此基础上，通过加权计算，洪大用制定了百分制的综合量表，并对全民环境意识调查数据进行了分析。根据测量，1995年我国城乡居民环境意识水平偏低，总体平均得分（二次加权后）只有 44.13 分（最低分 2 分，最高分 87 分，标准差 12.86），属于"不及格"水平。

三、新环境（生态）范式与 NEP 量表

新环境范式指的是一种环境价值观转型，这是在 20 世纪 60 年代环境问题引发关注之后，学者们对环境问题产生的原因进行更为冷静和深入反思的结果。其中，米都斯（Meadows）等于 1972 年发表的《增长的极限》可以说是这种反思的重要成果。在这种反思的基础上，一些学者提出西方社会中的环境问题是与其深层的社会文化体制密切相关的，特别是与西方社会的主流文化价值观密切相关，因为这种价值观过于强调人类对于自然环境的控制、管理的权利和能力，强调自然资源的无限性，强调私有产权以及无限制的工业增长。在此价值观的支配下，必然导致对环境资源的过度开发和破坏，从而引发越来越严重的环境问题。

本书第一章曾经提到，在汲取学界反思环境问题成果的基础上，美国环境社会学家卡顿和邓拉普在《美国社会学家》杂志 1978 年第 13 卷上发表了题为《环境社会学：一个新范式》的文章，该文章区分了认识人类社会与环境关系的两种价值范式："人类例外范式"（HEP）和"新环境范式"（NEP）。在邓拉普等看来，如果没有环境价值范式上的转移，即从"人类例外范式"转移到"新环境范式"，解决环境问题的前景是非常不乐观的。而研究和促进这种价值范式的转移就成为环境社会学这门新兴分支学科的重要任务。大概正是基于此种看法，邓拉普等对公众环境关心的测量非常感兴趣。但与许多学者不同，他们更为关注比较抽象层次的测量，即测量公众对于人类社会与环境之间关系的一般看法，而不是测量对具体环境问题与环境政策的关心程度。可以说，这种测量实际上测量的是公众对于"新环境范式"的接受程度。在邓拉普等的理解中，接受这种新价值范式的人越多，环境状况改善的前景就越看好。

就在上文发表的同一年，邓拉普和范李尔（Van Liere）发表了《新环境范式：建议的测量工具及其初步结果》[①]，正式提出了"新环境范式"（new environmental paradigm，NEP）量表。该量表包括 12 个项目（见表 6-1）。按照邓

---

① DUNLAP R E，VAN LIERE K D. The new environmental paradigm：a proposed measuring instrument and preliminary results [J]. The Journal of environmental education，1978（9）：10-19.

拉普等的看法，它们可以区分为三个主要方面：对增长极限的看法以及对生态平衡的看法以及对人类与自然关系的看法。就当时的知识状况而言，邓拉普等认为自己的量表具有很好的内容效度。事实上，在该量表设计过程中，他们研读了大量文献，并就"新环境范式"的内涵咨询了很多专业人士。

表 6-1　　　　　　　　1978 年、2000 年 NEP 量表比较*

| 1978 年的 NEP 量表 | | 2000 年修订的 NEP 量表 | | |
内容	Ri-t**	内容	Ri-t	Ri-t (2003，中国)
1) 目前的人口总量正在接近地球能够承受的极限	0.483	1) 目前的人口总量正在接近地球能够承受的极限	0.43	0.24
2) 大自然的平衡极为脆弱且易受扰乱	0.490	2) 人是最重要的，可以为了满足自身的需要而改变自然环境	0.35	0.37
3) 人类有权为了自己的需要而改变大自然的环境	0.451	3) 人类对于自然的破坏常常导致灾难性后果	0.42	0.35
4) 人类生来就有权利去管辖自然万物	0.402	4) 由于人类的智慧，地球环境状况的改善是完全可能的	0.38	0.07
5) 人类对于自然的破坏常常导致灾难性后果	0.394	5) 目前人类正在滥用和破坏环境	0.53	0.39
6) 植物与动物的存在主要是供人类使用	0.400	6) 只要我们知道如何开发，地球上的自然资源是很充足的	0.34	0.32
7) 健康的经济发展是要将工业增长控制在稳定状态	0.415	7) 动植物与人类有着一样的生存权	0.46	0.19
8) 人类要生存则须与大自然和谐共处	0.455	8) 自然界的自我平衡能力足够强，完全可以应付现代工业社会的冲击	0.53	0.45
9) 地球就像宇宙飞船，只有很有限的空间和资源	0.533	9) 尽管人类有着特殊能力，但是仍然受自然规律的支配	0.33	0.26
10) 人类无须适应环境，因为人类可以改造自然以满足自己的需要	0.394	10) 所谓人类正在面临"环境危机"，是一种过分夸大的说法	0.62	0.34
11) 工业社会的增长有极限	0.503	11) 地球就像宇宙飞船，只有很有限的空间和资源	0.51	0.35
12) 目前人类正在滥用和破坏环境	0.587	12) 人类生来就是主人，是要统治自然界的其他部分的	0.51	0.41
		13) 自然界的平衡是很脆弱的，很容易被打乱	0.48	0.34
		14) 人类终将知道更多的自然规律，从而有能力控制自然	0.35	0.17
		15) 如果一切按照目前的样子继续，我们很快将遭受严重的环境灾难	0.62	0.38

续前表

1978 年的 NEP 量表		2000 年修订的 NEP 量表		
内容	Ri-t**	内容	Ri-t	Ri-t (2003，中国)
信度系数 alpha***	0.81	信度系数 alpha	0.83	0.71

注：＊本表内容和数据参见邓拉普和范李尔（1978）、邓拉普等（2000）的两篇文章以及 2003 年中国综合社会调查数据。

＊＊1978 年 NEP 量表各项的 Ri-t 系数是指一般公众样本的。邓拉普等实际上还调查了另外一个样本，即环保组织成员，相关的 Ri-t 未列在本表中。Ri-t 是指量表的内部一致性系数，即量表中某一项目得分与量表总分的相关系数。一般认为，该系数大于 0.25 表明量表内部一致性良好。

＊＊＊信度系数 alpha 是检验量表信度的一个综合统计指标，其取值范围在 0~1 之间。一般认为，该值越大，表明量表信度越好。但是，对于可接受的最小信度系数是多少，专家们并没有一致的看法，多数专家认为应在 0.7 以上，环境社会学家邓拉普也持此观点。大多数专家认为，如果信度系数值在 0.6 以下，应该考虑重新编制量表。

为了检验 NEP 量表的信度和效度，邓拉普等于 1976 年在美国华盛顿州进行了问卷调查。这次调查采用了两个样本：一是普通公众样本，采用电话号码抽样，通过邮寄问卷的方式进行调查，获得有效样本 806 个；二是环保组织成员样本，采用成员名单抽样，通过邮寄问卷的方式进行调查，获得有效样本 407 个。采用这样两个样本的重要目的就是检验 NEP 量表的效度，因为从逻辑上讲，环保组织成员比一般公众应该更倾向于接受"新环境范式"。调查结果表明，NEP 量表具有较好的信度：针对普通公众的调查，alpha 信度系数为 0.813；针对环保组织成员调查的该系数是 0.758。该量表内部各项目也存在比较好的一致性，说明量表是一维的量表，这可以从各项目分值与量表总分的相关系数（校正过的 Ri-t 值）看出来（见表 6-1）。在效度方面，NEP 量表也具有较好的建构效度和预测效度。数据分析可以证实年轻人、受过较好教育的人、持自由主义意识形态的人比其他人更为接受新环境范式，也就是 NEP 量表分值更高。针对环保组织成员调查的 NEP 分值比针对普通公众调查的 NEP 分值要高，而且 NEP 分值可以预测支持政府环保投入、支持环境管制以及个人环保行为的程度。

随着时间的推移，一些人在使用中确认了 NEP 量表的有效性，也有人指出了 NEP 量表存在的问题，特别是有一些学者认为 NEP 量表并不像邓拉普等所认为的那样是单一维度的量表，也不能很好地预测环保行为。还有学者指出，NEP 量表需要修订，以便因应环境问题的变化以及人们对于复杂环境问题的理解，特别是要修订内容和修辞。邓拉普本人也尝试修订 1978 年提出的 NEP 量表，相关论文在 2000 年正式发表。[1]

修订后的量表叫"新生态范式"（new ecological paradigm，NEP）量表，大概部分是为了与原来的量表相区别，部分是为了突出环境问题自身的变化。该量表由 15 个项目组成，其中 6 项采自旧量表，这里面有 4 项略微做了修正（见表 6-1）。按照邓拉普等的看法，它们体现了"新生态范式"的 5 个重要方面：对自然平衡的

① DUNLAP R E, LIERE K D, MERTIG A G, JONES R E. Measuring endorsement of the new ecological paradigm: a revised NEP scale [J]. Journal of social issues, 2000, 56: 425-442.

看法（第 3、第 8、第 13 项）、对人类中心主义的看法（第 2、第 7、第 12 项）、对人类例外主义的看法（第 4、第 9、第 14 项）、对生态环境危机的看法（第 5、第 10、第 15 项）和对增长极限的看法（第 1、第 6、第 11 项）。很明显，2000 年的量表比 1978 年的 NEP 量表增加了 3 个方面，反映了环境问题以及人们对其认识的变化，使得"新生态范式"量表看上去具有更好的内容效度，这是最重要的修订之处。其次，邓拉普等还在维持量表项目的方向平衡方面做出了改进。1978 年的量表有 8 个正向（支持 NEP）的项目，只有 4 个反向（反对 NEP）的项目；而修订过的量表则包括了 8 个正向项目和 7 个反向项目。再次，邓拉普等替换了一些过时的修辞，例如不再使用 mankind，而改用 humans 或者 humankind，不过在翻译成中文时不好体现这种改进。最后，1978 年 NEP 量表中的态度选项是四分的，即非常同意、比较同意、不太同意、很不同意四项选择，修订过的量表则在此基础上增加了"不确定"的选项，从而使得态度选项变成五分的了。

邓拉普等根据 1990 年针对美国华盛顿州居民进行的通信调查（有效样本 676 个）资料，对修订过的 NEP 量表的信度和效度进行了检验。结果表明，修订过的 NEP 量表仍然是具有可接受的信度和效度的单一维度量表，甚至比 1978 年的 NEP 量表更好。在信度方面，每个项目校正过的 Ri-t 系数从最低 0.33 到最高 0.62（见表 6-1），表明量表的内部一致性很好。修订过的量表的 alpha 系数达到 0.83，比 1978 年 NEP 量表的相应系数要高，并且统计表明，删除 15 项中的任何一项都会导致整个量表 alpha 系数降低。在效度方面，根据对有关变量的相关分析，修订过的 NEP 量表也显示了较好的建构效度和预测效度。

修订过的 NEP 量表已经为美国以及其他国家和地区的人士所使用，但是使用者对其评价并不完全一致，争论的焦点涉及量表的内容效度、量表的维度、量表对环境保护行为的预测能力、量表在美国之外的地区与国家中应用时的效能等方面。2008 年，为了纪念 NEP 量表问世 30 周年，邓拉普发表了一篇题为《NEP 量表：从边缘到全球普及》[①] 的文章，围绕以上几点争议逐一进行了回应。一是坚持修订的 2000 版量表有效避免了内容效度问题；二是针对 NEP 量表的维度问题，邓拉普认为 NEP 量表的潜在多维性正是不同群体看待人与环境关系方式有所不同的真实反映；三是针对 NEP 量表不能有效预测环境行为的问题，邓拉普指出态度与行为之间的落差与不一致源于使用广义的态度去预测具体的行为，因此不能奢求 NEP 量表成为预测具体环境行为的强力工具，并建议引入其他变量来提高对环境行为的预测力；四是针对 NEP 量表的推广应用问题，邓拉普坚持认为 NEP 量表具有很强的全球推广价值乃至可以用来做国际比较研究。

四、制定中国版 NEP 量表

NEP 量表引入中国内地的时间较晚。20 世纪 90 年代末，香港学者钟珊珊和

---

① DUNLAP R E. The new environmental paradigm scale: from marginality to worldwide use [J]. The journal of environmental education, 2008, 40 (1): 3-18.

潘智生以及卢永鸿和梁世荣曾在发表文章时使用 1978 年版 NEP 量表。2003 年，洪大用将 2000 年版 NEP 量表引入中国综合社会调查并开展了相关研究。之后，越来越多的内地学者开始使用 2000 年版量表来研究中国公众的环境关心与行为，但在量表项目的取舍方面却存在很大分歧：有的采用了全部量表项目，有的只采用了部分项目，有的还添加了新的项目。在洪大用 2006 年撰文评估 2000 年版量表在中国的适用性后，吴建平等基于对 278 名大学生和 11 620 名城市居民的问卷调查结果，发现 2000 年版量表在中国应用时具有较好的信度与效度，但是存在两个维度。[①] 其他一些学者在评估研究中指出了 2000 年版量表内部一致性并不理想、在乡村地区的应用情况不理想等局限，提出应当改造量表或将其部分项目重新措辞以更适应中国调查。

基于 2003 年中国综合社会调查（城市部分）数据，洪大用指出，2000 年版量表的第 4 项和第 14 项的分辨力系数低、内部一致性系数以及探索性因子分析中对主轴因子负载都低于可接受标准，而删除这两项后量表信度水平和内部一致性都会有明显得改善，因此，洪大用提出在中国应用 2000 年版量表时有必要删除其第 4 项和第 14 项，只保留剩下的 13 个项目。[②] 在进一步的合作研究中，肖晨阳和洪大用对 2000 年版量表的维度进行了重点检验，发现 2003 年中国综合社会调查数据既不能支持量表的五维度假设也不能支持量表的单一维度假设。根据项目的因子负载情况，他们建议可以采用 2000 年版量表中的 8 个正向措辞的测量项目加上第 8 和第 10 项，建构一个包含 10 个项目的、沿用 2000 年版量表五分选项设置的单一维度的"中国版 NEP 量表"（见表 6 - 2），以促进国内环境关心经验研究的规范化和知识积累。[③]

表 6 - 2　　　　　中国版环境关心量表（CNEP 量表，五分应答项设置）

项目编码	项目陈述
CNEP1	目前的人口总量正在接近地球能够承受的极限
CNEP2	人类对于自然的破坏常常导致灾难性后果
CNEP3	目前人类正在滥用和破坏环境
CNEP4	动植物与人类有着一样的生存权
CNEP5	自然界的自我平衡能力足够强，完全可以应付现代工业社会的冲击
CNEP6	尽管人类有着特殊能力，但是仍然受自然规律的支配
CNEP7	所谓人类正在面临"环境危机"，是一种过分夸大的说法
CNEP8	地球就像宇宙飞船，只有很有限的空间和资源
CNEP9	自然界的平衡是很脆弱的，很容易被打乱
CNEP10	如果一切按照目前的样子继续，我们很快将遭受严重的环境灾难

① 吴建平，訾非，刘贤伟，等. 新生态范式的测量：NEP 量表在中国的修订及应用 [J]. 北京林业大学学报（社会科学版），2012（4）：8-13. 根据该文所呈现出来的结果，其所发现的 NEP/HEP 两个维度可能是由量表项目内容的陈述方向引起的统计"假象"。

② 洪大用. 环境关心的测量：NEP 量表在中国的应用评估 [J]. 社会，2006（5）：71-92.

③ 肖晨阳，洪大用. 环境关心量表（NEP）在中国应用的再分析 [J]. 社会科学辑刊，2007（1）：55-63.

基于覆盖城乡区域的 2010 年中国综合社会调查数据，洪大用、范叶超和肖晨阳对此量表进行了更为细致的检验和分析。[1] 其中，维度检验的结果表明，该量表具有最佳的项目构成和明确的单一维度结构。同时，CNEP 在 NEP 量表的五个面向中都至少保留了一个项目，虽然在项目陈述的方向性方面有些失衡，但却仍然保持了很好的内容效度。数据分析表明，CNEP 量表也具有良好的信度以及建构效度、预测效度。虽然该量表还可以做一些局部改进，但是可以在中国公众环境关心经验研究中予以推广使用。

第三节
环境关心的影响因素和理论解释

在经验研究中，学者们发现不同人群的环境关心存在差异，其中有些差异在不同研究中的发现并不完全一致。环境关心差异的具体表现如何，其背后的理论逻辑是什么，环境关心又受何种宏观因素的影响，这些也是环境关心研究的重要内容。

一、环境关心的社会人口特征

有学者对经验研究中环境关心的社会人口特征进行了概括，指出有五大基本假设：年龄假设、社会阶层假设、居住地假设、政治假设、性别假设。[2] 一般而言，年轻人比年长者更加关心环境；随着人们教育程度、收入水平、职业声望的提高，社会地位与环境关心呈正相关关系；城市居民比农村居民更为关心环境；自由主义者比保守主义者更为关注环境质量；相对于男性而言，女性在社会生活中表现出更多的环境关心。但是，也有很多研究发现与此不一致，甚至相反。

国内学者的研究表明，年龄与环境关心之间的关系比较复杂。早期的一些研究表明，年龄和环境关心没有明显的相关关系，或者不同年龄的人在环境关心总体水平上仅有一些小的差异。[3] 胡伟的研究表明，随着年龄的增长，环境关心水平呈下降趋势。但是，环境关心的年龄差异与中国环境保护和环境教育的历史进程以及由此造成的不同世代的人在获取环境知识的机会与水平方面的差异，可能

① 洪大用，范叶超，肖晨阳. 检验环境关心量表的中国版（CNEP）：基于 CGSS2010 数据的再分析 [J]. 社会学研究，2014（4）：49 - 72.

② VAN LIERE K D，DUNLAP R E. The social bases of environmental concern：a review of hypotheses，explanations and empirical evidence [J]. Public opinion quarterly，1980，44（2）：181 - 197.

③ 郗小林，等. 中国公众环境意识调查结果剖析 [M] //郗小林，徐庆华. 中国公众环境意识调查. 北京：中国环境科学出版社，1998：64 - 66；中华环境保护基金会. 中国公众环境意识初探 [M]. 北京：中国环境科学出版社，1998：66.

有着密切关系，年龄本身并不是独立的影响因素。① 在进一步的研究中，洪大用等确认了这一点，20 世纪 70 年代之前和之后出生的两代人之间在环境关心方面存在差异，新一代人整体上要比老一代人更具环境关心。② 数据分析结果更倾向于证实中国公众环境关心的年龄差异主要是受同期群效应影响，是一种代际隔离现象，环境教育机会是造成不同代际环境关心水平差异的一个最重要的因素。伴随代际更替和环境教育的全面普及，中国公众环境关心的年龄差异或将逐渐消失。

在性别与环境关心方面，虽然早期有研究报告女性比男性更强调应优先保护环境③，但是很多研究发现男性的环境意识水平要高于女性④。洪大用等还进一步检验了关于环境关心之性别差异的社会化假设与社会结构假设，指出这些假设在研究中不能得到支持，应当关注社会化过程与社会结构位置影响的两面性。性别对于环境关心的影响不是独立的，环境知识水平是一个重要的中介变量，性别本身并不构成对于环境关心的直接影响。

在社会阶层与环境关心方面，洪大用 1998 年的研究表明，以社会经济地位（socio-economic status，SES）测量的各阶层之间在环境关心方面存在一定的差异，但在不同维度上不尽一致。近年来，帕培尔等进一步阐释了社会经济地位因素与环境关心之间的关系。在一项研究中，通过从创新扩散理论（diffusion of innovation theory）中汲取灵感，帕培尔和亨特提出，环境关心最初可能产生于更高社会经济地位的人群之中，其后才逐渐扩散到较低社会经济地位的人群中。⑤ 简言之，社会经济地位对环境关心最初可能具有非常强的影响，但这一影响会随着时间变化缩小。就测量社会经济地位的常用指标教育、收入和职业而言，教育程度被多数研究证明与环境关心呈现较强的正相关，收入水平与环境关心的关系不确定，从事管理工作、专业技术工作的人一般具有较高的环境关心水平。

国内学者关于居住地与环境关心的研究主要侧重于城乡居民环境关心的比较。早期很多研究表明城镇居民比农村居民更加关心环境保护。基于 2003 年中国综合调查的数据，洪大用等也对居住在不同城镇地区的环境关心进行了研究，结果发现直辖市及省会、地级市、县城、集镇居民的环境关心水平呈逐渐递减趋向。⑥ 分析表明，这可能与各地区、各城市的经济发展阶段有关，不同的经济发展阶段通过

① 胡伟. 环境关心的年龄差异：基于 2003 年中国综合社会调查数据的分析与发现［D］. 北京：中国人民大学，2007.

② 洪大用，范叶超，邓霞秋，曲天词. 中国公众环境关心的年龄差异分析［J］. 青年研究，2015（1）：1-10.

③ 沈浩，丁迈. 中国城市公众的环境意识［M］//郗小林，徐庆华. 中国公众环境意识调查. 北京：中国环境科学出版社，1998：106.

④ 唐孝炎，温东辉. 中国中小城镇环境状况对妇女健康的影响以及妇女的环境意识［M］//杨明. 环境问题与环境意识. 北京：华夏出版社，2002：47-51；洪大用，肖晨阳. 环境关心的性别差异分析［J］. 社会学研究，2007（2）：111-1354.

⑤ PAMPEL F C, HUNTER L M. Cohort change, diffusion, and support for environmental spending in the United States［J］. American journal of sociology, 2012, 118（2）：420-448.

⑥ 洪大用，肖晨阳，等. 环境友好的社会基础：中国市民环境关心与行为的实证研究［M］. 北京：中国人民大学出版社，2012：103-121.

产业结构、城市化水平、生活方式等机制影响着公众的环境关心水平。在进一步的研究中，范叶超和洪大用指出中国城乡居民在看待环境问题的方式上存在着一种较为相似的、连贯的心态体系，似乎有理由相信中国城乡居民的环境关心将不断趋同并最终走向同构。[①] 但是，目前阶段城乡居民的环境关心水平确实存在显著差异，城市居民在诸多方面都较乡村居民表现出更多的环境关心。在环境知识和媒体使用的中介作用下，环境关心的城乡差异被进一步放大。差别暴露理论可以解释中国公众环境关心的城乡差异，而差别职业理论和差别体验理论则不适合。

二、环境关心的宏观理论解释

需要指出的是，上述关于环境关心个体差异或群体差异的研究都涉及相关的理论假设和机制分析，限于篇幅在此无法深入展开。这里介绍的是几种比较典型的有关环境关心现象及其发展变化的宏观理论解释。

(一) 环境问题驱动解释

环境问题驱动解释的逻辑比较简单：环境污染严重，导致公众环境关心觉醒，并积极支持环境保护。一些学者基于世界价值观调查的跨国数据发现，在污染相对严重的国家，其民众对环境保护的支持表现得更为强烈。在一些经验研究中，环境问题驱动假设也部分地得到了验证。洪大用等指出，尽管多数环境关心的方差存在于个体的社会经济特征中，但是仍然有5％的显著方差可以被宏观层次的变量所解释，特别是被访者所在城市的第一产业比例和工业烟尘排放量与环境关心有相关关系：第一产业的比例越高，所在城市的平均环境关心水平就越低；而城市工业烟尘排放量越大，所在城市的平均环境关心值就越高。[②] 但是，也有研究揭示了环境污染与环境关心之间的复杂关系：一方面，弗雷迈耶和约翰逊（Freymeyer & Johnson）基于国际社会调查项目（International Social Survey Programme，简称ISSP）2000年数据的研究表明，环境质量（基于环境可持续发展指数ESI指标）会对公众的公共环保活动产生影响；另一方面，同样基于ISSP数据（1993年和2000年），弗兰岑和迈耶（Franzen & Meyer）发现，环境质量并不会对个人的环境关心产生影响。道尔顿（Dalton）基于世界价值观调查1999—2002年数据进行的研究也发现，环境污染状况在预测国家环保组织成员发展水平上作用有限。[③]

① 范叶超，洪大用. 差别暴露、差别职业和差别体验：中国城乡居民环境关心差异的实证分析 [J]. 社会，2015（3）：141 - 167.

② 洪大用，肖晨阳，等. 环境友好的社会基础：中国市民环境关心与行为的实证研究 [M]. 北京：中国人民大学出版社，2012：138.

③ FREYMEYER R H, JOHNSON B E. Across-cultural investigation of factors influencing environmental actions [J]. Sociological spectrum, 2010, 30（2）：184 - 195；FRANZEN A, MEYER R. Environmental attitudes in cross-national perspective：a multilevel analysis of the ISSP 1993 and 2000 [J]. European sociological review, 2009, 26（2）：219 - 234；DALTON R J. The greening of the globe? cross-national levels of environmental group [J]. Environmental politics, 2005, 14（4）：441 - 459.

洪大用等还指出，环境问题驱动的假说必须考虑公众的感知状况，即只有当公众感知到当地污染的严重程度时才能够激发其环境关心。如果客观环境问题超越了个人的直接体验和认知，就不一定会直接促进公众的环境关心了。现实的情况往往是许多污染物往往难以被公众直接感知，因此也难以对其行为产生影响。或者，公众感知的污染受到一系列其他因素的影响，与真实的污染不一致，其结果就是真实环境污染程度的变化与公众环境关心程度并不一致。

（二）经济发展（富裕）解释

经济发展（富裕）解释认为经济发展或者富裕将会促进公众的环境关心。[①]该理论认为，一方面，环境质量不仅是公共物品，同时也是收入增长后人们的客观需求，因此，经济增长导致公众对环境质量的要求提高。另一方面，只有个人财富增加，才能使预算约束上移，从而使得为改善环境质量而投放更多的资源成为可能。总之，随着经济发展，公众变得更加富裕，改善环境质量的需求和能力也相应提升，并因此衍生出更多的对环境议题的兴趣和关心。该解释与下文将要介绍的后物质主义价值观解释有相近之处，但是更有本质上的差异，它不以后物质主义价值观为中介，而是认为环境关心与经济发展之间存在着直接联系。

有些研究对此解释提供了支持性证据。例如，道尔顿指出经济发展与公众的环保行为存在明显的关系，无论是在政治性活动或是保护性行为当中都是如此。[②] 另外，有关环保组织的研究也发现，经济发展与一个国家的环保组织发展水平之间存在强相关关系。但是，也有研究对此解释提出质疑。洪大用等的研究表明，所在地区的人均 GDP 与公众环境关心之间没有显著的相关关系，在非统计学意义上，它们之间甚至是负相关。[③] 还有学者认为，环境关心已经成为全球性现象，并不受国家经济发展水平的影响。盖洛普 1992 年全球健康调查数据也显示，从平均水平来看，贫穷国家的公众比发达国家的公众甚至更关心并支持解决环境问题，甚至富裕国家的民众比贫穷国家的民众更加抵制参与绿色消费和环保运动。[④]

（三）后物质主义价值观解释

物质主义与后物质主义是美国学者英格尔哈特（Ronald Inglehart）在 20 世

① DIEKMANN A，FRANZEN A. The wealth of nations and environmental concern [J]. Environment and behavior，1999，31（4）：540 - 549.

② DALTON R J. Waxing or waning? the changing patterns of environmental activism [J]. Environmental politics，2015，24（4）：530 - 552.

③ 洪大用，肖晨阳，等 . 环境友好的社会基础：中国市民环境关心与行为的实证研究 [M]. 北京：中国人民大学出版社，2012：136.

④ DUNLAP R E，MERTIG A G. Global concern for the environment：is affluence a prerequisite? [J]. Journal of social issues，1995，51（4）：121 - 137；DUNLAP R E，YORK R. The globalization of environmental concern and the limits of the postmaterialist values explanation：evidence from four multinational surveys [J]. The sociological quarterly，2008，49（3）：529 - 563.

纪 70 年代分析西方社会中公众价值观的变化时建构的一对概念。英格尔哈特认为，出生并成长于第二次世界大战之后的一代人，由于西方社会经济的持续繁荣，他们的生活非常舒适，因而在价值观念上发生了很大的变化。为了定位这种变化，英格尔哈特将传统的强调经济增长和物质安全的价值观称作"物质主义"，而将新流行的强调自由、自我表达和生活质量的价值观称作"后物质主义"。①在操作层面，英格尔哈特通常使用 4 个项目来测量公众的价值倾向，也就是要求被访者在 4 个项目中做出两个最优先的选择。这 4 个项目是：（1）确保社会秩序；（2）在重要的政府决策中让人民有更多的发言权；（3）抗议价格上涨；（4）保护言论自由。如果被访者选择（1）（3）项，则被认为是物质主义者；如果选择（2）（4）项，就被看作后物质主义者，其他类型的选择组合被认为是混合主义者。有时，英格尔哈特也在以上 4 个项目的基础上增加 8 个项目来测量公众的价值倾向。该理论将基于马斯洛需求分层理论的稀缺性假设和来自曼海姆代际理论的社会化假设结合起来，以解释公众层面广泛的价值观念转型，包括公众环境关心的兴起。

在 1995 年的一篇论文中，英格尔哈特运用调查数据指出，持有后物质主义价值观的人比物质主义者具有更高的环境关心水平。这样一种观点受到广泛关注，并在 1997 年的《社会科学季刊》（*Social Science Quarterly*）上引发专题讨论。批评者认为在广大发展中国家，公众也表现出很强的环境关心，后物质主义价值观解释不了这种现象。后物质主义价值观解释的支持者们注意到了这一点，并对其理论提出了修正，实质上承认了环境关心具有多样的来源，如发达地区的后物质主义价值转型以及欠发达地区持续恶化的环境状况。但是，他们坚持认为，即便是在经济欠发达但客观问题更严重的国家，持有后物质主义价值观的人也应当比持有物质主义价值观的人更加关心环境。洪大用的研究初步证实了这一点，指出中国城市居民的环境关心水平整体不高，持有后物质主义价值观的人也不是多数，但是那些持有后物质主义价值观的人确实更有可能具有较强的环境关心。②同时，也有不少研究表明，后物质主义价值观对环境关心的影响虽然普遍存在，但是影响力较弱，并质疑统计显著的结果是否具有实际意义。

（四）传播/建构主义解释

环境问题已经成为全球性问题，引发全球各国的广泛关注。不论是发达国家的民众还是发展中国家的民众，都表现出日益增强的环境关心。这种现象对以上

---

① INGLEHART R. The silent revolution in europe：intergenerational change in post-industrial societies［J］. The American political science review，1971，65（4）：991 - 1107；INGLEHART R，ABRAMSON P R. Economic security and value change. ［J］. The American political science review，1994，88（2）：336 - 354；INGLEHART R. Public support for environmental protection：objective problems and subjective values in 43 societies［J］. Political science & politics，1995，28（1）：57 - 71.
② 洪大用. 中国城市居民的环境意识［J］. 江苏社会科学，2005（1）：127 - 132.

的几种理论解释，特别是经济发展和后物质主义价值观解释提出了挑战，以至于一些学者提出了全球环保主义说（global environmentalism thesis），指出应当假定环境关心存在多元的而非单一的来源。

事实上，全球环保主义的兴起也具有文化传播和社会建构的面向。环境科学研究的进展揭示了环境变化的趋势与威胁，并将这些信息透过迅速普及、日益便捷的各种传媒，以公众所能感知的方式传播给广大公众，从而激发了公众的环境关心，已经有不少关注环境传播的经验研究证明了这一点。另外，很多研究已经证明教育与环境关心存在较强的正相关，这也从一个侧面表明，全球教育（特别是环境教育）的不断普及和提升应该是公众环境关心增强的重要因素。从社会建构的角度看，不仅仅是媒体，全球各国环境保护机构的建立、环境法制建设的加强、国际环境条约的签署等，都成为强化公众环境关心的重要因素。相应地，科学家、媒体、政府、环保社会组织乃至环保产业等，都是社会建构的重要主体，它们以不同的方式推动着公众环境关心的发展。当然，各种主体的建构有时也可能朝着削弱公众环境关心的方向发展。例如，针对目前美国公众关于全球气候变化的态度中出现的否认现象，麦克莱特（Aaron McCright）等就分析指出，造成这种现象的原因是传媒中关于全球气候变化的扭曲报道导致了公众认知混乱，而传媒的扭曲报道是受美国化石能源企业、保守主义智库、共和党等反对全球气候变化的势力影响的。[①]

三、深化环境关心理论研究

以上分析表明，目前环境关心研究所呈现出的图景是非常复杂的。无论是环境关心的界定、测量还是理论解释，都还缺乏完全一致的结论。这种情况也有可能是正常的，因为社会科学研究很难达成完全一致的结论，但是相关研究仍然有着巨大的深化空间，特别是强化理论思维、加强理论建设十分重要。

深化环境关心理论研究的一个方向是更加精细地阐释环境关心的内涵与特点，揭示其复杂维度或者层次体系。目前的一些研究或者把环境关心看作一个不言自明的概念而不加界定，或者只是采用操作性定义，缺乏理论的深入性和严谨性。邓拉普等提出的环境关心概念虽然广为引用，但是其内在的维度和体系结构仍然存在争议。为此，我们一方面要更多地借鉴社会心理学的研究成果，更加科学合理地界定环境关心。其中，康弗斯关于信念体系（belief system）和信仰约束的观点值得深入探讨。[②] 在康弗斯看来，信念体系是指由相互约束和有机关联的一系列观点、态度所组成的认知图式，而信仰约束就是能够预测人们同时拥有

①　MCCRIGHT A M，DUNLAP R E. Anti-reflexivity：the American conservative movement's success in undermining climate science and policy ［J］. Theory，culture & society，2010，27：100 – 133.

②　CONVERSE P E. The nature of belief system in mass public ［M］//APTER D E. Ideology and discontent. New York：The Free Press of Glencoe，1964：206 – 261.

其他相关观点和态度的某种原初态度和观念，相同社会背景的人共享一种连贯的环境信念体系。由此来看，环境关心是一种体系，其内部不同方面的关心相互关联，由于不同的文化背景和阶层差异，公众环境关心存在着不同的组合方式。前文所提洪大用关于环境意识（关心）内部要素及其若干特点的研究因此具有启发性，需要继续探索。另一方面，随着统计分析技术的发展，我们在研究和建构环境关心概念时，可以充分运用更加适合的统计方法加以检验。

深化环境关心理论研究也要关注更加科学的环境关心测量。目前，NEP 量表及其修订的各种版本虽然广泛使用，但是检验的结论依然不够一致。这里的关键问题是要跳出技术思维，反思设计环境关心统一量表的理论可行性与必要性。在更多的时候，我们对环境关心的研究受到科学主义或者实证主义的影响，过分追求简约化、标准化的量表，以便进行比较研究，揭示环境关心背后的规律性。这样的研究非常必要，但是确实也有削足适履之嫌，研究的结果可能会偏离实际情况。如果我们充分认识到心理现象的复杂性，认识到不同人群心态组成及其过程的差异性，就应该采用更加多元的方法来解析公众环境关心的内涵及其成长过程，而不是只简单化为相关的统计系数和模型。由此，我们在更加科学地理解环境关心测量的基础上，应该平衡运用多种定性研究方法。

最后，深化环境关心理论研究的重点还是要落在对环境关心及其差异的科学解释上。在此方面，我们首先要坚持马克思主义唯物史观和辩证法的指导，科学认识作为意识形态之组成部分和表现形式之一的环境关心的社会存在基础。社会存在决定社会意识。我们既要看到生产力、经济基础的影响，也要看到生产关系和社会制度安排的影响，要关注影响环境关心的一些更为本质性和更为机制性的因素，而不是局限于西方学者提出的理论观点。其次，我们要更加关注不同文化传统对环境关心的影响。归根结底，环境关心是公众意识和态度的一种表现形式，一个社会中的文化传统涵育了社会成员的世界观、价值观、人生观，这些从根本上影响到环境认知和表达的内容与方式。所以，我们要把历史文化的视角带到环境关心理论研究中来。再次，与目前的很多研究侧重解释价值观整体转型和谁具有更强的环境关心相比，或许我们需要换一个思路，关注价值观转型不均衡的客观必然性，研究为什么一些人没有表现出很强的环境关心。在此方面，我们更加需要用社会学的视角，分析社会权力和利益结构对环境关心及其表达的影响。换句话说，我们可能需要从一致性假设转向多元性假设，更加关注环境关心的多元存在及其社会意义。

第四节
环境关心研究的意义

尽管目前的环境关心研究仍需完善，但是我们还是应该充分认识开展环境关心研究的重要意义。这种意义至少可以从两个方面来说，一是实践意义，二是学术意义。

一、实践意义

首先，无论是在个体层面还是集体层面，环境保护的行动是否发生取决于很多因素，但在很大程度上必要的环境关心水平是行动发生的基础和前提。可以说，有了必要的环境关心，不一定必然地导致环境保护的行动，因为从关心到行动的转化还受着制度安排、文化环境以及特定情境等的影响；但是，没有必要的环境关心就不可能有自觉的环境保护行动。所以，我们重视对环境关心的研究有助于了解社会成员关心环境问题、支持环境保护的程度，特别是可以了解社会中哪些成员更为关心环境问题，更为支持环境保护，以便把握环境保护的社会基础，为扩大社会基础、识别环境保护的社会动力提供直接参考。

其次，环境意识研究可以比较不同社会以及社会发展不同阶段公众环境意识的差异，探讨影响公众环境意识的各种条件与机制，把握环境意识发展变化的客观规律，从而可以指导实际工作者通过科学途径促进公众更为关心环境质量与环境保护，改进相关的社会制度设计和社会活动安排，更好地培育和扩大环境保护的社会基础。

再次，我们知道，环境政策对于促进环境保护有着重要意义，很多的研究者因此更加强调开发政策工具的重要性。但是，任何政策工具如果不是最终与公众的行为有机结合起来，都很难发挥有效作用。外因总是通过内因起作用。外部政策的强制只有转化为行动者的自觉意识，才有可能切实体现在行动的改变上。我们在社会转型期所推动的很多环境保护政策都具有自上而下、由外而内的强制性约束的特点，但在实际执行过程中往往遭到扭曲，难以最大限度地发挥应有作用。理解这种现象必须与行动者的环境关心水平联系起来，进一步地完善环境政策的制定也必须考虑到行动者的环境关心状况，而通过研究得出有关环境关心状况及其成长的科学认识，则有助于更好地设计环境政策并发挥其作用。

最后，相较于重视环境政策等制度主义观点，研究环境关心还体现了对社会行动者自身的关注，看到了行动者自觉努力的价值，展示了一种通过积极行动以促进环境保护的倾向。虽然结构性的、制度性的变革对于环境保护具有重要意义，但是过分宣扬这一点，就是走向了结构决定论、制度决定论，在实际工作中容易导致两种消极的社会后果：一是让公众觉得变革的难度太大，以至于削弱乃至丧失了行动的积极性和对未来的希望；二是弱化人们采取行动的责任感，让一些人产生搭便车的心态，强化了人们的依赖、等待心理。由此视之，公众环境关心和行为的研究对于实际的环境保护工作具有别样的倡导意义。事实上，在整个社会学界，面临当今充满不确定性风险的社会现实，学者们都越来越关注人的能动性，关注行动中的人，关注人们行动对于社会结构的重构和再造。虽然社会结构对于个人有着制约作用，但是学者们日益意识到人类并不完全为其所主宰，社会变化在很大程度上取决于人类的行动和想象。

此外，从加强生态文明建设、促进我国经济社会全面进步和实现人的全面发展角度讲，环境关心研究也有助于更为全面地认识和提升国民素质，因为环境关心是国民素质的重要组成部分，并与可持续发展具有高度的亲和性。

二、学术意义

首先，环境社会学关注环境问题的社会原因、社会影响和社会反映。从微观层面看，环境关心驱动下的环境行为是人类社会影响环境的重要中介，而环境衰退也必然反过来影响人们的环境行为与环境关心，进而推动社会变迁。因此，环境社会学很早就注重从公众环境关心与行为入手，通过揭示影响环境关心与行为的复杂因素，探讨人类社会与环境之间的复杂互动关系，并构建环境社会学的理论体系。由此可以说，环境关心与行为是环境社会学研究固有的重要内容。

其次，环境问题是环境社会学研究的重要对象，而开展环境关心研究有助于我们深入理解环境问题的复杂性、综合性和全面性。事实上，环境问题并不局限于客观的环境状况，还应包括人们对于客观环境状况的主观认知和评价。在客观环境持续恶化的情况下，人们对于这种状况缺乏关心，往往正是环境问题严重性的一个表现。通常，环境状况的改变自身是一个物理化学过程，对于这一过程是否构成必须通过社会努力来加以解决的"问题"，则取决于社会对这种状况的"定义"。而环境关心在很大程度上就反映了这种"定义"的状况。由此，我们对环境关心的研究就是揭示环境问题的"主观"层面或者社会层面，这是环境问题研究的必要组成部分，甚至是非常重要的一个部分，因为这种研究有助于揭示一个社会中究竟将哪些环境状况视为"环境问题"，或者说特定的环境问题在多大程度上是一种"社会事实"？显然，没有这一部分的研究，没有与客观环境监测数据相对照的社会事实，我们对于环境问题的研究就是不充分、不完整的，对社会所面临的环境问题认识也是不全面的。

再次，开展环境关心研究有助于解释环境关心的产生、发展和变化，揭示其本质和发展规律，从而提高人们对环境关心的认识层次，使其从描述的经验层次上升到解释的理性层次。前文已述，在现有环境关心研究中，已经出现了环境问题驱动解释、经济发展（富裕）解释、后物质主义价值观解释、建构主义解释等理论观点，这是环境社会学学科发展的重要体现。推动中国环境社会学学科建设也必须深化环境关心的相关研究。特别是考虑到中国公众环境关心具有相当的复杂性，我们应该能够做出具有自身特色的理论贡献。比如说，中国社会转型中的国家发展战略（如生态文明建设等）、中国的环境立法、中国环境保护机构的加强以及实际开展的环境保护工作，都对增强公众的环境关心发挥着积极作用。但是，中国的政府主导色彩、地方保护主义、环境保护部门的相对地位、环保执法的缺陷等又限制或抑制了公众环境关心的成长以及公众的自觉参与。如果从社会转型的角度看，环境信息与环境知识的传播、人民生活水平的提高、对于环境破坏的切身感受以及参与意识的增强，都促进了公众环境关心的觉醒。但是，公众的环境知识水平有限、组织化程度有限、传统观念的负面影响以及仍然较强的物质主义倾向等，依然构成对公众环境关心成长的障碍。面对这样一种复杂的环境关心状况，我们亟须更加深入合理的理论解释。

最后，对环境关心与行为的研究不仅可以极大地丰富、扩展、创新环境社会学乃至社会学的经验研究与理论研究，而且这种研究对于检验和创新社会心理学有关态度的理论也有重要价值。事实上，有关环境关心的经验研究已经在很大程度上丰富了有关的态度理论，并引起社会心理学界的重视。

当然，环境关心作为一种客观存在的社会现象，我们对其研究越深入，也就越能厘清其内涵与特点，并从方法上不断完善环境关心的测量，从理论上不断深化环境关心的解释，这种意义是不言自明的。

思考题

1. 环境关心与环境意识有何区别与联系？
2. 环境关心的测量一般有哪些类型？
3. 试析检验 NEP 量表的若干工具。
4. 简析经济发展（富裕）解释与后物质主义价值观解释的联系与区别。
5. 如何认识环境关心研究对实际环保工作的重要意义？

阅读书目

1. 洪大用，肖晨阳，等. 环境友好的社会基础：中国市民环境关心与行为的实证研究 [M]. 北京：中国人民大学出版社，2012.

2. 中华环境保护基金会. 中国公众环境意识初探 [M]. 北京：中国环境科学出版社，1998.

3. 杨明. 环境问题与环境意识 [M]. 北京：华夏出版社，2002.

4. 洪大用，范叶超，肖晨阳. 检验环境关心量表的中国版（CNEP）：基于CGSS2010 数据的再分析 [J]. 社会学研究，2014（4）：49-72.

5. DUNLAP R E. The new environmental paradigm scale：from marginality to worldwide use [J]. The journal of environmental education，2008，40（1）：3-18.

6. INGLEHART R. Public support for environmental protection：objective problems and subjective values in 43 societies [J]. Political science & politics，1995，28（1）：57-71.

第七章

环境行为

【本章要点】

● 环境行为是指个体在日常生活中主动采取的、有助于环境状况改善与环境质量提升的行为。环境行为具有个体性、惯常性、模糊性、正向性等特征，可从不同角度对其进行类型区分。

● 侧重心理性影响因素的研究模式着重探讨环境认知、价值观、环境态度/环境关心、信念、规范、责任归属、个性等因素对环境行为意向与环境行为的影响，旨在揭示实施环境行为的复杂的内在过程与心理机制。其具体研究模式包括计划行为理论、环境素养模式、负责任的环境行为模式、价值-信念-规范理论、多因素整合模式等。

● 内外因素结合的综合性研究模式着重关注社会人口特征、情境等外在因素对环境态度与环境行为之间关系的作用以及对环境行为的直接影响。其具体研究模式包括 A-B-C 模型、环境意识与环境行为的情境分析模型等。

● 借鉴生活环境主义，基于我国社会实际，结合个体的日常生活实践，从建立多元主体共同参与的环境保护模式、构筑合理的阶层结构、塑造可持续的生活方式、充分发挥大众传媒的作用、开展形式多样的环境教育活动等方面积极培育环境行为。

【关键概念】

环境行为 ◇ 计划行为理论 ◇ 环境素养模式 ◇ 负责任的环境行为模式 ◇ 价值-信念-规范理论 ◇ 生活者的致害者化 ◇ 生活环境主义

严峻的环境状况与人类行为密切相关，而要改善环境状况、提升环境质量，除开采取科学和技术治理手段，还需要改变已有的环境破坏行为，培育负责任的环境行为，这都建立在正确认识和理解环境行为、找到影响环境行为的重要因素的基础上。当然，环境保护与环境治理不能脱离人们的日常生活实际，在强调政府、企业、社会组织等机构的环境保护责任的同时，亦需要社会成员广泛、持续的参与，尤其应将自身环境保护责任落实到日常生活实践中。本章侧重介绍环境行为的概念、主要特征和基本类型，梳理环境行为影响因素研究的不同模式，并对培育中国公众环境行为等议题进行探讨。

第一节
环境行为概述

学界对环境行为有不同的理解与认识。在梳理国内外代表性界定的基础上，我们发现这些界定大多侧重强调个体行为结果对改善环境状况与提升环境质量的正向作用，进而提出环境行为是指个体在日常生活中主动采取的、有助于环境状况改善与环境质量提升的行为。其具有个体性、惯常性、模糊性、正向性等特征，可从不同角度对其进行类型区分。

一、环境行为的概念

（一）国外学者对环境行为的理解与界定

环境行为（environmental behavior）到目前为止尚无明确一致的界定，不同的学者对其有着不同的称呼。如负责任的环境行为（responsible environmental behavior）、具有意义的环境行为（environmental significant behavior）、亲环境行为（pro-environmental behavior）、环境友好行为（environmental friendly behavior）、环境保护行为（environmental protection behavior）、生态行为（ecological behavior）等。较具代表性的理解与界定有以下几种。

海因斯（Hines）等将负责任的环境行为界定为：基于个体责任感和价值观而有意识实施的行为，从而避免或有助于解决环境问题。[①]

斯特恩（Stern）则从影响和意向两个取向来界定具有意义的环境行为：影响取向强调人的行为对环境直接或间接的影响，即改变环境物质或能源有效性的

[①] HINES J，et al. Analysis and synthesis of research on responsible environmental behavior：a meta-analysis [J]. The journal of environmental education，1986—1987，18（2）：1-8.

程度，或者改变生态系统或生物圈结构与动力机制的程度；意向取向强调行为者是否具有改善环境的主观意图。在此基础上，他还进一步指出，若要更好地辨认目标行为及其不同环境的影响，应采取影响取向的界定；若要更好地理解和改变目标行为，则应采取意向取向的界定，以聚焦于信念、动机等心理性因素。①

亲环境行为是指有意识地减少自身行为对环境的负面影响，如减少资源和能源消费、使用无毒产品以及垃圾减量等。② 环境友好行为、环境保护行为、生态行为则侧重强调有利于资源保护、环境改善的个体行为结果。③

实际上，上述名称虽有着细微的区别，但内涵基本一致，且时常等同使用，强调个体行为结果对改善环境状况与提升环境质量的正向作用，即有利于环境的行为。

（二）国内学者对环境行为的理解与界定

国内学者对环境行为（又称"环境保护行为""环保行为"）较具代表性的理解与界定有以下几种。

（1）从宏观层面和社会管理视角对环境保护行为加以界定：采取行政的、法律的、经济的、科学技术的多方面措施，合理地利用自然资源，防止环境污染和破坏，以求保持和发展生态平衡，扩大有用自然资源的再生产，保障人类社会的发展。④

（2）从政府、社会组织、公众等多元主体以及政府管制、法律惩处、经济制裁、技术创新与应用、公众参与等多种手段来理解和界定环境保护行为或环境行为：环境行为是国际组织、国家、企业事业单位和公民个人对环境直接和间接施加影响的活动之总称，而依活动影响性质与作用其又可分为积极环境行为与消极环境行为，依活动与环境的关系又可分为直接环境行为和间接环境行为。⑤

环境行为主要是指作用于环境并对环境造成影响的人类社会行为或各种社会行为主体之间的互动行为。它既包括行为主体自己的行为对环境造成的影响，也包括行为主体之间的直接或间接作用后产生行为的环境影响。环境行为从行为本身来看具有正反两重性，从行为主体来看具有多元性和互动性，从行为发生空间来看具有差异性，从行为结果来看具有滞后性、复合积累性和外部性，从行为动因来看具有利益驱动性，从行为制约因素来看具有社会性。⑥

① STERN P C. Toward a coherent theory of environmentally significant behavior [J]. Journal of social issues，2000，56（3）：407 - 424.

② KOLLMUSS A，AGYEMAN J. Mind the gap：why do people act environmentally and what are the barriers to pro-environmental behavior [J]. Environmental education research，2002，8（3）：239 - 260.

③ KAISER F G. A general measure of ecological behavior [J]. Journal of applied social psychology，1998，28（5）：395 - 422；DOLNICAR S，GRUN B. Environmentally friendly behavior can heterogeneity among individuals and contexts/environments be harvested for improved sustainable management? [J]. Environment and behavior，2009，41（5）：693 - 714.

④ 解振华. 中国大百科全书：环境科学（修订版）[M]. 北京：中国大百科全书出版社，2002：177.

⑤ 邹瑜，顾明. 法学大辞典 [M]. 北京：中国政法大学出版社，1991：850 - 851.

⑥ 王芳. 行动者及其环境行为博弈：城市环境问题形成机制的探讨 [J]. 上海大学学报（社会科学版），2006（6）：108 - 109.

（3）从生活实践以及行为的积极影响来理解环境行为：环境行为是个体在生活实践中所表现出来的对环境产生积极作用并与环境直接相关的行为。[①] 环境友好行为就是指人们试图通过各种途径保护环境并在实践中表现出的有利于环境的行为。[②]

（4）从环境行为的研究内容加以理解：广义的环境行为认为人的一切行为都是环境行为，而狭义的环境行为则仅为个体层面的行为或环境保护行为。二者皆具片面性，且难以给出明确定义。环境行为实则是一种社会行为，与特定的社会因素相关，且以一定的社会关系形式进行，其结果不仅会对环境产生影响，也会影响到其他的社会关系。[③]

概而言之，因研究视角与侧重点不同，学界对环境行为有不同的理解与认识。从多元行为主体而言，可将广义环境行为区分为个体型环境行为、群体型环境行为与组织型环境行为[④]，但每一类型的环境行为都有着不同影响因素与发生机制，理应单独研究。加之生活污染日益严重，环境问题难以缓解，尤应关注个体的主体作用及其日常行为。从行为结果来看，个体日常行为对环境可能有着积极正向、消极负向影响或者无显著影响，进而可区分为环境保护行为、环境破坏行为及非环境行为。为更好地提升环境治理水平与改善环境质量，尤须关注个体日常行为的积极正向影响。

从行为发生领域及其目的而言，可对环境运动、环境抗争与环境行为加以区分。环境运动通常是指那些围绕特定环境利益或价值而进行的具有一定持续性和组织性的体制外集体行动。环境抗争是指个人或家庭为防范环境风险，或在遭受环境危害之后，为了制止环境危害的继续发生或挽回环境危害所造成的损失，公开向造成环境危害的组织和个人，或向国家机构、新闻媒体、民间组织等社会公共部门做出的呼吁、警告、抗议、申诉、投诉、游行、示威等对抗性行为，其对抗基本上是个体性的、事件性的，并且是在体制内进行的。也有观点认为环境行为通常指的是一种日常生活方式和习惯。[⑤]

基于对上述国内外环境行为的梳理与分析，我们认为环境行为是指个体在日常生活中主动采取的、有助于环境状况改善与环境质量提升的行为。

（三）环境行为的主要特征

环境行为具有以下四个方面的主要特征。

1. 个体性

环境行为归属于个体日常生活行为，与各级政府、组织机构等实施的有利于

---

① 刘辉. 西方学者对环境意识与人口统计学变量关系的研究与启示 [J]. 求索，2006（6）：64-66.
② 龚文娟，雷俊. 中国城市居民环境关心及环境友好行为的性别差异 [J]. 海南大学学报（人文社会科学版），2007（3）：43.
③ 崔凤，唐国建. 环境社会学 [M]. 北京：北京师范大学出版社，2010：19-20.
④ 同③20.
⑤ 冯仕政. 沉默的大多数：差序格局与环境抗争 [J]. 中国人民大学学报，2007（1）：123.

环境的行为，如政府环境行为、企业环境行为、组织环境行为等截然不同。

2. 惯常性

环境行为是个体在熟悉的日常生活世界中主动实施的，如积极进行回收利用、垃圾分类、绿色消费、环境议题关注与环境活动参与等，具有日常性和可重复性，可与外界强制、偶然或一次性实施的有利于环境的行为区分开来。

3. 模糊性

个体实施环境行为的动机多元且较含糊，并非一定出于保护环境，有可能基于经济理性、方便易行、个人能力、社会地位、社会形象、人际压力、社会情境等考虑，与彰显环境正义诉求的环境运动以及寻求补偿、维护权益的环境抗争不同。

4. 正向性

环境行为强调结果的积极正向影响，即有利于环境的行为，排除了资源浪费、生态破坏、环境污染等环境侵害与破坏行为。

二、环境行为的基本类型

大多数早期的研究将环境行为看作统一、无区别的整体，而现今越来越明晰的是环境行为有着不同类型。

（一）国外学者对环境行为基本类型的划分

国外学者对环境行为基本类型的划分主要包括以下几种。

1. 五分法或六分法

亨格福德（Hungerford）等较早将环境行为区分为五类：（1）说服行动——通过言辞、情绪表达等沟通方式促使他人实施环境行为，如辩论、演讲、讨论环境议题、劝告他人等；（2）消费行动或消费者主义——以经济手段促使某些商业或工业组织采取维护环境的行为，如直接或间接抵制某些污染或破坏环境商品、购买绿色产品与节能产品、拒绝购买由受保护动物的皮毛制成的服饰或饰品、为环保组织或社团捐款等；（3）生态管理——自身在日常生活中为维护或促进生态系统而采取的实际行为，如垃圾分类、节约用水用电、资源回收、养护绿地、植树造林等；（4）法律行动——通过完善环境法律或禁止某些行为而实施的行动，如起诉环境破坏事故、贯彻法院强制命令、帮助相关部门落实环保政策与举措等；（5）政治行动——以游说、投票、竞选、集会、示威游行等方式促使政府部门解决环境问题与保护环境。[①]

史密斯-塞巴斯托（Smith-Sebasto）对环境行为做了与之类似的六类划分：

① HUNGERFORD H R，et al. Investigating and evaluating environmental issues and actions：skill development modules［M］. Champaign：Stipes Publishing Company，1985.

说服行动、经济行动、日常身体力行行动、法律行动、公民行动、教育行动。①
前面五项基本与亨格福德等对环境行为的划分大致对应，而后者的教育行动主要指
通过订阅报纸杂志、收看环保节目、参加研讨会等方式获取环境知识或信息等。

二者从人际交往、消费、日常生活、法律、政治、教育等领域以及对应的行
动手段对环境行为进行了相应的区分，影响较广。但不足之处在于领域划分较
细，有时行为类别之间有重叠且彼此混合，如节约能源常涉及生态管理与消费行
为、说服与游说难以截然区分、法律与政治行为时常关联等。

2. 四分法

斯特恩在公共领域与私人领域区分的基础上，结合激进与否的考虑，将环境
行为分为以下四类：（1）激进的环境行为，如参加环境组织和环境议题的示威活
动；（2）公共领域的非激进环境行为，如参与环境呼吁与环境请愿、参加环保组
织并做出贡献、支持公共政策、同意交更多的税收以保护环境、支持环境法规在
议会通过等，这些行为虽然不会对环境产生直接影响，但往往对环境起着间接且
较大的作用；（3）私人领域环境行为，如购买、使用和维护环保物品，节约能
源，节约用水，环保旅行与绿色消费等，这些行为对环境产生直接但较小的作
用；（4）其他环境行为，主要指组织内环境行为，如工程师设计环保产品、是否
采用环保材料进行装修、决策者选择环保标准等，由于组织的行为影响较大，故
这类行为会对环境产生较大的作用。②

斯特恩对环境行为的区分涵盖了私人领域与公共领域、激进性与日常性、直
接效果与间接效果等方面的考虑，在学界影响较大，诸多研究都在借鉴这一划分
的基础上展开。

3. 两分法

亨特（Hunter）等将环境行为区分为私人领域环境行为与公共领域环境行为
两种类型③。廷德尔（Tindall）等则将环境行为区分为环境行动主义与环境友好
行为，前者是指"由环境组织发起与推动的具体的运动支持活动"，后者指的是
"以不同方式旨在保护环境的日常行为"。④ 环境友好行为包括回收废品、购买有
机产品、节约能源等，这些都是针对私人领域环境行为的标准测量；而环境行动
主义包括给环境组织捐款、在请愿书上签名、给相关人士写信以及参加公共运动
事件等，这些都是针对公共领域环境行为的通常测量。

另有研究者从理性衡量角度出发，依据实施成本将环境行为区分为低成本环
境行为与高成本环境行为，前者较为简便、不需耗费实施者较多金钱、时间与精

① SMITH-SEBASTO N J. The revised perceived environmental control measure: a review and analysis [J]. The Journal of environmental education, 1992, 23 (2): 24 - 33.

② STERN P C. Toward a coherent theory of environmentally significant behavior [J]. Journal of social issues, 2000, 56 (3): 407 - 424.

③ HUNTER, et al. Cross-national gender variation in environmental behaviors [J]. Social science quarterly, 2004, 85 (3): 677 - 694.

④ TINDALL, et al. Activism and conservation behavior in an environmental movement: the contradictory effects of gender [J]. Society and natural resources, 2003, 16 (10): 909 - 932.

力，如节约能源、资源回收、垃圾分类等；后者在实施过程中往往需要投入一定金钱、时间与精力等，且会给自己带来不便，如选择公共交通而减少私车使用等。① 但在不同社会与外在条件下，环境行为的实施难易程度会有较大差异，收益与成本亦会有差别，且理性人预设忽略了个体模糊性实践与策略性行为。

(二) 我国学者对环境行为基本类型的划分

我国学者多从公众参与的角度对环境行为类型进行划分。如有学者将公众环保参与行为由易到难划分为三个层面：公众对环境宣传教育的参与、公众自身的环境友善行为、对环境污染与生态破坏以及环境执法的监督。② 2006 年的全国公众环境意识调查则从日常生活习惯和社会参与方式两个方面对公众环保行为进行考察，前者主要包括节约用水、使用节能产品、植树绿化、特意不使用一次性餐具或塑料袋、废电池回收、垃圾分类、使用再生纸等，而后者主要包括关注环保事件、阻止环保破坏行为、参与环保活动与宣传、为解决环境污染问题投诉上访等。③ 2007 年中国公众环保民生指数调查则将环保行为分解为环保宣传行为和环保参与行为两种类型，前者包括公众主动接受环保知识和对他人宣传环保知识的行为，后者包括个人环保行为、社会性环保行为和主动承担环保责任的行为。④ 2018 年，生态环境部、中央文明办、教育部、共青团中央、全国妇联等五部门联合发布《公民生态环境行为规范（试行）》，则将生态环境行为区分为 10 类：关注生态环境、节约能源资源、践行绿色消费、选择低碳出行、分类投放垃圾、减少污染产生、呵护自然生态、参加环保实践、参与监督举报、共建美丽中国。⑤ 可见，我国相关研究大多从环保行为发生领域的角度对公众环境行为进行分类，大致可分为日常性环保行为与公共性环保行为两种。

我们曾基于 2003 年中国综合社会调查数据进行分析，发现城市居民环境行为可区分为私人领域环境行为与公共领域环境行为两类。前者包括对塑料包装袋进行重复利用，垃圾分类投放，采购日常用品时自己带购物篮或购物袋，与自己的亲戚朋友讨论环保问题，主动关注广播、电视和报刊中报道的环境问题和环保信息等五个方面；后者则包括积极参加民间环保团体举办的环保活动、积极参加政府和单位组织的环境宣传教育活动、积极参加要求解决环境问题的投诉与上

① ABRAHAMSE W, et al. The effect of tailored information, goal setting and feedback on household energy use, energy related behaviors and behavioral antecedents [J]. Journal of environmental psychology, 2007, 27 (4): 265 - 276.

② 任莉颖. 环境保护中的公共参与 [M] //杨明. 环境问题与环境意识. 北京：华夏出版社，2002: 89 - 113.

③ 国家环保总局宣教中心. 全国公众环境意识调查报告（2006）[R/OL]. http://www.docin. com/p - 18399049. html.

④ 中国环境文化促进会. 中国公众环保民生指数绿皮书（2007）[R/OL]. http://www.tt65.net/ hdzt/ zggzhbzs/2007/201810/t20181022 _ 665049. html.

⑤ 生态环境部. 关于公布《公民生态环境行为规范（试行）》的公告 [EB/OL]. http://www.mee. gov. cn/gkml/sthjbgw/sthjbgg/201806/t20180605 _ 442499. htm.

诉、自费养护树林或绿地、为环境保护捐款等五个方面。[①]

总体而言，基于环境行为的不同理解与界定有着不同的环境行为类型区分。因此，我们在理解与探讨环境行为类型时，首先应明确其内涵与特质，并对应我国社会实际以及行为主体的日常生活实践加以准确区分与测量。另外需注意不同类型环境行为的生成机制及其对环境状况改善亦可能存在差异。

第二节
环境行为影响因素的研究模式

20 世纪 60—70 年代，环境心理学、环境教育学、环境社会学等学科开始介入环境行为研究，但最初往往遵循环境态度决定环境行为以及环境知识—环境态度—环境行为有着线性关系的预设，即环境知识的增加能促使形成积极正向的环境态度，进而产生负责任的环境行为。然而，经验研究结果并未支持这一预设，相反，环境知识对环境态度的影响较小，环境知识与环境态度对环境行为的作用较弱。并且越来越多的研究发现，环境知识的增多或积极正向环境态度的增强并不直接转换成环境行为。由此，环境态度与环境行为的不一致逐渐成为研究的重点，且关注调节二者关系的其他因素，如规范、价值观、外在情境因素等。

一、侧重心理性影响因素的研究模式

态度与行为的关系是心理学的经典命题，从某种程度而言，正是对这二者复杂关系的持续探讨推动着心理学的不断发展。但研究者发现环境态度与环境行为之间的关系并非其预设的那般，关系较弱甚至没有关系，则会寻求相应的解释，而在心理学领域广为流传、富有影响的计划行为理论首先契合了这一需要。

(一) 计划行为理论

计划行为理论是对理性行为理论的继承与拓展。阿杰恩（Ajzen）认为，人的行为并非完全自主的，而往往处在资源、机会或特殊技能等的控制之下，进而在理性行为理论架构之上增加了"感知到的行为控制"变量，包括个体对自身完成预期行为的自我效能感以及个体对行为实施与否的控制能力两部分，从而发展出新的理论模式——计划行为理论（见图 7 - 1）。[②] 态度并不直接影响行为本身，

① 洪大用，肖晨阳，等. 环境友好的社会基础：中国市民环境关心与行为的实证研究 [M]. 北京：中国人民出版社，2012：206；彭远春. 城市居民环境行为研究 [M]. 北京：光明日报出版社，2013：82.

② AJZEN I. The theory of planned behavior [J]. Organizational behavior and human decision processes, 1991, 50 (2)：179 - 211.

而是通过行为意向施加影响，同时行为意向还受主观规范以及感知到的行为控制的影响。而个体对预期行为会导致某种结果的信念以及其对这一结果的评价决定着行为态度，即行为结果的信念与行为结果的评价决定行为态度，主观规范则由个体感知到的重要他人或参照群体等参照者对是否应采取某行为的信念以及个体遵从该参照者的期望动机所决定，即参照者的规范信念以及遵从参照者的动机决定主观规范。因此，行为结果的信念以及参照者的规范信念对行为起着最终的决定作用。[①]

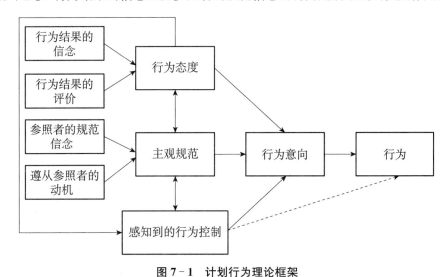

图 7-1 计划行为理论框架

资料来源：AJZEN I. The theory of planned behavior [J]. Organizational behavior and human decision processes，1991，50 (2)：182.

计划行为理论在环境行为领域具有较强的适用性，不过需注意以下三个方面：一是其预设个体是理性的、自主的，其行为是在自我约束和自我控制下做出的符合自身利益的行为，实际上个体并非完全自主、理性的个体，往往受诸多因素的制约，同时对日常生活中大量习惯性行为与模糊性实践关注不足。二是遵循态度与行为的经典路径，侧重关注主观规范、自我效能感、信念等对行为意向以及行为的相应影响，相对忽视知识、行为策略等认知类因素对其的调节作用。三是预设行为的实施依赖于行为意向的激活，忽视行为态度、主观规范等因素对行为的直接影响。

(二) 环境素养模式

"环境素养"（environmental literacy）一词最先由美国学者罗斯（Roth）提出，用以辨认有环境素养的公民[②]，以奠定解决环境问题与破除生态困境的基础。具有环境素养的人应该具有如下特征：对整体环境的感知与敏感性；了解自

---

① AJZEN I，FISHBEIN M. Understanding attitudes and predicting social behavior [M]. Englewood Cliffs：Prentice Hall，1980：239.

② 王民．环境意识及测评方法研究 [M]．北京：中国环境科学出版社，1999：1.

然系统如何运行的知识以及关心社会系统对自然系统的干扰与影响；了解各种地方、地区、国家、全球等层面的环境问题；具有价值观及关心环境的情感；具有辨认、分析与解决环境问题的知识与技能；积极主动地实施环保行为。①

亨格福德等为预测负责任的环境行为提出了环境素养模式（见图7-2）。此模式包含八个变量，其中认知性质的变量包括环境问题知识（环境问题产生的原因、环境问题的类型及危害等）、生态学概念（生态系统的构成与功能、生态系统中物质与能量的流动、种群与群落、人类对生态系统的干预与影响等）、环境行为策略（环境行为类型、如何采取恰当的行为以解决环境问题、实施环境行为所应具备的知识与技能等）三项；态度性质的变量包括态度（主要指对自然环境的根本性看法）、价值观（对人与自然、人与社会之间关系以及环境价值的理性思考）、信念（个体改善环境状况的效能感、责任感等）、环境敏感度（对环境状况变化的敏锐感知、对环境的同情等）四项；个性有关变量仅包括控制观（对个体是否有能力改变外界的看法：若倾向于相信依靠自己的能力与努力能改变外界状况，则归属于内控观；若认为外界状况的改变有赖于机遇、命运或其他外在力量等，则归属于外控观）一项。这八个变量之间相互作用，且各自对环境行为产生影响。② 如有研究发现，环境敏感度、环境行为策略知识与技能、个体控制观、群体控制观、对待污染与技术的态度、心理性别角色等变量影响环境行为，其中环境敏感度、环境行为策略知识与技能对决定环境行为最具影响力。③

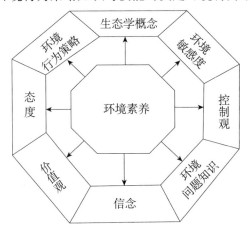

图7-2 环境素养模式

资料来源：HUNGERFORD H R，et al. Investigating and evaluating environmental issues and actions：skill development modules ［M］. Champaign：Stipes Publishing Company，1985.

---

① 王民. 环境意识及测评方法研究 ［M］. 北京：中国环境科学出版社，1999：1-2；"中国公众环境质评估指标体系研究"项目组. 中国公众环境素质评估指标体系研究 ［M］. 北京：中国环境科学出版社，2010：99.

② HUNGERFORD H R，et al. Investigating and evaluating environmental issues and actions：skill development modules ［M］. Champaign：Stipes Publishing Company，1985.

③ SIA A P，et al. Selected predictors of responsible environmental behavior：an analysis ［J］. The journal of environmental education，1986，17（2）：31-40.

马西尼科斯基（Marcinkowski）在梳理其他学者对环境素养模式中各因素的研究成果的基础上，对此模式做了修订。其最大的变动，首先是将原有的"环境行为策略"更改为"公民行动"，而公民行动受制于"行动动机"和"行动筹备"这两个因素，其中"个人责任感"与"口头承诺"决定行动动机，而"行动筹备"则有赖于"行动策略的知识"与"应用行动策略的技能"；其次是拓宽了对"态度"与"控制观"的理解，态度包括对自然与环境的态度以及对环境问题、环境污染与科学技术的态度，而控制观则包括个体与团体控制观两种类型；此外还提出与自然环境接触的直接经验能激发环境敏感性，替代的与间接的经验以及重要他人如父母、老师等人的行为示范与影响亦对环境敏感性有着增强作用。①

（三）负责任的环境行为模式

海因斯等在借鉴计划行为理论以及参照环境素养模式的基础上，对 128 篇环境行为研究文献进行了元分析，并提出一个负责任的环境行为模式（见图 7 - 3）。研究发现，环境议题知识、行为策略知识、行为技能、态度、控制观、个人责任感以及行为意向与负责任的环境行为有关，即环境议题知识丰富、对环境问题了解得多以及知道如何处理环境问题、具有积极的环境态度、内控观较强、富有责任感的个人较多地从事负责任的环境行为。②

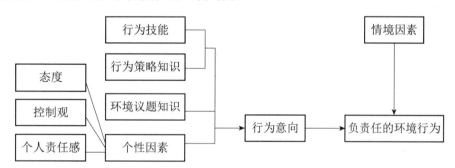

图 7 - 3　负责任的环境行为模式

资料来源：HINES J，et al. Analysis and synthesis of research on responsible environmental behavior：A meta-analysis ［J］．The journal of environmental education，1986 - 1987，18（2）：7.

但以上识别的因素并不能有效地解释负责任的环境行为，因为知识与态度、态度与行为意向、行为意向与实际环境行为之间的关系较弱。除了行为技能、行为策略知识、环境议题知识以及个性因素，还存在影响环境行为的情境因素，如经济条件、社会压力、从事环境行为的机会等。加之个性因素和情境因素富于变化，二者的交互作用更是增加了环境行为的不确定性。

实际上，环境素养模式与负责任的环境行为模式都将环境知识、环境行为策略

①　MARCINKOWSKI T J. An analysis of correlates and predictor of responsible environmental behavior ［D］．South Illionois Unviversity at Carbondale：Dissertation abstracts international，1988，49（12）：3677A.

②　HINES J，et al. Analysis and synthesis of research on responsible environmental behavior：a meta-analysis ［J］．The journal of environmental education，1986 - 1987，18（2）：1 - 8.

与技能等认知类变量，以及环境态度、环境敏感度、行动意向等态度类变量作为研究的着力点，其已成为环境教育领域广为应用的理论，较多运用于指导环境教育实践。但这两种模式都预设"负责任的环境行为是一种习得的行为，是几个变量相互作用后的偶然事件"，故其有着严重的行为主义论与决定论倾向，强调环境行为是可被推测出的，可加以塑造与修正。[①] 也就是说，其过于夸大了环境教育对环境行为的塑造作用，而对知识、技能、敏感度等习得与培育性变项之外的因素关注不够。

（四）价值-信念-规范理论

规范激活理论认为社会规范只有具体化为个人规范（personal norms），方能影响个体亲社会行为，即个人规范激活是亲社会行为得以产生的前提条件。而个人规范能否激活受两个因素的影响：个体对行动结果的意识（awareness of the consequences of the action，AC）以及对这些行动结果的自身责任认定（assumed responsibility for these consequences，AR）。当 AC 与 AR 较高时，个人规范将被激活，进而对亲社会行为的实施产生影响。[②] 规范激活理论常直接应用于回收利用、能源节约、庭院垃圾填埋等具体环境行为研究，但解释力有限。[③]

由此，斯特恩在规范激活理论的基础上，结合价值理论和新环境范式，以环境行为为例提出了价值-信念-规范理论（value-belief-norm，VBN 理论，见图 7-4）[④]。VBN 理论从相对稳定的一般价值观发端，经过人类与环境关系的信念（NEP），再到个体对行为负面结果以及有关降低行为结果威胁的能力之信念，最后激活个人规范，产生采取环境行为的责任感。需要注意的是，在这一因果模型中，每个变量并非只直接影响下一个变量，亦会直接影响更后面的变量，而利己价值观对环境行为起着负向作用。

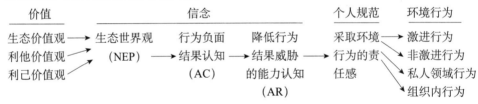

图 7-4 价值-信念-规范理论

资料来源：STERN P C. Toward a coherent theory of environmentally significant behavior [J]. Journal of social issues, 2000, 56 (3): 412.

---

① 帕尔默.21 世纪的环境教育：理论、实践、进展与前景 [M]. 田青, 刘丰, 译. 北京：中国轻工业出版社, 2002: 132-133.

② SCHWARTZ S H. Normative influences on altruism [C] //BERKOWITZ L. The advances in experimental social psychology, New York: Academic Press, 1977, 10.

③ BLACK J S, et al. Personal and contextual influences on household energy adaptations [J]. Journal of applied psychology, 1985, 70 (1): 3-21; STERN P C, OSKAMP S. Managing scarce environmental resources [C] //STOKOLS D, ALTMAN I. the handbook of environmental psychology. New York: Wiley, 1987, 2.

④ STERN P C. Toward a coherent theory of environmentally significant behavior [J]. Journal of social issues, 2000, 56 (3): 407-424.

VBN 理论将价值观纳入分析模型，探讨价值观的类型及其作用，拓宽了环境行为研究的范围，且其理论在诸多研究中都得到了验证。[①] 但需要注意的是，VBN 理论预设环境责任感影响环境行为，着重验证价值-信念-规范这一因果链，对环境责任感如何影响环境行为探讨不足，同时易给人以单线决定论的错觉，忽略影响因素之间的相互作用与多重路径。由此，斯特恩进一步提炼出环境相关行为的因果模型，将影响因素由低到高依次区分为以下六类：行为承诺；具体环境行为知识；具体环境行为态度、信念与个人规范；一般信念与规范；基本价值观；社会影响、外在条件、社会背景与个人能力。同时，较高层次因素可以借助较低层次因素对环境行为产生影响，也可跳过较低层次变量直接影响环境行为。[②]

（五）多因素整合模式

除将计划行为理论、环境素养模式、负责任的环境行为模式以及 VBN 理论单独用于环境行为研究之外，有学者还尝试在同一研究中将其加以比较或结合使用。有研究表明，计划行为理论和 VBN 理论都能较好地解释环境保护行为，但相对而言，前者的解释力更强，且能更恰当地描述概念间的关系。[③] 还有研究表明，VBN 理论与计划行为理论结合使用能更好地解释环境行为。[④]

较具代表性的是班贝克和莫泽（Bamberg & Moser）在复制海因斯负责任的环境行为模式的基础上，对 1987 年以来的相关研究成果进行元分析，然后结合计划行为理论和规范激活理论，提炼出包括问题意识、社会规范、内在归因、内疚感、感知到的行为控制、态度、道德规范、行为意向等八个因素在内的整合模式（见图 7-5）。经进一步研究发现，整个模式具有一定的解释力，行为意向在其他因素对环境行为的影响中起着中介作用；态度、感知到的行为控制、道德规范是影响行为意向的三大因素；问题意识是行为意向重要但间接的影响因素。[⑤]

该模式尝试将环境行为的不同理论模式加以整合，为新的研究奠定了坚实基础。它支持环境行为是自我利益和亲社会动机的混合体，在理解和分析环境行为时将动机、自我利益以及道德规范与情感等考虑在内，其中尤其应注意的是，道德规范而非社会规范直接影响环境行为意向，社会规范只是给行为者提供行为是否合适以及行为难易程度等信息，对环境行为是否实施起着较为间接

① NORDLUND A M, GARVILL J. Effects of values, problem awareness, and personal norm on willingness to reduce personal car use [J]. Journal of environmental psychology, 2003, 23 (3): 339-347.

② STERN P C. Understanding individuals' environmentally significant behavior [J]. Environmental law reporter, 2005, 56: 785-790.

③ KAISER F G, et al. Contrasting the theory of planned behavior with the value-belief-norm model in explaining conservation behavior [J]. Journal of applied social psychology, 2005, 35 (10): 2150-2170.

④ OREG S, KATZ-GERRO T. Predicting pro-environmental behavior cross-nationally values, the theory of planned behavior, and value-belief-norm theory [J]. Environment and behavior, 2006, 38 (4): 462-483.

⑤ BAMBERG S, MOSER G. Twenty years after Hines, Hungerford, and Tomera: a new meta-analysis of psychosocial determinants of pro-environmental behaviour [J]. Journal of environmental psychology, 2007, 27 (1): 14-25.

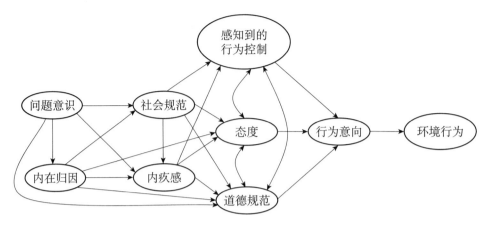

图 7 - 5　多因素整合模式

资料来源：BAMBERG S, MOSER G. Twenty years after Hines, Hungerford, and Tomera: a new meta-analysis of psychosocial determinants of pro-environmental behaviour [J]. Journal of environmental psychology，2007，27（1）：16.

的作用。

二、内外因素结合的综合性研究模式

20 世纪 90 年代中期，与将环境态度进行区分，着重从心理层面探讨环境行为的影响因素相对，人们的研究内容逐渐开始关注外在因素对环境态度与环境行为之间关系的作用以及对环境行为的直接影响。

（一）外在因素的初步纳入

瓜纳诺德（Guagnano）等在研究废品回收行为时提出预测环境行为的 A－B－C 模型。该模型将内在心理过程与外在条件加以整合，认为环境行为（behavior）是个体一般与具体的环境态度（attitude）和社会结构、社会制度与经济动力等外在条件（external conditions）共同作用的结果。[①] 具体而言就是，当有着有利的外在条件和积极的环境态度时，环境行为将会发生；当外在条件不利，且个体持消极的环境态度时，环境行为将不会发生；而当外在条件比较中立时，环境态度对环境行为的作用较强。即环境态度-环境行为之间的关系强度实则是态度与外在条件的曲线函数，当环境态度与外在条件相加的绝对值（｜A＋C｜）接近于零时，二者的关系最强。A－B－C 模型提出环境行为是环境态度与外在条件共同作用的结果，并指出环境态度对环境行为的作用取决于外在条件的具体情形，这是对心理学取向研究的一个拓展，开启了环境行为研究的新方向。

迪茨（Dietz）等认为，对环境主义的探讨主要集中于两个方面：一是侧重

---

① GUAGNANO G A, et al. Influences on attitude-behavior relationships: a natural experiment with curbside recycling [J]. Environment and behavior，1995，27（5）：699－718.

探讨社会人口特征与环境主义的关系；二是着重探讨价值观、信念、世界观以及其他社会心理变量与环境主义的关系。[①] 而将社会结构变量与社会心理变量结合起来探讨环境主义虽然尚不多见，但这类研究能更好地展示社会情境如何塑造环境态度以及揭示社会结构变量影响环境行为的内在机制。彭远春基于1993 年的 GSS 数据发现，环境行为区分为亲环境消费行为、环境政治行为等不同类别，不同类型的环境行为有着不同的社会心理与社会结构影响因素。相比社会结构因素，社会心理因素更能解释各类环境行为，而且社会结构因素通过社会心理因素对环境行为的间接作用较小。当然需要注意的是，其所指的社会结构变量很大程度上是指年龄、教育程度、性别、宗教信仰、种族等社会人口特征。

布莱克（Blake）认为，绝大多数环境行为模式具有局限的原因在于其对个体、社会以及制度约束缺乏考虑，且往往假定人是理性的，能系统获取和利用各种信息。正是基于这一认识，其认为环境关心与亲环境行为之间存在个性、责任与可行性三个方面的阻碍。个性因素包括懒惰、缺乏兴趣等，与态度以及性情密切关联，在个体内心层面起着阻碍作用，这在环境关心较弱的个体上体现得尤为明显；责任因素近似于心理学概念"控制观"，具体包括效能缺乏、信任缺失、需求不足、无产权等方面，即当个体认为其无须对环境问题承担责任，以及即使实施环境行为、作用亦较小时，则不会实施亲环境行为；可行性，布莱克将其视为与态度或意向无关的但阻碍亲环境行为实施的社会与制度性约束，如时间、金钱、信息、激励、基础设施等。[②] 可见，布莱克试图将内因与外因加以结合以解释环境关心与亲环境行为之间的较大差距，但遗憾的是，其最终关注的仍是个性、控制观、责任感等心理性变量，对潜隐在这些因素背后的制度因素、文化因素等考虑不足。

（二）更为综合的尝试

布兰德（Brand）认为，日常生活领域的环境行为与不同的情境有关，首先最为一般的是社会结构与文化背景，如工业化程度、富裕水平、社会分化与整合的形式等，进而对行动者的生活以及体验现实的方式产生影响。其次，环境问题有着建构的一面，大众传媒在环境问题的建构过程中起着重要的作用，即公共环境话语塑造着与环境问题认知以及环境行为有关的规范性标准。再次，日常生活世界的特殊情境对重现公共环境讨论与环境行为规范有着选择性作用。此外，环境心态（environmental mentality）的具体形态对日常生活的环境友好行为有着约束或者促进作用。在此基础上，作者提出一个旨在理解环境意识与环境行为的

① DIETZ T，et al. Social structural and social psychological bases of environmental concern [J]. Environment and behavior，1998，30（4）：450 - 470.

② BLAKE J. Overcoming the "value-action gap" in environmental policy：tensions between national policy and local experience [J]. Local environment，1999，4（3）：257 - 278.

多元、选择性情境化模型（见图7-6）。[①]

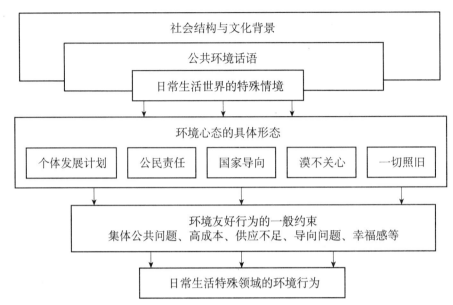

图7-6　环境意识与环境行为的情境分析模型

注：基于布兰德（Brand，1997：212）文章图形以及相关内容改绘。

布兰德认为，此模型的优势在于其并未质疑经济理性选择以及社会心理学解释模型对理解环境行为的重要性。不可否认，感知到的行为结果、责任与控制归属以及效率期望等影响个体环境意向；同时，"公共品困境"等诱使部分人成为搭便车者。但问题在于其无法回答这些方面在不同的日常生活情境中如何联结在一起并起着不同作用，而"环境心态"概念的提出破解了这一困境。

可见，布兰德基于日常生活实践，试图采取综合视角，对社会心理学情境理论、经济学理性选择理论对环境行为的相关影响因素加以整合，提炼出涵括心理性、情境性因素、结构性因素在内的一般分析框架。但其缺陷在于过于综合与抽象，同时对各因素间的内在关联亦缺乏关注与理论解释，而环境精神能否统合感知到的行为结果、控制观、责任感以及成本-收益衡量等因素亦存在问题，在经验研究中需结合实际加以借鉴。其最大的贡献在于指出环境心理学、环境教育学等学科仅从心理性因素、预期行为发生的可能情境对环境行为的相应影响加以探讨，而忽视了外在于行动者主体的结构性因素的约制，并试图基于日常生活实践，以弥补心理性因素与结构性因素之间的分割。

克鲁摩斯与安格伊曼（Kollmuss & Agyeman）则对已有环境行为研究进行梳理，认为对亲环境行为产生积极或负面影响的因素有三类：一是包括性别和教育年限在内的人口学特征；二是外在因素，包括制度因素、经济因素以及社会与

①　BRAND K W. Environmental consciousness and behaviour：the greening of lifestyles［M］//RED-CLIFT M，WOODGATE G. The international handbook of environmental sociology. Cheltenham：Edward Elgar，1997：210-214.

文化因素等，如基础设施的缺乏往往阻碍环境行为的实施，而制度阻碍主要通过公民行动加以克服，经济因素更多被视为影响环境行为的刺激，文化规范则在形成与调适人们的环境行为方面起着重要的作用；三是内在因素，包括动机、环境知识、意识、价值观、态度、情感、控制观、责任感、优先考虑次序等，这些在以往的研究中探究得相对较多。①

将以上三类因素涵括在内，克鲁摩斯与安格伊曼提出一个较为复杂的分析框架图，重在探讨以下问题：内在因素、外在因素分别对环境行为的直接作用；内外因素的交织作用以及二者对环境行为的共同作用；内在动机缺乏、可行性不足以及之前的行为类型等阻碍内在因素、外在因素对环境行为产生单独或共同的影响；环境行为的实施对内在因素的反作用；等等。当然，诚如两位研究者所言，环境行为成因异常复杂，无法用单一框架或图形展示，试图建立一个包括所有因素在内的模式既不可行，也无助益，其更多的意义在于为后续研究指明方向：将内在因素与外在因素结合起来探讨环境行为。

综上所述，国外环境行为影响因素的研究成果相对丰富，有助于我们进一步理解与探究环境行为。

（1）环境心理学、环境教育学对环境行为及其影响因素的研究占据主导地位，其预设个体是理性的、自主的，其行为是在自我约束和自我控制下做出的契合自身实际的选择，着重探讨环境知识、环境问题意识、环境行为策略与技能等认知类因素以及价值观、环境态度/环境关心、信念、敏感度、规范、责任归属、个性等心理性因素对环境行为意向与环境行为的影响。它们总体而言遵循"环境认知—环境态度—环境行为意向—环境行为"以及"价值观—环境关心—环境责任感—环境行为"这两条研究主线，并且在大多数研究模式中，环境态度/环境关心常被视为关键变量，旨在揭示实施环境行为的复杂的内在过程与心理机制。

（2）随着研究的不断深入，诸多学者逐渐意识到个体在诸多情形下并非完全自主的，进而关注外在因素对环境态度与环境行为之间关系的作用以及对环境行为的直接影响，但对外在因素的探讨更多的还是基于性别、年龄、教育程度、种族、收入等社会人口特征以及时间、金钱、资源获取、实施机会等外在激励与刺激。实际上，大多数研究只是尝试将外在因素纳入既有的心理性模型，未能超越"刺激-反应"这一经典的行为主义模式框架和"成本-收益"的理性衡量架构，亦忽视了实际行为背后的制度性、文化性因素等，这些结构性力量往往以无形甚至不为主体察觉的方式制约着环境行为。而部分研究仅将外在因素视为环境行为实施情境的一部分，侧重探讨情境因素对环境心理与环境行为关系的调节作用，忽略了外在结构性因素对环境心理的可能塑造。此外，探讨阶层分化、地区差异、文化变迁、信息分割等更为宏大的结构性因素对环境心理因素与环境行为的影响，有助于突破现有研究的心理学局限和行为决定论桎梏。

---

① KOLLMUSS A，AGYEMAN J. Mind the gap：why do people act environmentally and what are the barriers to pro-environmental behavior [J]. Environmental education research，2002，8（3）：239 - 260.

（3）由于实际的环境行为需要借助观察法、实验法等方式进行测量，难以实施，故现有研究大都采取问卷调查的方式，着重探讨自我报告的环境行为及其影响因素。实际上，自我报告行为是被访者对已实施行为的回顾，可能迎合社会期望效应而与实际行为有一定距离，但总体而言能反映实际行为本身。由此，自我报告行为以及实际行为之间有着内在的共通性和交织性，诸多研究对其并未加以截然区分，而将其等同使用，对此我们在理解和研究环境行为时尤应注意。

（4）现有研究多集中于探讨一般意义层面的环境行为或废品回收、垃圾分类、节约能源、消费环境行为、减少使用汽车等日常生活具体环境行为的影响因素，而一般意义层面的环境行为的复杂性与较难测量以及具体行为的特殊性，使得现有研究难以得出较为一致的结论与解释。由于环境行为成因异常复杂，试图建立一个包括所有因素在内的模式既不可行也无助益。因此，在接下来的研究中，我们要在准确界定环境行为的基础上，基于日常生活实践，结合社会行动等相关理论视角，将心理性因素与结构性因素结合起来探讨不同类别的环境行为，即重点考察不同类型的环境行为是否有着不同的影响因素，或者同一因素对不同类型环境行为的影响程度是否亦有差异，进而深化现有的研究。

第三节
环境行为的培育

当前，生活者致害化日益凸显，个体日常行为已成为我国环境问题的重要致因。故我们要借鉴生活环境主义，基于我国社会实际，结合个体的日常生活实践，从倡导多元主体共同参与的环境保护模式、构筑合理的阶层结构、塑造可持续的生活方式、充分发挥大众传媒的作用、开展形式多样的环境教育活动等方面来积极培育环境行为。

一、生活者致害化与环境行为培育

与西方国家早期发展阶段相类似，随着工业化和城市化进程的加速，我国环境问题日益突出，环境形势十分严峻。在工业污染和生态破坏依旧严重的同时，伴随着消费主义、城市生活方式的扩展，生活污染已成为环境问题的重要方面，"生活者的致害化"愈发凸显，即"以前作为受害者和牺牲品的社区居民或劳动者、消费者，则变成了环境问题的发生源，在日常生活的各个侧面，有时是直接地、有时是间接地引起了环境的污染或环境的破坏。具体来说，主要有汽车排放的废气和发出的噪声、生活废水和生活垃圾等"①。实际上，我国个体在日常生活中产生的垃圾、排放的废水与废气等已大大超出环境承受力，即个体的日常生活方式与日常行为很大程度上已成为环境污染与破坏的重要致因。

生活污染较为隐蔽的特点使得生活者难以意识到自身亦是施害者，常漠视自身日常行为对环境的负向影响；生活污染的公共后果使得生活者即使认识到自身亦是施害者，但可能认为个体自身行为调整对整体环境质量改善的作用甚微，进而从众而不关注自身行为的改变。这样的意识致使政府管理部门、研究者以及公众自身对生活污染关注不足，忽视了生活者有意无意间对环境的不利影响与侵害，不利于环境质量的提升与环境问题的缓解。实际上，环境保护与环境治理需要公众广泛参与，调适与改变个体的日常行为有助于防范环境问题的发生以及促进环境状况的改善。

二、生活环境主义与环境行为培育

生活环境主义是由鸟越皓之、嘉田由纪子等日本社会学学者于20世纪70年代末至80年代在总结与环境问题有关的人们的实践活动的基础上提出来的。② 与信奉借助技术革新与国家制度来解决环境问题的"现代技术主义论"以及推崇通过严格控制人类活动以减少对环境造成的影响与危害的"自然环境主义论"不同，生活环境主义是指通过尊重和挖掘并激活"当地的生活"中的智慧来解决环境问题的一种方法，即既能从生活的角度"安抚"自然，又能使其成果得到反馈，用来改善并丰富当地人的生活的一种方法。③

生活环境主义的内涵可归纳为以下三个层面：一是主体层面，强调生活者生活本身的重要性，这是与历史主体性有关的问题，是关于应该站在什么立场上说话的问题；二是环境现状与问题层面，即承认环境问题是现代化过程和发展模式所带来的，主张通过反思，认清人们的社会行为是导致环境问题产生的根源，在此基础上，认真思考人类生活与环境的本来含义；三是实践层面，即重视生活者在生活中所形成的对环境问题的看法以及处理环境问题的方式，以此作为解决当前环境问题的基础，通过人们的环境行为的改变，在实践层面上探索人与自然和谐相处的可能性和可行性。④

生活环境主义模式由三个层次构成：第一是所有论，它与环境权这一观点密切相联，基于日本社区内存在的对所有权和利用权的理解，并从中提炼出"共同占有权"这一概念，将"共同占有权"存在于各个社区里这一现实传授给执政机构，并告诉政府的执政人员，尊重这一权利，就能帮助当地居民过上好日子。第

① 饭岛伸子. 环境社会学 [M]. 包智明，译. 北京：社会科学文献出版社，1999：24.
② 宋金文. 生活环境主义的社会学意义：生活环境主义中的"生活者视角" [M]. 河海大学学报（哲学社会科学版），2009（2）：18.
③ 鸟越皓之. 日本的环境社会学与生活环境主义 [M]. 学海，2011（3）：43.
④ 同②20.

二是组织论，它主要关注的是居民意见中存在的分歧，即面对某一具体的环境问题，居民的意见很难达成一致，这就是"说法"成立的前提，故需要通过考察各派别的理论和各派别构成人员的社会属性，并弄清居民的意见和组织的特性。第三是意识论，它主要是对生活意识的分析。社会中的个人依据自己的生活体验形成生活意识，当人们采取某种具体的行为时，这些生活意识就是他们做出各种判断的知识依据，包括个人的经验知识、生活组织（村落、社区等）内的生活常识、生活组织外的风俗道德。[①]

可见，无论当人与自然发生矛盾的时候，还是当人与人之间产生冲突的时候，生活环境主义都强调生活者生活本身的重要性，即重视生活者的智慧，主张从当地居民的生活历史和生活取向中寻找解决环境问题的答案，进而"站在生活者的角度思考"，对解释和解决环境问题以及培育个体环境行为有着现实的意义。

三、环境行为培育的主要途径

（一）倡导多元主体共同参与的环境保护模式

长期以来，我国主要采取政府主导型环境保护模式，不可否认的是，采取这样的方式取得了不少成效，但随着市场经济的推进与社会转型的深化，其局限性日益明显，如成本急剧扩大、效率较为低下、环境侵害与环境冲突增多，甚至出现环境治理失灵的局面。[②] 与之相伴随，我国公众普遍缺乏自觉关心环境议题以及参与解决环境问题的意识，常常等待政府部门的关注与干预，致使公众在改善环境状况与提升环境质量等方面行动力不足。因此，只有摒弃单一政府主导型环境保护模式，倡导政府、非政府组织、公众等多元主体共同参与的环境保护模式，才能为公众环境行为的实施创造有利的条件。

首先，继续改进并有效发挥政府在环境保护中的作用，这主要体现为：一是切实贯彻落实科学发展观与生态文明建设的指导思想，理顺经济发展与环境保护之间的关系，防止出现"侧重强调经济发展而忽视或牺牲环境保护"的情形；二是进一步完善环境保护法律体系，积极维护公民的环境权——对环境享有不受一定程度污染或破坏的权利[③]，并充分发动公众参与环保执法，以切实做到有法可依、执法必严、违法必究；三是推进社会体制改革，积极进行组织创新，通过大力发展民间环境保护组织以及有效营造全民参与环境保护的氛围等，最终实现公众环境保护的自我教育、自我管理与自我约束。

其次，充分发挥民间环保组织在环境保护中的作用：一是发动与依托公众，

---

① 鸟越皓之. 日本的环境社会学与生活环境主义 [M]. 学海，2011（3）：46-48.
② 洪大用. 试论改进中国环境治理的新方向 [J]. 湖南社会科学，2008（3）：79-82.
③ 杨朝飞. 环境保护与环境文化 [M]. 北京：中国政法大学出版社，1994：333.

对环境保护立法、政府环境保护活动、企业生产活动等进行监督，促使政府与企业积极开展有利于环境状况改善与环境质量提升的活动；二是通过在单位内、社区内以及公共场所围绕环境主题开展教育、宣传以及互助等活动，增强公众参与环境保护的责任感与凝聚力；三是倡导绿色生活方式和适度消费，增强社会成员实施环境行为的自觉意识，并促使其落实到日常生活实践中。

此外，公众在争取与维护自身环境权益的同时，应履行保护环境的义务：一方面积极参与政府或民间组织发起的社会活动，以推动市民社会的培育与拓展，进而为环境保护的深化奠定坚实的群众基础；另一方面则是通过有意识的节约水电、回收利用废品、进行垃圾分类、选择公共交通出行方式、杜绝铺张浪费等将环境保护事业与自身的日常生活实践紧密联系起来。

（二）构筑合理的阶层结构与塑造可持续的生活方式

由于我国当前的社会分化是一种多元的、相互交织、变动迅速的分化，它并未形成界限分明、相对稳定的社会阶层。虽然随着改革的深化与社会的发展，中间阶层的规模呈持续壮大之势，但总体而言，比例较低的中间阶层之影响力相对较弱，况且消费前卫和政治后卫成为我国中间阶层的显著特征，致使其难以起到引领环境主义潮流和倡导环境行为的示范作用。加之我国环境保护事业主要由各级政府推动，各阶层成员普遍参与不足。由此可以这样认为，环境关心、环境行为与环境治理等尚较为欠缺阶层基础，构筑合理的阶层结构、塑造适宜的生活方式势在必行。

首先，完善阶层地位获得机制，不断削弱家庭背景、户籍制度、性别等先赋性因素在地位获致中的作用，凸显教育水平、技能水平、个人能力、自身努力等自致性因素在地位获致中的作用；与此同时，应通过大力调整产业结构、扩大就业队伍、有效配置资源、调控收入分配等手段积极培育社会中间层，最终促使金字塔形阶层结构向两头小、中间大的橄榄形阶层结构转变。

其次，政府应在推进社会体制改革过程中，着重理顺国家、市场与社会之间的关系，并且鼓励日益壮大的中间阶层积极参与社会事务与社会活动，促使其逐渐担负起相应的社会责任，逐渐转变中间阶层谨慎、保守的行为品性，形成开拓、创新的行为特质，最终促使其聚焦于改善环境状况与提升环境质量等公共议题，并将环境保护付诸日常生活实践。

此外，促使社会成员明确意识到物质主义的追求与消费主义的行为模式所带来的资源消耗与环境损害的客观后果，引导各阶层塑造适宜的、可持续的生活方式，并且将适度消费与绿色生活的理念融入中间阶层的成长与壮大中，最终改变中间阶层消费前卫的特性，从而为环境行为的实施奠定坚实的阶层基础。正如艾伦·杜宁所言："接受和过着充裕的生活而不是过度地消费，文雅地说，将使我们重返人类家园；回归于古老的家庭、社会、良好的工作和悠闲的生活秩序；回归于对技艺、创造力和创造的尊崇；回归于一种悠闲的足以让我们观看日出日落和水边漫步的日常节奏；回归于值得在其中度过一生的机会；还有，回归于孕育着几代人记忆的场所。"①

(三) 充分发挥大众传媒在环境保护中的作用

环境信息对环境行为的实施有着重要的影响,即获取的环境信息越丰富,环境认知水平亦相对越高,从而实施私人领域环境行为与公共领域环境行为越多;同时,环境信息是一种较为重要的中介因素,社会经济发展水平、阶层地位、公共话语、制度设置与文化背景等结构性因素亦通过其间接影响环境行为。而伴随着信息化进程的加速,电视、报纸、杂志、广播、电影、互联网等大众传播媒介在人们日常生活中的作用日益显著,成为环境信息获取的重要来源。由此,应充分发挥大众传媒在环境保护中的作用,为环境行为的实施提供强有力的信息支持。

首先,大众传媒应加强对环境信息的及时发布与披露,如与环境保护有关的法律、法规以及政策,各种环境标准,全国以及地方的环境污染状况,各地环境衰退情形,突发的环境事件,企业环境信息等,以维护公众的环境知情权。

其次,鉴于环境问题具有建构性,客观的环境状况需经过较为复杂的建构过程才能为政府与社会所关注与认定,而媒体的曝光度,对于环境问题从某种状况转化为议题,进而成为政策关注点,起着至关重要的作用,若没有媒体的报道,一个早先的问题进入公共话语领域或成为行政过程一部分的可能性很低②,因此,应充分发挥大众传媒在环境问题议程设置中的中介作用,引导公众积极参与环境问题的建构,进而提升公众的环境认知、环境关心水平以及环境行为能力。

此外,应注意电视、报纸、杂志、广播、电影、互联网等大众传播媒介在受众方面的差异,将信息传达特质与环境教育、环境宣传、环境行为等活动更好地结合起来,促使受众在信息获取与接收过程中逐渐提升自身的环境素养。

(四) 积极开展形式多样的环境教育活动

环境知识、环境问题严重性认知、环境关心、环境情感、主观规范、个性特质等心理性因素对环境行为的实施有着较为重要的影响,是环境行为得以产生与持续的心理动力,而教育水平对环境认知、环境关心以及环境行为本身都有着较强的影响,因而积极开展形式多样的环境教育活动,有助于为环境行为的实施提供持续的心理动力。

首先,从总体而言,我国大众的文化教育水平尚比较低,而文化教育作为理解和接受环境知识与生态价值观、关注与探讨环境议题的基础,仍需加强。与此同时,在正规的学校教育中,应增设环境保护的课程,对小学生侧重进行浅层次的、与生活密切相关的环境知识教育和环境行为示范教育,对中学生侧重于环境价值观和环境态度的塑造,对大学生则侧重于引导其树立环境友好的生活方式与

---

① 杜宁. 多少算够:消费社会与地球的未来 [M]. 毕聿,译. 长春:吉林人民出版社,1997:113.
② 汉尼根. 环境社会学(第二版)[M]. 洪大用,等译. 北京:中国人民大学出版社,2009:83.

行为方式。也就是说，将环境教育与个体社会化进程紧密结合起来，从而提升每一位社会成员的环境素养水平。

其次，国外的环境保护经验表明，民间组织依托专业素养与社会资源在环境教育方面发挥重要作用。我国环境保护组织应借鉴国内外的先进经验，结合公众的日常生活实践，开展形式多样的环境教育活动，以提高公众的环境知识水平、环境认知能力以及环境行为水平。

此外，作为工作场所的单位以及作为生活场所的社区，应结合自身实际，开展环境知识竞赛、生态旅游、环境设施参观、绿色社区建构等活动，通过环境体验以达到环境教育的目的。当然，个体多接触自然，陶冶自己的情操，也有助于获取更多的环境信息、提升环境认知能力以及实施更多的环境行为。

思考题

1. 谈谈你对环境行为的理解与认识。
2. 环境行为的主要特征是什么？
3. 试述环境行为影响因素的研究模式。
4. 试析生活环境主义的基本观点。
5. 联系实际，试述如何培育环境行为。

阅读书目

1. 饭岛伸子. 环境社会学 [M]. 包智明，译. 北京：社会科学文献出版社，1999.

2. 鸟越皓之. 环境社会学：站在生活者的角度思考 [M]. 宋金文，译. 北京：中国环境科学出版社，2009.

3. 洪大用，肖晨阳，等. 环境友好的社会基础：中国市民环境关心与行为的实证研究 [M]. 北京：中国人民大学出版社，2012.

4. "中国公众环境素质评估指标体系研究"项目组. 中国公众环境素质评估指标体系研究 [M]. 北京：中国环境科学出版社，2010.

5. 彭远春. 城市居民环境行为研究 [M]. 北京：光明日报出版社，2013.

第八章

环境纠纷

【本章要点】

● 环境纠纷是指特定主体基于环境权益而产生的双边或多边的矛盾关系或冲突行为。环境纠纷具有显著特征：主体的不确定性、产生原因的复杂性和利益分化明显。

● 环境纠纷产生的原因主要包括：环境资源的有限性、环境权益受到损害和环境权益配置不公平。

● 环境纠纷解决是指应对环境纠纷和冲突的行为或行动策略，而纠纷解决机制是这些行为或行动策略的总和。

● 环境诉讼解决是当事人通过向法院起诉寻求法律解决环境纠纷的方式。环境非诉讼解决是指运用非诉讼方式来解决环境纠纷，目前已成为世界各国纠纷解决的主要手段。

● 在我国，环境纠纷司法解决方式主要包括环境法律诉讼和司法调解；环境纠纷行政解决方式主要包括环境信访和行政调解；环境纠纷社会解决方式包括直接协商、人民调解、民间仲裁和社区环境圆桌对话。

【关键概念】

环境纠纷 ◇ 环境纠纷解决 ◇ 环境纠纷司法方式解决 ◇ 环境纠纷行政方式解决 ◇ 环境纠纷社会方式解决

按照《现代汉语词典》(第 7 版)的解释,纠纷的含义为"争执的事情"。美国社会学家伊恩·罗伯逊认为,纠纷是指特定主体基于利益冲突而产生的一种双边或多边的对抗行为,其本质可归结为利益冲突,即有限的利益在社会主体间分配时,因出现不公平或不合理而产生的一种对立不和谐状态,包括紧张、敌意、竞争、暴力冲突以及目标和价值上的分歧等表现形式。① 陆益龙亦指出,"纠纷实际属于社会冲突的构成形式,反映的是社会成员间具有抵触性、非合作的,甚至滋生敌意的社会互动形式或社会关系"②。环境纠纷则是纠纷中较为特殊的类型。

第一节
环境纠纷概述

环境纠纷有着怎样的含义、特征与结构、环境纠纷的类型与环境纠纷的成因主要有哪些,本节对此做出介绍。

一、环境纠纷的含义、特征与结构

(一) 环境纠纷的含义

对于什么是环境纠纷,主要有两种代表性的观点。一种是法学家的观点,他们强调环境纠纷是由环境问题引发的冲突。比如蔡守秋指出:"所谓环境纠纷是指因环境资源的开发、利用、保护、改善及其管理而发生的各种矛盾和纠纷,它包括环境行政纠纷、民事纠纷和刑事纠纷,主要是指因环境污染和环境破坏而引起的纠纷。"③ 齐树洁等认为,"由于自然资源是有限的,而且同一份资源要被同时用于两个或多个不同甚至截然相反的目的,纠纷于是难以避免。这种因自然资源的利用而产生的冲突和矛盾就是环境纠纷"④。另一种是社会学家的观点,他们强调环境纠纷是一种指涉环境权益的冲突。比如陆益龙指出,环境纠纷是"因环境污染而引发受害人提出各种权益主张并由此形成的矛盾关系或冲突行为"⑤。

从社会学的视角看,环境纠纷不仅涉及环境行动,也涉及环境意识。毫无疑

① 郭星华,等.社会转型中的纠纷解决 [M]. 北京:中国人民大学出版社,2013:163.
② 陆益龙.转型中国的纠纷与秩序:法社会学的经验研究 [M]. 北京:中国人民大学出版社,2015:41.
③ 蔡守秋.关于处理环境纠纷和追究环境责任的政策框架 [J]. 科技与法律,2005 (1):115 - 122.
④ 齐树洁,林建文.环境纠纷解决机制研究 [M]. 厦门:厦门大学出版社,2005:1.
⑤ 陆益龙.环境纠纷、解决机制及居民行动策略的法社会学分析 [J]. 学海,2013 (5):79 - 87.

问，环境纠纷的出现首先是基于环境污染和侵害行为这一客观事实。其次，环境污染受害者之所以与环境侵害者产生争执和纠纷，还因为受害者意识到自己的权益受到侵犯，并产生了维权的意识。一旦环境受害者采取行动反抗污染，并要求维护他们自己的权益，环境纠纷就此展开。概言之，环境纠纷是指特定主体基于环境权益而产生的双边或多边的矛盾关系或冲突行为。

（二）环境纠纷的特点

环境纠纷作为环境问题恶化与社会成员环境权益觉醒的产物，是一种现代型的纠纷类型。相比其他纠纷，它具有如下特点。

首先，环境纠纷主体的不确定性。村民借贷纠纷等一般民间纠纷的主体是比较明确的，但是环境纠纷的主体通常难以确定，其原因在于：一是环境侵害者的不确定性。由于环境污染的原因较为复杂，就某一环境事故而言，到底是谁实施了污染行为就不容易确定。比如，某湖泊周边有多个工业园区和各类中小微企业，当湖泊中蓝藻大规模蔓延的时候，由于对每一个园区和中小微企业全过程排污行为的精准化监测难以做到，就很难及时确定环境污染侵害者。二是环境受害者的不确定性。如对于环境公害而言，由于环境破坏或污染对不同个体的影响不同，受害人的范围往往难以确定。

其次，环境纠纷原因的复杂性。一是环境纠纷产生的原因有直接的也有间接的。比如废气的排放，既可影响周边居民的身心健康，也可间接危害生态系统，如导致温室效应、酸雨和臭氧层破坏。二是环境纠纷原因的发现具有滞后性。比如，居民的身体疾病有可能是数年前污染物的排放所致。三是环境纠纷通常会涉及科学技术问题，甚至是非常专业的问题，环境污染损害的鉴定、当事人责任承担等方面有时无法做出明确的判断。

再次，环境纠纷利益分化明显。环境纠纷通常涉及两个及以上的利益相关方之间的利益矛盾。比如，某化工厂既是地方的纳税大户，也是污染大户。该企业在解决周边一些村民就业问题的同时，也出现了由于常年排污而破坏周边的生态环境，继而影响到周边村民的身体健康的状况。若化工厂与周边村民发生环境纠纷，获得工作机会的村民、受到环境污染损害的村民、与化工厂有利益联系的地方政府官员等不同群体，就会采取不同的行动。环境纠纷的利益分化增加了纠纷处理的难度和复杂性。

（三）环境纠纷的结构

日本学者千叶正士提出，纠纷的基本结构包括两个方面，即基本要素和关联要素。[①] 环境纠纷的基本结构也可以从这两个方面进行细分。

首先，环境纠纷的基本要素：（1）环境纠纷关系人，包括环境纠纷当事人、参加人（直接或间接帮助一方解决纠纷的人）、介入人（解决纠纷第三方）；（2）环

---

① 千叶正士. 法与纠纷［M］//徐昕. 迈向社会和谐的纠纷解决. 北京：中国检察出版社，2008.

纠纷对象，即当事人争执的对象；（3）环境纠纷行动，即双方为损害或防止损害而采取的行动，包括纠纷行为（通过实施积极或消极的行为意图损害对方的行动）、纠纷手段（为实施纠纷行为所采取的策略、战术和攻击防御武器等）、纠纷主张（向对方提出的具体要求）、纠纷的相互影响（当事人之间的影响，以及纠纷的社会影响）。

其次，环境纠纷的关联要素：（1）环境纠纷的社会结构；（2）环境纠纷的原因；（3）环境纠纷的社会价值；（4）环境纠纷的解决机制。

二、环境纠纷的类型

（一）按照纠纷的对象分类

按照纠纷的对象环境纠纷可以分为环境污染纠纷和自然资源纠纷。环境污染纠纷是指由于环境污染而引发的双方或多方之间的矛盾或争议、冲突行为等。比如由大气污染、水污染、噪声污染、光污染、电磁污染、农药污染、有害废物污染等导致的纠纷。自然资源纠纷是自然资源破坏而导致的双方或多方的矛盾或争议、冲突行为。比如，由森林、草原、土壤、矿藏、野生动植物等自然物质损害而引发的纠纷。

（二）按照纠纷的群体分类

按照纠纷的群体环境纠纷可以分为个体间环境纠纷和群体性环境纠纷。个体间环境纠纷是指发生在两个社会成员之间的环境纠纷，比如，A 的房子挡住了 B 的采光，由此导致双方关于采光权的环境纠纷。群体性环境纠纷是指发生在两个或以上社会群体（或法人）之间的环境纠纷。比如，遭受河流污染的村民群体与排放污水的化工厂之间的环境纠纷。群体性环境纠纷是当前环境纠纷的主要形态，并正处于高发多发时段。

（三）按照纠纷的范围分类

按照纠纷的范围环境纠纷可以分为区域环境纠纷、跨区域环境纠纷、国内环境纠纷和跨国环境纠纷。区域环境纠纷是指在某一区域内，由环境污染、生态破坏以及环境资源开发、利用、保护等问题引发的冲突和纷争。跨区域环境纠纷是发生在跨区域的环境纠纷。区域环境纠纷和跨区域环境纠纷一般发生在同一国境内。国内环境纠纷是指在同一国境内，由环境污染、生态破坏以及环境资源开发、利用、保护等问题引发的冲突和纷争。跨国环境纠纷是指跨越国境或涉外的环境纠纷。随着全球化进一步深入和我国"一带一路"倡议的提出，跨国环境纠纷需要引起重视。2004 年 6 月 24 日，国内首例涉外污染海洋环境索赔案在天津海事法院公开开庭审理。其案由及审理结果如下：2002 年 11 月 23 日，马耳他籍轮船"塔斯曼海"号装载 8 万吨原油在我国渤海湾因撞船造成大量原油泄漏，天津市海洋局及渤海湾渔民和养殖户对"塔斯曼海"号油轮船东英费尼特航运有限公司和伦敦汽船互保协会污染海洋生态环境进行高额诉讼索赔。2004年12月30日,天津海事法院作出一审判决,判决被告共计赔偿4 209万元。2009年,天津市高级人民法院作出终审判决,判决被告赔偿人民币1 513.42万元。赔偿内容主要为海洋环境容量损失、国家渔业资源损失、渔民捕捞停产损失等费用。[1]

(四) 按照纠纷的性质分类

按照纠纷的性质环境纠纷可分为环境民事纠纷、环境行政纠纷和环境刑事纠纷。环境民事纠纷是指在平等民事主体之间,因环境开发、利益、污染、破坏和保护而产生的纠纷。环境民事纠纷争议的内容通常涉及要求停止污染或者环境破坏,消除可能的环境危险、排除妨碍、赔偿损失等。环境行政纠纷是指在环境行政关系中,具体环境行政行为相对人对具体环境行政行为不服而产生的争议,处理环境行政纠纷的程序包括化解行政复议和环境行政诉讼。环境行政纠纷双方当事人的地位是不平等的,所争议的内容通常是环境行政机关行政行为的合法性的判定问题。环境刑事纠纷则是破坏环境的行为已经触犯了刑法关于环境资源保护的规定并应受刑事追究,从而在行为人和国家公诉机关之间产生的纠纷。[2]

(五) 按照纠纷的地域分类

按照纠纷的地域环境纠纷可以分为农村环境纠纷与城市环境纠纷。农村环境纠纷是指发生在农村的环境纠纷。有学者指出,农村居民所遭受的环境纠纷是与现代性密切相关的议题,是农村社会追求现代化发展的过程中不可避免的问题。"农村发展或开发中出现的环境纠纷问题,一部分原因来自现代工业发展给环境和人造成的客观损害,还有一部分原因则是社会性的,这部分原因就是不平等的发展。纠纷的本质是利益或权益主张的不一致,农村开发和发展之所以引发环境纠纷,是因为一部分农民在开发与发展中并没有得到相应的收益,而环境的破坏却还使他们受到一定的损失,这种不均等发展自然会引发纠纷。"[3] 城市环境纠纷是指发生在城市的环境纠纷。随着工业化、城市化的推进,城市环境纠纷日益凸显。与农村相比,城市中预防性的环境纠纷、邻里之间环境权益纠纷明显增多。

(六) 按照纠纷涉及的利益分类

按照纠纷涉及的利益环境纠纷可以区分为私域环境纠纷与公域环境纠纷。私域环境纠纷是主要涉及纠纷双方当事人的环境利益的纠纷,且纠纷的解决结果不会影响到其他第三人的环境权益,比如有关采光权的纠纷。公域环境纠纷是指维护公益一方的主体对其所维护的环境公共利益不享有私益，并因保护环境和生态而与其他主体发生的纠纷，且纠纷的结果对其也不具有直接利益，而是惠及社会公众或不特定多数人，如有关清洁空气权的纠纷。有学者根据 2010 年中国综合社会调查数据分析发现，当人们遭遇的环境问题直接且明显影响到私人权益时，行动趋于积极，而人们对公域环境问题，即便居民认为这些环境问题一定程度上影响到了自己的生活和利益，但由于对私人权益影响并不太直接或影响不太显著，因此较多以沉默或容忍方式应对。[①]

三、环境纠纷的成因

环境纠纷的形成是多方面的，这里主要介绍环境纠纷形成的诱因、直接原因和制度原因。

（一）环境纠纷形成的诱因

环境资源的有限性，这是环境纠纷的诱因。从社会冲突论的视角看，纠纷或冲突大多源于对稀缺资源的争夺。同样，森林、矿藏、水、油、气等地球上的环境资源是有限的，在对环境资源的争夺过程中，环境纠纷不可避免。比如，木材加工企业和利益集团，为了个人和集团的利益，对原始森林中的巨木进行砍伐，这可能会危及周边的原住民的生存和环境，并导致环境纠纷。

（二）环境纠纷形成的直接原因

环境权益受到损害，这是环境纠纷的直接原因。环境权益是指特定主体对环境资源享有的法定权利。当特定主体的环境权益受到损害时，就容易引发双方或多方的环境纠纷。由于某化工厂经常在夜间排放污水，周边村庄的溪流、田地均受到了较大的污染，村民的身体受到严重损伤，因而导致附近的村民与化工厂之间的纠纷。这显然是由于村民的环境权益受到损害之后引发的。当然，在不同的环境纠纷中，环境权益的损害的表现形式是不同的，它既可以是环境生存权，也可以是环境发展权。

（三）环境纠纷形成的制度原因

环境权益配置不公平，这是环境纠纷的制度原因。环境纠纷通常涉及三个主体：环境受损者（居民）、环境侵害者（企业）和政府。相对而言，居民在环境权益方面处于弱势地位。近些年来，在环境公众参与制度方面，国家出台了一些法律法规。比如《环境影响评价法》《环境影响评价公众参与暂行办法》《环境信息公开办法（试行）》等环境法规都赋予居民一定的环境参与权。这对公民的环境权益保障起到一定的作用。但是，这些法律法规大多停留在宏观层面，操作性

---

① 陆益龙. 环境纠纷、解决机制及居民行动策略的法社会学分析 [J]. 学海，2013 (5)：79 - 87.

不强。再就是，居民很难真正参与到重大的环境决策中，即便有限地参与，对于决策的影响也不大。长期以来，我国企业环境违法的成本比较低，守法的成本比较高。因此，一些企业即便按照标准建设了污染处置设施，出于违法守法成本考量，它们宁肯冒险直接排污，也不愿意开通运行。客观上，在环境权益配置方面，企业占据优势。政府是环境政策的制定者和执行者，毫无疑问，处于环境权益配置的顶端。长期以来，地方政府对于环境保护置于经济增长之后，对于民众环境权益的保护不足，在环境监管方面的力度不够，甚至出现了个别地方政府官员与污染企业合谋的现象。2014 年新《环境保护法》出台之后，政府对企业的环境违法惩罚的力度有所增加，企业的违法成本有了一定的提升。但是，从整体上看，在环境权益配置方面，公民仍然处于弱势地位，参与环境决策的权利严重不足，因而导致了大量的环境纠纷。

第二节
环境纠纷解决

在社会学意义上，环境纠纷解决可以理解为应对环境纠纷和冲突的行为或行动策略，纠纷解决机制是这些行为或行动策略的总和。相比较而言，纠纷解决研究的法学社群已经比较庞大，而社会学学者对纠纷解决的关注还不足。与法学视野下的纠纷解决及其机制相比较，社会学的纠纷解决及其机制有如下特点：（1）社会学对纠纷解决机制理解更为宽泛。比如，社会学者一般认为，行动者面对不公正感受而采取的"容忍""逃避"等行为也是一种纠纷解决方式，而法学更关注"通过特定的程序或方式"的纠纷解决方式。（2）社会学更关注纠纷解决的行政与社会方式，如环境信访、直接协商和人民调解等，法学更关注纠纷解决的司法手段，如环境诉讼等。即便近年来法学学者对纠纷替代性解决机制（alternative dispute resolution，ADR）开展了丰富的研究，但仍强调以司法为核心的纠纷解决。（3）社会学更关注纠纷解决的行动策略和社会影响等，法学视野下的纠纷解决则强调纠纷或冲突双方的权利、责任和诉求。当然，社会学和法学视野的纠纷解决都重视恢复社会秩序。

纠纷解决方式或策略选择问题一直是法律与社会学研究的一个重要切入点。不同的理论范式从不同的角度注重探讨人们为何选择以及如何选择法律或非法律的方式来解决纠纷。

一、环境纠纷解决的理论范式

陆益龙指出，纠纷解决有五种研究范式，它们分别是纠纷金字塔论、法律动员论、权威认同论、法治意识论、法律替代论。① 这些理论范式同样适用于环境纠纷解决研究。这里主要介绍前四种理论方式，法律替代论在环境纠纷解决分类中一并介绍。

(一) 纠纷金字塔论

对于不同的纠纷解决方式，人们是如何选择的以及为何做出如此的选择？对此，费尔斯丁勒（W. Felstinler）和萨拉特（A. Sarat）等于 20 世纪 80 年代提出"纠纷金字塔"（dispute pyramid）理论②：其一，人们对生活中的冤屈（grievance）所做出的反应存在双方协商（bilateral negotiation）、双方主张、找第三方仲裁、提出诉讼等高低不同层次，而大多数冤屈在较低层次得以解决，只有少数冤情会上升到司法程序中的纠纷即金字塔顶。其二，纠纷金字塔的结构取决于各个层次纠纷解决情况，低层次纠纷解决比例减少，相应就会使高层次纠纷解决比例上升；上升到司法程序的纠纷即纠纷金字塔顶越宽，则说明低层次的纠纷解决渠道较少为人们所选择。换句话说，如果让更多的人选择基层的纠纷解决方式，那么就会大大降低正式法律意义上的纠纷。③

麦宜生（E. Michelson）基于中国农村居民法律意识的问卷调查发现，纠纷金字塔理论并不能很好地解释中国农民的纠纷及其解决情况，于是他提出了"纠纷宝塔"（dispute pagoda）理论。纠纷宝塔各个层次之间的关系是相对封闭的，各个层次的纠纷及纠纷解决的比例的增长或下降，并不一定会导致其他层次尤其是塔顶结构的变化。换言之，在不同类型的纠纷和不同方式的纠纷解决之间并不存在此消彼长的相互关系。导致农民选择正式法律途径来解决纠纷，或者说将冤情上升到司法程序，主要的影响因素是农民与行政系统的关系。农民与干部的关系联系越密切、联系干部的级别越高，通过司法途径申冤或解决纠纷的概率越高。④

无论是纠纷金字塔理论还是纠纷宝塔理论，都强调人们在社会生活中会遇到很多冤屈或纠纷，只有极少数纠纷进入司法或行政正义解决程序中，即金字塔的顶端，因为很多纠纷已通过基层调解或者其他方式得以解决。而实际上，大量环境纠纷最后进入上层解决机制，即需要通过司法和行政正义程序加以解决，这对纠纷金字塔理论构成挑战。如有学者基于 2010 年五省农村纠纷的调查指出，有近一半（47.5%）的遭遇环境纠纷者选择通过第三方的策略解决纠纷。⑤

(二) 法律动员论

法律动员是指个人利用法律系统中的知识、技能人员和程序等法律资源的过

① 陆益龙. 转型中国的纠纷与秩序：法社会学的经验研究 [M]. 北京：中国人民大学出版社，2015：41-60.
② FELSTINNER W，ABELN R，SARAT A. The emergence and transformation of disputes：naming，blaming，claiming... [J]. Law and society review，1980-1981，15：631-654.
③ 陆益龙. 纠纷解决的法社会学研究：问题及范式 [J]. 湖南社会科学，2009 (1)：72-75.
④ 同③.
⑤ 陆益龙. 环境纠纷、解决机制及居民行动策略的法社会学分析 [J]. 学海，2013 (5)：79-87.

程。在对纠纷解决的法律动员研究中，不同理论范式从不同角度探讨了人们何以选择或动用法律，以及怎样运用法律来解决纠纷。其中工具主义范式、建构主义范式广受关注。

工具主义范式主要从个人的社会经济地位和能力条件与法律动员之间的关系角度去考察人们为何选择借助法律的方式来解决纠纷，他们又是怎样动用法律资源的以及哪些因素会影响个人利用法律资源。比如，他们倾向于关注个人教育水平、收入、职业和家庭等因素与法律动员之间的关系。工具主义范式也受到如下的批评：虽然不能排除结构因素会在一定程度上影响个人意识，但行动中的个人与法律的关系则在特定情境中被人们建构而成，由此才形成现实中人们运用法律的多样形式。即便是同一个人，在不同情境中对法律的理解和态度也是不完全一致的，而是随实践、事件在不断变动，也就是在不断地建构自己与法律的关系。

建构主义范式则将纠纷及其解决视为人们建构法律性的实践场域，因而他们关注的焦点是日常生活中的意识、事件或互动实践。人们与法律所发生的关系离不开日常生活，因此日常生活的情境、个人在不同情境下的意识，以及特定实践中的互动情景等都以不同的方式影响着人们对待法律的态度和行为。建构主义范式受到如下批评：纠纷解决研究的建构论范式由于过于强调主观的、偶然的和实践的因素对个人选择解决策略的影响，因而这种解释较易走向相对主义，即我们难以把握社会中的个人会选择什么样的策略来解决自己的冤屈或纠纷。[①]

（三）权威认同论

在纠纷解决研究中，人们选择什么样的纠纷解决方式的意义还在于从中可以理解人们的权威认同结构，即人们认同哪些权威以及为何认可这些权威。当人们认同某种权威时，这种权威在维系社会秩序中也就发挥了控制功能。换言之，人们选择了某种解决纠纷的方式，也就客观地表明了他们相信那种解决方式中的力量在秩序维护中发挥着重要功能。比如，如果人们优先选择法律途径解决纠纷，就反映了人们对法律权威的认同。如果人们优先选择向行政系统中的机构或干部申诉自己的冤屈，就反映了人们更倾向于认同行政权威。如果人们选择私了或者容忍，则在一定程度上反映了人们对非正式权威或道义权威的认同。当然，权威认同不是单一的，而是多元的。公正离不开权威，但实现公正的权威在人们的观念中是多元的。

法律权力论范式主张将法律视为权力，而不是将法律视为纠纷管理的工具。在法律权力论的范式中，研究纠纷及其解决方式其本意不在于纠纷本身，而是要通过纠纷解决过程的考察，揭示法律作为一种权力是如何在社会中分配的，又是如何被运用的，以及产生怎样的社会效果，并由此来分析一个社会的权威结构、法律权威的地位以及社会冲突的化解机制和社会秩序的构成机理等社会系统的结构与运行问题。

前文已述，一项有关中国农民解决环境纠纷的研究指出，在遭遇环境纠纷者

---

① 陆益龙. 纠纷解决的法社会学研究：问题及范式 [J]. 湖南社会科学，2009（1）：72-75.

中，有 47.5％的农民选择通过第三方的策略解决纠纷，26.3％的农民选择吃点亏容忍污染问题，26.2％的农民选择直接找对方解决。[①]

(四) 法治意识论

法治意识是指人们在社会生活中关于法律相关问题的认识和观念，包括对法律规范、程序、机构、系统、行为及公平正义问题的理解和意识观念。法治意识论的范式提供了一种从纠纷及其解决机制的研究中抽象出关于法律与社会，或一个社会法律性的形态和特征的理论的范例。这一范式虽然也关注社会生活中的纠纷解决，但其目的不是探究纠纷如何发生以及如何化解，而是通过对纠纷过程的考察，探讨社会的法律性和秩序的建构过程。

在《法律的公共空间：日常生活中的故事》一书中，尤伊克和西尔贝使用了法律性（legality）这一新概念，通过对普通民众在日常生活中经历过的纠纷故事的"深描"，呈现社会的法律性的基本形态和特征，构建关于法律规则的平常性、多样性和变动性的新理论。她们指出："法律性是在社会生活中呈现出的结构，它在不同的场所显现出来，这些场所包括但不仅局限在正式机构的场所之内。既然如此，那么法律性的运行，既作为一种解释性的框架，也作为一系列资源，通过这些资源，社会世界才得以建构起来。"[②]

显然，尤伊克和西尔贝的法治意识论主要是从建构主义视角理解居民的法律意识。在建构主义范式中，纠纷是日常生活中的平常事件，围绕这些问题或事件，人们形成了各种各样的法治意识，并在相应法治意识的支配下，建构了我们社会的法律性或法治状况。[③]

二、环境纠纷解决分类

对环境纠纷解决方式进行分类，目的在于提高其可识别性。不同学者会根据自己研究的目的对纠纷解决进行不同的区分，一些常用的分类方式如下。

(一) 环境诉讼与环境替代性解决

根据是否通过打官司解决纠纷，纠纷解决可以区分为诉讼解决和非诉讼解决。环境诉讼是当事人通过向法院起诉寻求法律解决环境纠纷的方式。"环境诉讼是公民维护环境权益和践行公众参与的重要形式，公民提起的环境诉讼不仅有效地维护了自身的合法权益，还对政府的环境立法、执法和企业的守法行为形成强大的监督和制约。"[④] 环境诉讼一般可以分为环境行政诉讼、环境民事诉讼和

---

① 陆益龙. 环境纠纷、解决机制及居民行动策略的法社会学分析 [J]. 学海，2013 (5)：79 - 87.
② 尤伊克，西尔贝. 法律的公共空间：日常生活中的故事 [M]. 北京：商务印书馆，2005：41.
③ 同②182 - 183.
④ 王灿发. 中国环境诉讼典型案例与评析 [M]. 北京：中国政法大学出版社，2015：2.

环境刑事诉讼三类。环境行政诉讼是指有关环境受害人认为环境行政管理机关或其工作人员的行政行为损害了自己合法的环境权益，而依法向法院提起的行政诉讼。环境民事诉讼是指人民法院对平等主体之间有关环境权利义务的争议，依照民事诉讼程序进行审理和裁判的活动。环境刑事诉讼是指国家司法机关在当事人及其他诉讼参与人参加下，依照法定程序，揭露和证实环境犯罪，追究环境犯罪者刑事责任的活动。①

在环境诉讼中有一类特殊的诉讼形式被称为环境公益诉讼。环境公益诉讼是指社会成员，包括公民、企事业单位、社会团体依据法律的特别规定，在环境受到或可能受到污染和破坏的情形下，为维护环境公共利益不受损害，针对有关民事主体或行政机关而向法院提起诉讼的制度。当环境诉讼的主体不仅限于直接利益相关人时，普通公民、企事业单位、社会组织等都有资格提起诉讼，从而会增加污染企业的违法成本，客观上有助于社会力量的成长，有助于环境质量的提升。2012 年修订，2013 年 1 月 1 日开始实施的《民事诉讼法》第五十五条规定，"对污染环境、侵害众多消费者合法权益等损害社会公共利益的行为，法律规定的机关和有关组织可以向人民法院提出诉讼。"这意味着法律规定的机关和有关组织可以公共环境利益受到侵害或有受到侵害之虞为理由，向人民法院提起诉讼，扩大了诉讼原告主体资格，这也标志着环境民事公益诉讼制度的确立。2015 年 1 月 1 日开始实施的新修订的《环境保护法》明确规定了环境公益诉讼制度，扩大了诉讼主体范围。新《环境保护法》规定：对污染环境、破坏生态，损害社会公共利益的行为，依法在设区的市级以上人民政府民政部门登记的相关社会组织，和专门从事环境保护公益活动连续五年以上且信誉良好的社会组织，可以向人民法院提起诉讼，人民法院应当依法受理。同时规定，提起诉讼的社会组织不得通过诉讼牟取经济利益。

环境非诉讼解决，又称为环境纠纷替代性解决，是指运用非诉讼方式来解决环境纠纷，目前已成为世界各国纠纷解决的主要手段。如在美国，大多数的冲突和纠纷也并非通过法律手段加以解决的。② 在 20 世纪 80 年代之后，由于在纠纷解决过程中，诉讼方式增长过快，法院不堪重负，环境 ADR 因此获得发展契机。环境 ADR 在不同国家或地区有不同的表现形式，如美国环保局主要使用五种基本的 ADR 方式来解决环境纠纷，包括调解（mediation）、召集会谈（convening）、分配（allocation）、仲裁（arbitration）和发现事实（fact-finding）。日本的 ADR 主要是行政处理，具体包括斡旋、调解、仲裁和裁定四种一般行政处理程序。我国台湾地区 ADR 也主要是行政处理，具体包括接受陈情、调处和裁决三种方式。③ 从以上分类中我们可以明显看出，无论是环境诉讼还是环境 ADR，都是以司法为中心的视角下的类型区分。

社会学家也不排斥使用环境诉讼与环境 ADR 的分类方式，不过，他们更多

① 吕忠梅. 环境法学 [M]. 北京：法律出版社，2004：198-209.
② 布莱克. 社会学视野中的司法 [M]. 郭星华，等译. 北京：法律出版社，2002：81.
③ 齐树洁，林建文. 环境纠纷解决机制研究 [M]. 厦门：厦门大学出版社，2005：10，14，17.

地使用法律手段和非法律手段进行区分。而且，社会学视野下的环境 ADR 包括的范围较广。比如，有学者就指出，虽然法学界研究者已经对 ADR 方式予以高度重视，在一定意义上拓展了人们关于法律与非法律、程序正义与实质正义、形式解决与真正解决之间关系的视野，不过，他们所探讨的纠纷现象仍较多局限在实际已经进入正式法律系统的具体纠纷，而没有关心那些没有进入法律系统的社会冤情是否真正解决。① 美国社会学家布莱克认为冲突或纠纷解决的非法律手段包括自我帮助、逃避、协商、通过第三方解决与忍让。②

区分法律手段和非法律手段有助于理解不同社会阶段的特征。费孝通在《乡土中国》一书中指出，乡土社会的重要特征之一是"无讼"。赵旭东指出，"在传统的乡土社会中，由于国家力量没有下伸到村落一级，因此民间的纠纷解决大抵依据的是民间自发形成的公平逻辑……以非法律的形式来解决争端，构成了'无讼'的乡土社会的基本特征"③。这意味着非诉讼解决，即"无讼"是中国传统社会纠纷解决的重要方式。

除了对"讼"或者"无讼"背后的文化与意义关注之外，社会学家也关注行动者选择或不选择诉讼的原因，而对于环境诉讼的法律程序和条文不是特别关注，即便是对环境诉讼案件的研究，也更加注意的是"法律案件在社会空间中的位置和方向：谁与谁发生冲突；谁会作为第三方参与冲突，如律师、证人和法官，这些参与者之间的社会距离有多大，谁的社会地位高，谁的社会地位低"④。

再如，社会学家还关注环境受损者采取的沉默、忍耐、逃避等非诉讼解决方式背后的原因。有学者基于 2003 年中国综合社会调查发现，在中国城镇地区，很多人即使已经受到环境危害，也不会站出来维护自己的利益。只有 38.29％的人进行过抗争，而未进行过任何抗争的人占比高达 61.71％。为什么大多数城市居民在遭遇环境危害之后选择沉默呢？研究发现，一个人社会经济地位越高，社会关系网络规模越大或势力越强，关系网络的疏通能力越强，对环境危害做出抗争的可能性就越大；反之则选择沉默的可能性越大。⑤

（二）私力救济、公力救济与社会救济⑥

从当事人权利救济或维权的角度，纠纷解决机制一般被划分为私力救济、公力救济和社会救济三类。私力救济是指依靠纠纷主体自身的力量解决纠纷，属于当事人自治。有些学者认为私力救济包括避让与和解⑦，有些则认为主要有强制和交涉两种形式。避让是指一方当事人主动放弃争执，从而使纠纷归于消灭的行

① 陆益龙. 纠纷解决的法社会学研究：问题及范式 [J]. 湖南社会科学，2009（1）：72-75，80.
② 布莱克. 社会学视野中的司法 [M]. 郭星华，等译. 北京：法律出版社，2002：82.
③ 赵旭东. 权力与公正：乡土社会的纠纷解决与权威多元 [M]. 天津：天津古籍出版社，2003：3.
④ 同②1-2.
⑤ 冯仕政. 沉默的大多数：差序格局与环境抗争 [J]. 中国人民大学学报，2007（1）：122-132.
⑥ 俞灵雨. 纠纷解决机制改革研究与探索 [M]. 北京：人民法院出版社，2011：10-12.
⑦ 张康林，等. 多元化纠纷解决机制研究：以北京市西城区人民法院"四点一线"多元化纠纷解决机制为中心 [M]. 北京：人民法院出版社，2010：10.

为。和解是指纠纷双方以平等协商、相互妥协的方式达成纠纷解决的合意或协议。强制是一方当事人依靠自身的实力，不顾他方意愿而强迫其服从自己有关纠纷解决的安排，包括行为强制和心理强制。交涉是一种双方自行操作的交易活动，通过双方共同的决定处理纠纷。公力救济是由国家机关依权利人请求运用公权力对被侵害的权利实施救济，主要包括司法救济、行政救济和信访。社会救济是当事人向公权力机关以外的中立的第三方（如仲裁委员会、人民调解委员会、社会团体、行政协会等社会组织）提出救济请求，由其出面调停纠纷，做出判断。其中最主要的形式包括仲裁和调解。

在《社会转型中的纠纷解决》一书中，郭星华等也指出，乡土社会自身有一套处理矛盾和冲突的纠纷解决机制。当农民遇到纠纷时，通常会诉诸私力救济和社会救济，习惯于当事人双方协商解决或寻求"中人"调解。纠纷解决不会轻易诉求法律，追求的是"理"、正义和面子，纠纷调解的结果通常是和稀泥、息事宁人，目的在于恢复双方之间被破坏的关系，没有绝对的输赢之分。① 就乡土社会的环境纠纷而言，由于面对的通常是外来的污染企业，而不是一般熟人之间的社会纠纷，在乡土社会"无讼"的强大逻辑影响下，农民不到万不得已不会选择公力救济，但是其目标显然不是恢复双方之间业已破坏的关系（原本就没有社会联接），而是环境权益的争取。

遭遇环境纠纷者会选择怎样的救济方式也与环境纠纷的性质密切相关。比如，有学者就指出：如果是由偶发性事件引起的环境纠纷，我国农民更倾向于自行解决；如果不是由偶发性事件而是由持续的环境污染引发的社会问题，农民更倾向于求助第三方。②

（三）根据决定的纠纷解决和根据合意的纠纷解决

日本学者棚濑孝雄把纠纷解决的过程类型概况为两条基轴：一是合意性-决定性，并分为根据合意的纠纷解决（如和解、调解）和根据决定的纠纷解决（如审判、行政裁决）；二是状况性-规范性，并分为状况性纠纷解决（典型例子是国家间的纠纷解决，完全依靠实力的对比）和规范性纠纷解决（如审判）。其中根据合意的纠纷解决指双方当事人就以何种方式和内容来解决纠纷等主要之点达成了合意而使纠纷得到解决；根据决定的纠纷解决是第三者就纠纷应当如何解决做出一定的指示并据此终结纠纷的情形。③

根据决定的纠纷解决强调国家或公权在纠纷解决中的中心地位，具有强制性和稳定性，表现为国家的诉讼机制，以程序正义为宗旨。根据合意的纠纷解决类型，则是将自治原则扩展到纠纷解决中，具有自治性和灵活性，表现为当事人协

---

① 郭星华，等. 社会转型中的纠纷解决 [M]. 北京：中国人民大学出版社，2013：41.
② 陆益龙. 环境纠纷、解决机制及居民行动策略的法社会学分析 [J]. 学海，2013 (5)：79-87.
③ 棚濑孝雄. 纠纷的解决与审判制度 [M]. 王亚新，译. 北京：中国政法大学出版社，1994：7-14.

商、民间调解、行政调解、仲裁等各种非诉机制，以社会自治为宗旨。[①]

除了以上三类使用较多的有关环境纠纷解决分类方式外，还有一些分类方式也值得关注。比如，人类学家西蒙·罗伯特（Simon Roberts）依据有无第三方在场和第三方的性质，将纠纷解决方式区分为三类：（1）仅有纠纷当事双方参与的谈判；（2）通过中立的调解人的帮助；（3）将纠纷交给一个仲裁人去做裁决。调解人或中间人的参与使得纠纷成为三方参与的过程。调解人的作用并不是要强加一个结果给纠纷当事人，而是作为一个传递信息的桥梁或通道，来帮助纠纷当事人自己找到解决的办法。在整个调解过程中，调解人所采取的调解方式是非常多样的，可以通过加强纠纷双方的沟通、提供建议、劝说甚至是哄骗、威胁、利诱等。其目的只有一个，就是促进纠纷的解决，使得双方当事人都能心平气和地接受结果。当调解失效的时候，纠纷往往被交到仲裁方手中，由他做出裁决，而当事人双方必须服从这个裁决。裁决人分为公断人和审判者，前者由纠纷当事人推举，其权威来自自身的品格、资历或辈分，后者是职业型的裁决人，其权威由职位所赋予。

第三节
中国的环境纠纷及其解决机制

我国不同发展阶段的环境纠纷存在不同的特点，相应的解决机制亦存在差别，包括环境纠纷司法解决、环境纠纷行政解决和环境纠纷社会解决等诸多方式。

一、中国的环境纠纷及其特点

（一）改革开放之前的环境纠纷

中华人民共和国成立之后百废待兴、百业待举，当时提出了建设四个现代化的纲领，其中包括工业现代化。1953 年第一个五年计划开始，中央政府仿照苏联的模式自上而下地通过指令式方式进行社会主义经济建设，优先发展重工业和能源，重工业占总投资比重的 83%。由于生产技术落后，当时形成了一种高投入、低产出的资源浪费型发展模式。[②] 1958 年，中国开始了"大跃进"运动。在这一政治纲领指导下，全国各地都在"大炼钢铁"，不顾生态条件乱建工厂，土

① 吕忠梅. 环境友好型社会中的环境纠纷解决机制论纲 [J]. 中国地质大学学报（社会科学版），2008（3）：1-7.
② 黎尔平. "针灸法"：环保 NGO 参与环境政策的制度安排 [J]. 公共管理学报，2007（1）：78-83.

法炼钢，没有采取任何的环保措施。同时，在"以粮为纲"的政策指导下毁林、毁牧和围湖造田。20 世纪 70 年代的时候，生态破坏和环境污染的问题已经开始显现。如 1971 年 3 月，北京官厅水库发生了严重的水污染事件，导致首都北京用水危机，同时引发了中央对环境问题的重视。再如 1973 年河北省沙河县（现沙河市）褡裢乡赵泗水村村民抗议该县磷肥厂废气废水污染村庄农作物并危害村民的身体。村民和磷肥厂的冲突愈演愈烈，以村委两人被判刑告终，直到 1979 年才被平反。① 由于当时的政治形势，受害者对国有和集体企业提出停止污染、赔偿损失的要求往往得不到满足。

（二）改革开放初期到 20 世纪 90 年代中期的环境纠纷

1979 年是中国环境治理的一个重要转折点，这一年《中华人民共和国环境保护法（试行）》颁布。其中规定，"公民对污染和破坏环境的单位和个人，有权监督、检举和控告"，"对违反本法和其他环境保护的条例、规定，污染和破坏环境，危害人民健康的单位，各级环境保护机构要分别情况，报经同级人民政府批准，予以批评、警告、罚款，或者责令赔偿损失、停产治理"。这就赋予了公民受到污染危害后可以进行检举、控告和要求赔偿的权利。《中华人民共和国环境保护法（试行）》的执行在客观上遏制了环境与生态破坏，但是由于一些企业和地方部门还没有树立较好的环境意识，使得侵害生态环境的行为时有发生，这引发了环境纠纷。例如，《环境纠纷案例》一书中就较为详细记录了 20 世纪 80 年代初发生的 90 起环境纠纷案例，包括综合案例 5 起、环境行政纠纷 53 起、环境民事纠纷 12 起、环境刑事纠纷 12 起、错判案例 8 起。②

这一阶段的环境纠纷及其处理具有自身的特点：第一，纠纷主要发生在居民（村民）和污染企业之间，很少有针对政府部门的环境纠纷。在《环境纠纷案例》一书中，抗争的对象都是污染企业，而地方政府则扮演了裁判者的角色。基本上很少见到有因为污染问题而直接冲击地方政府部门的案例。第二，环境法律成为纠纷解决的重要手段。随着环境法律体系的完善以及法律的不断普及，群众在维权的过程中也越来越开始诉诸法律的手段。这在 20 世纪 90 年代初已经表现较为明显。第三，媒体对于环境纠纷的报道基本是负面的。与 20 世纪 90 年代中期之后相比，这一阶段，新闻媒体对于环境污染的报道较少，对于环境群体性纠纷则基本不会报道。洪大用也指出，由于对新闻媒介的严格控制，早期媒介对于环境保护的监督作用也没有充分发挥，媒介的环境报道主要以正面报道为主。③

① 赵永康．环境纠纷案例［M］．北京：中国环境科学出版社，1989：195－196.
② 同①．
③ 洪大用．社会变迁与环境问题［M］．北京：首都师范大学出版社，2001：251.

（三）20 世纪 90 年代中期之后的环境纠纷

随着教育的普及和生活水平的提高，公众环境意识和维权意识开始增长，环境纠纷的数量也呈现出增长的趋势。1985 年起，国家环境保护行政主管部门每年发布一次环境统计公报，其中包括对环境纠纷数据的统计，从中大致可以了解我国环境纠纷的发展趋势，如环境信访（包括电话、网络上访）和环境行政纠纷等数量都出现了一定程度的增长。以环境行政纠纷为例，20 世纪 90 年代中期以来，环境行政处罚案件数明显呈现出上升的趋势，从 1997 年的 2.95 万起左右到 2002 年超过 10 万起，只用了 5 年的时间，2013 年达到 13.9 万起。这一阶段的环境纠纷具有几个方面的特点。

第一，噪声污染、大气污染、水污染和固体废物是引发环境纠纷的关键。据《全国环境统计公报》，2001－2010 年，环境噪声污染信访和大气污染信访占到所有环境信访总数的 80% 左右。2001－2006 年，噪声污染稳居第一位，大气污染居第二位；2007－2010 年，大气污染超过噪声污染，持续居于第一位，噪声污染居第二位。如 2001 年，噪声污染信访占当年来信总数的 42.1%，大气污染占当年来信总数的 39.2%。2006 年，噪声污染信访占当年来信总数的 42.7%，大气污染占 39.3%。2007 年、2010 年噪声污染信访分别占当年来信总数的 32.9%、37.4%，大气污染分别占 37.2% 和 37.5%。[①] 另外，据全国"12369"环保举报热线数据，2011 年以来，大众最为关注大气、噪声、水、固废等污染。

第二，环境污染转移导致的纠纷开始增多。2003 年开始，污染企业异地重建或迁移经济落后地区的问题开始突出，成为群众投诉的热点问题。到 2004 年，环境污染转移的问题已经较为突出并成为农民上访的重点，尤其是一些经济落后地区的县、镇、乡政府和农村为发展经济盲目引进"十五小"或"新五小"污染项目，对周边环境造成严重污染，对村民或居民的生产、生活造成严重影响。[②]

第三，在农村，环境纠纷事件往往与征地拆迁等问题叠加在一起，难以处理。在农村，环境纠纷事件之所以会发生，很多情况是农民的田地、山林、地下水、流经村庄的河流受到了污染，长期得不到解决所致。在很多情况下，这些污染企业的用地是村庄里的，污染企业如果要扩大生产，也需要在场地上向外扩张。因此，在选址以及扩张的过程中，都会涉及征地拆迁补偿等问题。从一些农民的环境信访可以看出，他们的诉求往往不单纯是要"清洁的空气、干净的水"以及"人身损害赔偿"，很多也与污染企业的征地拆迁后补偿不到位等问题交织在一起。这给处理此类问题造成了相当的难度。

第四，出现暴力化解决环境纠纷的典型事件。2005 年，连续发生了三起规

---

① 杨朝霞，黄婧．如何应对中国环境纠纷 [J]．环境保护，2012 (Z1)：66-68.

② 中国环境年鉴·环境监察分册编委会．2004 中国环境年鉴·环境监察分册 [M]．北京：海洋出版社，2005：321.

模较大、冲突性较强的典型的环境纠纷案件，引起了社会各界的关注。此后，暴力化解决环境纠纷的案件时有发生，且呈现出不断增长的趋势。比如，2012年7—8月，四川什邡和江苏启东先后发生了大规模环境纠纷事件，引发了严重的冲突；同年10月，宁波镇海PX项目、云南昆明PX项目等都引发了较大的冲突。这些事件都或多或少地出现了对抗化的趋势，这是值得警惕的。作为地方政府，为了防止矛盾激化，应该保持克制，慎用警力，以劝说、切实解决污染问题为主；作为民众也要保持克制，要学会通过法律的途径，例如诉讼等方式解决环境纠纷。

二、中国环境纠纷解决

纠纷解决一直是社会各界关注的重点问题。改革开放以来，我国一直注重包括环境纠纷在内的社会纠纷的化解，并不断探索深化环境纠纷解决机制。环境纠纷解决的多元属性决定了我们"不能把法治兴国简约为诉讼至上，不能把民间私下解决纠纷简约为法盲行为，更不能忽视类似非诉讼纠纷解决机制的中国民间调解的正当性"[1]。当然，在社会学家的视野中，环境纠纷解决方式非常丰富。布莱克指出，纠纷解决的具体方式包括诉讼、调解、仲裁、交涉、殴打、刑讯、暗杀、世仇、战争、罢工、抵制、暴动、放逐、辞职、逃跑、嘲笑、责骂、流言蜚语、巫术、猎巫、扣押人质、绝世、供认、精神治疗及自杀。[2] 这里主要对我国的环境纠纷司法解决、行政解决和社会解决三个方面展开讨论。

（一）环境纠纷司法解决方式

在我国，环境纠纷司法解决方式主要包括环境法律诉讼和司法调解。

1. 环境法律诉讼

我国自20世纪70年代末颁布《中华人民共和国环境保护法（试行）》之后，在不断的立法实践中，逐步对公民的环境诉讼权利进行了规定，环境诉讼制度有了长足的发展。

（1）环境纠纷诉讼解决绝对数量有所上升。2011—2013年，全国各级法院受理的涉及环境资源类的刑事、民事、行政案件，年均3万件左右。[3] 2014年之后，随着各省区市人民法院环境资源审判庭、合议庭、巡回法庭的设置，以及2015年1月1日新修订的《环境保护法》的实施，法院受理环境资源类案件数量出现较大增长，据2015年11月7日第一次全国法院环境资源审批工作会议数据，全国法院受理环境资源类刑事案件29 677件、行政案件43 917件、民商事

① 张梓太. 环境纠纷处理前沿问题研究：中日韩学者谈 [M]. 北京：清华大学出版社，2007：306.

② DONALD B. The social structure of right and wrong [M]. San Diego：Academic Press，1993.

③ 法制网. 全国法院受理环境资源类案件年均不足3万件 [EB/OL]. http：//www. legaldaily. com. cn/index/content/2014－07/03/content＿5646868. htm？node＝20908.

案件 191 935 件，共计 26 万余件。① 法院受理的环境纠纷案件在绝对数量上有所增加，但是仍然只占到所有环境纠纷中的极少数。

（2）环境公益诉讼呈现持续增长。在我国《民事诉讼法》对环境民事公益诉讼的主体资格没有做出规定之前，有的地方法院，例如昆明中院联合昆明检察院，规定环境行政执法机关、环保组织、检察机关可以公益诉讼人身份提起环境民事公益诉讼。2009 年无锡中院审理的 NGO 组织诉某港口环境污染侵权案，在全国首次支持环境公益组织具有提起环境民事公益诉讼的原告主体资格。② 2015年，新《环境保护法》实施后，社会组织获得了提起公益诉讼的资质，有效推动了环境公益诉讼的增长。据统计，"从 2000 年到 2013 年，全国环境公益诉讼案件总计不足 60 起，起诉主体绝大多数是行政机关和地方检察院等公权力机关，环保组织起诉的案件很少，个人诉讼更是难上加难"③。

2. 司法调解

在我国，司法调解亦称诉讼调解，是我国《民事诉讼法》规定的一项重要的诉讼制度，是当事人双方在人民法院法官或其代理人的主持下，通过调整权益来解决纠纷的一种重要方式。司法调解具有几个显著的特点。第一，司法调解是一种法定的诉讼程序，是诉讼内的调解。第二，司法调解一经达成协议，即发生与法院判决同等的法律效力，对双方当事人都具有法律上的约束力和强制力。第三，司法调解的范围是法院所受理的所有民事案件和刑事自诉案件。有学者指出，"司法调解具有一定的准司法性，且机制操作灵活，既可化解部分环境纠纷，又可缓解诉讼压力，但在机制设计上应更为科学和规范"④。

从司法理论上看，环境法律诉讼是解决环境纠纷最为规范和权威的方法，但在司法实践中，法院审判"往往只关注法定权利、法定义务的履行情况，忽略了从纠纷产生的原因、当事人的身份关系、当事人的心理矛盾等方面寻找和谐解决纠纷的途径。而且，由于强调法律条款正当性所带来的泾渭分明的胜败结果，许多根据证据依法做出的终审判决，却往往导致双方发生激烈的感情对立，败诉方拒不履行判决甚至涉诉信访的情况屡见不鲜"⑤。这就需要我们重视环境纠纷的行政和社会方式解决。

（二）环境纠纷行政解决方式

有报道称，"我国每年的环保纠纷有十万多起，真正到法院诉讼的不足 1%，各级法院受理的环境侵权案件更是屈指可数"⑥。《重庆晚报》的一则报道也指

---

① 搜狐网. 2014 年以来全国法院受理环境资源类案件 26 万余件［EB/OL］http：//news. sohu. com/20151118/n426788628. shtml.

② 周科. 司法在环境纠纷解决中的作用［J］. 人民法治，2018（4）：66 - 68.

③ 诉讼渠道解决的环境纠纷不足 1%：会内会外谈如何让环境司法"硬起来"［N］. 新华每日电讯，2015 - 03 - 15（3）.

④ 郭红燕，王华. 我国环境纠纷机制解决现状与改进建议［J］. 环境保护，2017（24）：44 - 48.

⑤ 棚濑孝雄. 纠纷的解决与审判制度［M］. 王亚新，译. 北京：中国政法大学出版社，1994：62.

⑥ 徐小飞. 立案登记挤破门槛 环保法庭"等米下锅"［N］. 人民法院报，2015 - 06 - 02（2）.

出，重庆市民在遇到环境纠纷时主要是向环保部门投诉为主，诉讼解决比例较低。2012 年环境行政机关受理投诉 12 000 件，一审受理环境案件 89 件，约占 0.007%；2013 年环境行政机关受理投诉 14 000 件，一审受理环境案件 150 件，约占 0.011%。① 在我国，环境纠纷行政解决方式主要包括环境信访、行政调解等。

1. 环境信访

环境信访是指公民、法人或者其他组织采用书信、电子邮件、传真、电话、走访等形式，向各级环境保护行政主管部门反映环境保护情况，提出建议、意见或者投诉请求，依法由环境保护行政主管部门处理的活动。如表 8-1 所示，1993 年当年来信总数约为 5.4 万封，2006 年增长到约 61.6 万封，增长 10 余倍。当年来访批次也从 1993 年的约 4.4 万批增长到 2006 年的约 7.1 万批。2011 年开展电话/网络信访后，来信总数从 20 万封左右下降到 11 万封左右，来访批次稳定在 5 万件左右，但是电话/网络投诉的数量出现了较大增长，从 2011 年的约 85.3 万件跃升到 2015 年的约 164.7 万件。

在环境保护部（前身为环境保护总局）收到的信访和来访数量中，从 1999 年到 2013 年 15 年间，除 2009 年的 50% 之外，环境污染与生态破坏纠纷占历年来访的比例基本维持在 70% 以上，其中有 5 年高达 80% 以上。环境污染与生态破坏纠纷占历年信访比例基本达到一半以上，其中 2002 年高达 61.1%。②

2011 年 3 月 1 日，《环保举报热线工作管理办法》正式实施。自 2001 年 8 月长春市率先开通全国第一部"12369"电话以来，各地"12369"环保热线陆续开通，2011 年年底，全国有 2 817 个县级及以上环保部门开通了"12369"环保举报热线，开通率达到 70%；有 69% 的地级以上城市环境保护部门设立了投诉受理中心，集中受理群众环境投诉。全国共有 4 200 余人专门从事"12369"环保举报热线受理工作。2002—2008 年，全国"12369"环保举办热线共接群众举报 54.2 万余件，受理 52.6 万件，办结 51.7 万件，办结率 99% 以上。2009 年，全国"12369"环保举报热线共接群众举报 54.2 万余件，受理 52.6 万件，办结 51.7 万件。全国电话投诉量占信访总量的比重从 2002 年的 40% 上升到 2008 年的 80% 以上。③ 近几年的数据显示，全国"12369"环保举报热线中大气污染占比直线攀升，从 2011 年的 50% 增长到 2014 年的 78%。噪声污染也从 2011 年的 15% 上升到 2014 年的 25%。水污染 2011 年达到 28%，2013 年达到 37%，2014 年达到 31%。④

---

① 重庆晚报数字版. 环境纠纷在增多，起诉才 0.01% [N/OL]. http://www.cqwb.com.cn/cqwb/html/2015-02/10/content_426965.htm.

② 数据详见《中国环境年鉴》（1999—2014）中的"环境信访"条目，该条目中的信访、来访数据是指国家环保总局收到的信访量。

③ 中国环境年鉴编辑委员会. 中国环境年鉴：2011 [M]. 北京：中国环境年鉴社，2011：276.

④ 数据详见《中国环境年鉴》（2012—2015）中的"12369"环保举报热线条目。

表 8-1   历年环境来信来访和电话/网络投诉数

	当年来信总数（封）	当年来访批次（批）	当年电话/网络投诉数（件）	当年电话/网络投诉办结数（件）
1993	53 752	44 455		
1994	59 499	47 839		
1995	58 678	50 972		
1996	67 268	47 714		
1997	106 210	29 677		
1998	147 630	40 151		
1999	230 346	38 246		
2000	247 741	62 059		
2001	367 402	80 329		
2002	435 020	90 746		
2003	525 988	85 028		
2004	595 852	86 414		
2005	608 245	88 237		
2006	616 122	71 287		
2011	201 631	53 505	852 700	834 588
2012	107 120	43 260	892 348	888 836
2013	103 776	46 162	1 112 172	1 098 555
2014	113 086	50 934	1 511 872	1 491 731
2015	121 462	48 010	1 646 705	1 611 007

资料来源：根据历年《全国环境统计公报》整理。2007—2010 年的群众来信总数、群众来访批次等数据在当年《全国环境统计公报》中未列入。

2. 行政调解

环境纠纷行政调解是环境行政部门依据当事人的请求，在专业责任认定的基础上，就环境纠纷的赔偿责任和赔偿金额主持调解，并达成行政调解协议的过程。[1] 近年来，我国多地成立了专门的环境纠纷行政调解机构，如 2009 年四川省巴中市巴州区环保局成立的矛盾纠纷行政调解机构和 2012 年山东省蓬莱市环保局设立的环境信访纠纷行政调解机构等。[2] 环境纠纷行政调解具有几个方面的特征：第一，行政调解不具有强制性。双方当事人达成调解协议后，只能依靠当事人自觉履行。当事人不服调解结果，可以向法院诉讼。第二，当事人自愿原则。调解协议要充分体现当事人双方真实意思表达，作为居间第三方的环境行政机关不得强制。第三，调解的内容限定性。有环保职能的主管部门或者其他法律法规授权拥有环境纠纷调解权的机关的调解范围不得超过法律和申请人申请的范围。环境纠纷行政调解也有一些显著的优势。比如，有学者指出，"在双方自愿的基

---

① 金瑞林. 环境与资源保护法学 [M]. 北京：高等教育出版社，2001：266.
② 王钢. 我国环境纠纷调解现状及存在问题探析 [J]. 生态经济，2013 (1)：151-154，177.

础上达成，基于环境损害评估、环境污染专业鉴定的环境纠纷行政调解，可以有效地缓和审判资源、执行资源不足的困境，并有效保障环境污染受害方的合法权益，避免'赢了官司输了钱'的尴尬局面"[①]。

（三）环境纠纷社会解决方式

在我国，环境纠纷社会解决方式包括直接协商、人民调解、民间仲裁、社区环境圆桌对话等民间主导的社会手段。

1. 直接协商

直接协商是由不同利益相关人在没有独立第三方在场的情况下，通过平等对话的方式相互沟通，以实现预防潜在纠纷或达成解决纠纷的协议的方式。通过这种方式达成的协议一般不具有强制性，主要依赖于当事人的自觉履行。直接协商属于私立救济措施，主要按照民间习惯或规范来处理纠纷。在我国，环境纠纷协商解决也有一定的法律基础。《环境保护法》《水法》《水污染防治法》《草原法》《土地管理法》等都将"协商"作为环境纠纷的解决方式予以明确规定。如《水法》第五十七条规定："单位之间、个人之间、单位与个人之间发生的水事纠纷，应当协商解决。"

2. 人民调解

人民调解是具有中国特色的民间调解方式，是指人民调解委员会通过说服、疏导等方法，促使当事人在平等协商基础上自愿达成调解协议，解决民间纠纷的活动。2010年8月28日《中华人民共和国人民调解法》通过，作为民间调解的特殊形式，人民调解得以发展推广。截至2018年5月，我国共有人民调解委员会76.6万个，共有人民调解行业性、专业性人民调解组织4.3万个，派驻有关部门人民调解工作室1.6万个，专职人民调解员49.7万人，每年调解各类纠纷达900万件左右，调解成功率96%以上。[②] 目前，我国基本形成了多层次、宽领域、广覆盖的人民调解组织网络，有利于将矛盾化解在基层。

环境保护纠纷人民调解在近年来发展较快，各地都涌现出一些有益的探索，普遍强调建立政府、企业、社会各方力量共同参与的联合调解机制。比如，在省级层面，2018年2月2日，广东省环境保护纠纷人民调解委员会在广东省生态环境厅正式揭牌成立，成为国内首家省级层面环保类的行业性、专业性人民调解机构。在地方层面，2018年福建龙岩新罗区探索建立了"生态环境纠纷调解超市"。该超市实行专职与兼职相结合的方式，由地方司法局、法院、检察院、环保局等10个单位邀请生态环境纠纷调解专家、辖区法律顾问、村（社区）主任、综治协管员、人民陪审员、基层金牌调解员等具有专长、热心调解工作、善于化解矛盾纠纷的社会各界人士担任超市兼职调解员，重点关注群众关心的工地噪声

① 周健宇. 环境纠纷行政调解存在问题及其对策研究：基于政治传统、文化传统的视角 [J]. 生态经济，2016（1）：201-206.

② 新华网. 我国76.6万个人民调解委员会将矛盾化解在基层 [EB/OL]. http://www.xinhuanet.com/2018-05/10/c_1122814920.htm.

和扬尘污染、社会生活噪声扰民、河水污染、油烟超标排放、垃圾异味、建筑垃圾和建筑弃土运输车辆沿街撒落等环境问题。[①]

3. 民间仲裁

仲裁是一个法律术语，是指由双方当事人协议将争议提交具有公认地位的第三者，由该第三者对争议的是非曲直进行评判并做出裁决的一种解决争议的方法。仲裁不同于诉讼和审判，仲裁需要双方自愿；也不同于强制调解，是一种特殊调解，是自愿型公断，区别于诉讼等强制型公断。一般而言，仲裁机构是一种社会服务组织，既不隶属于司法机关，也不属于行政机关。在我国，环境仲裁有明确规定的仅限于涉外海洋环境纠纷。有学者指出，"实践中，我国既没有专门的环境仲裁机构，也没有专门的环境仲裁法规，仲裁能否作为环境纠纷的主要解决方式尚存争议。目前，各地仲裁委员会并没有把环境纠纷列入仲裁的受案范围，当事人也极少将纠纷提交仲裁机构审理"[②]。

4. 社区环境圆桌对话

2000 年始，世界银行在江苏全省及重庆市开展了"社区圆桌对话项目"。该项目围绕卫生、医疗、交通、安全等公共问题，组织、邀请相关政府部门、企事业单位及公众代表，通过平等对话的方式进行沟通，解决实际问题。环境问题是其中的主要议题。2006 年开始，国家环境保护总局宣教中心与世界银行合作，在全国选择了五座城市（沈阳、石家庄、邯郸、秦皇岛、杭州）开展试点工作，合作项目确定为"社区环境圆桌对话项目"。实践证明，通过该项目的开展，解决了社区的环境问题，增进了政府、企事业单位、公众三方之间的相互理解，有力地促进了当地的绿色社区创建工作。

思考题

1. 什么叫环境纠纷？如何看待环境纠纷的类型？
2. 如何看待环境纠纷的原因？
3. 如何看待环境纠纷解决的类型？我国环境纠纷解决方式有哪些？
4. 如何理解环境纠纷解决的理论范式？
5. 如何理解我国环境纠纷及其不同阶段的特征？

阅读书目

1. 陆益龙. 转型中国的纠纷与秩序：法社会学的经验研究 ［M］. 北京：中国人民大学出版社，2015.

2. 郭星华，等. 社会转型中的纠纷解决 ［M］. 北京：中国人民大学出版社，2013.

---

① 福建省司法厅官网. 新罗区成立"生态环境纠纷调解超市" ［EB/OL］. http：//sft.fujian.gov.cn/zwgk/jcdt/xsqsfj/201807/t20180712 _ 4293646.htm.

② 郭红燕，王华. 我国环境纠纷机制解决现状与改进建议 ［J］. 环境保护，2017（24）：44 - 48.

3. 王灿发. 中国环境诉讼典型案例与评析 [M]. 北京：中国政法大学出版社，2015.

4. 布莱克. 社会学视野中的司法 [M]. 郭星华，等译. 北京：法律出版社，2002.

5. 布莱克. 法律的运作行为 [M]. 北京：中国政法大学出版社，1994.

第 九 章

环境运动

【本章要点】

- 广义的环境运动是指一些个体和群体因为对环境问题有共同的关注而采取的与利益相对方存在观念或行为冲突的一种集体行动，其目标是表达意向或促进社会变革。狭义的环境运动是指由社会组织发起的，以环境正义为目的，主要采取非制度性方式进行的，具有一定连续性和组织性的、冲突性的环境争议活动。

- 根据环境运动的参与主体可以区分为政府主导型环境运动和民间自发型环境运动。政府主导型环境运动是主要由国家或政府部门发起的环境教育、宣传和治理行动。民间自发型环境运动是指由公众、民间环保组织等社会力量发起的环境保护行动，是一种自下而上的环境保护运动。

- 环境运动研究主要有四种理论视角，分别是新社会运动理论、政治机会结构理论、政治过程理论和资源动员理论。

- 世界北半球和南半球的环境运动存在差异。前者主要包括美国、加拿大、西欧等西方国家和地区，后者主要包括亚洲、非洲、拉丁美洲等发展中国家和地区，如印度、尼日利亚、玻利维亚。发展中国家环境运动的主要目的在于保护自身生计权益，源于经济利益受到威胁。

- 根据行动目的与参与者的特征，我国的民间自发型环境运动可以区分为三类：一是知识分子的环境启蒙运动；二是主要由民间环境团体发起的、以保护自然生态资源为目标、中层阶层为主要参与者的自然保育运动；三是由城市居民或农村村民发起的，针对污染源企业或单位的，以求偿、驱逐或关闭企业为目的的反污染抗争运动。

【关键概念】

环境运动 ◇ 自然保育运动 ◇ 反污染抗争运动 ◇ 政府主导型环境运动 ◇ 民间自发型环境运动

随着环境问题的发展，民众通过不同形式的环境运动表达利益诉求。这一行动也推动了相关环境政策和法律条款的出台，影响着环境治理的进程。本章旨在介绍环境运动的基本内涵及其主要理论视角，分析西方以及中国的环境运动的特点。

第一节
环境运动的概念与内涵

环境运动是社会运动的组成部分，在工业化国家普遍地存在着。本节介绍环境运动的内涵、特征类型及研究的理论视角。

一、环境运动的内涵

环境运动是一个聚讼纷纭的概念，在使用过程中，其含义也多有变化。对于什么是环境运动，没有一个公认的定义。之所以出现这种情况，主要有两个原因：一是环境运动的现实形态和内容比较复杂，不断翻新。大量与环境议题有关的集体行动，尽管都自称或者被外界视为环境运动，但实际在价值取向、组织形态、行动策略等方面差异很大，有时甚至互不承认对方为环境运动。二是基于不同的理论观点和价值立场，学者们在刻画环境运动的本质时难免各有侧重，从而形成了各具特色甚至相互矛盾的定义。比如欧洲的"新社会运动"视角与美国的"理性选择视角"对环境运动的理解就存在严重分歧。[①] 鉴于此，这里主要挑选在学术史上具有代表性的定义，比较它们之间的异同，梳理环境运动概念内涵的发展。

（一）环境运动概念的发展

1. 作为资源与生态保护的环境运动

作为资源与生态保护的环境运动可以追溯到以吉福特·平肖（Gifford Pinchot）为首的保育主义和以约翰·缪尔（John Muir）为首的保存主义。1892 年约翰·缪尔成立了美国首家环保组织"塞拉俱乐部"（Sierra Club），代表荒野保存运动的起源，主要强调大自然的审美和精神价值，主张永久保护森林和其他景观。在西奥多·罗斯福任总统期间，吉福特·平肖是罗斯福最信任的顾问和朋友。他屡任国家林业调查委员会主任、国家林业局局长等政府要职，也主张保护自然，但最终目的还是为了发展经济，属于功利主义的自然保育主义。

[①] 洪大用，等. 中国民间环保力量的成长 [M]. 北京：中国人民大学出版社，2007：212.

保育主义与保存主义共同构成了美国早期环境运动的价值基础。1962 年《寂静的春天》出版，开启了现代西方环境运动的序幕，也塑造了关于社会与环境的主流意识，定义了环境运动的图像，即环境运动意味着共同保护我们的环境。环境运动逐渐发展成为一种全球性的现象，诸如"生态体系是跨国界的""不同地域的生存也是相互依存的"等价值观得到了更多认同。这种观点不但获得普通大众的青睐，也获得了一些社会学家的支持。比如戴维·弗兰克（David Frank）就指出，全球性环境运动最重要的要素在于各国政府有责任保护它们边界内的自然环境。全球性环境运动主要由如下两股力量推动：一是对于自然的认知，从上帝的创造物转变为为人类所利用的资源，最终成为生命的必需；二是民族国家的体制逐渐普及化，世界社会被设想为由互不重叠的民族国家所组成，它们之间的关系进一步制度化成为国际组织。[①]

由此可以看出，早期的环境运动具有明显的反发展主义的色彩，希望能够保留荒野或者避免资源进一步损耗。20 世纪 70 年代，一些生态学者甚至主张，既然地球的资源是有限的，人口的增长与经济活动却是无限的，那么解决的方式自然是依靠强有力的公共权威，限制人们对资源的使用。

2. 作为社会正义的环境运动

20 世纪 60 年代之后，环境运动的实践已经呈现出多元化发展的态势，将环境运动视为全球一致性的环境保护的观点受到了一些社会学家的质疑。比如，弗雷德里克·巴特尔指出，现实的环境运动与许多宣称要保护环境的制度处于冲突的状态。[②] 因此，不能简单地将环境运动理解为保护荒野或者自然资源，比如，在一些山区中，村民的生活依赖于周边的山林环境，如果完全对森林环境进行保护，可能会剥夺周边村民的生计。另外，大量的研究表明，贫困群体比富裕群体承担了更大的环境破坏的代价。从这个意义上而言，直面环境危机必须要采取社会改革的策略，通过社会群体的动员，解决当前的贫穷、经济剥削、文化歧视、政治排除等现象，改变既有的压迫性的社会关系。只有重新调整现代社会的财富与权力配置方式，当前的社会生产与环境的矛盾才能化解。在这个意义上，环境运动的核心内涵就是社会正义。正因为如此，有的社会学者把环境运动定义为"一种追求环境正义的集体行动，其目标包括了环境风险的公平分配、不同生活方式与传统的承认、环境决策的共同参与"[③]。

3. 作为抗争政治的环境运动

环境运动追求社会正义，不可避免地会与现有的政治社会体制发生冲突，其原因在于重新分配环境风险、承认少数族群文化、参与环境决策等都会触动既有群体的利益。这也是为什么一些学者把环境运动理解为利益政治。比如，有学者

① FRANK D J，et al. The nation-state and the natural environment over the twentieth century [J]. American sociological review，2000，65：96 – 116.

② BUTTEL F H. World society，the nation-state and environmental protection [J]. American sociological review，2000，65：117 – 121.

③ 何明修. 绿色民主：台湾环境运动的研究 [M]. 台北：群学出版有限公司，2006：7.

指出，"环境问题并不单纯只是社会与自然的对立，而是不同的社会力量的抗衡，它们争议的焦点在于不同版本的社会与自然关系。作为资源分配的另类主张、公共政策讨论的参与者、权力游戏的角逐者，环境运动面对一群可清楚划分出来的对手，而它本身就是一种利益表现的方式"①。比如，在一些开发争议中，开发商和发展主义政府无疑是具有利益动机的，但是反对开发的环保主义者未必没有利益动机。维持自然景观、生态系统，从某种意义上，也为环保主义者从事观鸟、生态旅游创造了便利。

一般而言，在抗争政治中，利益的表达方式高度依赖非传统的手段，较少采用制度化方式。这些方式包括集体陈情、静坐、绝食、游行、围堵、罢工等。而需要指出的是，利益受损者之所以采取这类较为激烈的抗议方式，主要是由于他们本身缺乏体制内诉求的管道或制度化方式未能达到他们认可的目标。

抗争政治提出的代表人物西德尼·塔罗（Sidney Tarrow）指出，"与其将社会运动视为极端主义、暴力和剥夺感的表现，不如将其定义为一种集体挑战，一种以共同目的和社会团结为基础的，在与精英、对手和权威之间持续不断的交锋中展开的集体挑战"②。作为抗争政治的环境运动必然涉及集体挑战、群体利益、国家权力和体制外的手段。那些没有涉及不同部门利益的对抗也没有明显对抗的社会群体的活动，如与环境有关的植树、净山、回收旧衣服等公益活动，属于共识政治的范畴，而不是抗争政治，在抗争政治意义上不能被纳入环境运动中。

（二）环境运动的定义

综合以上环境运动概念的发展，这里从广义和狭义两个方面界定环境运动。

广义的环境运动是指一些个体和群体因为对环境问题有共同的关注而采取的与利益相对方存在观念或行为冲突的一种集体行动，其目标是表达意向或促进社会变革。这个定义强调环境运动的几个基本特征：一是依靠某种集体认同和团结感而得以维持。环境运动的一个重要特征在于它的发起人、领导者或核心参与人与其他参与者之间没有固定的、程序化的支配与服从关系。二是主要采取非制度化的行动方式。也就是在运动中，采取的基本手段是非制度化的抗争。当然，这是就整个运动而言的，并不是说环境运动的任何一个组织或个体都会采取非制度化的抗争方式。三是有明确的目的，即表达意向或促进社会变革。环境运动的目标既可以是利益表达，也可以是追求或抵制社会变革。环境运动追求的社会变迁通常是局部的，而不是整体的社会变革。

狭义的环境运动是指由社会组织发起的，以环境正义为目的，主要采取非制度性方式进行的，具有一定连续性和组织性的、冲突性的环境争议活动。狭义的环境运动除了具有广义环境运动的一般特征之外，还具有以下几个方面的特点：一是冲突性，运动的双方或者多方发生了实质性的对抗或者冲突行为。二是具有

① 何明修. 绿色民主：台湾环境运动的研究［M］. 台北：群学出版有限公司，2006：15.
② 冯仕政. 西方社会运动理论研究［M］. 北京：中国人民大学出版社，2013：27.

一定的连续性和组织性。运动由连续性的一系列争议事件组成，单个的、离散的事件形不成运动。

学术界对"中国是否存在环境运动"存在争议。我们认为，在广义环境运动上，我国存在表达意向和促进社会变革的环境运动。在狭义环境运动上，不同学者则有不同理解。比如，也有研究指出，中国不存在环境运动，存在的只是没有持续抗争的环境主义（environmentalism without sustained conflict）。[①]

二、环境运动的特征

环境运动是社会运动中的一种，具有社会运动的一般特征。但环境运动也有不同于其他社会运动的一面。比如，其他社会运动主要是人之于人的行动，而环境运动还包括人之于环境的行动。总体而言，环境运动的特征可以概括为如下几个方面。

（一）参与主体多样

由于环境运动自身的复杂性，环境运动的参与者也呈现出多样化的特征。参与者中既有城市的知识精英，也有农村的普通村民；既有年过花甲的老者，也有稚气未脱的青少年；既有著名的科学家，也有一般的市民；既有来自媒体的文化人，也有来自高校的大学生。而在环保组织中，既有像自然之友、绿家园、公众环境研究中心等拥有一定数量的会员，并有能力影响环境政策制定的正式注册的民间环保机构，也有关注自身生存环境条件改善的社区民间环境保护小组。总之，环境运动的参与主体多种多样。

（二）保护范围广泛

工业革命以来，由于人类对自然无止境的"掠夺"，环境问题出现了全面恶化的趋势，作为对环境问题恶化的反思与行动的环境运动需要保护的目标自然呈现出广泛性特征。比如，从对某种珍稀植物的保护到对某种濒临灭绝的鸟类的关注，从实践上对土壤沙化的保护到理论上对核污染的探讨，从环境恶化可能对身体健康的影响到不同阶层的环境公平呈现，从关心国内空气污染到关注全球气候变化，环境运动都有涉及。

（三）行动策略多样

由于环境运动的参与群体不同，运动组织的类型、规模、掌控的资源等不同，其环境保护策略呈现出多样性的特征。比如，美国的环境保护运动，既有采取向国会议员游说环境状况及利害的做法，从而促使议员提案反映环境运动的真

① STALLEY P，YANG D. An emerging environmental movement in China? ［J］. China quarterly，2006，186：333－356.

实性及可行性，使环境保护运动在国家立法中取得一定的地位，也有采取在群众中宣传环境犯罪和滥捕乱猎行为的恶果及与每个人的切身利益相关的做法，从而激发民众的参与，壮大环境保护运动的规模。[①]

(四) 诉求目标温和

从整体而言，环境运动企求改变的并不涉及整个社会体制激进改变的价值取向问题，而是某个或某些较特定的社会安排方式、规则、规范、法令。当然，环境运动并不排除在运动的过程中使用一些非制度化的方式，但是其诉求并不涉及基本的体制问题。

三、环境运动的类型

在实际研究中，我们可以依据不同的标准将环境运动划分为不同的类型。一般而言，社会学界通常采用以下几组分类。

(一) 保育主义运动、环境主义运动和生态主义运动

根据环境运动发展的阶段，它可以分为保育主义（conservationism）、环境主义（environmentalism）和生态主义（ecologism）三种类型的运动。保育主义运动是以自然资源保护为目标的运动，一般会采用游说等方式。比如，有关某荒原或物种的保护，或对国家公园、公共牧场、被侵蚀的土壤等范围有限的自然资源的有效管理。环境主义运动是以环境质量保护与改善为目的的运动，一般会使用游说、诉讼、公民参与等方式保护环境，以提高生活质量，比如对于城市中的空气和水资源的保护。生态主义运动是以实现生态可持续发展为目标的运动，一般会采取游说、诉讼、选举、直接行动、生活方式改变等策略。

美国学者默蒂戈（A. Mertig）、邓拉普等在对美国的环境运动阶段区分时大体采取了这一分类方式。美国的保育主义运动、环境主义运动和生态主义运动分别始于 19 世纪末、20 世纪中期和 20 世纪末期。

(二) 反污染抗争运动和自然保育运动

根据行动者的环境价值观，环境运动可以区分为反污染抗争运动和自然保育运动。反污染抗争运动（anti-pollution movement）是指基于直接环境污染受害经验而形成的一种生计取向的环境运动。参与者未必具有一般意义上的环境保护价值观，而主要是由于自身遭受了直接的环境污染危害。比如，居民针对周边的化工厂、垃圾填埋场和焚烧发电站、污水处理厂、电信发射基站等现代化工程已经造成或可能造成的环境污染而采取的环境争议行动，行动通常具有一定的冲突性。

---

① 叶平. 全球环境运动及其理性考察 [J]. 国外社会科学，1999（6）：37 - 41.

自然保育运动是指由基于抽象的生态环境价值观而形成的一种品质取向的环境运动。参与者关于自然破坏的知识，不限于自身的受害经验，而主要是一种对自然环境保护的价值追求，比如关注环境教育、河流、森林、湿地、动植物濒危、水坝建设、生态多样性等生态危机的环境运动。

西方学者古哈（Ramachandra Guha）和马丁内斯-阿里尔（Martinez-Alier）认为，反污染抗争运动通常发生于发展中国家，参与的群体通常是少数族群，大多以群众抗议的方式表达他们的诉求；而自然保育运动常见于发达国家，由中产阶级所组成的专业团体所领导，常采取体制内的立法游说与法律诉讼的策略。[①]在我国，反污染抗争运动的参与群体不限于底层社会群体，也包括城市社区的中层阶层群体，这一点在反对建设垃圾发电站等邻避运动中体现得尤为明显。自然保育运动也不限于专业环保团体所领导，一些社区环境保护小组在长期活动中同样具有现代意义的环境意识与环境价值观。我国自然保育运动更为关注环境教育与环境体验，仅有少数环保组织有资格或有能力开展环境公益诉讼。

（三）政府主导型环境运动和民间自发型环境运动

根据环境运动的参与主体，它可以区分为政府主导型环境运动和民间自发型环境运动。政府主导型环境运动是主要由国家或政府部门发起的环境教育、宣传和治理行动。这是一种自上而下的环境保护行动。比如，由全国人民代表大会环境与资源保护委员会同中共中央宣传部、财政部等 14 个部门共同组织的"中华环保世纪行"活动。该行动始于 1993 年，至今已持续 20 多年。再比如，1998 年由当时的国家环保总局牵头的"聚焦太湖"零点行动，在太湖治理方面影响重大。各个国家政府无疑都在环境保护行动中发挥了重要作用，我国尤其如此。其原因主要是"由于以前计划经济体制的影响以及民间环保力量的长期不足等原因，政府更是推动环境保护的重要主体"[②]，因此，洪大用用"政府主导型环境保护"[③]来概括中国环保工作的特征。

民间自发型环境运动是指由公众、民间环保组织等社会力量发起的环境保护行动，是一种自下而上的环境保护运动。比如，始于 2003 年的反怒江建坝运动就是由绿家园、云南大众流域等民间环保组织共同发起的，他们的活动引起了中央决策层的关注，2014 年 2 月，争论了半年的怒江十三级水坝暂时搁置建设。张玉林指出，从主体特征和行动方式看，中国的环境运动包括了知识分子的环境启蒙、城市精英的环保行动和基层民众的申诉和抗议行动。[④]这三类都属于民间自发型环境运动。

① GUHA R，MARITNEZ-ALIER J. Varieties of environmentalism：essays North and South ［J］. Varieties of environmentalism essays North & South，1997：57－62.

② 洪大用．试论正确处理环境保护工作中的十大关系［J］．中国特色社会主义研究，2006（5）：65－70.

③ 洪大用．社会变迁与环境问题［M］．北京：首都师范大学出版社，2001：2－3.

④ 张玉林．环境与社会［M］．北京：清华大学出版社，2013：179－185.

四、环境运动研究的理论视角

环境运动属于社会运动的一部分，对社会运动的理论研究有助于理解环境运动的发生与发展。许多社会学家将社会运动视为社会变革的动因。尽管影响社会运动的因素非常多，但是有学者从宏观层面上将其概括为三个主要因素：变迁、结构、话语。① 无论欧洲还是美国，关于西方社会运动的理论研究可以说是发展迅速而且视角多元，目前国内学者将社会运动的主要理论概括为六大类：新社会运动理论、政治过程理论、政治机会结构理论、资源动员理论、框架建构理论和集体行为理论。② 但是并非所有的社会运动理论都可以用来研究环境运动，目前学者们更多地运用新社会运动理论、政治机会结构理论、政治过程理论、资源动员理论来对环境运动进行研究。

(一) 新社会运动理论

从结构视角出发的新社会运动理论，更多地将环境运动的发展看作经济和社会结构变迁的结果，并且把西方社会阶级结构的变化看作 20 世纪 60 年代传统的、以阶级为基础的政治运动的衰落和环境主义兴起的重要力量。第二次世界大战以后，随着西方社会进入新的历史阶段，此前作为社会运动之主角的工人阶级抗争运动逐渐式微，以新的价值和认同为基础的"新社会运动"开始登上历史舞台。基于这个结构变迁，法国社会学家阿兰·图海纳（Alaine Touraine）认为新社会运动是人类从工业社会是后工业社会或者说是程控社会（programmed society）转型的产物。③ 20 世纪 60 年代末，西欧进入了一个动荡的时代，新左派分裂成许多单独的问题团体，代表和平运动、环境运动、反核运动、学生运动、妇女运动和同性恋解放运动等。这些单一问题团体的成立表明，传统社会行动团体，尤其是由工人和工会组成的"旧左派"，已经无法解决这些问题。正是在这种社会政治背景下，20 世纪 70 年代社会运动的基础发生了改变。

新社会运动与传统社会运动相比有如下四个特点。首先，在传统社会运动中，人们参与的理由是为了改进物质需求；但在新社会运动中，更多的是为了非物质性的价值，而不是因为在经济和物质上受到剥削和压迫。其次，传统社会运动背后往往有着共产主义、社会主义、无政府主义等宏大意识形态；而新社会运动背后没有这些宏大的意识形态，成员之间的凝聚基础往往是对一种共同身份的认同，比如环保主义者、女权主义等。再次，传统社会运动的对象是统治阶级以及使社会运动参加者处于被剥削和压迫地位的经济和政治结构；新社会运动更多

---

① 赵鼎新. 社会与政治运动讲义（第二版）[M]. 北京：社会科学文献出版社，2012：23.
② 冯仕政. 西方社会运动理论研究 [M]. 北京：中国人民大学出版社，2013：47.
③ ALAINE T. A method for studying social actors [J]. Journal of world-systems research, 2000, 6 (3)：900－918.

的是寻求国家通过立法等手段来保障，甚至是促进运动参加者关于生活方式和价值观的诉求。最后，传统社会运动的组织形态是有等级分层的，决策主要由组织内的领导做出，领导对成员有较大的约束力；新社会运动更多的采取的是一种平等、民主的组织形态，所谓的领导更多的是召集人的功能。①

新社会运动理论认为传统的工人阶级政治参与的作用明显下降，包括中产阶级在内的社会群体对包括环境在内的议题兴趣在扩大。新社会运动论被认为是对所谓"正统"马克思主义理论的反思、批判和修正。该理论致力于解释新社会运动的特征与第二次世界大战以来西方社会结构转型之间的关系。这其中又分为两种倾向，一种着眼于社会派系结构（social cleavage）变化，另一种则着眼于社会意识层面上的变化。

强调社会派系结构变化的新社会运动理论家认为，第二次世界大战后，随着西方社会从工业社会转向"后工业社会"，整个社会的派系结构发生了很大的变化。首先是产业结构的变化。第二产业的衰落导致产业工人作为社会运动主体的地位衰落，而第三产业的迅速发展则导致一个新的白领阶层或新中产阶级的崛起，成为新社会运动的主体。其次是政治和社会领域的变化。第二次世界大战以后，资本主义国家为了摆脱危机，加强了对各个领域的控制，这导致出现了一种新的社会矛盾——普通大众与技术官僚（technocracy）之间的对立取代劳资冲突成为占主导地位的社会冲突，这种新冲突具有与传统工人运动不同的价值和目标。最后是国际格局的变化。由于全球化过程的推进，以国家主权为主轴的世界政治格局开始发生变化，全球化治理导致国家主权有削弱的趋势，这在促进社会运动兴起的同时，也促进了社会运动价值和目标的多元化。

强调意识形态变化的代表性观点主要有三种：第一种是罗纳德·英格尔哈特1977年提出的"后物质主义"论。所谓后物质主义，是欧美在20世纪八九十年代新兴并流行的价值取向，是对20世纪70年代以前占主流地位的物质主义价值观的检讨和合理替代。随着西方国家由工业社会进入后工业社会，人们的价值理念开始改变，从热衷于经济增长和财富占有等物质价值转向对生态环境、生活质量、人权与公民自由等后物质价值的关注。其中，生活质量、自我实现和公民自由是后物质主义的基本诉求，而对生活质量以及与之相关的生态环境的重视则是后物质主义价值观最显著的特征。第二种观点把社会运动看作对福利国家政策的反应。这种观点认为，第二次世界大战后西方资本主义国家普遍实行福利国家政策，使人们的物质需要得到了全面满足，于是人们又开始追求别的稀缺物品，这些物品主要是地位性物品（positional goods）。对地位性物品的追求会导致新的社会矛盾和冲突，而福利国家却无力及时解决这些矛盾和冲突，从而导致了社会运动。第三种观点的代表人物是德国社会学家哈贝马斯（Jürgen Habermas）。他认为，第二次世界大战后，西方资本主义国家为了摆脱经济危机以及由此而来的合法性危机，加强了对经济和社会的干预，由此导致了"体制"对"生活世界"

<hr />

① 赵鼎新. 社会与政治运动讲义（第二版）[M]. 北京：社会科学文献出版社，2012：289-290.

的"殖民"。"殖民"化破坏了人与人之间原有的联系和忠诚，使人丧失了自我认同，发生了异化。新社会运动的主要目标就是反对政治和市场对生活世界的"殖民"，重建人与人之间的联系、忠诚和认同。①

新社会运动理论主要关注的是宏观结构层面上的问题。它的基本倾向是把第二次世界大战以后的社会运动看作西方资本主义国家社会结构转型的结果，以期从社会结构的高度去解释这些"新社会运动"何以发生、何以具有这些"新"的特征。② 1972年在温哥华成立致力于环境保护主义的绿色和平组织便是一个典型的新社会运动。③ 不仅如此，美国环境运动的兴起、发展与转型阶段，都具有强烈的"新社会运动"的色彩。按照卢曼（Niklas Luhmann）的观点，"环境传播"作为一种社会实践活动，与社会话语系统有着密不可分的关联。④

（二）政治机会结构理论

对环境运动的政治解释包括两个类型：一个是关注社会群体有多少机会将它的环境主张和认同在政治系统中表达出来，另一个是环境权利和不公正被政治系统排斥。这方面有两个社会运动理论视角可提供借鉴：政治机会结构理论和政治过程理论。下面先来介绍政治机会结构理论。

艾辛杰（Eisinger）⑤ 首先使用政治机会结构理论对美国40多个城市中的抗议活动进行了比较，发现当城市民众对当地政府影响力很大或者很小的时候，抗议活动发生的可能性就很小，而当一个城市的民众对当地政府影响力处于中等的时候，抗议活动发生的可能性就大大增加了。无疑，政治机会是社会运动发生和发展的重要影响因素。随着各类社会运动的兴起，如何界定政治机会结构成了一个十分重要的问题。

塔罗（Tarrow）提出了导致政治机会结构变化的四个基本要素。⑥ 首先是原来被政体排除在外的社会群体，由于某种原因对政体的影响力增大，这就为这些人发起运动创造了机会；其次是旧的政治平衡被破坏；再次是政治精英的分裂；最后是社会上有势力的团体成了一个社会运动群体的同盟。

麦克亚当（McAdam）把政治机会与其他促进性因素进一步区分开来，认为不能把政治机会的主观看法与客观政治机会结构混淆，因此细化了政治机会的四个维度：制度化政治系统的相对封闭和开发程度，一个政体赖以支撑的精英一致

① 胡连生. 论后物质主义对当代资本主义社会转型的影响 [J]. 江西社会科学，2009 (1)：166 - 170.

② 冯仕政. 西方社会运动研究：现状与范式 [J]. 国外社会科学，2003 (5)：66 - 70.

③ JOHN-HENRY H. New social movements, class and the environment: a case study of greenpeace Canada [J]. Cambridge Scholars Publishing, 2011: 8 - 11.

④ 连水兴. 作为"新社会运动"的环保传播及其意义：一种公民社会的理论视角 [J]. 中国地质大学学报（社会科学版），2011 (1)：82 - 87.

⑤ EISINGER P K. The conditions of protest behavior in American cities [J]. The American political science review，1973，67 (1)：11 - 28.

⑥ TARROW S G. National politics and collective action: recent theory and research in Western Europe and the United States [J]. Annual review of sociology，1988，14：421 - 440.

的稳定程度，运动从精英中取得盟友的可能性，国家镇压的能力和倾向。①

沿着麦克亚当的方向，迈耶等进一步阐述了对政治机会结构的研究应该围绕的三个研究方向：第一，谁的政治机会，即同样一个政治机会对别人有利，对他人可能不利；第二，什么样的政治机会，即区分同一种政治机会对不同运动形式和环节的意义；第三，政治机会是如何发挥作用的。②

国内学者从政治机会结构理论的视角总结了目前对中国环境运动有积极意义的三方面因素：首先是党的发展意识形态渐趋绿化的阶段性提升；其次是国家立法、司法制度框架下对环境社会组织的功能定位、能力建设与行政监管等的进一步开放与规范化；最后是政府行政系统内部、中央政府与地方政府之间的"目标/利益交叉错位"。这三个方面使得中国的环境社会运动不仅呈现为一种趋于活跃的态势，而且正面临一种迅速改善的政治机会结构。③

（三）政治过程理论

政治过程理论诞生的标志是麦克亚当于1982年出版的《政治过程与1930—1970年黑人起义的发展》一书。麦克亚当用"政治过程"来命名自己的理论模型，主要是为了强调两点：第一，社会运动是一种政治现象而不是心理现象，那些用来解释"正常"政治现象的因素同样可以用来解释社会运动；第二，社会运动是一个连续的过程，而不是一个个离散的阶段或事件。政治过程模型的核心是关于成员和挑战者的区分。成员位于政治体内，挑战者则位于政治体外。成员在本性上是保守的，他们宁可被动地防范挑战者给自身的既得利益所造成的威胁，也不会主动利用机会扩大自己的收益。正是这样一种保守的态度迫使挑战者不得不通过集体行动来维护自己的利益。政治过程论还特别强调，社会运动是运动内部因素与外部（环境）因素交互作用的结果。基于上述观念，麦克亚当提出两个分析模型，一是关于运动发生的模型，二是关于运动发展与消亡的政治过程模型。④

政治过程理论认为塑造社会运动发生的有三个系列因素：不断扩大的政治机会、本土组织力量和少数族群内部某种共同认知的出现。正是这三个系列因素的汇合促成了运动的发生。从时间上看，这三个因素加上第四个因素，即其他群体

① 冯仕政. 西方社会运动理论研究. 北京：中国人民大学出版社，2013：177；MCADAM D. Opportunities, mobilizing structures and framing progresses: toward a synthetic, comparative perspective on social movements [M] //MCADAM D, MCCARTHY J D, ZALD M N. Comparative perspective on social movements: political opportunities, mobilizing structures and cultural framings. New York: Cambridge University Press, 1982: 1-20.

② MEYER D S, MINKOFF D C. Conceptualizing political opportunity [J]. Social forces, 2004, 82 (4): 1457-1492.

③ 郇庆治. "政治机会结构"视角下的中国环境运动及其战略选择 [J]. 南京工业大学学报（社会科学版），2012 (4): 28-35.

④ MCADAM D. Political process and the development of black insurgency, 1930—1970 [M]. Chicago: University of Chicago Press, 1982: 51-55.

不断变化的对运动控制的反应，持续塑造着运动的发展。① 认知解放是麦克亚当在 20 世纪 90 年代对政治过程理论补充的内容，以此表明这种理论不仅关注社会运动的结构性因素，同时也关注文化因素。

政治过程理论将社会运动和广义的制度政治相联系，既重视政体对社会运动的影响，同时又关注社会网络、组织强度、文化习性等运动的社会基础。虽然政治过程理论广受称赞，但国内有学者认为其本身仍有一些值得进一步提升的地方：首先，麦克亚当提出的认知解放，其本意是要强调文化因素对于社会运动的影响，但是其研究的立足点仍是结构要素，忽视了行动者的情感、话语等非结构因素；其次，对认知解放的定义，麦克亚当并未给出明确的说明，他将认知解放视为过程而非状态；最后该理论未重视国家与社会互动过程中的结构性张力对社会运动的影响。②

（四）资源动员理论

资源动员理论的兴起是西方社会运动研究中的一次范式革命。资源动员理论不太关心那些宏观结构层面上的问题，它认为社会中普遍存在的"不满"是社会运动发生的直接原因。③ 1977 年，约翰·麦卡锡（McCarthy John D.）和迈尔·佐尔德（Mayer N. Zald）发表了《资源动员与社会运动：一个不完全理论》一文，从资源动员的角度提出了一系列概念和相关命题，由此资源动员理论最终确立，也标志着西方社会运动理论的诞生。

资源动员理论有两个基本的研究方向：一是分析社会运动组织的形态。资源动员理论关于"资源"的理解非常宽泛，它既包括有形的金钱、资本和设施，也包括无形的领袖气质、组织技巧、合法性支持等。资源动员理论认为，资源的组织化程度是决定一项运动成败的关键，组织化程度越高，运动成功的可能性越大。二是分析社会运动的动员背景。与热衷于研究社会运动组织的学者不同，一些学者认为，社会运动的成功并不完全取决于社会运动组织的运作，而是同时取决于社会运动组织所嵌入的社会背景。④

为了区分不同社会群体对资源动员的意义，资源动员理论区分了六种社会人群：公众、拥护者、支持者、旁观者、反对者和受益人。它特别强调良心支持者和良心拥护者对运动进程的重要性，并指出潜在受益人不一定是社会运动的支持者和拥护者，大量参与社会运动的人或组织都是些没有利益企图的良心支持者和良心拥护者。资源动员最重要的任务之一就是要把反对者转变为旁观者，把旁观

---

① 冯仕政. 西方社会运动理论研究 [M]. 北京：中国人民大学出版社，2013：164 – 165. MCADAM, D. Political process and the development of black insurgency，1930—1970 [M]. Chicago：University of Chicago Press，1982：58 – 59.

② 高新宇. "政治过程"视域下邻避运动的发生逻辑及治理策略：基于双案例的比较研究 [J]. 学海，2019（3）：100 – 106.

③ 冯仕政. 西方社会运动研究：现状与范式 [J]. 国外社会科学，2003（5）：66 – 70.

④ 同③.

者转变成拥护者，把拥护者转变成支持者。①

爱德华兹和麦卡锡将资源分为以下五种类型：人力资源（包括劳动力、技能、领导力和专业知识）、物质资源（包括资金、设备和物质资本）、道义资源（包括合法性、团结性支持、同情性支持和赞誉）、社会组织资源（包括出于运动目的而有意创建的组织和非运动目的创建却可为运动所用的组织）和文化资源（包括文化技能、文化产品、概念工具和专门知识）。② 在中国环境运动发展过程中，2007 年厦门 PX 事件的成功正是运动过程中物质性资源与非物质性资源共同发挥作用的结果。物质性资源的动员主要表现在运动参与者、社会运动组织与社会关系网络三个方面。非物质性资源的动员主要表现在参与者对道义资源、文化资源以及一些精英人物的影响力的合理利用，这些也都在一定程度上推动厦门人民的维权走向成功。③

当然，我国环境运动的发生发展具有特定的成长历程与制度背景，如果将西方理论模型直接用于对中国经验事实的分析，显然是无法令人信服的。所以我们需要甄别这些理论及观点成立的条件与背景，同时增强中国环境社会学的理论自觉意识，求同存异，在吸收国外先进理论精华的基础上，建构本土化的分析框架。

第二节
西方的环境运动

从世界范围看，有学者区分了北半球（global north）和南半球（global south）环境运动存在的差异。前者主要包括美国、加拿大、西欧等西方国家和地区，后者主要包括亚洲、非洲、拉丁美洲等发展中国家和地区，如印度、尼日利亚、玻利维亚。西方环境运动在组织结构和策略方面具有一些突出特点。比如，美国环境运动比较强调专业化（professionalized），环境运动主要由正式运动组织推动，运动组织由分工明确的专业人员构成，活动经费预算充足，目前已经发展出了广泛的筹款机制和讨价还价的策略。而发展中国家环境运动主要是由志愿者构成的集体行动团体推动，活动无经费支持，主要通过组织民众直接行动的方式保护地方环境。整体而言，发展中国家环境运动主要目的在于保护自身生计权益，源于经济利益受到威胁。比如，源于 20 世纪 80 年代的巴西橡胶树保护运动（rubber

① 冯仕政. 西方社会运动理论研究. 北京：中国人民大学出版社，2013：110 - 112；MCCARTHY J D, ZALD M N. Resource mobilization and social movements: a partial theory [J]. American journal of sociology, 1977, 82 (6): 1212 - 1241.

② EDWARDS B, MCCARTHY J D. Resources and social movement mobilization [M]. Oxford: Blackwell Publishing Ltd., 2004: 117 - 118.

③ 刘颖. 资源动员理论视角下的中国环境运动分析：以厦门 PX 事件为例 [J]. 鄱阳湖学刊，2015 (1): 79 - 84.

tappers movement），胶农通过在橡胶林割胶而获得经济来源，而当牧场主希望毁掉橡胶林进行放牧时，就威胁了胶农的基本经济收入来源，也因此导致了胶农橡胶林保护运动。另外，在西方文化中，自然与社会的二元对立是根深蒂固的，在非西方文化中，人们普遍认同"人是环境中的一部分"的思想，因此，在发展中国家的环境运动中，保护环境与救赎自身是融二为一的。① 发达资本主义国家众多，出于不同国家工业化历史、环境问题的表现形态以及制度、文化方面的差异，本节选择美国和日本进行介绍。美国的环境运动在西方具有典型性，自然是本节关注的对象。而日本是中国的近邻，与中国同属于东亚国家，而且日本的环境运动历史较少受到欧美国家的影响，自成系统。了解美国和日本环境运动发展的历史，有助于对西方环境运动进行批判性反思。

一、美国的环境运动

罗伯特·布鲁尔（Robert Brull）指出，美国的环境运动是一个有着超过6 500个国家环境组织和20 000个地方环境组织、两千万至三千万成员参与的、应该是美国社会中最大的社会运动。② 美国的环境运动大体上可以分为兴起、发展与转型三个不同的阶段。③

（一）美国环境运动的兴起

美国环境运动兴起于19世纪50年代，包括三个组成部分，即城市公共卫生与环境改革运动（urban public health and environmental reform movement）、自然资源保护运动（conservation movement）和自然保留运动（wildness preservation movement）。

19世纪美国城市公共卫生与环境改革运动主要包括公共卫生、垃圾处理、水污染控制和城市美化运动等方面。公共卫生运动最早是从预防疾病、降低死亡率开始的。受19世纪30年代英国公共卫生运动的影响，50年代美国也兴起了改善贫民生活卫生条件、防止传染性疾病发生的公共卫生运动。"纽约劳工的卫生状况""马萨诸塞卫生委员会报告"等民间机构和有关人士开展的城市公共卫生环境的调查报告引发了市民和政府的广泛关注。1866年纽约市通过了《城市卫生法》，1869年马萨诸塞成立了第一个州卫生局。19世纪80年代后，城市公共卫生运动在公众健康、固体废弃物处置和污水管理设施与安全饮用水系统等市政工程设施方面都有了长足发展。在此过程中，城市妇女和专业技术人员、专业协会发挥了重要的作用。比如，在工程师们的共同努力下，20世纪初，几乎每个

---

①　GOULD K A，LEWIS T L. Twenty lessons in environmental sociology［M］. Oxford：Oxford University Press，2009：244-245.

②　GOULD K A. Twenty Lessons in environmental sociology［J］. Oxford Up，2008：211.

③　徐再荣，等. 20世纪美国环保运动与环境政策研究［M］. 北京：中国社会科学出版社，2013：53-68.

城市都有了污水排放系统。在公共卫生运动发展的同时，城市美化运动也开始发展。这一运动的主要内容之一是修建大型公园和林荫道，改善城市环境。纽约、波士顿、芝加哥、堪萨斯城等城市陆续建立了城市公园。

19 世纪 70 年代，美国兴起了自然资源保护运动。自然资源保护运动的思想基础是保育主义。吉福特·平肖是保育主义思想的代表人物。保育主义主张自然是可以供人类利用、可为人类造福的资源，自然保护的途径是在科学原则指导下、在政府的有效管理下对自然资源进行正当的、明智的利用。他们反对自然资源的浪费和少数人对自然资源的垄断。自然资源保护运动者特别注重对森林、土地和水资源、野生动物等的保护。在森林保护方面，19 世纪末，美国在数百万英亩的土地上建立了森林保护区，并在内政部设立专门机构管理森林保护区。在保护土地和水资源方面，19 世纪 70 年后美国政府制定了一系列法律法规，比如1873 年的《育林法》、1877 年的《荒漠土地法》、1878 年的《木材石料法》、1894 年的《凯里法》等。在野生动物保护方面，联邦政府于 1885 年在内政部设立了鱼类与野生动物管理局。1899 年，美国国会通过了《湿地保护法》，以保护野生动物的栖息环境。

在自然资源保护运动兴起的同时，自然保留运动也开始出现。自然保留运动的思想基础是保存主义（preservationism）。约翰·缪尔是保存主义的代表人物。他们强烈要求保全荒野和野生动植物，坚决反对视自然为资源的思想，强调自然保护的唯一目的是保护自然本身。他们呼吁政府建立国家公园和保留地，保护美国西部环境。1872 年，世界历史上第一个国家公园黄石公园建立。

（二）美国环境运动的发展

20 世纪六七十年代，环境保护运动形成了新的高潮。究其缘由，大体有四：一是战后美国的生态危机；二是丰裕社会及中产阶级社会的形成；三是美国人对生活质量的追求；四是社会运动的推动。①

这个时期的美国环境运动主要由资源保护运动和反污染运动组成。从第二次世界大战结束到 20 世纪 70 年代，资源保护运动取得了较大的成功，主要体现在三个方面：一是保护国家恐龙遗址公园；二是推动国会在 1964 年通过了《荒野法》；三是阻止在美国大峡谷修建水坝。其中，《荒野法》的出台具有标志性意义。1956 年，荒野协会会长霍华德·扎尼泽草拟了荒野保护的议案，并成功说服两名国会议员在第 84 届国会第二次会议上提交。进入正式议程之后，国会为此举行了九次听证会，最终获得参议院和众议院高票通过。1964 年 9 月，时任总统林登·约翰逊签署了《荒野法》。

除自然资源保护之外，第二次世界大战之后，美国反污染运动也日益兴起。反污染运动直接源于战后美国的工业污染以及美国的公害事件。比如，1962 年，

---

① 徐再荣，等 . 20 世纪美国环保运动与环境政策研究［M］. 北京：中国社会科学出版社，2013：143 - 152.

卡逊的《寂静的春天》出版，引发了公众对于杀虫剂滥用的关注，更引起了代表不同利益部门之间长久的斗争。卡逊指出，杀虫剂不仅污染了人类赖以生存的空气、水源和土地，而且通过食物链从低等生物向高等生物不断传递和富集，使虫、鱼、鸟、兽因中毒而大量死亡；这种富集还破坏人的免疫系统，促使基因突变，对人体健康和整个生态系统构成重大威胁。美国农业界和化工界对此矢口否认，一方面向出版社施压以阻止该书的发行，另一方面通过专家站台、广告等多种方式加大杀虫剂无害的宣传。随着公众、媒体、政府的广泛参与，时任总统肯尼迪督促科学顾问委员会对杀虫剂问题进行了调查，并于 1963 年 5 月公布了关于这一问题的政府调查报告，报告支持了卡逊的观点。政府随后开始加大对杀虫剂的监管，1972 年，某些杀虫剂在美国被禁止使用。

这一时期的环境运动的社会影响主要体现在：第一，公众环保意识的提高。比如，1965－1970 年的盖洛普民意调查显示，认为政府关注的头三件大事应该包括"减少空气和水污染"的公众比率从 17％增加到 53％。第二，环保组织的发展壮大。比如，环保组织从 20 世纪 70 年代初的几百个增加到 70 年代末期的约 3 000 个。第三，环境问题的政治化。比如在美国总统竞选过程中，环境保护问题已经成为一个不可回避的问题。[①]

（三）美国环境运动的转型

20 世纪 80 年代，共和党长期执政并放松环境管制，美国的环境运动出现了三种不同的面向：一是主流环保组织加强了与公司、政府的合作，逐渐制度化；二是环境正义运动蓬勃发展；三是激进环保组织逐渐兴起。

1. 主流环境运动的制度化

20 世纪 80 年代以来，美国主流环保组织获得了长足发展，主要表现在会员人数的激增和经济状况的明显改善。比如，美国十大环保组织会员总数从 1965 年的不足 50 万人增加到 1985 年的 330 万人，1990 年则升至 720 万人；而十大环保组织的年度经费也从 1965 年的不到 1 000 万美元增加到 1985 年的 2.18 亿美元，再到 1990 年的 5.14 亿美元。随着会员和经费的激增，环保组织开始招募各类专业化人才加盟，更加重视相互合作机制的建设，更加注重使用选举、游说、诉讼等手段影响政府环境政策的制定。这一阶段的主流环保组织加强了与政府与公司的合作，比如环保组织开始积极推动公司参与环境保护，发挥市场机制在环境保护中的作用。

2. 环境正义运动的发展

环境正义运动发端于沃伦郡抗议事件（Warren County protest）。沃伦是北卡罗来纳州的一个郡，主要居民为非裔和低收入阶层的白人，是该州有毒工业垃圾的填埋地。1982 年 9 月，100 多名非裔妇女、儿童和少数白人组成队伍就垃圾填埋场问题与严阵以待的联邦探员和公路巡警发生了冲突。此事件后被称为"沃伦郡抗议事件"。沃伦郡抗议事件是一场以社区为基础、以少数族裔及低收入阶层为主要力量的环境正义运动，也引发了社会对种族、贫困与工业废弃物的环境后果之间关系的关注。1987年联合基督教会种族委员会公布的一份报告认为，商业性的垃圾处理站的分布与少数族裔人口呈正相关关系，垃圾处理站的数量越多、规模越大，少数族裔人口比例就越高。比如，在环保机构确定的有毒废弃物填埋点中，有40％集中在加利福尼亚州的凯特勒麦市、阿拉巴马州的埃默尔以及路易斯安那州的苏格兰维尔（Scotlemdvile）。此三处地方都是少数族裔聚集区，其中凯特勒麦市79.4％的人口为拉美裔，埃默尔人口中的78.9％和苏格兰维尔人口的93％为非洲裔。[①]

随着时间的推移，环境正义运动的诉求范围、参与群体、理念等也在发生变化。比如，从20世纪90年代开始，环境正义运动已经超越了社区反有害垃圾，开始关注职业病、公共卫生、食品安全等各个领域的歧视问题，环境正义运动的理念也从"有毒有害垃圾别在我家后院"向"所有的后院都没有有毒有害垃圾"转变。90年代以来，主流环保团体对社区污染的关注明显增加，环境正义运动与主流环保团体的关系也得以缓和，并开始相互配合与协作。

3. 激进环保组织的兴起

1980年以来，对环保怀有敌意的共和党人里根连续执政两届，美国出现了一股"环保逆流"。他上任不到两年，国家环保局的经费预算就削减了29％，工作人员也裁撤了1/4。与此同时，各类反环保运动也甚嚣尘上。尤其是农、林、牧、渔、采矿等传统产业，成为了反环保运动的中坚。主流环保组织正处于不断被体制吸纳的时期，面对压力，妥协退让，这也引起了主流环境组织中的一些会员的不满。因此，激进环保组织应运而生。激进环保组织的思想基础是以生态为中心而不是以人类为中心的深层生态学，它要求人们改变观念，承认各种形式的生命具有独立于人的内在价值。这个时期，具有全国影响力的激进环保组织的代表有绿色和平组织、海洋守护者协会、地球优先组织和地球解放阵线等。在行动策略上，这些组织主张通过破坏捕鱼伐木等设施、纵火等直接对抗的激进方式保护环境。其部分言行和行为有助于生态中心主义理念的宣传，推进了环境保护的发展；但其激进甚至是犯罪行为也受到了舆论的谴责，对其自身的发展产生了消极的影响，一些国家的政府部门甚至把个别激进环保组织列为恐怖组织。

二、日本的环境运动

日本环境运动的起点与欧美国家不同，它首先表现为污染驱动的反公害运动，后来演变为多种类型的环保运动。[②] 日本环境运动的发展与其在不同阶段面

---

①　张玉林. 环境与社会［M］. 北京：清华大学出版社，2013：167.

②　同①168.

临的环境问题密切相关。综合饭岛伸子、鸟越皓之、久光田等学者的研究，日本环境运动大体上可以分为如下几个阶段。①

（一）反公害–受害者运动

反公害–受害者运动是日本最早兴起的环境运动，最初的诉求是要求发生源企业停业或关闭，发展到 20 世纪 60 年代后半期后，出现了公害诉讼。饭岛伸子认为公害诉讼已经带有人权运动的特征，"通过要求受害赔偿，提出了'公害问题是对生活在受害地区的每一个居民人权的侵犯，是绝对不允许发生的事情'的主张，从而明确了反公害–受害者运动作为人权运动的一个轮廓"②。

1. 要求污染企业停业或关闭

日本的环境问题最早要追溯到 8 世纪的奈良时代，因建造大佛像使用大量汞而造成公害。9 世纪之后的江户时代，矿害的问题出现在史书中。比如别子铜矿山，由于尘肺病和事故，矿工平均寿命很短。明治维新之后，日本走上"殖产兴业、富国强兵"的道路，优先发展工矿业。19 世纪末，矿山开采和金属冶炼引发的生态危机在一些地区已经非常严重。期间，日本也陆续发生了一些反污染抗争运动，比如，针对四国地区别子山铜矿污染，栃木县、群马县等地的"矿毒"问题的抗争。其中，足尾铜矿污染引发的抗争事件被看作日本反公害运动的起点。

足尾铜矿位于距东京 100 多公里的栃木县境内，江户时代已经开采，明治初期走向衰落。1877 年，古河矿业公司买下该矿并大规模开采。冶炼过程中排放的砷、铜、二氧化碳对周边村庄产生了严重危害，导致农作物减产绝收，农民出现砷中毒，村民开始了强烈反对，并聚集在东京抗议。与此同时，栃木县选出的国会议员田中正造不断向国会提出质询，要求铜矿停止生产。然而，日本政府并没有支持村民的这一诉求，铜矿没有停业，除向部分地区支付和解款外，并没有向受害者支付赔偿款。

同样是在明治时代，在城市里同样出现了居民的反公害运动。比如，在东京深川区，浅野水泥工厂的粉尘给周边居民带来了各种不便和灾害，周边居民通过围堵厂门逼迫工厂方面承诺五年后撤走工厂。在神奈川县的逗子区，因铃木制药所的生产车间排放的盐酸气体和有机物引起了异臭和水污染，周边高级住宅区的居民都提出了迁走工厂的要求，结果工厂直接向居民承诺搬迁。当然，这两起事件的成功具有特殊性，因为受害者群体都属于中产及以上阶层，具有较强的资源动员能力。事实上，明治时代发生的多起污染抗议事件都无果而终。不仅如此，

① 饭岛伸子. 环境社会学 [M]. 包智明，译. 北京：社会科学文献出版社，1999：96－113；鸟越皓之. 环境社会学：站在生活者的角度思考 [M]. 北京：中国环境科学出版社，2009：117－126；张玉林. 环境与社会 [M]. 北京：清华大学出版社，2013：168－172；李友梅，刘春燕. 环境社会学 [M]. 上海：上海大学出版社，2004：217－223；HISAYOSHI MITSUDA. Surging environmentalism in Japan: a sociological perspective [M] //REDCLIFT M, WOODGATE G. The international handbook of environmental sociology. Cheltenham: Edward Elgar Publishing Ltd., 1997：442－452.

② 饭岛伸子. 环境社会学 [M]. 包智明，译. 北京：社会科学文献出版社，1999：98.

在日本走向对外侵略战争时期这种状况还有所加剧。其主要原因是由于污染企业被视为战争机器中的一个部分，在军国主义的高压体制下，民众的抗议大多被视为对战争的不合作，反而加剧了污染的蔓延。

2. 公害诉讼运动

1960 年，日本内阁宣布国家经济快速增长计划，表明"不惜一切代价的增长"的立场。这进一步加剧了环境污染问题。20 世纪 60 年代，日本已经成为"公害列岛"，其中代表性的是"四大公害"事件，即熊本县水俣湾畔因有机汞中毒引发的水俣病、富山县神通川流域镉中毒引发的痛痛病、三重县四日市大气污染造成的哮喘病和新潟县阿贺野川流域的"第二水俣病"事件。针对这些公害，居民开始通过诉讼的手段保障自身的权益。1976 年，新潟县 13 名受害者将污染企业告上法庭，这是日本公害诉讼运动的起点。此后，四日市市、富山县、熊本县的患者也陆续提起诉讼。这些诉讼最终都以原告的获胜而告终。这也迫使日本的经济界和日本政府不得不开始重视环境问题。

日本战后的公害诉讼运动之所以取得成功，也得益于社会力量的支持。医生、律师、学者和新闻记者等专业知识分子在诉讼期间发挥了重要作用。比如，熊本大学、新潟大学的研究人员推动了水俣病的确诊和责任断定，地方民间医生在富山县痛痛病的确诊方面发挥了重要作用。反公害运动也促进了日本的环境立法。1967 年，日本制定了环境污染控制基本法。1970 年，日本举行了被称为"公害国会"的临时国会，一次通过了 14 部环境法律。

（二）反开发运动

反开发运动"就是人们预料到工业化、城市化或者开发会给生活环境和地域社会带来不良影响而发起的运动。也就是为了避免上述状况的发生而进行的阻止工厂建设、巨大建筑物的建设以及其他开发行为的运动"[①]。反开发运动兴起于20 世纪 60 年代，兴盛于七八十年代。反开发运动的目标包括工业开发计划、观光开发计划、扰乱和妨碍生活环境设施的建设等地域开发计划。

20 世纪 60 年代，在日本政府"国民所得倍增计划"、《新产业都是建设促进法》、《工业整备特别地域整备促进法》等促进开发的政策支持下，日本各地纷纷推出工业、观光、生活环境设施建设等各类开发计划。这也引发了一些地区和组织的不满与反对。1964 年，静冈县三岛市、沼津市、清水町等地的居民开始阻止石油化学联合工厂的大型开发计划，日本反开发运动正式开启。在农民、渔民、家庭主妇、教师、自然科学家、自治会代表、医师会、工人等各个不同阶层的协作下，居民获得此次反开发运动的胜利。此后，各地陆续爆发了反开发运动事件，其中具有代表性的有：青森县六所村村民拒绝石油化学联合工厂建设运动；由外国女学生加盟的、全面发动女性力量的、反对在冲绳县石垣岛上建设新机场的运动；渔民、爱好钓鱼的记者、演员参加的、反对长良川河口堰堤建设的运动等。

---

① 饭岛伸子．环境社会学 [M]．包智明，译．北京：社会科学文献出版社，1999：104．

（三）反生活公害运动

20 世纪 70 年代末开始，日本进入高消费时代，高消费导致了生活公害。80 年代，日本兴起了大规模的反生活公害运动。其中比较具有代表性的是琵琶湖保护运动和生活者运动。

1. 琵琶湖保护运动

琵琶湖是日本第一大淡水湖，是京都、大阪、神户三市 1 400 万人的主要饮用水源地。70 年代后，琵琶湖陆续发生了淡水赤潮、蓝藻公害，引发公众关注。面对恶化的琵琶湖水，首先是滋贺县的家庭主妇站了出来，她们提出拒绝使用合成洗涤剂，呼吁使用对土壤和水质危害小的肥皂。她们组成了志愿者团队，开始广泛地宣传和活动。1978 年，市民们成立了"保护琵琶湖、推行肥皂粉县民运动"县联络会，把关注点从生活地域污水排放扩展到保护整个琵琶湖。这一运动也促使当地政府颁布了《关于防止滋贺县琵琶湖富营养化条例》。随后，滋贺县的保护水资源运动向全国扩展。

2. 生活者运动

面对自身的生活方式带来的生活公害，市民们开始自觉地反省自身的生活方式和消费方式。20 世纪 80 年代，城市地区以女性为中心而成立的俱乐部号召会员一起来"改变我们的生活方式"。1990 年，29 家生活俱乐部以及货运公司、奶牛场等九家公司组成"生活俱乐部生协联合会"。在经济上，她们通过共同购买活动，降低消费成本，促进有机农业的发展；在政治上，她们积极推进妇女参与地方政治；在文化上，她们讨论生态女性主义、苏联切尔诺贝利核电站事故等议题。不同于消费者运动，生活者运动关注经济、政治、文化、社区、环境等各个领域。

（四）自然保护运动

20 世纪 80 年代晚期，日本的环境运动发生了变化，开始对全球生态问题的关注。生态运动支持者们相信人类生活在一个整体的生态系统中，必须寻求对人类或自然环境产生很小破坏的生活方式。

这些支持者大多受过良好的教育，以中产阶层为主，他们在物质生活得到较好的满足后，对自然环境有了更高的追求。比如，国民信托运动引起了城市居民的浓厚兴趣，有效保护了北海道知床半岛的森林，而白神山地保全运动最终使得该地区于 1993 年被列为世界自然遗产。

随着全球环境危机的出现，日本的环境运动开始关注臭氧层破坏、地球温室效应、酸雨、热带雨林消失、濒危物种等全球性议题。同时，环保机构的组织化程度也有提高。1995 年，日本的环境团体有 4 500 多家，其中全国性社团有数百个，如日本自然保护联合会、日本野鸟协会等。[①]

---

① 张玉林. 环境与社会 [M]. 北京：清华大学出版社，2013：172.

第三节
中国的环境运动

环境运动是公众在特定历史背景下面对环境危机做出的一种回应。有学者指出，发展阶段、工业化模式以及政治背景都会影响到环境运动的产生与发展，不同国家的环境运动涉及不同的文化、制度等因素，因此也形成了不同的发展状况。[①] 这也就意味着，在理解我国的环境运动过程时，必须因地制宜，充分考虑我国环境运动的独特发展路径。有学者指出，我国的环境运动已经出现了从政府主导型向政府与民间合作动员型转变的趋势。[②]

一、政府主导型环境运动

在中国传统文化中，国家观念深入人心。中华人民共和国成立后，政府自然而然地成为国家建设的主要推动者。在我国环境治理、环境运动研究中，洪大用指出，"政府更是推动环境保护的重要主体"[③]。中国政府高度重视保护环境，认为保护环境关系到国家现代化建设的全局和长远发展，是造福当代、惠及子孙的事业。多年来，中国政府将环境保护确立为一项基本国策，把可持续发展作为一项重大战略，坚持走新型工业化道路，在推进经济发展的同时，采取一系列措施加强环境保护。在我国，政府主导的环境运动主要通过自上而下的动员推动生态环境保护工作，比如政府主导型环境公众参与、公众环境宣传教育和环保专项行动等。

（一）政府主导型环境公众参与

公众参与是推动环境运动产生发展的重要力量。在我国，公众制度化参与空间与政府政策决策密切相关。改革开放以来，我国通过不断优化环境公众参与、环境信息公开等法律法规，客观上推动了环境运动的发展。

1979 年制定的《中华人民共和国环境保护法（试行）》是环境保护的基本法。其中第四条规定："环境保护工作的方针是：全面规划，合理布局，综合利用，化害为利，依靠群众，大家动手，保护环境，造福人民。"第八条规定："公民对污染和破坏环境的单位和个人，有权监督、检举和控告。被检举、控告的单位和个人不得打击报复。"1989 年修订的《中华人民共和国环境保护法》第六条规定："一切单位和个人都有保护环境的义务，并有权对污染和破坏环境的单位和个人进行检举和控告。"2014 年修订的《中华人民共和国环境保护法》第五条

---

① 何明修. 绿色民主：台湾环境运动的研究［M］. 台北：群学出版有限公司，2006：7-8.
② 洪大用. 试论改进中国环境治理的新方向［J］. 湖南社会科学，2008（3）：79-82.
③ 洪大用. 试论正确处理环境保护工作中的十大关系［J］. 中国特色社会主义研究，2006（5）：65-70.

规定："环境保护坚持保护优先、预防为主、综合治理、公众参与、损害担责的原则"。其中的第五章首次专列了"信息公开和公众参与"，包括了第五十三条到第五十八条。如其第五十三条规定："公民、法人和其他组织依法享有获取环境信息、参与和监督环境保护的权利。各级人民政府环境保护主管部门和其他负有环境保护监督管理职责的部门，应当依法公开环境信息、完善公众参与程序，为公民、法人和其他组织参与和监督环境保护提供便利。"《环保法》赋予了公民、法人和其他组织依法享有社会监督、举报、诉讼等权利。

除环境保护基本法外，《中华人民共和国水污染防治法》（1996）、《中华人民共和国环境噪声污染防治法》（1996）、《中华人民共和国环境影响评价法》（2003）等环境法律中都对公众参与进行了规定。比如《中华人民共和国环境影响评价法》规定了相对详细的公众参与条款，确立了公众参与的原则，规定了规划环评的公众参与，规定了建设项目环评的公众参与。其中第二十一条规定如下："除国家规定需要保密的情形外，对环境可能造成重大影响、应当编制环境影响报告书的建设项目，建设单位应当在报批建设项目环境影响报告书前，举行论证会、听证会，或者采取其他形式，征求有关单位、专家和公众的意见。建设单位报批的环境影响报告书应当附具对有关单位、专家和公众的意见采纳或者不采纳的说明。"政府在推动环境运动公众参与过程中特别注重推动环境信息公开和环境公众参与。

首先，政府不断推动环境信息公开。2007年1月，国务院通过了《中华人民共和国政府信息公开条例》，该条例对我国各级政府信息公开的关联体制和机构、信息公开的范围、公开的方式和程序、监督和保障措施等做了全面的规定。同年2月，国家环保总局通过了《环境信息公开办法（试行）》，该规定已于2008年5月1日施行。这也是国家部委中第一个有关信息公开的部门规章，对环境信息公开的范围和主体、方式和程序、监督和责任等做出了明确的规定。2013年环境保护部印发的《国家重点监控企业自行监测及信息公开办法（试行）》对企业自行监测的内容、频次、保障措施、信息公开等方面进行了明确规定。2013年11月，环境保护部办公厅出台了《建设项目环境影响评价政府信息公开指南（试行）》，对建设项目环境影响评价的公开范围、公开方式、公开期限、公开内容等进行了规范。2014年12月，环境保护部通过了《企业事业单位环境信息公开办法》，对除需要强制公开排污信息的"双超"企业（污染物排放超过国家或者地方规定的排放标准，或是污染物排放总量超过地方人民政府核定的排放总量控制指标的污染严重的企业）外的重点排污单位信息公开提出了新要求，并明确了不如实公开排污信息的重点排污单位的法律责任。2016年11月，环境保护部又启动了《企业事业单位环境信息公开办法》的修订，修订的背景之一就是为了更好地发挥公众监督作用。

其次，政府持续推动环境公众参与。2006年2月国家环保总局颁布了《环境影响评价公众参与暂行办法》。该办法从公众参与的一般要求、公众参与的组织形式和公众参与规划环境影响评价的规定等多方面对环境影响评价活动中的公众参与进行了规定。2010年12月，环保部办公厅发布《关于培育引导环保社会组织有序发展的指导意见》。该指导意见发布的目的主要是促进环保社会组织的健康、有序发展，充分发挥环保社会组织在建设资源节约型和环境友好型社会中的作用。2014 年 5 月，环保部办公厅发布了《关于推进环境保护公众参与的指导意见》，从指导思想、基本原则、主要任务、重点领域和保障措施五个方面对环境保护的公众参与进行了规定。在重点领域层面，该指导意见强调要大力推进环境法规和政策制定的公众参与，大力推进环境决策的公众参与、大力推进环境监督的公众参与、大力推进环境影响评价的公众参与、大力推进环境宣传教育的公众参与。2015 年 7 月，环保部发布了《环境保护公众参与办法》，这是关于新修订的《环保法》的重要配套细则。该办法共 20 条，涉及立法目的和依据、适用范围、参与原则、参与方式、各方主体权利、义务和责任以及配套措施等内容。

实际上，除环境法律法规外，《中华人民共和国宪法》《中华人民共和国立法法》《中华人民共和国各级人民代表大会常务委员会监督法》《中华人民共和国行政许可法》等诸多法律都赋予了公民公众参与的权利。与此同时，党的重要文件始终把公众参与置于重要地位。如党的十八大报告指出："凡是涉及群众切身利益的决策都要充分听取群众意见，凡是损害群众利益的做法都要坚决防止和纠正。推进权力运行公开化、规范化，完善党务公开、政务公开、司法公开和各领域办事公开制度，健全质询、问责、经济责任审计、引咎辞职、罢免等制度，加强党内监督、民主监督、法律监督、舆论监督，让人民监督权力，让权力在阳光下运行。""要围绕构建中国特色社会主义社会管理体系，加快形成党委领导、政府负责、社会协同、公众参与、法治保障的社会管理体制"。党的十九大报告指出："巩固基层政权，完善基层民主制度，保障人民知情权、参与权、表达权、监督权。健全依法决策机制，构建决策科学、执行坚决、监督有力的权力运行机制。各级领导干部要增强民主意识，发扬民主作风，接受人民监督，当好人民公仆。"这些政策客观地推动了公众参与环境运动与环境治理。

（二）政府环境宣传教育与环保专项行动

1. 政府环境宣传教育

20 世纪 70 年代初开始，我国政府就开展了普遍的环境宣传教育活动，将教育和知识途径作为环境保护的重要政策工具。1992 年，全国首届环境教育会议在苏州召开，是我国环境教育发展的里程碑。1995 年年底，原国家环保局、中共中央宣传部以及国家教育委员会联合颁发的《全国环境宣传教育行动纲要（1996—2010 年）》，标志着我国环境教育进入制度化和规范化阶段。正是在这部纲领性文件的指引下，我国形成了中国特色的多层次、多形式、多渠道的环境教育体系。2011 年 5 月，原环境保护部、中宣部、中央文明办、教育部、共青团中央、全国妇联等六部委首次联合下发《全国环境宣传教育行动纲要（2011—2015 年）》，该纲要提出"十二五"的总体目标是："扎实开展环境宣传活动，普及环境保护知识，增强全民环境意识，提高全民环境道德素质；加强舆论引导和舆论监督，增强环境新闻报道的吸引力、感召力和影响力；加强上下联动和部门互动，构建多层次、多形式、多渠道的全民环境教育培训机制，建立环境宣传教育统一战线，形成全民参与环境保护的社会行动体系；建立和完善环境宣传教育体制机制，进一步提高服务大局和中心工作的能力与水平。"有学者认为，我国环境教育的重心已经从之前的"知识传播"过渡到"行动倡导"，标志着我国环境教育进入了新的发展阶段。[①] 2016 年 4 月，原环境保护部、中宣部等六部委联合出台《全国环境宣传教育工作纲要（2016—2020 年）》，该纲要的主要目标是："构建全民参与环境保护社会行动体系，推动形成自上而下和自下而上相结合的社会共治局面。积极引导公众知行合一，自觉履行环境保护义务，力戒奢侈浪费和不合理消费，使绿色生活方式深入人心。形成与全面建成小康社会相适应，人人、事事、时时崇尚生态文明的社会氛围。"

在环境宣传教育具体行动方面，一是加强了新闻发布工作。目前，全国各省级环保部门新闻发言人制度逐步建立起来，新闻发言人名单、电话面向社会公布。一些地方开设"环保曝光台"、组织媒体"伴随式"采访、环保厅长与网友"面对面"座谈并网络直播，还有一些地方通过培训、评选、考核等方式加强新闻发布工作。二是强化了环境新媒体建设运用。目前，全国地市级及以上环保部门微博微信全部开通，422 个单位的环保新媒体矩阵已经形成，在新闻宣传和舆论引导方面产生了很好很大的作用。有的省所有县级环保部门全部开通了"两微"，有的地方开展了"环保微电影"等新媒体产品的征集和展播。三是进行环境舆论引导。全国环保系统普遍加强环境舆论信息和舆情引导工作，组织开展"打好蓝天保卫战"大型主题采访活动，积极开展重污染天气舆情引导，主动设置议题，及时回应热点问题，解疑释惑，通过新媒体矩阵在发布权威信息、解决环境问题、服务人民群众、树立环保部门形象等工作中发挥了重要作用。四是不断创新环境宣传教育活动。"六五环境日"活动的社会影响日益扩大，环保设施公众开放工作在全国铺开，"绿色中国年度人物""寻找最美环保志愿者"等典型宣传活动深入推进。一些地方开设"环保号"地铁、环保主题车站等环境教育阵地，举办"环境文化周""环境文化节"等，取得了良好社会效果。[②] 通过政府环境宣传教育，公众的环境意识有了较大的提升，也有越来越多的公众投身到环境行动中去。

2. 环保专项行动

2002 年国家环境保护总局发布《关于统一规范环境监察机构名称的通知》，要求全国各级环保局（厅）负责环境执法的环境监理机构统一更名为环境监察机构。从 2006 年开始，国家环境保护总局先后印发《全国环境监察标准化建设标准》《环境监察执法手册》等。此后，环境行政执法主要是以环保专项行动为载体，重点解决群众反映强烈的突出环境问题。如"十一五"期间每年开展"整治违法排污企业 保障群众健康"环保专项行动，共查处环境违法企业 8 万多家次，

---

① 李明，朱德米. 从"知识传播"到"行动倡导"：我国环境教育新动向："十二五"环境宣传教育政策分析 [J]. 环境保护，2012 (4)：38 - 41.

② 李干杰. 以习近平生态文明思想为指导 努力营造打好污染防治攻坚战的良好舆论氛围 [J]. 环境保护，2018 (12)：7 - 16.

取缔关闭 7 294 家，企业环境违法信息纳入银行征信系统。

近年来，随着《大气污染防治行动计划》《水污染防治行动计划》《土壤污染防治行动计划》相继印发，打赢蓝天保卫战、碧水保卫战、净土保卫战等环保专项行动得以有效推进。2016 年第一批中央环保督察工作全面启动，目前已经完成了对全国 31 个省（市、区）的第一轮全覆盖式环保督察工作。2017 年开始，环境保护部开始采用督查"五步法"，即督查、交办、巡查、约谈、专项督察，来强化环境监管执法，以提高执法实效性。中央环保督察制度的启动实现了从督企到督政和督党的转变，是实现最严格环境保护制度的重要体现。数据显示，自 2015 年 12 月在河北省启动督察试点后，中央环保督察在两年内实现了对全国 31 个省（自治区、直辖市）的督察全覆盖。督察进驻期间，共问责党政领导干部 1.8 万多人，受理群众环境举报 13.5 万件，直接推动解决群众身边的环境问题 8 万多个。[①]

与此同时，各地也开展了环保专项治理行动。如 2016 年 12 月 9 日，江苏省"263"专项行动动员会召开，省委书记、省长双双到会并讲话，省长亲任专项行动领导小组组长。2017 年 2 月 20 日，《江苏省"两减六治三提升"专项行动实施方案》发布。同年 7 月 29 日省长吴政隆在省"263"专项行动领导小组第二次全体（扩大）会议讲话中以一组数据总结了前一阶段的工作成果，708 家化工企业、8 000 多家禁养区内的畜禽养殖场以及 5 000 多个燃煤小锅炉被关停。[②]

▌二、民间自发型环境运动▌

在我国，与政府主导型环境运动不同，民间自发型环境运动更加强调运动的社会性，在环境运动过程中同样发挥了重要作用。根据行动目的与参与者的特征，民间自发型环境运动大体上可以分三种不同的类型：一是知识分子的环境启蒙运动，兴起于 20 世纪 80 年代；二是民间环境保护组织的自然保育运动，参与者以知识分子和职业人士为主，兴起于 20 世纪 90 年代；三是针对具体污染问题的反污染抗争运动，类似于美国的"别在我家后院"的邻避运动。

（一）知识分子的环境启蒙运动

20 世纪 80 年代末至 90 年代初，环境主义思潮在中国逐渐开始兴起。[③] 徐凤翔、唐锡阳、黄宗英和徐刚是这波思潮的代表人物。他们通过著作和自己的实际行动激发公众对自然的热爱，影响了很多人参与到环境保护运动中。此时的行动主要表现为个体性行动。

1983 年，黄宗英以 1978 年援藏并深入西藏密林进行研究的南京林学院教授

①　吴舜泽，等. 中国环境保护与经济发展关系的 40 年演变 [J]. 环境保护，2018（20）：15 - 21.

②　杭春燕. 省委省政府强力推进"263"专项行动 [EB/OL] http：//jsnews. jschina. com. cn/jsyw/201708/t20170813_922053. shtml.

③　童志锋. 历程与特点：快速转型期下的中国环保运动 [J]. 理论月刊，2009（3）：146 - 149.

徐凤翔为原型创作了报告文学《小木屋》，徐凤翔献身科学与热爱自然的形象鼓舞感染了很多的民众。1995 年徐凤翔从西藏高原退休后，应北京有关方面的邀请，在北京西郊灵山山麓创建了北京灵山生态研究所、北京灵山西藏博物园、中华爱国工程联合会灵山青少年生态教育基地三位一体的生态科教园。科教园成为北京的绿色生态基地，很多的青少年来此参观体验。除此之外，她还经常应邀到北京的大、中、小学为师生作生态保护与人生之旅的报告，将其特有的生态环保教育带给学生们。①

20 世纪 80 年代末期，诗人徐刚在目睹了乱砍滥伐森林行为及其后果后创作了报告文学《伐木者，醒来!》。"这篇作品从根本上改变了人们对森林和自然的认识，颠覆了传统观念，并深深影响了高层的决策——自此，林业由以采伐木材为主开始向以生态建设为主进行艰难地转变。"②时任林业部部长指出："我们应该感谢徐刚，他在我们的背上猛击了一掌。让我们从睡梦中醒来。"③ 此后，徐刚不断在生态文学方面进行创作，一些知名的环境民间组织发起人受到他的作品的影响而走向了环境运动之路。

1993 年，《大自然》杂志（1980 年创刊）的创办者唐锡阳与妻子玛霞·马尔科斯在考察亚洲、欧洲、美洲 50 多个国家公园和自然保护区基础上出版了《环球绿色行》一书，推进了中国的绿色运动。三年之后，他又开展大学生环保绿色营活动，一年一届，足迹遍布十余个省市，诸多的"营员"目前已经成为中国环保运动的中坚力量。④

此外，还有诸多的作家、学者通过文学作品、实际行动等各种方式关注中国的环境问题，比如沙青的《北京失去平衡》（1986）、何博传的《山坳上的中国》（1988）、麦天枢的《挽汾河》（1989）、陈桂棣的《淮河的警告》（1999）、马军的《中国水危机》（1999）。⑤ 这些作品通过国家新闻媒体广泛传播，起到了警示国人的效果，共同汇聚成为改革开放以来的第一波环保思潮，也为之后的民间环保运动的展开奠定了基础。

（二）自然保育运动

在我国，自然保育运动主要是由民间环境团体发起的、以保护自然生态资源为目标、中层阶层为主要参与者的环境运动。它活动的主要内容是：开展环境教育，拯救濒临灭绝的候鸟、河流、森林、湿地等。我国的自然保育运动可以分为萌芽期和发展期两个不同的阶段。⑥

① 李国文．"森林女神"徐凤翔的高原梦［J］．今日中国，2003（7）：48－51.
② 李青松．我说徐刚［J］．森林与人类，2004（8）：37－38.
③ 同②.
④ 覃涓．环保牵起"宇宙之缘"［J］．沿海环境，1999（8）：4－5；邹晶．物我同舟 天人共泰：访绿色营发起人、环保作家唐锡阳先生［J］．环境教育，2002（3）：4－8.
⑤ 张玉林．环境与社会［M］．北京：清华大学出版社，2013：179.
⑥ 童志锋．历程与特点：快速转型期下的中国环保运动［J］．理论月刊，2009（3）：146－149.

1. 自然保育运动的萌芽期

1994 年 3 月 31 日，"自然之友"成立，标志着中国第一个在国家民政部注册成立的民间环保团体诞生。其创始人是梁从诚、杨东平、梁晓燕和王力雄。四位创始人都是受人尊重的知识分子，其中"自然之友"会长梁从诚更是具有特殊的影响力。他的祖父梁启超是清末民初著名的改革家、学者，他的父母亲梁思成和林徽因是他们那个时代知名的知识分子，梁从诚自己是全国政协委员。

"自然之友"成立后，发起了一系列环保运动。如"自然之友"就公众关心的环境问题，通过全国政协等渠道先后向政府提交了多个建议、倡议和议案，包括"天然林砍伐（滇西北德钦县因原始林砍伐而危及金丝猴生存、1998 年四川洪雅县大肆砍伐天然林的事件）、自然资源保护（反对攀登梅里雪山、反对飞机钻张家界'天门洞'）、野生动物保护（金丝猴、藏羚羊问题）、城市野生动物市场管理（野味、鸟和其他野生动物市场）、治理城市污染对策（首钢）、治山与治水方针等方面"①。其中，1995 年的保护藏羚羊运动、保护滇金丝猴运动等在国内外都引起了巨大的反响。

1996 年，在北京又相继成立了两家重要的环境非政府组织：北京地球村环境文化中心（简称"地球村"）和绿家园志愿者（简称"绿家园"）。地球村的活动更偏重于城市，并逐渐发展成为垃圾分类与回收、生命环保等方面具有影响力的环保社团。绿家园是一个相对较为松散的志愿者组织。绿家园早期的活动主要是"种树""观鸟"，1997 年 4 月 27 日开展的"领养树"是其开展的第一个活动，当时活动获得了政府的重视，国家环保总局和全国人民代表大会环境与资源保护委员会的领导都参加了。

随着自然之友、地球村、绿家园等全国性民间环保团体的成立和相应活动的展开，地方的民间环保组织开始逐渐增多，产生了一些较有影响力的组织，例如重庆环境保护联合会、成都"绿色汉江"、安徽"绿满江淮"、河北"绿色之音"、云南"大众流域"等组织。它们在各类环保运动中都发挥了一定的作用。

这一阶段，我们称之为自然保育运动的萌芽期。其中，部分影响较大的运动事件如 1995—1996 年的保护滇金丝猴、1997 年的北京紫竹院公园为野生鹅站岗，1998—1999 年的保护藏羚羊、2000 年的地球日公众集会、2001 年的抵制药用"野生龟"、2001—2003 年的保护上海江湾湿地、2002 年的抗议在北京郊区湿地建休闲场所（网络运动）。

2. 自然保育运动的发展期

2003 年是中国民间环境运动的一个转折点。这一年，民间环保组织开始介入"西南水电开发"等国家重大项目，先是质疑在都江堰大坝上游不远处修建"杨柳湖"水库，之后又提出怒江建坝中的环保问题。然后，民间环保组织又在圆明园防渗漏工程事件、北京动物园搬迁等一系列重大公共环境问题上表达自己的意见，各家组织联合行动，借助媒体的力量，试图影响着政府的公共决策。与

---

① 金嘉满，等. 中国环境与发展评论：第一卷［M］. 北京：社会科学文献出版社，2001：326.

此同时，一些新的民间环保组织相继成立，其中阿拉善 SEE 生态协会（2004）、公众环境研究中心（2006）、山水自然保护中心（2007）、达尔文环境研究所（2009）等机构在国内民间环保领域具有一定的影响力。2005 年成立的中华环保联合会在官办环保组织中占据重要地位。

2003 年以来，民间环境运动呈现出一些新的特点：第一，出现了一定规模的联合行动。联合行动始于怒江事件，之后，此类的联合行动已经成为民间环境运动重要的表达策略。第二，与环保总局建立了紧密的联系。在怒江事件、质疑圆明园湖底防渗工程等事件中，民间环保组织都积极地公开支持环保总局的举措。当环保总局推出一些环境政策的时候，民间环保组织也开始积极地响应。第三，在保护生态的同时，民间环保组织也开始积极倡导原住民的权利，开始涉及环境正义的问题。例如，在西南水电开发事件中，移民等问题被广泛地关注。第四，环境运动的目的除了要防止生态被破坏之外，也开始积极地通过运动事件推动社会各界重视公民的环境知情权与参与权。例如，在 2003 年之后的一系列运动事件中，民间环保组织都援引了《环境影响评价法》《环境信息公开办法》，强调公众参与尚未受到应有的重视。第五，出现了自然保育运动与消费者运动的结合。例如，有不少民间环保组织都在主推绿色消费，希望消费者能够主动地拒绝购买那些非法排污企业的产品。第六，民间环保组织开始注重专业化建设。比如，公众环境研究中心专注于企业各类污染排放的信息搜集，并通过绿色供应链影响企业的环境行为。第七，企业家发起的环保组织作用开始凸显。比如，阿拉善 SEE 协会是目前中国规模和影响力最大的企业家环保组织，SEE 会员由发起时的 80 人发展至 2015 年年底已达 506 人，从 2004 年 6 月到 2015 年 12 月，阿拉善 SEE 已累计投入环保公益资金 2.7 亿，直接资助了 191 个中国民间环保 NGO 的工作，推动了中国荒漠化防治及民间环保行业的发展，企业家在捐赠资金之外还投入志愿服务，时间超过 10 万小时。第八，一些环保组织开始参与环境公益诉讼。环境公益诉讼是指由于自然人、法人或其他组织的违法行为或不作为，使环境公共利益遭受侵害或即将遭受侵害时，法律允许其他的法人、自然人或社会团体为维护公共利益而向人民法院提起的诉讼。2009 年，中华环保联合会就在全国提起了首例环境公益诉讼。随着 2015 年新《环境保护法》实施，中华保护联合会、自然之友等环保组织正在提起更多的环境公益诉讼。

在自然保育运动发展过程中，大众传媒、互联网和国际非政府组织的直接支持对于环保运动的兴起发挥了一定的作用。20 世纪 90 年代后，大众传媒对于环保运动的报告明显增加，而且一些国内知名的民间环境组织的发起人自身就是媒体人士，这就形成了一种独特的"NGO-媒体联盟"机制，推动了民间环境运动的前行。

（三）反污染抗争运动

反污染抗争运动主要是由城市居民或农村村民发起的，针对污染源企业或单位的，以求偿、驱逐或关闭企业为目的的环境运动。据原国家环保总局报告，从

1995 年至 2005 的十年间,环境群体性事件的数量上升了 11.6 倍,年均增长 28.8％。抗议行动的参与者大多数为乡村农民,比如在 2005 年上半年,参与环境群体性事件的人员中农民占 70％以上,对抗性也明显增强。[①]

根据目标的取向和性质,反污染抗争运动可以分为两类:一是事后补救;二是事先预防。在社会运动的研究中,前者也被称为反应性抗争行为,后者被称为预防性抗争行为。所谓事后补救,其目标即是在污染事实已产生之后,受害居民所提出的种种求偿诉求与目标,由于在不同的求偿目标当中,有的较倾向于温和性质,有的则倾向于激烈性质,因此可将事后补救目标再分为"温和求偿"和"激烈求偿"。前者包括:改善、赔偿、取缔、补救、健康检查、监督、鉴定、转业、回馈等;后者包括:迁厂、停工、迁村、保证等。至于事先预防的目标则明确地以反对设厂为直接诉求,一般而言,导致的冲突较为激烈。

根据抗争的手段不同,反污染抗争运动从冲突的程度和权利救济的方式两个维度可以区分为四种类型:低冲突-公力救济型,例如投诉、举报等行动;高冲突-公力救济型,如集体上访、集团诉讼等;低冲突-自力救济型,如和平示威、静坐等;高冲突-自力救济型,如围堵、砸厂等。

整体而言,反污染抗争运动具有如下特征:(1)以事后补救抗争为主,抗争诉求呈现多样化。第一,大多数抗争行动都是多目标、多诉求,而非单一目标。在事件发展的不同阶段,污染受害者可能会提出不同的目标诉求,或要求赔偿、补助,或要求停止排污,甚至要求迁厂、迁村。第二,事后补救为最主要的诉求,其中大多数应该为"温和的求偿",即主要是希望对方给予经济方面的补偿,停止排污等。直接要求迁厂、迁村等"激烈的求偿"的目标是存在的,但不是主流。第三,在抗争行动中,事先预防也开始出现,但不是主流,比如,2014 年杭州余杭中泰乡周边的居民针对在本地建设垃圾焚烧发电厂的抗争事件。(2)多重手段交替使用,且随着抗争发展,对抗性增强。第一,多重手段的交错使用。在具体的事件中,仅仅采用一种手段的比较少,通常是综合使用多种手段。第二,随着抗争的发展,手段的冲突性质也会随着升高。如果村民的环境污染问题不能获得及时的解决,抗争手段的冲突程度可能会不断升级,而且大多数遵循如下两个规律:先公力救济后自力救济;先采取较低冲突的手段,如投诉、信访,后采取较高冲突的手段,如集体上访等。[②]

政府主导型环境运动与民间自发型环境运动只是韦伯分析意义上的理想类型。在我国,政府主导型环境运动同样会吸纳动员环保组织的参与,而民间自发型环境运动也不排斥政府在环境保护中的主导作用。这两种模式各有自己的优缺点,都存在治理不足的缺陷。政府与民间通过协同治理,可以更好地推动环境保护。随着我国政府不断推动环境保护的协同治理,环境运动也出现了一些新的趋

① 阎世辉.建设资源节约和环境友好型社会 [M] //汝信,等.2006 年:中国社会形势分析与预测.北京:社会科学文献出版社,2006:176-190.

② 童志锋.保卫绿水青山:中国农村环境问题研究 [M].北京:人民出版社,2018:69-71.

势。如洪大用就指出，当前，我国的环境运动出现了从政府主导型向政府与民间合作动员的转型。[①]

思考题

1. 什么叫环境运动？如何理解环境运动的特征？
2. 环境运动有哪些类型？
3. 环境运动研究的主要理论视角有哪些？
4. 如何看待日本的环境运动？
5. 如何看待我国政府主导型环境运动的发展？

阅读书目

1. 洪大用，等. 中国民间环保力量的成长 [M]. 北京：中国人民大学出版社，2007.

2. 张玉林. 环境与社会 [M]. 北京：清华大学出版社，2013.

3. 冯仕政. 西方社会运动理论研究 [M]. 北京：中国人民大学出版社，2013.

4. 童志锋. 保卫绿水青山：中国农村环境问题研究 [M]. 北京：人民出版社，2018.

[①]　洪大用. 社会变迁与环境问题 [M]. 北京：首都师范大学出版社，2001：161-166.

第十章

环境治理

【本章要点】

● 环境治理是一项社会行动，它是为了解决已经出现的环境问题、预防潜在的环境风险以及协调经济与环境关系而开展的社会行动的总和。

● 随着环境问题的发展和环境保护思潮的涌现，欧美国家率先从立法、环保机构建设、资金投入、技术研发以及扩大公众参与等方面加强环境治理。

● 环境治理的政策工具包括管制性、市场性和自愿性环境政策等三种。其中，管制性环境政策主要运用行政命令、法律法规以及环境标准等手段；市场性环境政策主要运用收费、收税、市场交易以及经济补偿等手段；自愿性环境政策则主要依赖各种自愿性环境保护协议、环境行为准则和环境管理标准。

● 环境治理的发展历程可以分为三个阶段，即末端治理、全过程治理和复合型治理。其中，末端治理是通过技术手段对已经生成的污染物的处理；全过程治理包括源头治理和过程治理；而复合型治理则是对中国环境治理新趋势与新特征的概括。

● 中国的环境治理是从环境保护中演变而来的。近年来，中国社会各界积极应对环境衰退，不断加强环境治理的制度化、科学化以及全面化，这一进程体现了环境治理的现代化。

● 中国环境治理具有普遍性、复杂性、政府主导性、制度性以及效果的日益彰显性等特征。

【关键概念】

环境治理 ◇ 环境政策 ◇ 末端治理 ◇ 全过程治理 ◇ 复合型治理 ◇ 环境治理体系

在传统社会，人类的生产生活实践对环境产生了影响，但整体上在大自然的可承载范围内，没有出现系统性的环境危机，因而没有大规模专业化的环境治理实践。到了现代工业社会，环境问题日益白热化，人类造成的环境污染与环境破坏已经超越了自然的承载能力，严重影响了社会良性运行与协调发展，由此，环境治理逐渐成为一项全球共识。本章主要介绍环境治理的概念、类型和政策工具，分析末端治理、全过程治理和复合型治理三个发展阶段；此外，本章还将介绍中国环境治理的演进、组织与制度框架以及发展特点。

第一节
环境治理的产生及其含义

环境治理是一个具有现代性特征的学术概念。正是现代社会引发的严峻的环境问题，催生了"环境治理"这一概念以及环境治理实践。

一、环境治理的产生

传统社会存在环境问题，但并未成为经济社会可持续发展的包袱，没有构成社会问题。随着 18 世纪 60 年代第一次工业革命的开启，机器化大生产取代了手工业生产，大大提高了生产效率。在此次工业革命中，煤炭被大规模地使用，煤炭为蒸汽机提供动力后极大地提高了生产效率，但煤炭的大量开采和使用导致了严重的环境问题。早在 18 世纪末，伦敦的烟雾现象就已经比较突出。随着 19 世纪中期第二次工业革命的开启，美、日、法、德等国抓住发展机遇与工业革命的浪潮大力发展生产技术。其中，美国和德国通过工业化实现了经济的快速增长，大大推动了现代化进程。然而，在这一历史进程中环境问题日趋白热化，成为全人类必须直面的重大社会问题。

欧美国家率先开启了工业化历程，其环境问题暴露得早，因而率先出现了环境保护思潮，发出了环境保护的呐喊。比如，美国现代意义上的环境运动肇始于 19 世纪以来的资源保护运动和荒野保护运动[①]，对全球环境治理进程产生了深刻影响。在 19 世纪后期，环保主义者开始积极反思人类行为，更深入地探索人与自然的关系。比如，在 19 世纪 70 至 80 年代，荒野保护运动的代表人物约翰·缪尔为自然代言，并以此对抗当时的主流话语，呼吁人们以实际行动保护自然。[②] 同时，他创立了美国历史上的第一个自然保护组织——塞拉俱乐部。缪尔

---

① 高国荣. 美国环境史学研究 [M]. 北京：中国社会科学出版社，2014：47.

② 刘景芳. 从荒野保护到全球绿色文化：环境传播的四大运动思潮 [J]. 西北师大学报（社会科学版），2015（3）：102 - 109.

及其荒野保护运动还影响并敦促美国政府建立了很多自然保护区。① 可以说，以缪尔为代表的环境保护主义者在促使人类深入思考人与自然之间的关系方面发挥了重要作用。

到了 20 世纪，环境问题更加严峻，自然环境恶化导致的公众健康受损等问题更加突出。20 世纪 20 年代，美国医生艾丽斯·汉密尔顿（Alice Hamilton）注意到伤寒与生活用水不卫生直接相关，以及化学溶剂、含铅汽油对人体健康的损害，由此呼吁重视工人的职业健康与安全。② 但是，由于政府只关注经济增长和就业问题，公众对环境的危害也还没有充分的认识，这些环保呼吁并未引起重视。从 20 世纪 30 年代开始，工业化国家的环境污染导致了一系列的社会问题。其中，世界八大公害事件付出了非常惨痛的社会代价，因此罹患疾病甚至死亡的现象触目惊心。

1962 年，"现代环保运动之母"蕾切尔·卡逊（Rachel Carson）的《寂静的春天》一书出版。该书阐述了过度使用以杀虫剂为代表的化学药物造成的环境污染、生态失衡以及环境健康问题③，引起了巨大的社会轰动。它对于唤起人们的环境意识起到了重要作用，在一定程度上也推动了相关环境法的出台和美国环保局的建立。1966 年，美国经济学家波尔丁（Kenneth Boulding）提出了"宇宙飞船经济理论"。他认为人类过去的发展方式是"牛仔经济"（cowboy economy），消费和生产被视为好事，而地球其实是一个封闭系统，就好像一只孤立的宇宙飞船，它的生产能力和净化污染能力都是有限的。由此，作为太空中宇宙飞船的地球最终将不堪重负。他还认为，度量经济成功与否的标准不是产品和消费，"而是整个资本存量的性质、数量、质量及复杂性，包括该系统中人类的身体及精神状态"④。这一时期，反思人类与自然关系的著述比较丰富。比如，怀特（Lynn White）1967 年发表的《我们生态危机的历史根源》⑤、哈丁（Garrett Hardin）1968 年发表的《公地的悲剧》⑥、保罗·埃利希等 1968 年出版的《人口爆炸》⑦等文献，都对环境问题展开了深入分析。这些环保著作和思潮从不同维度探讨了环境恶化的根源，阐述了不加节制的增长主义对生态环境的破坏性影响，对于推动人类深刻反省人与自然的关系发挥了重要作用。同时，这些作品对沉浸在经济增长成就中的发达国家起到了重要的警示作用，让人类意识到"增长"并不等于"发展"。

① 高国荣. 美国现代环保运动的兴起及其影响 [J]. 南京大学学报（哲学·人文科学·社会科学），2006（4）：47 - 56.

② 同①.

③ 卡逊. 寂静的春天 [M]. 江月，译. 北京：新世界出版社，2014.

④ 博尔丁. 即将到来的宇宙飞船地球经济学 [M] //戴利，汤森. 珍惜地球：经济学 生态学 伦理学. 马杰，钟斌，朱又红，译. 北京：商务印书馆，2001：334 - 347.

⑤ WHITE L J. The historical roots of our ecologic crisis [J]. Science, 1967, 155 (3767)：1203 - 1207.

⑥ HARDIN G. The tragedy of the commons [J]. Science, 1968, 162 (3859)：1243 - 1248.

⑦ 保罗·艾里奇，安妮·艾里奇. 人口爆炸 [M]. 张建中，钱力，译. 北京：新华出版社，2000.

为推动全球环境治理，联合国人类环境会议于 1972 年在瑞典首都斯德哥尔摩召开。《只有一个地球》是为本次大会提供的一份非正式报告。通过对全球面临的环境污染和发展问题的分析，这份报告展示了地球的脆弱性。同时，这份报告也是一份具有时代特征的呼吁，即呼吁人们保护环境、珍惜资源、爱护人类赖以生存的这颗小行星。[①] 该会议通过了《联合国人类环境会议宣言》（Declaration of the United Nations Conference on the Human Environment）。该份宣言就环境保护与环境治理提出了倡议，并提出了 26 项原则，其中第 17 项原则指出："必须委托适当的国家机关对国家的环境资源进行规划、管理或监督，以期提高环境质量。"[②] 作为首个环境保护方面的全球宣言，它具有里程碑式的意义，对于推进世界各国的环境保护和环境治理进程发挥了重要作用。随后，全球纷纷从立法、环保机构建设、资金投入、技术研发以及扩大公众参与等方面加强环境治理。

1972 年年底召开的联合国大会做出了建立环境规划署的决议，1973 年 1 月联合国环境规划署（United Nations Environment Programme，UNEP）正式成立。这是联合国统筹全球环保工作的组织，它以"促进环境领域国际合作""在联合国系统内协调并指导环境规划""审查世界环境状况，以确保环境问题得到各国政府的重视""定期审查国家和国际环境政策和措施对发展中国家造成的影响""促进环境知识传播和信息交流"为宗旨。[③] 可以说，环境保护与环境治理由此成为联合国的一项常规性责任。

自成立以来，联合国环境规划署与多个环保组织建立了伙伴关系，参与环境评估和管理等活动，发起《濒危物种国际贸易公约》《关于消耗臭氧层物质的蒙特利尔议定书》《关于危险废物越境转移巴塞尔公约》和《生物多样性公约》等公约与协定，并围绕"只有一个地球""环境与和平""转变传统观念，推行低碳经济"等主题开展了一系列活动，在全球环境治理中发挥了重要作用。

随着环境意识的觉醒和越来越多的环保组织的建立，各国对环境领域的资金和注意力投入日益增多。例如，在 20 世纪 70—80 年代，美国在环境保护领域的投资占到了国民生产总值的 1%～2%[④]；英国分别在 1974 年颁布《控制公害法》、1989 年颁布《烟雾污染管制法》、1990 年颁布《环境保护条例》、1991 年颁布《烟雾探测器法》，并通过制定经济、交通、建筑领域的相关政策，以及环境治理宣传等手段，鼓励公众采取保护环境的行为，并参与到环境治理中去。[⑤]

① 沃德，杜博斯. 只有一个地球：对一个小小行星的关怀和维护［M］.《国外公害丛书》编委会，译. 长春：吉林人民出版社，1997.

② 国家环境保护总局国际合作司，国家环境保护总局政策研究中心. 联合国环境与可持续发展系列大会重要文件选编［M］. 北京：中国环境科学出版社，2004：131.

③ 外交部官网"联合国环境规划署概况"［EB/OL］. https://www.fmprc.gov.cn/web/wjb_673085/zzjg_673183/gjjjs_674249/gjzzyhygk_674253/lhghjch_674325/gk_674327/.

④ 梅雪芹. 工业革命以来西方主要国家环境污染与治理的历史考察［J］. 世界历史，2000（6）：20-28.

⑤ 张彩玲，裴秋月. 英国环境治理的经验及其借鉴［J］. 沈阳师范大学学报（社会科学版），2015（3）：39-42.

1992 年 6 月，联合国环境与发展大会在巴西里约热内卢召开，对面向 21 世纪的环境治理以及人类社会的可持续发展进行了战略性规划。进入 21 世纪，面对环境问题的新特点，全球进一步加强环境治理的国际合作。

上述分析表明，现代环境问题与经济发展特别是工业化和城市化进程紧密相连，相应地，环境治理伴随着环境问题的凸显、环境意识的觉醒而产生。

二、环境治理的含义与类型

（一）环境治理的含义①

环境治理早期由自然科学主导，主要是污染控制（pollution control）和污染处理（pollution treatment）视角，具有鲜明的技术性特征。随着环境治理中的经济、法律、政治和社会等问题的凸显，社会科学研究的重要性日益凸显。其中，经济学、法学和管理学等学科介入较早，社会学的研究相对较晚。

在环境治理方面，社会科学家将社会结构、法律规范、权力分配、环境传播、环境正义与话语分析等纳入研究范畴。需要注意的是，在 20 世纪 80 年代，社会学家费孝通已经开始呼吁工业污染治理。众所周知，费孝通认为其一生的使命是"志在富民"，就农村工业化、小城镇和区域发展等问题开展了大量研究。其实，费孝通很早就意识到了工业污染问题。1984 年，他在《及早重视小城镇的环境问题》中呼吁关注小城镇发展中的环境污染问题，认为中国在发展经济时有可能"把环境污染控制在最低限度"，但"优越的制度并不能自发地产生理想的结果"，因此，"污染必须积极治理"。② 这是中国社会学家关于环境治理的最早的倡导性文献。进入 90 年代，社会科学关于环境治理的学术研究大量增加，其中经济学、法学和管理学的研究成果相对较多。同时，学界关于环境治理的学术研究开始重视社会结构、社会制度以及系统治理等议题。进入 21 世纪，环境治理研究成果显著增加，学界开始讨论公众参与、公平正义和环境传播等话题。2010 年后，随着国家环境治理力度的显著增强，研究成果快速增加，研究议题更加多元。

关于环境治理这一议题，学界所采用的概念表述存在差别，主要包括以下三个方面。

一是生态环境治理。比如，李格琴认为，生态环境治理是指以政府为主导的行为主体解决环境污染问题、进行生态修复与建设、管理利用自然资源的活动和过程。③

---

① 本部分主要内容参见陈涛. 环境治理的社会学研究：进程、议题与前瞻 [J]. 河海大学学报（哲学社会科学版），2020（1）：53－62.

② 费孝通. 费孝通全集：第十卷 [M]. 呼和浩特：内蒙古人民出版社，2009：256－260.

③ 李格琴. 当代中国的生态环境治理 [M]. 武汉：湖北人民出版社，2012：3.

二是生态治理。比如，曹永森和王飞认为，生态治理是一项系统而复杂的工程，伴随单一主体走向多主体的趋势、强势政府干预模式的日渐式微以及多元社会参与的兴起，多元力量纷纷要求参与到生态治理活动中，要求改变以往的以政府为单一主体的生态治理模式，建立多元主体参与的生态治理模式。[①]

三是环境治理。比如，李万新认为，环境治理是指地方、国家、地区和全球的政府、公民社会组织、跨国机构通过正式或者非正式的制度保护环境和自然资源，控制环境污染并解决环境冲突，进而应对人类面临的环境和可持续发展的挑战。[②]

目前，"环境治理"这一概念使用频率较高，我们以"环境治理"这一概念统称这一议题。作为现代性的后果，严峻的环境问题不仅与发展主义思潮和企业逐利有关，还和现代生产与生活方式、消费主义特别是炫耀性消费存在内在关联。因此，环境治理必然需要全社会的协同应对，而不仅仅是政府与企业的责任。从社会学的角度看，环境治理是一项社会行动。[③] 环境治理的对象不仅包括已经发生的环境污染，还包括潜在的环境风险。由此，我们认为，环境治理是为了解决已经出现的环境问题、预防潜在的环境风险，以及协调经济与环境关系而开展的社会行动的总和。具体而言，这包括两个方面的议题。一方面，它是多元利益主体对人类社会活动的引导和规制。在此过程中，它强调环境治理主体的互动与治理过程中的协商与民主特质。相对环境管理而言，环境治理强调的是政府、企业、社会组织和公众等多元利益主体的互动与协商，以及治理过程的透明化和治理机制的民主化。另一方面，在重视生态修复、污染治理以及环境风险应对的同时，它更加注重通过制定社会规范（包括法律和政策）、提升企业和公众的环境意识以及增进人类的环境友好型行为等路径，推动人类经济社会活动可持续发展。

（二）环境治理的类型

根据不同的标准，环境治理可划分为以下几种不同类型。

根据治理主体这一标准，环境治理可分为政府主导型环境治理、企业探索型环境治理和民间自发型环境治理。其中，政府主导型环境治理指的是由政府主导环境治理的规划方案以及环境治理实践，而社会力量介入程度较低。比如，政府负责制定并执行"预防为主，防治结合""谁污染，谁治理"和"强化环境管理"等环境政策。企业探索型环境治理指的是企业依据社会责任、市场规则、环保的市场机遇等，围绕技术研发、污染治理和产业升级等开展探索与实践。民间自发型环境治理指的是由民间组织或个人自发开展的环境治理实践，比如，自然之友

① 曹永森，王飞. 多元主体参与：政府干预式微中的生态治理 [J]. 求实，2011 (11)：71-74.
② 李万新. 中国的环境监管与治理：理念、承诺、能力和赋权 [J]. 公共行政评论，2008 (5)：102-151.
③ 陈阿江，陈涛. 环境社会学研究综述 [M] //中国社会科学院社会学研究所. 中国社会学年鉴：2015—2017. 北京：中国社会科学出版社，2019：291-306.

和地球村等民间组织开展的环境监督以及污染治理等社会行动。

根据治理的空间范围这一标准，环境治理可分为城市环境治理和农村环境治理。其中，城市环境治理指的是在城市范围内、针对城市环境特质和城市发展需要而开展的环境治理，如城市水污染治理、机动车尾气排放治理等。农村环境治理指的是在农村范围内、针对农村环境特质所开展的环境治理，如整顿养殖场、限制农业化肥使用强度、禁止焚烧农作物秸秆，等等。

根据治理目标这一标准，环境治理可分为专项环境治理和整体性环境治理。其中，专项环境治理指的是围绕特定的目标、在特定的区域范围内开展的治理行动，如太湖流域水污染治理、长江大保护、黄河流域环境治理等。整体性环境治理则指的是整体性和系统性的环境治理行动，如以联合国环境规划署为中心开展的一系列国际环境治理活动等。当然，专项和整体性是一组相对的概念。比如，在长江大保护行动中，江苏省开展的水环境治理具有专项治理属性，而相对于江苏省的江阴市（县级市）而言，其环境治理实践具有整体性，因为它比较系统地考虑了省域范围内长江大保护的"上下游"和"左右岸"关系。

根据治理发生的时间这一标准，环境治理可分为事先预防型环境治理和事后应急型环境治理。其中，事先预防型环境治理指的是为预防环境风险以及环境污染的可能性而进行的环境规划与治理行动，比如，针对核风险，联合国安理会以及相关国家制定的相关政策方案与应急机制等。事后应急型环境治理指的是环境污染或环境破坏发生后的善后处理，比如，2007 年太湖蓝藻事件爆发后，江苏省以及无锡市所开展的一系列水污染治理实践。

三、环境治理的政策工具

环境治理需要相应的政策工具。一般而言，环境政策主要包括管制性、市场性和自愿性等三种。

（一）管制性环境政策

管制性环境政策主要是指通过行政命令、法律法规以及环境标准等手段进行环境治理的环境政策。在西方国家环境治理的早期阶段，管制性环境政策发挥着重要作用。对于中国而言，这一政策工具扮演着更为重要的角色。在中国的环境治理实践中，政府是主要的推动者、监督者以及仲裁者。[①] 中国的管制性环境政策大部分都通过环境立法的形式获得了正式的法律地位，也有一部分以政府指令的形式产生强制力。在政策实施过程中，政府行政命令的作用力度更大。[②] 早期的政府管制是直接管制，旨在对污染物排放标准进行控制，强调的是污染的末端

[①] 洪大用. 社会变迁与环境问题 [M]. 北京：首都师范大学出版社，2001：251.
[②] 马小明，赵月炜. 环境管制政策的局限性与变革：自愿性环境政策的兴起 [J]. 中国人口·资源与环境，2005（6）：19-23.

治理，即对污染的浓度进行限制。当前，政策工具正向间接管制转变，即政府由环境政策的推动者转变为环境政策的引导者，企业则由环境政策的被动接受者转变为主动参与者。[①] 整体上看，管制性环境政策的依赖机制主要是行政命令和法律惩处，其优势是约束力强，能够在短期内对企业排污现象产生约束效应，推动环境质量改善。但是，这种政策工具具有灵活性不足的缺陷，常常存在"一刀切"现象。同时，政府监管力量有限，难以清除所有的排污"死角"。此外，管制性环境政策的成本很高，实践证明也难以实现环境善治。

（二）市场性环境政策

市场性环境政策指的是通过收费、收税、市场交易以及经济补偿等手段进行环境治理的环境政策。西方国家普遍重视这一政策工具，一度将之视为一项行之有效的政策工具进行广泛推广。中国最早的市场性环境政策是排污收费制度，它指的是一切向环境排放污染物的单位和个体生产经营者，都应当按照国家的规定和标准，缴纳一定费用的制度。1978 年，中国首次提出施行排放污染物收费制度。1982 年 2 月，国务院发布了《征收排污费暂行办法》。[②] 2003 年 7 月 1 日，《排污费征收使用管理条例》开始实施。进入 21 世纪，为了鼓励市场主体积极融入市场性环境政策，中国出台了一些优惠政策。比如，2007 年，中国出台了绿色金融政策，包括绿色信贷、绿色保险和绿色证券等。此外，市场性环境政策还包括资源税（费）、环境税（主要包括二氧化硫税、水污染税等）、排污权交易制度、生态补偿制度以及环境保护经济优惠政策，等等。实践证明，相比管制性环境政策，市场性环境政策具有低成本和较高的灵活性等优势，对于推动企业治污发挥了积极作用。但是，在利益最大化原则的导引下，很多企业基于成本-效益的权衡，宁愿缴纳费用也不愿意加强环境治理。此外，这种政策工具无法将企业生产的外部成本内部化，同时面临着约束性不足的困境。

（三）自愿性环境政策

自愿性环境政策主要是指在政策法规要求之外，由各类国际组织和工业协会发起的，旨在推动排污企业改进环境行为的各种自愿性环境保护协议、环境行为准则和环境管理标准。工业协会和参与行动的排污企业成为管理主体，这是其最显著的特点。[③] 自愿性环境政策起源于日本，它是一种在政府、企业和民众间签署的系列协议，此种协议可以是正式的协议文本，上述某一主体也可以发布单方面的声明和自我约束条款。它往往由政府所提倡，虽然有些协议中包含处罚条款，但企业和公众接受这样的条款以自愿为原则。在英文文献中，存在污染控制

① 吴荻，武春友. 建国以来中国环境政策的演进分析 [J]. 大连理工大学学报（社会科学版），2006（4）：48－52.

② 《中国环境管理制度》编写组. 中国环境管理制度 [M]. 北京：中国环境科学出版社，1991：24.

③ 马小明，赵月炜. 环境管制政策的局限性与变革：自愿性环境政策的兴起 [J]. 中国人口·资源与环境，2005（6）：19－23.

协议（pollution control agreements）、自愿环境协议（voluntary environmental agreements）以及环境和污染控制协议（environment and pollution control agreements）等不同表述。[①] 20 世纪 90 年代之后，自愿性环境政策的全球影响力日隆，包括中国在内的国家纷纷推出自愿性环境政策。在某种程度上，这一政策工具的目的是使企业基于生态利益自觉原则，主动强化清洁生产、发展循环经济，同时以此树立企业的社会形象，赢得更广阔的发展空间。因此它需要企业主动遵守环保规则、强化企业生产的环保自律，将环保意识内化为企业的生产实践。但是，如何规避企业的机会主义行为等问题，依然需要政策设计层面的完善与优化。

上述环境政策在环境治理实践中都发挥了积极作用，也都存在相应的局限与不足。其实，任何一种环境政策工具都难以确保环境善治，因此，在当下的环境治理实践中，管制性、市场性和自愿性环境政策往往同时使用。当然，因为国家制度与文化等方面的差异，不同的国家对政策工具的依赖程度存在较大的差异。

第二节
环境治理的发展阶段

梳理和划分环境治理阶段，对于认识工业化以来的环境治理的历史脉络及其演变具有重要意义。然而，这一工作不但不容易而且很复杂。一方面，各国工业化历程、水平及其环境治理的起点不同，难以采用统一标准。另一方面，各国政治体制、文化环境与社会发育状况等导致环境治理的特征存在着显著差别。此外，环境治理总是随着实践的变化而变化。因此，已有的关于环境治理阶段的划分可谓"百家争鸣"。即使是针对中国的环境治理历程划分，也呈现出"百花齐放"的景象。我们本着旨在对环境治理历程进行整体性素描的原则，将其发展阶段归纳为以下三个阶段。

一、末端治理

（一）末端治理的产生及其含义

在 20 世纪 70 年代之前，污染物质，如废气、废水和废渣等，往往不经过任何处理就直接外排（放）。这种现象在工业化早期普遍存在。随着人们对工业污染危害认识的加深，开始降低污染物浓度，后来又意识到自然环境的吸收和净化

---

① 黄海峰，葛林. 日本自愿性环境协议的实施及其对中国的启示 [J]. 现代日本经济，2014（6）：80-92.

能力有限，由此开始根据环境的承载能力计算一次性污染排放的限度和标准，将污染物稀释后再排放。① 这就是所谓的稀释排放方法。然而，稀释排放不但没有解决污染问题，反而对生态环境造成了严重的破坏。

随着"牛仔经济"弊端的日益凸显，如何应对环境污染成为一项十分紧迫的任务。在此背景下，工业化国家纷纷强化技术革新与技术处理，由此产生了末端治理（end-of-pipe treatment）的方式。所谓末端治理，指的是污染物质在产生后和直接或间接排到自然环境之前进行处理以减轻环境危害的处理方式。具体而言，它是通过采取物理、化学和生物等方法，将污染物对自然界和人类的危害降到最低，其着眼点是在企业层次上对生成污染物的治理。② 在 20 世纪 70 年代，末端治理已经较为广泛地被付诸实践。

末端治理的流行与人类对技术的盲目崇拜有很大关系，人类过于自信地认为"环境问题是发展中的副产物，只需略加治理，就可以解决"。因此，在环境保护中，采取了"头痛医头、脚痛医脚"的做法，旨在清除或减轻工业生产中废物的影响。③ 在当时的历史条件下，政府和企业普遍将技术视为解决环境问题的灵丹妙药和终极处方。

（二）末端治理的特点

从整体上看，末端治理主要包括以下几个特点。

第一，处理手段的技术性。末端治理致力于污染产生后的技术应对，是通过污染处置设备和设施处理已经产生的污染物质。这种技术路线和治理思路认为，环境问题源于技术缺陷，随着技术的革新与进步，环境问题能够迎刃而解。因此，依赖自然科学而产生的现代技术和相关设施是实现这一目标的基本路径。

第二，处理结果的可视性。末端治理遵循的是典型的问题导向思维，针对企业生产过程中产生的污染物质进行去污化处理，通过物理、化学和生物等手段将其降解成污染程度低或者转化为无污染的新物质。同时，通过监测数据分析与实验数据的呈现，污染处理效果可以清晰地展现出来。

第三，处理方式的末端性。末端治理具有典型的"先污染、后治理"的特征。随着生产工艺和企业生产的变化，环境问题的类型呈现出多样化特点，污染物质及其成分不断出现新变化。因而，末端治理需要不断因应这些问题而不断革新技术，治理方式具有应急性，呈现出"头痛医头，脚痛医脚"的特点。

第四，治理成效的短期性。一方面，末端治理是针对已经产生的污染物的处理，所以只能在短期内缓解污染压力，而无法根治环境问题。如果不改变生产方式，环境污染会持续不断地出现。另一方面，末端治理往往是将一种污染物质转化成另一种形式的污染物质，例如，废水处理的过程中，常常会产生很多污泥。

---

① 张凯，崔兆杰. 清洁生产理论与方法 [M]. 北京：科学出版社，2005：3.

② 曲向荣. 清洁生产与循环经济 [M]. 北京：清华大学出版社，2011：19；张凯，崔兆杰. 清洁生产理论与方法 [M]. 北京：科学出版社，2005：61.

③ 同①3-4.

总之，短期性是末端治理一大弊端，也预示着这种环境治理方式无法长期存在。

（三）末端治理的绩效与缺陷

一般而言，末端治理的积极作用主要包括以下几个方面。第一，它在一定程度上缓解了环境污染与环境破坏。相对于自然排放和稀释排放，末端治理是个很大的进步，对于减缓生态破坏和环境污染程度发挥了重要作用。第二，它在一定程度上减轻了环境污染对人类的健康威胁。作为重要的污染控制手段，末端治理减轻了环境问题对公众造成的健康损害。比如，在日本环境公害泛滥时期，末端治理发挥了积极作用。第三，在特定的技术条件下，工业生产过程中完全避免污染物的产生是一个理想状态。因此，通过相应的技术处理工业生产中的污染物质具有现实需求。

末端治理是技术主导下的污染处理，还不是现代意义上的环境治理。末端治理对于减少污染物的直接排放具有重要作用，但它不可能从根本上治理环境问题。从整体上看，末端治理的缺陷主要包括如下几个方面。第一，末端治理过于依赖技术，而技术并非万能的，也难以解决技术以外的问题。《增长的极限》曾发出过类似的警告："即使社会的技术进步把所有期望的事情都付诸实现，还存在技术所不能解决的问题，而这些问题的相互作用的结果，最后会带来人口增长和资本增长的终结。"① 第二，末端治理的经济成本很高，难以具有持续性。末端治理是"先污染后治理"，不但需要付出很高的环境代价，也需要付出很高的经济成本。第三，末端治理设施常常没有实际运转。企业以追求经济利益最大化为目标。环保目标与企业目标的分离使得许多污染治理设施难以正常运转。第四，末端治理无法从根本上解决环境问题。它具有不彻底性、应急性和被动性，属于环境污染出现后的修复性和减缓性措施。同时，末端治理只是促使污染物在不同介质中转移，形成了"治而未治"的恶性循环②，甚至导致了"二次污染"。简而言之，这种"重尾不重源"的应对模式无法有效地愈合环境创伤，亦无法从根本上解决环境问题。

随着末端治理弊端的凸显以及资源匮乏、环境污染、生态破坏等结构性压力的趋强，国际社会开始纷纷对其展开反思。到了 20 世纪 90 年代，末端治理逐渐被冷落。当然，末端治理至今仍不同程度地存在着。受短期利益等因素影响，地方政府和企业对其仍然存有依赖心理。比如，有些地方政府以"源头控制"降低辖区内企业的竞争力等为理由，采用末端治理方式。究其根源，在"晋升锦标赛"体制下，受任期制约束的政府官员必然具有末端治理的选择偏好。③ 近年来，随着企业生产技术和环境治理水平的提升以及中央环保督查和问责力度的显

① 米都斯，等. 增长的极限：罗马俱乐部关于人类困境的报告 [M]. 李宝恒，译. 长春：吉林人民出版社，1997：英文版序.

② 张凯，崔兆杰. 清洁生产理论与方法 [M]. 北京：科学出版社，2005：19.

③ 刘伟明. 环境污染的治理路径与可持续增长："末端治理"还是"源头控制"？[J]. 经济评论，2014（6）：41－53.

著上升，中国开始向末端治理进行实质性告别。

二、全过程治理

（一）全过程治理的含义及其构成

全过程治理是对经济生产活动的整体流程进行污染防控，不但注重对污染物质的处理，而且更加重视源头治理和过程控制。全过程治理旨在促进经济发展与环境保护的协调相容，推动经济发展与环境保护的一体化。

1. 源头治理

鉴于末端治理无法根治环境问题的缺陷，欧美国家开始探索污染预防（pollution prevention）战略，由此开启了源头治理。所谓源头治理，指的是通过采用清洁能源和减少能源使用等方式，对生产环节产生的污染物质源头进行的预防型治理。在不同的国家和不同的历史时段，源头治理存在不同的概念表述，比如污染预防、源削减（source reduction）、源控制（source control）、废物最小化（waste minimization）以及清洁生产（cleaner production）等等。其中，清洁生产是政学两界普遍采用的称谓。

清洁生产是对传统生产模式的根本变革，是在生产过程中及其生产周期就开展削减污染、合理利用资源以及减少废物的生产方式。[①] 相对于污染物产生后再进行治理而言，清洁生产是通过原材料替代、产品替代、工艺重新设计、效率改进等方法对污染物从源头进行削减。[②] 联合国环境规划署认为，清洁生产不仅具有技术层面的突破，而且具有思想性的创造——"清洁生产是一种新的创造性的思想，该思想将整体预防的环境战略持续应用于生产过程、产品和服务中，以增加生态效率和减少人类及环境的风险。"清洁生产具有系统化的要求：对生产过程而言，要求节约原材料和能源；对产品而言，要求减少从原材料提炼到产品最终处置的全生命周期的不利影响；对服务而言，要求将环境因素纳入设计和所提供的服务中。[③]

清洁生产不但降低了末端治理的成本，而且对于预防污染再生和"二次污染"具有重要意义。清洁生产与末端治理的主要区别如下（见表 10 - 1）。

表 10 - 1　　　　　　　　　　清洁生产与末端治理比较

比较维度　　　　　类别	清洁生产	末端治理
污染控制方式	生产过程中控制，产品生命周期	污染物排放前控制，污染物达标
污染物产生量	全过程控制	排放控制

① 刘学. 清洁生产若干问题研究［J］. 北京化工大学学报（社会科学版），2009（4）：30 - 35.
② 张凯，崔兆杰. 清洁生产理论与方法［M］. 北京：科学出版社，2005：16.
③ 于秀玲. 清洁生产与企业清洁生产审核简明读本［M］. 北京：中国环境科学出版社，2008：1.

续前表

比较维度 \ 类别	清洁生产	末端治理
污染物排放量	减少	无变化
污染物转移和二次污染的可能性	减少	增加
资源利用效率	增加	无显著变化
资源消耗量	减少	增加了治理过程的消耗
产品质量	改善	无变化
产品产率	增加	无变化
产品生产成本	降低	增加
经济效益	增加	减少
治理费用	减少	增加
治理效果	很好	在一定程度上减少
实施的主动性	积极主动	消极被动

资料来源：张凯，崔兆杰. 清洁生产理论与方法［M］. 北京：科学出版社，2005：14.

  作为预防污染的关键举措，清洁生产理念源自 20 世纪 70 年代。有研究认为，早在 1970 年，荷兰就提出了污染防治设想，即从减少来源、实行再生利用或减少对环境有害物质总量入手，避免或尽量减少废弃物和排放物的产生。[①] 1979 年，欧洲共同体理事会宣布推行清洁生产政策。1984 年，美国国会通过了《资源保护与回收法——有害和固体废物修正案》。[②]

  美国较早开启清洁生产实践，并取得了积极成效。1990 年，美国国会通过《污染预防法》（Pollution Prevention Act），"用污染预防代替废物最小化"，将污染预防作为美国的国家国策。1991 年，美国国家环保局发布污染预防战略，由此"完成了从末端治理向清洁生产的战略转变"[③]。在应对环境污染的结构性需求下，美国的清洁生产实践受到了国际社会的广泛关注。1992 年 6 月，联合国环境与发展大会提出加强清洁生产的建议。随后，丹麦、荷兰、英国、加拿大等国家掀起了清洁生产的浪潮。[④] 由此，清洁生产实践在国际社会迅速推广开来。有研究认为，美国与欧盟国家采取的是"自治型"清洁生产政策，即政策的核心是促进企业建立实施清洁生产的自我约束机制，政府通过社会舆论、树立公司良好形象以及提供技术信息援助等方法促使企业自觉推行清洁生产。[⑤]

  中国在环境治理实践中提出了"预防为主、防治结合、综合治理"的基本思路。20 世纪 80 年代，我国就提出了"预防为主、防治结合"的思想，但当时这

---

① 刘学. 清洁生产若干问题研究［J］. 北京化工大学学报（社会科学版），2009（4）：30-35.

② 张凯，崔兆杰. 清洁生产理论与方法［M］. 北京：科学出版社，2005：5.

③ 同①.

④ 同②7.

⑤ 秦天宝. 国外清洁生产政策导向比较研究：兼谈我国政策导向的确定［J］. 首都经济贸易大学学报，2000（4）：24-28.

主要停留在理念和规划阶段。到了 90 年代，作为"预防为主"思想的具体体现，清洁生产得到了高度重视。1992 年，中共中央和国务院批准的《关于出席联合国环境与发展大会的情况及有关对策的报告》中提出了清洁生产这一理念，指出"在新建、扩建、改建项目时，技术起点要高，尽量采用能耗物耗小、污染物排放少的清洁工艺"①。这标志着国家层面开始正式推行清洁生产。同年，原国家环保局制订出全国推广清洁生产行动计划。② 1993 年召开的全国第二次工业污染防治工作会议强调实施清洁生产，并且提出了三个转变的要求，这三个转变即"由末端治理向生产全过程控制转变""由浓度控制向浓度与总量控制相结合转变""由分散治理向分散与集中控制相结合转变"，这表明从源头治理工业污染的指导思想开始付诸实践。③ 1997 年，原国家环保局发布了《关于推行清洁生产的若干意见》，推动了工业企业领域的清洁生产步伐。2003 年 1 月 1 日起，《中华人民共和国清洁生产促进法》开始实施。"从源头削减污染"被写进《中华人民共和国清洁生产促进法》，为推动环境污染的末端治理转向源头治理提供了法律依据，对于推动落后产能淘汰和发展环保产业具有十分重要的意义。但是，因为市场激励机制不足和政策配套不到位，企业在实施清洁生产方面的主动性和自觉性不足，清洁生产仍有很大的提升空间。

2. 过程控制

过程控制是体现全过程治理的重要方面。过程控制包括很多具体内容，前述清洁生产也具有过程控制的属性。本部分重点介绍循环经济（cyclic economy）这种强化过程控制的重要措施。循环经济由美国经济学家波尔丁提出，主要是指在资源投入、企业生产、产品消费及其废弃物处置的全过程中，把传统的依赖资源消耗的线形增长经济转变为依靠资源循环的一种经济形态。④

循环经济被认为是一种生态经济，因为它改变了传统的"资源—产品—污染排放"单向流动的线性经济模式。循环经济以减量化（reduce）、再循环（recycle）、再利用（reuse）等 3R 为指导原则，运用生态学原理将经济活动组织成"资源→产品→再生资源"的反馈式流程，实现"低开采、高利用、低排放"，以最大限度地提高资源利用率和减少污染物排放。它将清洁生产和废物的综合利用结合起来，旨在实现更高的社会层次上的物质和能源的合理与持久的利用。⑤因此，循环经济的本质特征是重视资源的循环再利用。在循环经济理论视野中，废弃物和垃圾只是放错了地方的"资源"，没有得到循环而已。在世界范围内，德国与日本是率先发展循环经济并且取得显著效益的国家。其中，德国

① 佚名. 我国环境与发展十大对策 [J]. 环境保护，1992（11）：3 - 4.

② 张凯，崔兆杰. 清洁生产理论与方法 [M]. 北京：科学出版社，2005：10.

③ 蒋金荷，马露露. 我国环境治理 70 年回顾和展望：生态文明的视角 [J]. 重庆理工大学学报（社会科学），2019（12）：27 - 36.

④ 耿世刚. 大国策：通向大国之路的中国环境保护发展战略 [M]. 北京：人民日报出版社，2009：221.

⑤ 同②32.

于 20 世纪 80 年代实施了《循环经济和废弃物管理法》；日本则于 20 世纪 70 年代就制定了《资源有效利用促进法》，并于 2000 年颁布了《循环型社会形成推进基本法》。①

中国循环经济发展起步较晚，但在综合考察国情和借鉴他国经验的基础上，循环经济得到快速发展。20 世纪 90 年代初期，工业污染防治从"末端治理"向全过程控制转变，着手限制资源消耗大、污染严重和技术落后产业的发展。② 在全过程治理方面，早期强调的是清洁生产，后来强调发展循环经济，并将二者作为实现可持续发展战略的重要路径。有研究认为，清洁生产和循环经济都是先由环保部门推动，而后由经济部门主导的。其中，中国环保部门率先引入清洁生产，而随着 1997 年中加清洁生产项目的实施，清洁生产逐步由经济部门主导。循环经济"同样是由环保部门率先启动，由高层决策者批示，随后在 2004 年左右转至经济部门唱主角"③。2009 年 1 月 1 日起，《中华人民共和国循环经济促进法》开始施行，规定"发展循环经济是国家经济社会发展的一项重大战略"。当前，我国不仅设立了生态工业园区，还确定了沈阳、鞍山等一批国家循环经济示范城市。

（二）全过程治理的特征

全过程治理改变了末端治理的单线性治理模式，具有整体性和可持续性特征。

第一，整体性。全过程治理强调环境治理要贯穿于企业生产的全部环节，具有整体性和系统性思维。就生产环节而言，它从生产原料和能源投入的减量、污染物质的源头预防、生产过程的环境监管以及生产废料的再循环和再利用等方面，致力于企业生产环节的闭合。另外，它强调技术革新但并不单纯依赖技术，同时强调综合发挥国家管制和市场调解等在环境治理中的作用。

第二，可持续性。全过程治理致力于从源头和过程两个方面减少生产的负外部性，构建"资源→产品→再生资源"的反馈式流程，追求"低开采、高利用、低排放"的目标，这体现了可持续性特征。从整体上看，全过程治理强调开发和使用清洁能源，削减污染源，提高资源利用率，由此，它不仅有助于推动可持续发展，也减少了与此相关的可能的社会矛盾与社会代价。

三、复合型治理

（一）复合型环境治理的含义

复合型环境治理是学界关于环境治理的一个趋势性判断，或者说是针对中国

---

①　魏全平，童适平. 日本的循环经济 [M]. 上海：上海人民出版社，2006：5.

②　张坤民. 中国环境保护事业 60 年 [J]. 中国人口·资源与环境. 2010 (6)：1-5.

③　张天柱. 从清洁生产到循环经济 [J]. 中国人口·资源与环境. 2006 (6)：169-174.

环境治理的趋势、特点和阶段的一种理论描述，它在某种程度上契合了环境治理体系与治理能力现代化的政策话语，但目前还不是一个政策术语。

党的十八大报告提出要"全面落实经济建设、政治建设、文化建设、社会建设、生态文明建设五位一体总体布局"。十八届三中全会提出，"建设生态文明，必须建立系统完整的生态文明制度体系，用制度保护生态环境"。在此背景下，我国的环境治理逐渐呈现复合型环境治理的新格局。

复合型环境治理是面向整体环境的、依托整体环境的、为了整体环境的综合治理和社会变革时代的治理模式。[①] 同时，它是由政府、市场、社会组织和公众等多元主体共同参与、相互合作形成的一种新型的现代环境治理理念和治理结构。[②] 复合型环境治理意味着环境治理不仅面向企业生产，而且面向生活垃圾整治、人居环境建设等与环境治理相关的所有维度。同时，它所采用的政策工具是系统多样的，因此它是一项系统工程，需要通过制度建设、社会系统的变革以及社会建设推动环境善治。从这个意义上说，复合型环境治理也反映了全球环境治理的基本趋势，西方国家在发现技术手段无法根治环境问题后，同样是综合使用经济、法律、行政和社会等手段推动环境治理，同时注重面向整体环境进行系统治理。

（二）复合型环境治理的优势

相比末端治理和全过程治理，复合型环境治理的优势主要包括以下内容。[③]

第一，环境认知日渐清晰。环境认知日渐清晰的过程符合环境认知发展的规律，反映了对环境系统自身的运行规律、环境系统与社会系统互动的规律以及社会运行规律的认知。由此，环境认知呈现出如下特点：一是从回避环境问题到直面环境问题；二是从对局部环境威胁的认识转向认识到环境的整体威胁；三是从边发展边治理甚至先发展后治理转向优先开展环境治理；四是从一般性的环境治理倡导和规划转向切实、持续、具体的环境治理制度建设；五是从将环境治理看作经济发展的负担转向利用环境治理的机遇促进经济转型升级；六是从直接挑战环境的扩张性发展转向适应环境约束的反思性、内涵型发展。

第二，环境政策日渐完善。环境政策的日臻完善体现了适应综合治理的社会变革需要。从大体上看，它包括以下几个方面：一是环境政策目标从偏重单个环境要素和单一环境功能的管理转向针对整体性环境系统和复合型环境功能的管理，更加强调以改善环境质量为核心、实现生态环境质量总体改善；二是环境政策的约束对象从主要针对直接污染主体扩展到约束所有关联主体，特别是从注重督企到督企、督政并重；三是环境政策工具从主要依靠行政管制逐步扩展为综合运用法律、经济、技术、社会、行政等多种手段；四是环境政策的创新主体从主要依赖政府逐步走向政府、市场和社会的协同创新；五是环境政策基本取向从扩

---

① 洪大用. 复合型环境治理的中国道路 [J]. 中共中央党校学报，2016 (3)：67-73.

② 王芳. 合作与制衡：环境风险的复合型治理初论 [J]. 学习与实践，2016 (5)：86-94.

③ 同①.

大和改进供给向更加严格的需求管理转变；六是政策关联性从实际分割（环境政策与其他社会经济政策之间）走向高度整合；七是环境政策执行问责从侧重强调环保部门问责到加强党委政府整体问责。

第三，环境治理道路更加切合实际。中国环境治理之路是应对复合型环境挑战之路。中国环境问题的"时空压缩"特征使得环境问题的复合效应日趋明显，环境治理难度加人，但可以借鉴的环境治理模式极其有限，因而环境治理实践呈现了中国特点。中国环境治理特别强调充分发挥"关键少数"的作用。同时，中国体制的一大优势是集中力量办大事。此外，中国的环境治理是一条自我调整、自我消化、自我创新之路。中国承受过西方发达国家的污染转移和环境挤压之害，但在加强环境保护日渐成为全球发展基本理念、国际范围内的环境保护压力日渐加大的背景下，中国不能再走西方之路，几乎没有空间和机会通过环境污染和资源压力的国际转移来改进国内的环境质量。因此，中国必须创造性地走出人与自然和谐发展的新道路。

第四，科技支撑更加成熟。复合型环境治理重视发挥科技的作用，相比末端治理和全过程治理，它不仅注重环境治理方面的技术研发，更加强调发挥科技在环境监管方面的作用。比如，通过卫星定位、航拍、污染溯源、重污染在线监测以及大数据分析等科技手段开展更有效的环境监管。

第五，环境治理逐渐覆盖到环境影响的社会领域。末端治理和全过程治理主要面向的是企业污染治理，而事实上，农业生产、交通出行和日常消费等领域都会产生环境影响。比如，生活垃圾已经是一个十分突出的问题，必须要有系统性的解决方案。简而言之，复合型环境治理从企业环境治理延伸至人居环境整治、生活环境规划、日常消费等涉及人类生活的所有领域。

（三）复合型环境治理的特点

从整体上看，复合型治理主要具有如下特点。

第一，强调制度优化。复合型环境治理模式强调宏观布局和顶层设计，注重制度化的、长效的治理机制建设。复合型环境治理注重通过系统的制度创新推动环境治理，进而破解相关体制机制障碍。2012年以来，中国在加强环境治理的制度建设方面进行了大量探索和实践。比如，《党政领导干部生态环境损害责任追究办法（试行）》和《生态文明体制改革总体方案》相继实施，对环境治理进行了顶层设计。再比如，最新版本的《中华人民共和国环境保护法》实施按日连续处罚制度，为环境治理提供了良好的法制保障。

第二，强调体系构建。政府不再是环境治理的唯一主体，市场、社会组织和公众都参与到这一公共事务当中，并依托各自的资源和便利条件，发挥相应的功能。中共十九大报告提出，要"构建政府为主导、企业为主体、社会组织和公众共同参与的环境治理体系"。此外，环境治理的领导责任体系、企业责任体系、全民行动体系、监管体系、市场体系、信用体系和法律法规政策体系的构建与完善，同样是复合型环境治理得以实现的基本前提。

第三，强调组织创新。组织创新指的是顺应社会重组之趋势，转换某些原有组织（特别是政府以及政府的非政府组织）的功能，强化某些原有组织（如司法组织）的功能，开放新的组织资源（如大力发展民间环保组织），重建一些濒临瓦解的组织（特别是社区组织）。[1] 在复合型环境治理框架中，培育和发展民间环保组织尤为重要。《中华人民共和国环境保护法》明确了社会组织可以就"污染环境、破坏生态，损害社会公共利益的行为"向人民法院提起诉讼，此外，自2015 年5 月1 日开始，我国法院立案登记制度开始实施，破解了之前民间组织的环境公益诉讼不被受理的困局。

第四，强调公众参与。由政府包办一切的环保格局需要进行结构性调整，制度性的公众参与是现代社会环境治理的题中之意。[2] 一方面，公众了解其生活区域内的环境问题，对于环境治理具有发言权。正如生活环境主义主张的那样，要重视生活者的智慧，挖掘当地居民的生活智慧解决环境问题。[3] 另一方面，环境治理过程中要畅通政府与公众之间的沟通渠道，最大限度地寻求民意的"最大公约数"[4]。事实上，我国政府在2000 年后就通过不同形式明确了公众参与的重要性。比如，2003 年的《中华人民共和国环境影响评价法》、2007 年的《环境信息公开办法（试行）》以及2014 年修订的《中华人民共和国环境保护法》都将"公众参与"明确列入。《中华人民共和国环境保护法》还明确了公民享有环境知情权、参与权和监督权，其第五章"信息公开和公众参与"就此做了专门规定。但目前来看，公众参与仍有很多不足，需要进一步加强公众参与的制度建设。

复合型环境治理实际上已经超越了我们对传统环境治理的认知，相比末端治理和全过程治理，它将环境治理范畴从企业环境治理延伸至人居环境建设、生活环境规划等环境问题的所有维度，换句话说，从问题处理到环境规划、从制度设计到政策执行、从国家到基层民众，都有相应的考虑与制度设计。当然，复合型环境治理的实现需要构建环境治理共同体，这就需要不同利益相关群体的共同努力。

第三节
中国的环境治理

中国的环境治理是从环境保护中演变而来的。20 世纪70 年代以来，中国持续完善和优化环境治理的框架体系。限于篇幅，本节旨在从整体上介绍中国环境

---

① 洪大用. 社会变迁与环境问题 [M]. 北京：首都师范大学出版社，2001：256.
② 夏光. 论环境治道变革 [J]. 中国人口·资源与环境，2002 (1)：20 - 23.
③ 鸟越皓之. 环境社会学：站在生活者的角度思考 [M]. 宋金文，译. 北京：中国环境科学出版社，2009.
④ 潘岳. 大力推动公众参与 创新环境治理模式 [J]. 环境保护，2014 (23)：13 - 15.

治理的基本进程、组织与制度框架以及基本特点。

一、中国环境治理的基本进程

相较西方发达国家，中国工业化进程起步较晚，工业污染暴露得相对较晚，但是诸如森林破坏、水土流失和土地沙化等问题出现得较早。中华人民共和国成立初期，国家百废待兴，经济生产是核心任务，环境问题没有受到重视。但是环境污染在 20 世纪 50 年代已经比较突出地呈现了出来。比如，在"大跃进"时期，"大炼钢铁"以及片面贯彻"以粮为纲"的方针，导致了严重的乱砍滥伐、滥采滥挖、毁林开荒以及水土流失问题。当时，废水、废气和废渣直排现象十分突出，"大炼钢铁"以及粗放型的工业发展模式也使得大气污染和水污染问题在局部地区以显性化的方式呈现出来。"从 1965 年 5 月开始，全国环保形势出现了急剧恶化的局面。环境污染和生态破坏达到了触目惊心的程度，新中国的自然环境遭受了中华人民共和国成立以来最为严重的破坏，中国的环境问题迅速由发生期上升到爆发期。"① 时任国务院总理周恩来等领导人对环境问题深感忧虑，但在当时的历史背景下，环境问题并不被认为是社会问题。不仅如此，当时环境问题还被认为是资本主义国家特有的问题，如果认为中国存在环境问题，就会被判定为给社会主义制度抹黑。

到了 20 世纪 70 年代，环境问题更加严峻，中国政府意识到环境保护的重要性和紧迫性。其中的标志性事件是在周恩来的推动下，中国政府派出代表团参加了 1972 年召开的联合国人类环境会议，阐明了中国环境保护的主张。次年（1973），原国家计委、国家建委和卫生部联合批准颁布了我国第一个环境标准《工业"三废"排放试行标准》，为开展"三废"治理提供了政策依据。② 同年，在周恩来的直接指导下，中国召开了第一次全国环境保护会议，通过了《关于保护和改善环境的若干规定》。作为首届全国性的环境保护会议，它开启了我国现代意义上的环境治理的新征程，具有十分重要的历史意义。随后，中国开始着手环境保护方面的组织机构建设以及法律法规建设。

1983 年，保护环境被确定为我国的一项基本国策。由此，环境保护成为一项治国之策，这是我国继"计划生育"之后提出的又一项基本国策。这是第二次全国环境保护会议的重要成果。1989 年，中国召开了第三次全国环境保护会议，形成了"三大环境政策"，即"环境管理要坚持预防为主""谁污染谁治理""强化环境管理"三项政策。其中，"预防为主"的指导思想是指在国家的环境管理中，通过计划、规划及各种管理手段，采取防范性措施，防止环境问题的发生；"谁污染谁治理"原则是指对环境造成污染危害的单位或者个人有责任对其污染源和被污染的环境进行治理，并承担相应的治理费用；"强化环境管理"的主要

---

① 吴绮雯. 论周恩来永续发展环境思想 [J]. 求索，2011 (9)：248-250.

② 李格琴. 当代中国的生态环境治理 [M]. 武汉：湖北人民出版社，2012：6.

措施包括制定法规，使各行各业有所遵循，建立环境管理机构，加强监督管理。①

在 20 世纪 90 年代，环境恶化的形势更加严峻，环境治理的重要性更加突出。1990 年，《国务院关于进一步加强环境保护工作的决定》开宗明义地指出，"保护和改善生产环境与生态环境、防治污染和其他公害，是我国的一项基本国策"，再次明确了环境保护的基本国策地位。此外，国家在 90 年代颁布了一系列新的环境法律法规，出台了一些新的环境政策，并针对淮河和太湖等重点湖泊开展了专项环境治理。值得一提的是，1996 年召开的第四次全国环境保护会议提出坚持污染防治和生态保护并举的要求，推进了环境保护工作。

进入 21 世纪，国家在环境治理方面投入了更多的资源。21 世纪头十年，国家召开了两次全国环境保护会议。其中，第五次全国环境保护会议提出，要按照社会主义市场经济的要求，动员全社会的力量开展环境保护。第六次全国环境保护会议期间提出了加快实现三个转变的要求：一是从重经济增长轻环境保护转变为保护环境与经济增长并重；二是从环境保护滞后于经济发展转变为环境保护和经济发展同步，做到不欠新账，多还旧账；三是从主要用行政办法保护环境转变为综合运用法律、经济、技术和必要的行政办法解决环境问题。② 推进环境保护的三个转变，体现了国家环境保护战略的重大变革。

近年来，中国社会各界积极应对环境衰退，不断推进环境治理的制度化、科学化以及全面化进程，这一进程体现了环境治理现代化。党的十八大以来，国家以前所未有的力度推动环境治理以及强化环境治理体系建设，致力于构建"党委领导、政府主导、企业主体、社会组织和公众共同参与的现代环境治理体系"③。2020 年 3 月，中共中央办公厅、国务院办公厅印发的《关于构建现代环境治理体系的指导意见》指出：要"以强化政府主导作用为关键，以深化企业主体作用为根本，以更好动员社会组织和公众共同参与为支撑，实现政府治理和社会调节、企业自治良性互动"。该文件同时规划了环境治理体系现代化的建设目标，即"到 2025 年，建立健全环境治理的领导责任体系、企业责任体系、全民行动体系、监管体系、市场体系、信用体系、法律法规政策体系，落实各类主体责任，提高市场主体和公众参与的积极性，形成导向清晰、决策科学、执行有力、激励有效、多元参与、良性互动的环境治理体系"。④

当前，中国正在强调以制度建设推动环境治理，中国环境治理的政策体系和体制机制正在面临转型和重构，这为环境社会学发挥社会学的综合性、整体性分析以及注重制度分析的传统优势提供了广阔的空间。⑤ 当前，中国的环境污染问

---

① 参见生态环境部官网（http://www.mee.gov.cn/zjhb/lsj/lsj_zyhy/201807/t20180713_446639.shtml）。

② 参见生态环境部官网（http://www.mee.gov.cn/zjhb/lsj/lsj_zyhy/201807/t20180713_446642.shtml）。

③ 中共中央办公厅 国务院办公厅印发《关于构建现代环境治理体系的指导意见》[EB/OL]. http://www.gov.cn/zhengce/2020-03/03/content_5486380.htm? trs=1.

④ 同③.

⑤ 洪大用，龚文娟. 行进在快车道上的中国环境社会学 [J]. 南京工业大学学报（社会科学版），2015（4）：5-16.

题仍很突出，而环境治理态势也发生了结构性变化。因此环境社会学既需要对环境污染及其引发的社会影响开展深入研究，更需要对当前的环境治理以及政策等相关问题开展深入研究，这也是环境社会学研究中新的学术"增长点"。[1]

二、中国环境治理的组织与法制框架

（一）环保组织

1. 政府环保机构

中国政府的环保机构建制始于 20 世纪 70 年代。后来，在国家机构改革以及环境保护事业的发展实践中数易其名，组织架构名称及其职能发生了多次变化。

20 世纪 70 年代初期，我国政府部门开始设置环境保护机构。1974，国务院环境保护领导小组成立，并以中华人民共和国政府的名义加入联合国环境规划署，成为联合国环境规划理事会中的 58 个成员之一。1982 年，中华人民共和国城乡建设环境保护部成立，国务院环境保护领导小组撤销，其办公室并入该部的环境保护局。

1988 年，国家环境保护局从城乡建设环境保护部独立出来，成为国务院的直属机构，这在国家环保部门的机构变更中具有重要意义。在随后的 30 年历程中，它每 10 年升格或转型一次：1998 年，国家环境保护局升格为国家环境保护总局；2008 年，国家环保总局升格为环境保护部，首次成为国务院的组成部门；2018 年，根据国务院机构改革方案，组建生态环境部，原环境保护部不再保留。根据生态环境部的组织框架，它整合了以下部委涉及的环保职能：（1）国家发展和改革委员会的应对气候变化和减排职责；（2）原国土资源部的监督防止地下水污染职责；（3）水利部的编制水功能区划、排污口设置管理、流域水环境保护职责；（4）原农业部的监督指导农业面源污染治理职责；（5）国家海洋局的海洋环境保护职责；（6）原国务院南水北调工程建设委员会办公室的南水北调工程项目区环境保护职责。此次机构改革后，生态环境部被称为"超级大部"。同时，通过整合分散在多个国家部委中的环保职能，新的国家环保组织机构对于解决多头治理和推进系统治理具有重要的现实意义。由此，生态环境部强化了政策规划标准制定、监测评估、监督执法、督察问责"四个统一"，实现了地上和地下、岸上和水里、陆地和海洋、城市和农村、一氧化碳和二氧化碳的"五个打通"，以及污染防治和生态保护贯通。同时，此次改革体现了统筹山水林田湖草系统治理的整体系统观，实现了所有者和监管者分开。[2]

① 陈涛．环境治理的社会学研究：进程、议题与前瞻［J］．河海大学学报（哲学社会科学版），2020（1）：53－62.

② 吴舜泽，和夏冰，郝亮，殷培红，冯相昭．做实"一个贯通"和"五个打通"推进国家生态环境治理体系和治理能力现代化［J］．中国环境报，2018－09－12（1）.

国家环保机构的成立与发展深入推动了环境保护和环境治理进程，对中国的生态文明建设发挥了重要作用。当然，环保部门本身还存在很多问题。比如，在过去很长一段时间内，环保部门经常面临着"有心无力"的困局。在地方政府有关经济发展与环境保护的权衡和选择机制下，很多地方环保部门无法解决辖区内的环境问题，遭遇着"稻草人化"的角色式微困境。[①] 近年来，随着国家环保格局的调整，特别是在中央环保督查以及厉行问责等机制下，这种状况有了根本性改观，当然，环保部门功能的有效发挥仍存在制度层面的完善空间。

2. 民间环保组织

改革开放以来，我国民间环保力量不断成长壮大，成为国家环保事业的重要抓手。它在本质上是一种社会层次上的力量，其深层基础是公众的环境意识与环保行为。[②] 其中，民间环保组织或环境非政府组织（environmental non-government organization，ENGO）发挥了突出的作用。

中国早期的民间环保组织主要是政府部门发起成立的，这些民间组织往往具有半官方性质。这些半官方的环保社团基本都是准行政机构，服务于政府的环保工作，是为了方便对外交流而由政府或原政府机构领导人发起成立的，它们在国外常被称作"政府组织的非政府组织"（government-organized NGOs），其群众基础较差，缺乏"草根性"[③]。其中，1978 年成立的中国环境科学学会被称作第一家民间环保组织，由此计算，中国民间环保组织的发展已有 40 多年的历史。而民间自发成立和建设的环保组织始于 20 世纪 90 年代，比政府部门发起成立的组织滞后了 10 多年。其中，1991 年成立的盘锦市黑嘴鸥保护协会被认为是民间最早成立的环保组织。经过多年发展，我国民间环保组织已经形成了四种主要类型：一是由政府部门发起成立的民间环保组织，比如中华环保联合会、中华环保基金会、中国环境文化促进会等；二是由民间自发组成的民间环保组织，比如自然之友、地球村等；三是国际民间环保组织的驻华机构，比如绿色和平组织、世界自然基金会的驻华机构等；四是学生环保社团及其联合体，比如大学生环保社团、学生环保社团联合体等。[④]

民间环保组织在环境保护事业方面发挥着重要作用。首先，民间环保组织对于公众的环境启蒙和环境教育发挥了重要作用。它们发布了大量的环境保护信息，开展了诸如"环保宣传教育进社区"、"青少年环保公益行动"、环境调查与学术研讨会等类型多样的活动，提升了公众的环境意识。其次，民间环保组织推动了公众参与和信息公开。比如，有的民间环保组织开设了环境污染投诉网，有的民间环保组织则积极发布联名信和公开信，这些都提供了公众舆论监督渠道，

① 陈涛，左茜．"稻草人化"与"去稻草人化"：中国地方环保部门角色式微及其矫正策略 ［J］．中州学刊，2010（4）：110 - 114.

② 洪大用，等．中国民间环保力量的成长 ［M］．北京：中国人民大学出版社，2007：13 - 14.

③ 洪大用．社会变迁与环境问题 ［M］．北京：首都师范大学出版社，2001：163.

④ 中华环保联合会．中国环保民间组织发展状况报告 ［J］．环境保护，2006（10）：60 - 69.

成为推动公众参与的重要力量，进而促进了信息公开。再次，民间环保组织维护了公众利益。很多民间环保组织都设立了环境权益中心或法律诉讼部门，并积极发起环境公益诉讼，这对维护利益受损者特别是弱势群体的合法权益提供了重要支撑。最后，民间环保组织积极向政府部门提交政策建议，对于相关环境法律与政策完善以及生态文明建设起到了推动作用。

民间环保组织的发展并不是一帆风顺的，也面临着很多困境，这既有法律和制度层面的因素，也有民间环保组织自身的原因。随着国家生态环境保护格局的变化、环境治理体系现代化的政策实践、社会组织发展的政治机会结构（political opportunity structure）的变化以及民间环保组织自身成熟度的提高，民间环保组织的功能会逐步凸显，在环保事业方面将发挥日益显著的作用。

（二）环境条约

中国缔结和参加了一系列的环境保护公约、议定书和双边协定。中国签署国际环境公约最早是在 20 世纪 70 年代初期，当时中国还处在"文化大革命"时期。改革开放后，我国与国际社会一道积极推动国际环境条约和法律条款的制定与完善，推动了国际"条约""公约""宣言""议定书"以及"声明"的签署。迄今为止，我国已经签订了 50 多项国际环境条约（见表 10 - 2）。

表 10 - 2　　　　　　　　　　中国签署的主要国际环境条约

顺序	类别	条约名称
1	气候变化	《联合国气候变化框架公约》
2		《〈联合国气候变化框架公约〉京都议定书》
3		《巴黎协定》
4	臭氧层保护	《保护臭氧层维也纳公约》
5		《经过修正的〈关于消耗臭氧层物质的蒙特利尔议定书〉》
6	化学品管理	《作业场所安全使用化学品公约》
7		《化学制品在工作中的使用安全公约》
8		《化学制品在工作中的使用安全建议书》
9	危化品国际贸易	《关于化学品国际贸易资料交换的伦敦准则》
10		《关于在国际贸易中对某些危险化学品和农药采用事先知情同意程序的鹿特丹公约》
11		《关于持久性有机污染物的斯德哥尔摩公约》
12	危险废物控制	《控制危险废物越境转移及其处置巴塞尔公约》
13		《〈控制危险废物越境转移及其处置巴塞尔公约〉修正案》
14	生物多样性保护	《生物多样性公约》
15		《国际植物新品种保护公约》
16		《国际遗传工程和生物技术中心章程》
17	森林保护	《关于森林问题的原则声明》
18	沙漠防治	《联合国防治荒漠化公约》
19	湿地保护	《关于特别是作为水禽栖息地的国际重要湿地公约》

续前表

顺序	类别	条约名称
20	物种国际贸易	《濒危野生动植物物种国际贸易公约》
21		《〈濒危野生动植物物种国际贸易公约〉第二十一条的修正案》
22		《1983 年国际热带木材协定》
23		《1994 年国际热带木材协定》
24	海洋环境保护	《联合国海洋法公约》
25		《大陆架公约》
26		《国际油污损害民事责任公约》
27		《国际油污损害民事责任公约的议定书》
28		《国际干预公海油污事故公约》
29		《干预公海非油类物质污染议定书》
30		《国际油污防备、反应和合作公约》
31		《防止倾倒废物及其他物质污染海洋公约》
32		《关于逐步停止工业废弃物的海上处置问题的决议》
33		《关于海上焚烧问题的决议》
34		《关于海上处置放射性废物的决议》
35		《防止倾倒废物及其他物质污染海洋公约的 1996 年议定书》
36		《国际防止船舶造成污染公约》
37		《关于 1973 年国际防止船舶造成污染公约的 1978 年议定书》
38	海洋渔业资源保护	《国际捕鲸管制公约》
39		《养护大西洋金枪鱼国际公约》
40		《中白令海狭鳕资源养护与管理公约》
41		《跨界鱼类种群和高度洄游鱼类种群的养护与管理协定》
42		《亚洲—太平洋水产养殖中心网协议》
43	核污染防治	《及早通报核事故公约》
44		《核事故或辐射紧急援助公约》
45		《核安全公约》
46		《核材料实物保护公约》
47	南极保护	《南极条约》
48		《关于环境保护的南极条约议定书》
49	自然和文化遗产保护	《保护世界文化和自然遗产公约》
50		《关于禁止和防止非法进出口文化财产和非法转让其所有权的方法的公约》
51	环境权的国际法规定	《经济、社会和文化权利国际公约》
52		《公民权利和政治权利国际公约》
53	其他	《联合国人类环境宣言》
54		《联合国里约环境与发展宣言》
55		《关于各国探索和利用包括月球和其他天体在内外层空间活动的原则条约》
56		《外空物体所造成损害之国际责任公约》

资料来源：根据蔡守秋主编的《环境法学教程》（科学出版社 2003 年版，第 352～354 页）和国家生态环境部官网等网站进行的资料整理。

如表 10-2 所示，我国签署的国际环境条约可以分为 17 个类别，包括气候变化、臭氧层保护、化学品管理、危化品国际贸易、危险废物控制、生物多样性保护、湿地保护、沙漠防治、物种国际贸易、海洋环境保护等。需要指出的是，国际环境条约的法律效力不高，其执行存在"软"性有余而"硬"性不足的困境。

（三）环境法律

环境治理离不开法律法规的制定与执行。日本和美国率先开启了环境立法建设。其中，日本于 1967 年制定了《公害对策基本法》，美国于 1969 年制定了《国家环境政策法》。随后，环境保护成为美国民主党和共和党的共识。20 世纪 70 年代被称为"环境十年"（environmental decade），国会通过的环境法规成倍增加，奠定了现代美国环境政策体系的法律基础。[①] 相比之下，我国的环境立法建设稍晚一些。近年来，我国在全面依法治国的框架下持续完善相关法律法规。

1978 年，《中华人民共和国宪法》（即"七八宪法"）经全国人民代表大会审议通过，其中，第十一条规定："国家保护环境和自然资源，防治污染和其他公害。"这是我国首次在《中华人民共和国宪法》中提出环境保护。1979 年，我国颁布了《中华人民共和国环境保护法（试行）》，这是我国首部环境法，在我国的环境治理中具有里程碑式的意义。由此，我国的环境保护进入立法探索和法律管制轨道。改革开放以来，我国积极推动环境法律的制定与完善，在环境法律方面已经基本做到了"有法可依"。在环境法律法规建设方面，《中华人民共和国刑法》《中华人民共和国民法通则》等基本法律以及上百部的行政法规，对环境保护、环境污染犯罪和行政处罚进行了一般性规定。此外，我国还有近 30 部专门性法律（见表 10-3）。

表 10-3　　　　　我国环境保护方面的主要专门性法律

顺序	类别	最新修订或实施时间	名称
1	以防治环境污染为主要内容	2012 年 7 月 1 日	《中华人民共和国清洁生产促进法》
2		2015 年 1 月 1 日	《中华人民共和国环境保护法》
3		2016 年 11 月 7 日	《中华人民共和国固体废物污染环境防治法》
4		2017 年 11 月 5 日	《中华人民共和国海洋环境保护法》
5		2018 年 1 月 1 日	《中华人民共和国水污染防治法》
6		2018 年 10 月 26 日	《中华人民共和国大气污染防治法》
7		2018 年 12 月 29 日	《中华人民共和国环境影响评价法》
8		2018 年 12 月 29 日	《中华人民共和国环境噪声污染防治法》
9	以自然资源管理和合理使用为主要内容	1998 年 1 月 1 日	《中华人民共和国节约能源法》
10		2002 年 1 月 1 日	《中华人民共和国海域使用管理法》
11		2009 年 8 月 27 日	《中华人民共和国矿产资源法》
12		2013 年 6 月 29 日	《中华人民共和国草原法》
13		2013 年 12 月 28 日	《中华人民共和国渔业法》
14		2016 年 7 月 2 日	《中华人民共和国水法》

[①] 徐再荣，等.20 世纪美国环保运动与环境政策研究 [M]. 北京：中国社会科学出版社，2013：305.

续前表

顺序	类别	最新修订或实施时间	名称
15	以自然资源管理和合理使用为主要内容	2016 年 11 月 7 日	《中华人民共和国煤炭法》
16		2018 年 10 月 26 日	《中华人民共和国野生动物保护法》
17		2018 年 12 月 29 日	《中华人民共和国农村土地承包法》
18		2020 年 1 月 1 日	《中华人民共和国土地管理法》
19		2020 年 1 月 1 日	《中华人民共和国城市房地产管理法》
20		2020 年 7 月 1 日	《中华人民共和国森林法》
21	以自然保护、防止生态破坏和防治自然灾害为主要内容	2009 年 5 月 1 日	《中华人民共和国防震减灾法》
22		2009 年 8 月 27 日	《中华人民共和国进出境动植物检疫法》
23		2011 年 3 月 1 日	《中华人民共和国水土保持法》
24		2015 年 4 月 24 日	《中华人民共和国动物防疫法》
25		2016 年 7 月 2 日	《中华人民共和国防洪法》
26		2016 年 11 月 7 日	《中华人民共和国气象法》
27		2017 年 11 月 4 日	《中华人民共和国文物保护法》
28		2018 年 10 月 26 日	《中华人民共和国防沙治沙法》

资料来源：根据蔡守秋主编的《环境法学教程》（科学出版社 2003 年版，第 356 页）和国家生态环境部官网等网站进行的资料整理。

如表 10-3 所示，我国已经建立了比较系统的专门性环境法律，包括防治环境污染、自然资源管理和合理使用以及自然保护、防止生态破坏和防治自然灾害等方面。当前，有法可依基本得到了保障，关键是需要加强环境执法。从整体上看，我国环境保护的法制化进程较快，但环保法规真正由司法组织贯彻执行的并不多。[①] 在环境法律执行过程中，存在文本法与实践法相背离的现象。其中，文本法是正式颁布的法律、政策、文件以及领导讲话或指示等，是在常态下必须遵守的规则，实践法则是当事人在处理实际事务时所遵守的规则，文本法与实践法的分离导致环境问题久治不愈。[②] 环境治理的法制化的重点在于推动"有法必依""执法必严"和"违法必究"，让法律在环境治理中发挥其实质性作用。值得一提的是，2015 年 1 月 1 日起施行新版《中华人民共和国环境保护法》后，环境执法力度得到了明显增强。

三、我国环境治理的基本特点

在一定程度上，我国的环境治理受到西方环境公害的警示以及环境保护思潮的影响。我国环境治理方式和治理体系是从"摸着石头过河"中逐步探索和发展起来的。总的来说，我国的环境治理呈现以下特征。

第一，环境治理的普遍性。由于城市化和工业化的全面推进，全国各地都存

---

① 洪大用. 社会变迁与环境问题 [M]. 北京：首都师范大学出版社，2001：261.

② 陈阿江. 次生焦虑：太湖流域水污染的社会解读 [M]. 北京：中国社会科学出版社，2010：160-161.

在着类型不一的环境问题。因此，环境治理成为国家治理的基本内容之一。城市的环境治理随着城市化和城市建设而逐步开展，如城市绿化、城市污水处理、固废垃圾处理等等；农村的环境治理则常常嵌入新农村建设或扶贫过程，比如，有些贫困县在"生态立县"的定位下开展"环保嵌入扶贫"的实践，环境治理的理念和实践贯穿整个脱贫过程。[①] 中共十九大报告将污染防治列为与防范化解重大风险和精准脱贫并列的三大攻坚战之一，环境治理实践已经全面展开。

第二，环境治理的复杂性。我国国土面积大，幅员辽阔，自然环境类型多样化，环境问题呈现多样性，治理起来非常复杂。一是我国经济社会发展进程中面临着水土流失、土地荒漠化、大气污染、水污染、土壤污染、海洋污染、噪声污染、有机物污染、垃圾处理、生物多样性破坏、生物安全以及核风险等多重挑战。二是环境治理过程中涉及众多利益相关者，不仅要处理环境污染问题，还要解决由此引发的社会矛盾和纠纷。比如，如果环境治理过程中对替代产业和原产业工人的再就业与生计等问题考量不足，也会引起产业从业者的诉苦行为。[②] 三是环境政策的执行环节也呈现出错综复杂特征，存在着选择性执行等变通执行现象。可见，中国环境治理表现出明显的复杂性。

第三，环境治理的政府主导性。我国的环境治理具有鲜明的自上而下特点，并形成了政府主导型环境治理模式。政府在环境宣传与教育、环境规划、环境政策制定与执行等方面都发挥着主导作用，政府作为环境治理最主要的责任主体的观念已被广泛接受。相比之下，自下而上的公众环境参与较少，同时，公众参与环境事务的意识弱、环境参与能力不足以及参与层次低。此外，公众的参与渠道有限，公众意见的采纳程度低。不过，值得注意的是，随着政府主导型环境治理模式缺陷的暴露，特别是随着国家对环境治理体系现代化建设的推进，国家正大力推动多元利益主体协同治污，环境治理主体趋于多元化。

第四，环境治理的制度性。随着生态文明建设的深化，我国环境制度建设不断强化，其中制度创新和法律完善步伐快速推进。我国进行了一系列的环境制度创新和建设，例如：水污染防治领域形成了河长制、新安江流域生态补偿制度等，森林保护方面形成了森林管护制度和森林采伐限额管理制度等，生活垃圾处理方面形成了生活垃圾分类制度以及生活垃圾处理收费制度等。随着国家治理体系和治理能力现代化的建设进程推进，巩固、完善和发展各领域的基本制度成为我国环境治理的一个着力点，由此，环境治理的制度创新成为一个重要取向。

第五，环境治理效果的日益彰显性。环境问题久治不愈曾是我国社会的一大顽疾。党的十八大以来，我国在环境治理方面投入了大量资源，出台了一系列的制度，环境恶化趋势得到了基本遏制，环境治理成效取得了历史性成就。当然，我国环境治理依然面临着很多压力，环境善治依然任重而道远。本书第十一章在

---

① 许中波．"环保嵌入扶贫"：政策目标组合下的基层治理［J］．华南农业大学学报（社会科学版），2019（6）：12－22．

② 陈涛，李鸿香．环境治理的系统性分析：基于华东仁村治理实践的经验研究［J］．东南大学学报（哲学社会科学版），2020（2）：102－109．

生态文明建设成效方面将对此进行详细介绍，此处不再具体展开。

思考题

1. 简述环境治理的基本类型。

2. 简述环境治理的政策工具。

3. 简述末端治理的成效与局限。

4. 简述复合型环境治理的含义及其特点。

5. 简述我国环境治理的基本特点。

阅读书目

1. 洪大用. 社会变迁与环境问题 [M]. 北京：首都师范大学出版社，2001.

2. 洪大用，马国栋，等. 生态现代化与文明转型 [M]. 北京：中国人民大学出版社，2012.

3. 陈阿江. 次生焦虑：太湖流域水污染的社会解读 [M]. 北京：中国社会科学出版社，2010.

4. 姜春云. 中国生态演变与治理方略 [M]. 北京：中国农业出版社，2004.

5. 徐再荣，等. 20世纪美国环保运动与环境政策研究 [M]. 北京：中国社会科学出版社，2013.

第十一章

社会转型

【本章要点】

● 发展观就是关于发展的宗旨、内涵、性质、路径、模式以及绩效评价等的基本理论与政策主张。

● 随着以片面经济增长为中心的发展观不断暴露问题，国际社会提出各种替代发展观，包括"发展＝经济增长＋社会变革"、内源式发展、新发展观、生态现代化以及可持续发展等。

● 全球环境问题不断发展和环境风险持续扩大使现代社会面临运行与发展的高风险。防范和化解环境风险的诸种努力推动着现代社会的持续转型，这是一种全球性趋势。

● 中国生态文明建设源于环境保护而又超越环境保护，是一场全方位、深层次、持续性和根本性的社会变革，代表了人类文明演进的新方向。

● 研究和把握当代中国与世界社会转型的新趋势，需要超越传统社会转型研究的主题、视野和主张，充分考虑社会转型的环境维度。

【关键概念】

发展观 ◇ 生态现代化 ◇ 可持续发展 ◇ 环境风险 ◇ 生态文明 ◇ 社会转型

随着全球环境问题持续恶化，环境风险不断扩大，广大公众的环境认知不断深化，改善环境的意愿不断增强，现代社会发展的内部动力结构发生了深刻变化，呈现出因应环境问题不断调整社会发展方向与路径的新趋势。本章基于环境与社会相互作用的视角，介绍发展观演变的过程、社会学转型研究的新趋势与中国生态文明建设实践。

第一节
发展观演变的历史

发展是世界各国努力追求的目标，也是一个永恒的主题。发展观是有关发展的哲学命题，特定历史时期的发展观反映了这一时期社会各界关于发展内涵以及发展目标的某种程度的共识。简单来说，发展观就是关于发展的宗旨、内涵、性质、路径、模式以及绩效评价等方面的基本理论与政策主张。第二次世界大战之后，西方学者就发展中国家的发展提出了以经济增长为中心的发展观，随着这种发展观困境的暴露以及全球环境问题的严峻化和环境风险的传播，国际社会积极探索新型发展之路。

一、以经济增长为中心的传统发展观

"二战"以后，国际社会致力于贫困消除和经济社会重建，发展成为世界两大主题之一。特别是随着越来越多的殖民地和半殖民地国家取得独立，如何发展成为一项重要的议题。

当时，以美国经济史学家华尔特·惠特曼·罗斯托（Walt Whitman Rostow）为代表的西方学者积极向发展中国家提供发展方面的理论指导，并兜售传统的线性发展模式。在此背景下，经济增长逐渐成为主旋律，西方的现代化和工业化道路成为发展中国家的理想参照，在发展观层面形成了"发展＝经济增长"这一简化片面的理论公式。学界所谓的传统现代化道路与模式，指涉的就是这种现象。在实践层面，各国将经济增长视为发展的同义词。联合国"第一个发展十年"（1961—1970 年）就深受这种发展观影响。在各种力量的推动下，世界上很多发展中国家都选择了以追求经济增长为主的传统发展战略，认为经济增长会带来政治民主与社会进步等一系列正效应。[①]

简而言之，传统发展观是西方学者提出的针对发展中国家的一种发展路径，它具有两个基本特征：一是认为发展的本质或发展的关键在于经济增长，发展的

---

① 陈忠. 可持续发展的实践反思 [J]. 中国社会科学, 1997 (5): 4-13.

目标是追求和保证 GNP（国民生产总值）的有效增长；二是将发展经济学作为发展理论的主要形态。[①] 从整体上看，这种发展观深受西方现代化道路的影响，体现的是以物为本的思想。实践证明，这种发展观导致了包括环境污染、生态破坏、贫富差距和政治冲突等在内的一系列非预期后果，遭遇了"有增长无发展"的困境。

二、传统发展观的反思与修正

到了 20 世纪 60 年代后期，以片面经济增长为中心的发展观暴露的问题日益突出，不仅很多照搬西方现代化模式的发展中国家遭遇了严峻挑战，而且发达国家自身的贫富差距、社会失序、政治冲突和环境公害等问题也日益突出。因此，国际社会出现了针对传统发展观的各种批评与反思，提出了一些新的发展观。

最初的批评和修正聚焦于经济增长的社会条件和社会效果。其中，将发展的概念修订为"发展＝经济增长＋取得经济增长的社会条件"，或者"发展＝经济增长＋分配"，就是一种简要的表述。时任联合国秘书长吴丹（任期为 1961 年至 1971 年）提出的"发展＝经济增长＋社会变革"是对这种反思与修正的概括。毫无疑问，相比较传统的"发展＝经济增长"，这种发展观有了很大的进步，开始考虑分配、社会变革以及社会发展等方面。但从本质上看，它仍然属于传统发展观的范畴，这里的所谓社会变革在本质上仍是居于促进经济发展的从属地位。[②]

1972 年发表的《增长的极限：罗马俱乐部关于人类困境的报告》关注了经济增长的生态环境限制，是对传统发展观的另一种冲击和批评，惊醒了"无限增长"的美梦，产生了巨大的舆论轰动效应。该报告以人口增长、工业化、污染、粮食生产和不可再生的自然资源消耗等因素为研究对象，指出"如果在世界人口、工业化、污染、粮食生产和资源消耗方面现在的趋势继续下去，这个行星上增长的极限有朝一日将在今后的 100 年中发生。最可能的结果将是人口和工业生产力双方有相当突然的和不可控制的衰退"[③]。该报告主张将环境保护置于经济增长之前，甚至倡导"零增长"。[④] 尽管该报告有诸多不够完善之处，其"零增长"的政策主张也不具有可操作性，但是它更加有力地启发和推动了后来的替代发展观的建构。

1974 年，联合国大会在《关于建立国际经济新秩序的宣言》中指出，"每一个国家都有权实行自己认为最适合自己发展的经济和社会制度，而不因此遭受任

① 高峰. 发展理论全球化转向的分析范式及启示 [J]. 江海学刊，2002 (6)：185-191.
② 洪大用. 社会变迁与环境问题 [M]. 北京：首都师范大学出版社，2001：207.
③ 米都斯，等. 增长的极限：罗马俱乐部关于人类困境的报告 [R]. 李宝恒，译. 长春：吉林人民出版社，1997：英文版序.
④ 付成双. 历史学视角下的生态现代化理论 [J]. 史学月刊，2018 (3)：17-21.

何歧视"①，并提出了内源式发展概念。从整体上看，内源式发展包括两个层面的含义：一个层面，它强调尊重各国国情和历史文化传统，鼓励各国选择适合自己的发展道路，而不要简单地盲从西方的发展道路；另一个层面，它强调发展要"着眼于为人类服务"，即"其目标首先是满足人民的真正需要和愿望，从而确保他们自身的充分发展"。②

20 世纪 80 年代，以法国经济学家弗朗索瓦·佩鲁（Francois Perroux）为代表的学者在对传统发展观和相关研究反思与集成的基础上，提出了"新发展观"。当时，佩鲁受联合国委托对"两个发展十年"实践进行绩效评估。他在研究中发现传统发展观存在危机，并倡导"整体的""综合的""内生的"的发展。③ 佩鲁反对以 GNP（国民生产总值）为中心的单纯的、片面的经济发展，主张经济利益与文化价值的统一。④ 从逻辑脉络上看，这与 70 年代的"内源式发展"具有契合性，凸显了"以人为中心"的发展主张。同时，佩鲁也注意到了西方工业国家的资源浪费和资源枯竭等问题，但他没有将环境问题作为新发展观所关注的核心议题。

三、生态现代化

当传统发展观遭遇危机、新发展理念林立，以及政策层面迫切需要破解经济发展与环境保护之间的矛盾时，生态现代化理论应运而生，代表了另外意义上的新发展观。关于生态现代化理论的产生背景和发展阶段等议题，本书第二章已经详细阐述，本章不再赘述。本章概要介绍生态现代化理论的发展观念。

生态现代化理论不同意当时的悲观思潮。一方面，生态现代化理论不同意社会生态学的观点。社会生态学认为，环境问题日渐严重的根本原因在于没有形成完善的政治、经济和社会结构。彻底解决环境问题必须改变社会政治经济安排，重新构建能耗低以及与环境相协调的政治架构。⑤ 生态现代化理论认为，环境质量的改善不需要改变政治经济结构。另一方面，生态现代化理论也不同意"增长的极限"的观点。此类极限论都将环境得不到改善的原因归结于经济结构，以及国家对经济体制的依赖。早期的生态现代化研究者发现，在诸如此类的消极的结构性分析中，生态修复与环境保护渺茫无望。因此，他们致力于揭示西欧一些国家环境并未发生退化以及一些地方环境改善的发生机制。他们认为现代化并不一定与经济增长、工业发展、社会福利增加、技术应用等背道而驰，现代社会也能

① 黄高智. 文化特性与发展：影响和意义［M］//联合国教科文组织. 内源发展战略. 北京：社会科学文献出版社，1988：1-19.
② 同①1-19.
③ 佩鲁. 新发展观［M］. 张宁，丰子义，译. 北京：华夏出版社，1987：180.
④ 周穗明. 西方新发展主义理论述评［J］. 国外社会科学，2003（5）：44-52.
⑤ 洪大用，马国栋，等. 生态现代化与文明转型［M］. 北京：中国人民大学出版社，2014：35.

够实现环境改善。① 生态现代化理论通常被视为工业化国家如何应对环境危机的理论②，在某种程度上可以看作是绿色资本主义思潮，旨在倡导现代化和工业化的"绿化"。

生态现代化理论深受新自由主义和反思现代性理论的影响，这一理论不认同资本主义制度是造成环境问题根源的理论主张，认为环境危机可以在资本主义制度内得到解决。肖晨阳等指出，生态现代化理论首先认为环境问题是因人类在现代化进程中对生态环境风险的忽视造成的，那么解决方案就是对现代化进行调整：首先是强调技术革新的重要性。具体而言，就是发挥人类社会拥有的关于自然环境的知识，发展和应用环境友好的工业生产技术，并对现有的生产过程进行技术改造，即"超工业化"。其次是认为环境政策对于解决环境危机具有重要意义。强有力的政府主导的环境保护政策可使超工业化变得有利可图，但这要以市场的自由运行为基础。再次是强调调动市场力量，认为不可过度依赖政府的政策规划而形成过度干预。因此，市场机制的良性运行显得至关重要。当超工业化可以带来收益时，市场的调节功能配合企业的盈利动机，可推动经济部门的生态现代化改造。最后是强调自下而上的公众参与。因为政府政策制定与推行涉及资源与环保责任的分配和政治力量的博弈，生态现代化理论强调在决策过程中需要更多的公众参与以及对社会不平等的关注和纠正，以此来提升公众的政治博弈和参政议政的能力，达到决策过程中的各方力量平衡，而这有助于环境政策的制定与推行。③ 在过去 40 多年中，学者们围绕上述议题做出了各种理论拓展。在 21 世纪初，生态现代化的主张者还发展出了环境流动理论。该理论将全球化视角纳入进来，认为环境变化成因、后果及治理的理解"不能局限于一时一地，需引入一种全球化思维并将之贯穿于研究始终"④。目前，生态现代化理论依然有着很强的学术影响力和政策影响力。

生态现代化理论有力地推动了发展观的绿色转型，影响着一些国家和地区的发展实践。耶内克认为，以德国环境顾问委员会在 2002 年的年度报告中对生态现代化做专门的概述为标志，它已经成为德国的基本国策。⑤ 一些非欧洲国家也在不同领域和不同程度上实践着生态现代化的发展主张，但是针对生态现代化理论的批评也从未间断，主要包括以下几个方面：首先，其所倡导的发展观对环境前景的预判过于乐观，对环境问题的认知不够系统全面。其对技术革新抱有高度的信心，但技术并非万能的，同时很多环境风险和环境灾难恰恰是技术革新引发的。其次，其寻求解决环境危机但不触及生产关系与社会制度，这在很大程度上

①　摩尔．生态现代化：可持续发展之路的探索［C］//陈阿江．环境社会学是什么：中外学者访谈录．北京：中国社会科学出版社，2017：42-58.

②　MOL A P J. The environmental movement in an era of ecological modernisation［J］. Geoforum，2000，31（1）：45-56.

③　肖晨阳，陈涛．西方环境社会学的主要理论：以环境问题社会成因的解释为中心［J］. 社会学评论，2020（1）：72-83.

④　范叶超．环境流动：全球化时代的环境社会学议程［J］. 社会学评论，2018（1）：56-68.

⑤　郇庆治，耶内克．生态现代化理论：回顾与展望［J］. 马克思主义与现实，2010（1）：175-179.

是在为资本主义辩护，生态马克思主义者对此给予了强烈的批评。再次，其主要是基于欧洲经验的一种主张，具有欧洲中心论色彩，其他国家的实践面临着不同的制度与环境，并不一定产生生态现代化理论所预期的效果。比如，西方国家的生态现代化是在现代化基本实现后出现的社会新趋势，而中国则是传统现代化与生态现代化交织在一起，是一种生态保护取向的现代化进程。在中国简单地推进所谓生态现代化而不进行配套的是社会改革，很有可能造成新的"绿与非绿"的二元社会结构。① 最后，从全球化视角看，生态现代化理论忽视了污染转移和公害输出等问题，忽视了不平等的全球结构。

四、可持续发展

在环境问题和环境保护思潮的影响下，国际社会围绕人类未来积极寻求共识和行动方案，逐步形成了可持续发展观。按照摩尔的说法，可持续发展受到了生态现代化理论的影响，反映了生态现代化的主张，二者之间存在着密切联系。② 同生态现代化理论一样，可持续发展观不同意有关人类发展前景的"悲观论"和"宿命论"，认为现代化具有可持续性。

1987 年，世界环境与发展委员会编著了《我们共同的未来》（又称《布伦特兰报告》）。该报告首次清晰地阐述了"可持续发展"这一概念，认为它"是既满足当代的需求，又不对后代满足需求能力构成危害的发展"③。1989 年，联合国环境规划署通过了《关于可持续发展的声明》，阐释了可持续发展的概念，认为它主要包括四个方面的内容：走向国家和国际平等；有一种支援性的国际经济环境；维护、合理使用并提高自然资源基础；在发展计划和政策中纳入对环境的关注和考虑。④ 在某种程度上，这代表了国际社会基于协商原则达成的政府间共识。

从最基本的意义上说，可持续发展包括两层含义。一方面，发展并非单纯的经济增长，而是经济增长、社会进步以及人类与生态环境相协调这三者的有机统一。另一方面，发展并非一时的经济繁荣，也不只是对于当代人需要的满足，而是既满足当代人的需要又不对后代人满足其需要的机会和能力构成威胁。⑤ 如果考虑到不同国家的发展诉求，可持续发展观则可看作包括三个方面的主张，即超越传统的以经济增长为中心的发展观，兼顾代内与代际平等，维护国家间发展权利的平等。

---

① 洪大用. 经济增长、环境保护与生态现代化：以环境社会学为视角［J］. 中国社会科学，2012（9）：82 - 99.

② 摩尔. 生态现代化：可持续发展之路的探索［C］//陈阿江. 环境社会学是什么：中外学者访谈录. 北京：中国社会科学出版社，2017：42 - 58.

③ 世界环境与发展委员会. 我们共同的未来［M］. 王之佳，柯金良，译. 长春：吉林人民出版社，1997：52.

④ 张梅. 可持续发展的理念及全球实践［J］. 国际问题研究，2012（3）：107 - 119.

⑤ 洪大用. 社会变迁与环境问题［M］. 北京：首都师范大学出版社，2001：212.

可持续发展在国际社会产生了广泛影响，并成为1992年联合国环境与发展大会的主题，迄今仍是各国发展议程的重要导向或者内容。与此同时，围绕可持续发展观的争论也一直存在。有的研究者指出，可持续发展观有着若干重要局限[①]：第一，可持续发展理念存在逻辑缺陷。可持续发展需要承认人与自然存在"平等的价值主体地位"，但是人与自然在客观层面无法实现平等，并没有超越人类的客观标准来评价人与自然的关系。因此，可持续发展是人类在"自说自话，它实际上只是体现了人类的自我约束，自然在这里并不是主动的、独立于人的制约力量"。第二，可持续发展概念本身充满着模糊性。在《我们共同的未来》所界定的可持续发展概念中，"需要""发展能力""满足""危害"等关键词的内涵及其标准都是模糊不清的，难以操作化。[②] 第三，可持续发展在理解层次方面并未达成实质性共识。发达国家与发展中国家以及不同国家和地区之间都存在不同的理解。在很大程度上，可持续发展是政治博弈和政治妥协的结果，而不是人类关于如何发展的实质性共识。第四，可持续发展在内容层面依然强调发展与经济增长，仍然具有技术乐观主义倾向。它试图在不变革现代社会基本结构和生产模式、消费模式的情况下，依靠现有的社会机制和技术进步推进环境保护，被认为是"技术乐观主义和经济效益的浅层方案"，因而这一概念本身潜伏着危机。[③] 第五，可持续发展在很大程度上仍然停留于政策呼吁、计划制订以及学术研究等层面，实践操作的整体效果并不理想。特别是发达国家往往采取双重标准，要求发展中国家强化环境保护，而自身仍然强调发展，主动承担义务不足。

第二节
社会学的转型研究

社会有机体的运行和转型是社会学研究的核心主题。随着发展观的不断演变，现代社会转型的方向与内涵也在不断调整。特别是在全球化、信息化和环境风险持续扩大的背景下，绿色社会转型已经成为新型现代化的重要趋势，但也面临着新的机遇与挑战。当前，社会学的转型研究需要更多地关注环境风险的约束。

一、从传统到现代

从基本内容来看，社会学的转型研究包括两大方面：一是基于欧洲、北美早

① 洪大用. 社会变迁与环境问题 [M]. 北京：首都师范大学出版社，2001：221-224.

② 李传轩. 从妥协到融合：对可持续发展原则的批判与发展 [J]. 清华大学学报（哲学社会科学版），2017（5）：151-153.

③ 彭新武. 可持续发展观的深层反思 [J]. 理论与现代化，2001（4）：85-90.

期现代化经验所建构的"传统-现代"二分框架；二是面向发展中国家现代化之
路的转型过程研究，这集中体现在发展社会学的研究成果方面。

(一)"传统-现代"二分框架

1. 基于欧洲早期现代化经验建构的"传统-现代"二分框架

欧洲社会学家根据工业社会前后的社会特点与差别提出了很多用于比较分析
的概念，其中具有代表性的包括以下几种类型。

(1) 机械团结和有机团结。根据社会分工形式，涂尔干将其区分为机械团结
和有机团结两种类型。其中，机械团结是指社会构成要素之间基于彼此相似或相
同的原则形成的团结，个体保持着强烈的认同感和归属感，其存在样式类似于无
机物的类聚，人与人之间的联系是机械的。这种团结的特点是否认个性，以集体
淹没个性。其典型的代表类型是原始、隔绝状态下的社会群体样式。有机团结则
是指由于社会的分化，个体按照社会分工执行某种特定的或专门化的职能，这种
分工使得人与人之间的相互依赖成为常态，每个人的个性不仅可以存在而且成为
与其他人相互依赖的基础与条件，由此形成社会有机统一体。其典型类型是现代
的精细分工之下的社会。①

(2) 礼俗社会和法理社会。德国社会学家斐迪南·滕尼斯 (Ferdinand Ten-
nies) 将社会分为礼俗社会与法理社会两种理想类型。其中，礼俗社会又称共同
体，指涉的是传统社会，是通过血缘、地缘等自然关系建立起来的人群组合，其
联系纽带是血缘、地缘以及伦理等；而法理社会则是通过理性的利益权衡与规则
而组建起来的人群组合，其联系纽带是法律与制度规范等。滕尼斯认为，从礼俗
社会向法理社会转型意味着从传统社会向现代社会转型。

(3) 军事社会与工业社会。英国社会学家赫伯特·斯宾塞 (Herbert Spen-
cer) 按照社会内部管理方式和范围，把社会分为军事社会和工业社会两种类型。
军事社会的合作基础是暴力，而工业社会的合作基础则是基于自愿原则。因此，
从军事社会迈向工业社会意味着从专制主义向个人主义转型。②

2. 根据北美早期现代化经验所建构的"传统-现代"二分框架

根据北美早期现代化经验所建构的"传统-现代"二分框架主要体现在美国
社会学家帕森斯 (Talcott Parsons) 的模式转型分析中。作为集大成者，帕森斯
所建构的从传统到现代的分析模式中的五对模式变量分别是：(1) 特殊性与普遍
性，即行动者因人而异采取不同的准则还是按照普遍的规则行事；(2) 先赋性与
自致性，即注重诸如种族、阶层等先赋性质还是注重绩效与能力；(3) 情感性与
中立性，即以情感为准则还是以中立性 (非情感性) 行事；(4) 扩散性与专门
性，即与他人的关系处于宽泛的范围还是限制在特定的范围内；(5) 私利性与公
益性，即注重自己的利益 (自我取向) 还是注重自己所感知到的集体性需要 (集

---

① 邓伟志. 社会学辞典 [M]. 上海：上海辞书出版社，2009：58.
② 贾春增. 外国社会学史 (修订本) [M]. 北京：中国人民大学出版社，2000：54-55.

体取向）。在这五对模式变量中，前者是传统社会的典型特征，后者是现代社会的典型特征，从前者向后者的转变意味着从传统社会向现代社会转型。

很明显，在上述"传统-现代"二分的社会转型研究中，环境问题并没有被纳入研究视野，社会转型主要描述的是社会关系、社会结构和行动类型的变化。在很大程度上，这受到古典社会学旗帜鲜明地反对地理环境决定论和生物还原论的影响。社会学主义或涂尔干主义认为，一种社会事实只能用另一种社会事实来解释，这就使得自然因素被排除在外。直到卡尔·波兰尼（Karl Polanyi）提出大转型理论，人们才注意到现代社会转型的自然环境后果。他认为，完全自我调节的市场力量会将自然环境变成纯粹的商品，导致滥伐植被与污染河流等环境问题。[①] 根据这种情况，波兰尼提出了自然保护的反向运动具有必然性的观点。

（二）面向发展中国家现代化之路的转型过程研究

第二次世界大战结束后，学界日益关注发展中国家的现代化及其社会转型过程。

冷纳（Daniel Lerner）在《超越传统社会》（*The Passing of Traditional Society*）中将转型期社会的人称为"过渡人"，即在传统人和现代人之间。他们是站在"传统-现代的连续体"（traditional-modern continuum）上的人。冷纳认为，当有许多人都成为"过渡人"的时候，意味着这个社会就开始由"传统"转向"现代"。[②] 塞缪尔·亨廷顿（Samuel Huntington）则探讨了发展中国家的现代化进程与政治稳定之间的关联。他认为，在 20 世纪 50 年代和 60 年代，很多发展中国家都出现了动乱，其根源并不在于落后，而在于现代化。[③] 他认为，欧洲和北美的"现代化进程已持续了几个世纪，在一个时期内一般只解决一个问题或应付一项危机。然而，在非西方国家的现代化进程中，中央集权化、国家整合、社会动员、经济发展、政治参与以及社会福利等诸项问题，不是依次，而是同时出现在这些国家面前。早期现代化国家对晚期现代化国家的'示范作用'先是提高了人们的期望，尔后又加剧了人们的挫折感"[④]。这意味着相比传统社会和高度现代化的社会，处于转型期的社会容易发生动乱。

作为全球最大的发展中国家，中国是现代化研究的重要对象。金耀基认为，工业化、城市化和大众传播的发展，对传统构成了不流血的革命，促使中国从传统社会走向了"转型期"社会。[⑤] 中国的社会转型研究聚焦于探索中国现代化的社会过程。20 世纪 80 年代末期特别是 90 年代以来，社会学家对改革开放以来的社会转型展开了深度研究，对社会发展和社会转型过程进行了经验考察与理

① 波兰尼. 大转型：我们时代的政治与经济起源 [M]. 冯刚，刘阳，译. 杭州：浙江人民出版社，2007：114.
② 金耀基. 从传统到现代 [M]. 北京：中国人民大学出版社，1999：77-78.
③ 亨廷顿. 变革社会中的政治秩序 [M]. 李盛平，杨玉生，等译. 北京：华夏出版社，1988：42.
④ 同③47.
⑤ 同②64.

论分析。

郑杭生在 1989 年发表的文章中指出，"中国社会学必须植根于转型中的中国社会，才有可能具有中国特色。能否从自己特有的角度如实地反映和理论地再现这个转型过程的主要方面，是中国社会学是否成熟的标志"。他还提出了 1978 年以来中国社会转型研究中需要关注的主要问题：一是转型过程中的总体特点；二是转型过程中的社会运行和社会发展问题；三是转型过程中发展战略的选择问题；四是转型过程中的社会问题；五是转型过程中社会变迁的特殊性。① 改革开放后中国进入了从传统社会向现代社会转型的加速期。中国社会结构转型出现了三个方面的变化：一是身份体系弱化，社会结构的弹性增强；二是资源配置方式出现变化，体制外力量增强；三是国家与社会分离，价值观念趋于多样化。②

陆学艺与李培林主编的《中国社会发展报告》认为，从传统社会向现代社会的转型是中国社会的一个重要特征，社会结构的分化整合、社会运行机制的转轨、社会利益的重新调整和社会观念的变化都在加速进行，并由此产生了具有转型期特点的社会问题。他们认为，社会转型的主体是社会结构。进入转型时期的重要标志，是在从农业社会向工业社会、从乡村社会向城镇社会、从同质的单一性社会向异质的多样性社会转型中，社会结构的重要指标都已接近或实现转换点。社会转型的具体内容是结构转换、机制转轨、利益调整或观念转变，这种转型的实现不是通过暴力的强制手段或大规模的强制运动，而是通过发展生产力和确立新的社会经济秩序。③ 值得一提的是，该报告专列了一个分报告"生态环境和自然资源报告"，对我国的自然资源状况做了比较细致的描述，分析了生态环境和农业资源面临的严峻形势，以及中国环境保护问题。

陆学艺还指出，中国经历的由传统社会向现代化社会的转化，体现为从农业社会迈向工业社会，由乡村社会迈向城镇社会，以及由封闭半封闭社会迈向开放社会。另外，具有中国特色的一个重要方面是中国要实现由计划经济体制向社会主义市场经济体制转变，要进行一系列的体制性的改革。④

李培林曾进一步指出，社会转型是一种整体性发展，也是一种特殊的结构性变动。中国社会结构转型具有以下特点：结构转换与体制转型同步进行，政府和市场双重启动，城市化过程双向运动，转型过程中发展非平衡。除国家干预与市场调节之外，社会结构转型是影响资源配置与经济发展的另一只看不见的手。⑤ 中国社会转型的向度包括从自给半自给的产品经济社会向社会主义市场经济社会、从农业社会向工业社会、从乡村社会向城镇社会、从封闭半封闭社会向开放

① 郑杭生. 转型中的中国社会和成长中的中国社会学［M］//中国社会科学院社会学研究所. 中国社会学年鉴：1979—1989. 北京：中国大百科全书出版社，1989：20-26.
② 郑杭生，洪大用. 当代中国社会结构转型的主要内涵［J］. 社会学研究，1996（1）：58-63.
③ 陆学艺，李培林. 中国社会发展报告［M］. 沈阳：辽宁人民出版社，1991：9.
④ 陆学艺. 21 世纪中国的社会结构：关于中国的社会结构转型［J］. 社会学研究，1995（2）：3-1.
⑤ 李培林. 另一只看不见的手：社会结构转型［J］. 中国社会科学，1992（5）：3-15.

社会、从同质的单一性社会向异质的多样性社会以及从伦理社会向法理社会转型。①

上述研究都是社会转型方面的基础性文献，为后来的学术研究提供了坚实的基础。此后，中国的社会转型引起了更多社会学家的关注。

二、新型现代性的内涵建构

（一）西方学者的研究

从 20 世纪 70 年代开始，国际社会学界已经有了反思现代化的声音，这种反思导致了对社会转型趋势的不同的概念化。学界在这方面形成了比较丰富的理论表述，其中具有代表性的理论表述包括以下几个方面。

一是后工业社会。贝尔（Daniel Bell）最早使用"后工业社会"这一概念时指的是商品生产社会向服务型社会的转型，后来才考虑到智能技术与科学在社会变革中的决定性作用。按照贝尔所述，后工业社会是一个概念性图式，旨在识别社会结构中的新变化。后工业社会的核心问题是如何组织科学知识及进行相关工作的大学或研究所等基础科研机构。概括来说，后工业社会大致包括：经济方面表现为商品生产社会向服务型社会转型；职业分布方面表现为专业与技术人员阶级处于主导地位，科学家、专业人员、技术人员和技术官员在社会政治生活中起主导作用；中轴原理方面表现为理论知识处于中心地位。此外，后工业社会表现为人与人之间的竞争。②

二是晚期现代性。吉登斯认为，全球化之实质是现代化的延续，而不是后现代化。③ 吉登斯在晚期现代性的时间与空间的讨论中提出了远距化（distanciation）和脱域（disembedding）概念：远距化指的是现代通信和计算机技术的大规模应用使得与不在现场的人们的联系成为可能，也就是社会关系的远距化，其直接后果是使人们的社会关系从原有在地的传统关系网络中脱离出来——是为脱域。远距化的社会关系的维持需要高度依赖对陌生的无法掌控的专家（比如互联网专家）系统的信任。④ 社会关系的脱域同时带来的是人们在认知上从在地生态环境中的脱嵌，但又没有在生物物理意义上的脱嵌。这种认知与现实的不连续的直接后果就是人们的现实生活与在地生态环境形成了割裂，社会的日常运行不考虑生态影响，而全球化的商品流动进一步淡化了对在地生态环境的依赖的认知。⑤

① 李培林. 处在社会转型时期的中国 [J]. 国际社会科学杂志（中文版），1993（3）：125 - 134.

② 贝尔. 后工业社会的来临 [M]. 高铦，王宏周，魏章玲，译. 南昌：江西人民出版社，2018：107 - 113.

③ 吉登斯. 现代性的后果 [M]. 田禾，译. 南京：译林出版社，2000：40 - 46.

④ 同③1 - 25.

⑤ 肖晨阳，陈涛. 西方环境社会学的主要理论：以环境问题社会成因的解释为中心 [J]. 社会学评论，2020（1）：72 - 83.

三是风险社会。乌尔里希·贝克在反思现代性的基础上提出了风险社会理论，认为现代社会进入了一个不停地反思现有制度安排和运作的阶段。① 一般认为，风险社会指的是全球性人造风险日益突出的一个社会发展阶段，这个阶段是现代性的晚期阶段。在通常情况下，人们将风险社会视为现代社会的代名词。进入风险社会的重要特征就是，人类需要与风险共存，并提升对新型风险管理的能力。贝克提出了"有组织的不负责任"（organized irresponsibility）② 这一概念，这意味着某些强势群体或者权力拥有者把自己破坏环境、制造危险而需要承担的责任，用具有不确定但其他群体可能面临的环境风险进行掩盖或者转移。由此可以看出，环境风险非常复杂，它已经跳脱出自然状态，与社会制度、社会结构交织在了一起。此外，社会群体应对环境风险的能力差异加剧了环境风险的不平等性。处于不同社会阶层的人拥有的资源迥异，在避免风险威胁和承受风险的能力方面差异甚大。弱势群体和底层群体的抵御环境风险的能力弱，脆弱性更加突出。正如贝克所指出的"财富向上集聚、风险向下集聚"的格局那样，环境风险在权力、阶层和制度结构机制驱动下，具有向社会弱势群体集聚的特征。同时，弱势群体不仅话语权不足，环境风险应对能力更不足。因此，环境风险具有形式上的平等性，但本质上则是不平等的。

四是信息社会。美国学者奈斯比特（John Naisbitt）将美国未来的发展趋势归纳为 10 个方向，其中，最根本性的变化是美国已经成为信息社会。在这种社会中，信息知识发挥主导作用，价值的增长是通过知识而不是劳动来实现的。③

五是网络社会。现代信息技术革命对全球社会秩序产生了深刻影响。曼纽尔·卡斯特（Manuel Castells）基于信息技术革命对社会结构和社会关系影响的考察提出了网络社会。信息时代的支配性功能与过程日益以网络组织起来。网络架构了新社会心态，而网格化逻辑的扩散实质性地改变了生产、经验、权力和文化过程中的操作与结果。他认为，这种网格化逻辑会导致较高层级的社会决定作用甚至经由网络表现出来的特殊社会利益：流动的权力优先于权力的流动。④ 信息技术革命催生出的网络社会具有以下特征：经济行为的全球化、组织形式的网络化、工作方式的灵活化和职业结构的两极化。⑤

上述理论表述从不同切入点和维度反映了现代社会转型的新趋势，有的理论也在一定程度上包含了对社会与环境关系的关注与反思。例如，在吉登斯和贝克那里，环境议题已经变得很重要。在他们的反思现代性理论中，包括气候变化与核风险在内的环境问题占据了比较重要的位置。但是，在本质上，这些理论还是

---

① 贝克. 世界风险社会 [M]. 吴英姿，孙淑敏，译. 南京：南京大学出版社，2004.

② 同①148 - 149.

③ 奈斯比特. 大趋势：改变我们生活的十个新方向 [M]. 北京：中国社会科学出版社，1991.

④ 卡斯特. 网络社会的崛起 [M]. 夏铸九，王志弘，等译. 北京：社会科学文献出版社，2001：569.

⑤ 谢俊贵. 当代社会变迁之技术逻辑：卡斯特尔网络社会理论述评 [J]. 学术界，2002（4）：191 - 203.

以传统的社会学议题为中心，主要关注的是文化、组织、制度与社会不平等，仍然体现着社会研究与环境的分离，甚至具有人类中心主义的倾向。

（二）中国学者的研究

根据中国现代化实践及其新特征，中国社会学界对传统的社会转型理论开展了理论检讨，其中具有代表性的学术观点包括以下几个方面。

郑杭生比较明确地关注了社会与环境的相互作用。他认为，中国社会转型兼具双重使命，即从前现代性向现代性的转变，以及由旧式现代性向新型现代性的转变。"新型现代性"这一概念是基于个体与社会、社会与自然的关系重新审视此前的现代性表象，并对新近的社会现象及其社会特征进行的理论概括，其深层理念包括以人为本、双赢互利、增促社会进步、减缩社会代价、社会治理和善治。①

王雅林认为，具有代表性的社会转型理论都把"传统-现代"二元结构解释为从农业社会向工业社会的转型，而社会转型与社会现代化是同义语。但是，当今世界已进入了信息时代，以信息技术为核心的现代高新技术产业已使人类社会的生产力结构发生了从物质型向智能型的根本转变。因此，从农业化向工业化转型理论已经无法成为研究中国现代化变迁理论的支点。鉴于中国已经存在的"农业-工业-信息业"三元结构的共时态发展，他提出了"社会双重转型论"，即社会转型不是单纯的工业化过程，而是包括工业化、信息化在内的双重转型。②

洪大用关注到了中国社会转型的叠加特征，提出了双重转型的观念。一方面，中国正在从以农业经济为基础的传统社会转向以工业经济、信息经济为基础的现代社会；另一方面，中国正在从总体性社会转向多元化和分化的社会。这两种转型过程叠加在一起且没有完全顺利实现，这是中国社会转型的重要特点。③

在社会转型研究过程中，一些学者注意到了社会转型的环境影响。比如，21世纪初，洪大用在研究当代中国社会转型与环境问题的关系时就意识到了人类社会与环境之间的关系具有动态、辩证的性质。具体而言，中国快速的工业化、城市化是环境衰退的直接原因，中国快速增长的消费主义增加了环境压力，中国不断扩大的区域分化不利于环境衰退的控制，中国从计划经济到市场经济的转型导致一定程度的控制失灵，增加了环境治理的难度，由此导致了不断增长的环境压力。同时，中国社会从封闭走向开放有利于环境议题的社会建构，中国应对环境衰退的政策调整促进了环境保护的制度化，中国社会走向民主化为改善环境治理提供了新的可能，这些都成为缓解环境压力的有利因素。同时，中国环境治理需要走调节发展目标、管理消费需求的道路，其路径在于促进社会系统自身的变革，也就是在现代化过程中的新转型。这一系列观点就是环境问题研究的"社会

① 郑杭生. 新型现代性及其在中国的前景 [J]. 学术月刊，2006（2）：21-24.

② 王雅林. "社会转型"理论的再构与创新发展 [J]. 江苏社会科学，2000（2）：168-173；王雅林. 中国社会转型研究的理论维度 [J]. 社会科学研究，2003（1）：87-93.

③ 洪大用. 抗击"非典"：双重转型社会的挑战 [J]. 中国党政干部论坛，2003（5）：6-8.

转型论"。①

还有学者直接指出，人与环境恶性循环的传统现代化迈向人与自然和谐共生的新型现代化，是社会转型的基本维度。比如，陈阿江提出的"人水不谐"转向"人水和谐"就具有这种社会转型的意味。所谓"人水不谐"指的是人与水环境的互动呈恶性循环，即水污染影响公众健康，甚至导致居民患病，影响经济发展，诱发贫困；随着污染危害的加深，出现人口迁移，进而加剧社会分化与社会不平等等次生社会问题。而"人水和谐"类型为人与水互动的良性循环：在良好的生态环境下发展生产，产生良好的经济效益，可持续的经济发展为保护环境提供了动力，也为社会发展提供了经济条件。② 从前者向后者的转型可以看作传统现代化向新型现代化转型的一个重要维度。

三、绿色社会转型

迈向绿色社会是新型现代性扩展的大方向，至少是其新趋势之一。所谓绿色社会指的是人类在认识社会与环境相互作用关系的基础上，自觉推进社会变革以谋求社会与环境相协调的一种社会过程和状态，这是当代中国社会建设的重要方面。③ 这种转型本质上是在反思传统现代化的基础上，通过社会自身的调整以谋求社会与环境的良性互动。环境社会学既是绿色社会转型的产物，也不断推进着社会的绿色化。本书第二章介绍的环境社会学主要理论流派，就从不同角度分析了现代社会发展与环境衰退之间的复杂作用机制，并讨论了推动社会变革、建设绿色社会的不同议题和方向。

考虑到全球绿色社会转型在面对机遇的同时也面临着严峻挑战，我们推进绿色社会转型既要有全球视野，又要立足本土行动，在大力倡导人类命运共同体，坚定不移地推动国际合作、促进环境共治的同时，根据中国社会转型的实际情况，自主走好绿色转型之路。

(一) 绿色社会转型的机遇

从全球社会转型的新趋势新特点看，绿色社会转型面临着若干重大机遇。

第一，全球环境关心更为显著。当前，环境风险日益全球化。贝克认为，从整体上看，风险社会指的就是世界风险社会。④ 全球已经被"缩小"成"地球村"，世界更加紧密地联系在了一起，休戚与共的特征更加明显。托马斯·弗里德曼（Thomas L. Friedman）认为，世界已经因技术进步而变为"平坦"的世界。在超级链接的世界，每一个角落、每一个人都被织进一张联系越来越紧密的

① 洪大用. 社会变迁与环境问题 [M]. 北京：首都师范大学出版社，2001.
② 陈阿江. 论人水和谐 [J]. 河海大学学报（哲学社会科学版），2008（4）：19 - 24.
③ 洪大用. 绿色社会的兴起 [J]. 社会，2018（6）：22 - 34.
④ 贝克. 世界风险社会 [M]. 吴英姿，孙淑敏，译. 南京：南京大学出版社，2004.

网络，全球的互联呈现出日益加深的趋势。① 这种全球网络化既为全球发展和国际交流提供了巨大便利，也带来了很多新挑战。比如，恐怖主义、利益失衡、环境风险、疾病传播等危及了全球秩序。再比如，在全球气候变化、海平面上升以及核泄漏等方面并不存在国家和疆域边界，这些问题很容易跨越地理边界，迅速在全球蔓延。在此背景下，全球环境关心水平显著提升，同时，国际社会在构建命运共同体、形成更加广泛而务实的全球合作框架方面的共识日益加深。

第二，环境信息日益网络化。现代社会是个网络社会，也是信息社会，随着互联网和自媒体的快速发展，环境信息得以即时快速传播，从而推动了国际对话平台和合作机制的建立。同时，越来越多的民间环保组织积极参与到环境治理实践以及环境信息传播实践，进一步推动了环境信息传播的透明化，以及环境治理过程的民主化。相应地，这也促进了环境治理技术和成果的共享。

第三，环境治理的法制化进程快速推进。斯德哥尔摩人类环境会议之后，全球形成了一系列的区域、多边和全球合作框架，环境保护的法治体系建设快速发展。目前，全球的多边环境协定已达上百个。除了贸易协定，最常见的全球性制度安排领域就是环境保护。在国际社会的努力下，全球主要多边环境协议缔约方的数量仍在不断增加。这表明越来越多的国家和地区都在为全球环境保护付出努力。② 此外，面对严峻的环境问题，世界各国纷纷加强立法，推动环境保护的制度创建。在全球化、气候变化、环境衰退等因素的作用下，全球各国社会发展都普遍将环境因素纳入社会发展考虑，环境保护制度化和法制化成为新趋势。当然，这种趋势从 20 世纪 70 年代就已显现，在 21 世纪表现得更为明显。

第四，绿色生产与生活方式加速推进。目前，全球积极推动绿色生产、生活方式。在生产方面，相关环境标准与政策不断趋于一致化和高标准化。世界各国纷纷实施清洁生产、发展循环经济，并通过技术革新等方式，提高生产效率，加强生产过程中的废物处置与再利用。在生活方面，全球积极倡导低碳与绿色生活方式。随着全球人口总量的持续上升，资源的需求供给压力持续上升。特别是城市化和消费社会以及城市生活方式的扩散，对全球生态环境带来了巨大压力。比如，城市化带来的"消费型"环境问题不断增加，更重要的是，富裕起来的发展中国家的民众纷纷学习美国的生活方式，奢侈浪费式的消费渐成时尚。③ 国际社会已经深刻认识到这一矛盾，正积极塑造绿色消费、绿色出行和绿色居住等理念。从整体上看，绿色生产生活方式呈现出了明显的普及化趋势。

第五，国际环境援助机制不断发展。环境援助是国际社会应对全球环境问题和维护全球环境安全的一种探索与实践。④ 它主要表现为发达国家和国际组织向

---

① 弗里德曼. 世界是平的：21 世纪简史 [M]. 何帆，肖莹莹，郝正非，译. 长沙：湖南科学技术出版社，2015.

② 庄贵阳，朱仙丽，赵行姝. 全球环境与气候治理 [M]. 杭州：浙江人民出版社，2009：30.

③ 同②17.

④ 屈彩云. 经济政治化：日本环境援助的战略性推进、诉求及效应 [J]. 日本学刊，2013（6）：103－120.

发展中国家提供无偿或优惠的有偿货物或资金，用于自然保护、环境治理与能力建设。当前，全球环境保护的资金来源日益扩大，主要包括多边环境协定所设的特别基金，根据环境协定内容可从全球环境基金（GEF）获得的资金，从多边发展银行比如世界银行所获得的资金，以及通过多边、政府间或私营筹资渠道获得的资金。此外，还有大量捐赠资金。[①] 国际环境援助机制的完善为技术进步和环境治理绩效的彰显提供了一个重要基础。

第六，环境治理积累了一定经验。随着环境治理理念的更新以及技术的进步，在一些国家和地区可以看到比较显著的环境改善效果。比如，欧美国家在工业化进程中遭遇过严重的环境挑战，特别是"环境公害"使得他们付出了沉重的环境代价。在此进程中，他们大力推动技术研发、健全环境法治与政策，推动环境府际合作以及政社协同，为环境治理积累了较好的经验。再比如，近年来，以中国为代表的发展中国家在环境治理方面投入了大量资源，在大气污染、水污染、土壤污染防治以及固废处理等方面取得了积极进展，形成了环境治理的中国方案，为全球环境治理提供了重要经验借鉴。这些成效以及经验的取得对于推动绿色社会转型是一种鼓舞。

（二）绿色社会转型的挑战

第一，全球不平等日益扩大。法国经济学家托马斯·皮凯蒂（Thomas Piketty）认为，工业革命特别是第二次世界大战以来，发达国家与发展中国家的差距、资本对劳动的剥削等并没有显著缩小。而 20 世纪 80 年代以来，劳动收入和资本所有权的不平等导致发达国家内部出现了资本收入不平等的急剧扩大现象。就全球来看，同样存在着资本分配的两极化以及贫富差距的扩大化。[②] 在此格局下，发达国家以"出口"或"走私"等形式向发展中国家转移垃圾，以产业转移名义向发展中国家转移高污染产业，而发展中国家的大量自然资源被发达国家所汲取，这在很大程度上遮蔽了发达国家的环境污染和资源短缺问题。与此同时，这种利益格局也制约了全球环境保护的共识达成以及共同行动。

第二，环境风险的扩大化。环境风险是人类进入现代工业社会的产物。1979年三里岛核电站事故和1986年的切尔诺贝利核电站事故发生后，环境风险成为全球关注的重要主题，政界、学界、传媒界以及公众都高度关注环境风险及其衍生问题。一般而言，环境风险并非单纯表现为环境维度，还存在向社会风险转化的可能性，故而它是"有关环境的风险"以及"因由环境引发的社会风险"的综合。[③] 环境风险既是现代性的后果，也是现代性的表征。简单来说，环境风险不完全等于已确认的环境问题，更多的是指环境问题发生的可能性、损失的不确定性以及公众对环境演变趋势的担忧。环境风险在外显层面具有非可视性，结果层

---

① 庄贵阳，朱仙丽，赵行姝. 全球环境与气候治理 [M]. 杭州：浙江人民出版社，2009：52.

② 皮凯蒂. 21 世纪资本论 [M]. 巴曙松，陈剑，余江，等译. 北京：中信出版社，2014：311-386.

③ 王刚. 环境风险：思想嬗变、认知谱系与质性凝练 [J]. 中国农业大学学报（社会科学版），2017（1）：59-68.

面具有不确定性。可见，环境风险是一种现实的可能性，具有建构主义色彩。当前，全球社会运行中面临着各种形式的环境风险，而环境风险也产生了反作用力，对社会发展以及绿色社会转型产生着深刻影响。

第三，逆全球化趋势不断深化。当前，国际社会出现了日益突出的逆全球化趋势，贸易保护、英国脱欧和美国边境修墙等就是其中的典型现象。在环境保护方面，这主要表现为全球环境保护的逆流现象。比如，美国至今未签订《京都议定书》。此外，2017 年 6 月，美国宣布退出《巴黎协定》（The Paris Agreement）；2019 年 11 月，美国宣布正式启动退出《巴黎协定》的程序。这些现象显然不利于全球环境保护，也为绿色社会转型带来挑战。所以，对于中国而言，绿色社会转型既要有全球视野，又要立足本土行动，在倡导人类命运共同体、坚定不移地推动国际合作促进环境共治的同时，走好自己的绿色转型之路。

第四，环境治理国际合作难以落实且成效不彰。需要指出的是，虽然环境协定数量众多，但多数环境协定是意向性的，缺乏具体的可操作的规则，同时发展成熟且进入实施阶段的环境协定数量不多。[①] 在发展利益和国家利益面前，很多国际合作协议没有得到有效落实，成为绿色社会转型进程中的重大障碍。

第五，环境风险的不确定性增加了风险管理的难度。环境风险的重要特质是不确定性。理性化的现代社会制度安排和运作带来了大量人为制造的不确定性。比如，现代社会运行需要大量的能源，这使得具有高风险的核电进入决策考虑的选项中。在理性化原则主导下，应对核电带来的不确定性的主要方式是基于概率和科学给出的研究成果计算成本收益，风险就成了一个个概率。其后果就是现代社会越来越习惯于接受带有风险的决策，也就不得不面对越来越多的风险。现代人为创造的风险极为复杂，这也揭示了现代社会的困局——应对风险，我们对专家系统（科学）无比依赖；同时，因为专家系统直接催生了风险，我们又不再信任他们。[②] 简言之，现代性将人类置于难以看见却到处弥漫的环境风险中。而环境风险具有非常规性，常规方案和应急机制难以有效应对。随着人们对环境问题研究的深入和环境风险认知的加深，环境风险的全面化和扩大化趋势日益突出，即使具体的环境问题解决了，但是并不能给人们带来确定感、安全感。这种不确定性带来了风险管理方面的难度，也影响了绿色社会转型。

四、将环境带入社会转型研究

在社会动力学方面，生态环境是驱动社会发展以及影响社会发展质量的关键要素。就社会静力学而言，生态环境同样是社会秩序得以可能的基础要件。因此，社会运行和社会转型不可能离开生物物理环境，而对生态环境有意或者无意

① 庄贵阳，朱仙丽，赵行姝. 全球环境与气候治理［M］. 杭州：浙江人民出版社，2009：30.

② 肖晨阳，陈涛. 西方环境社会学的主要理论：以环境问题社会成因的解释为中心［J］. 社会学评论，2020（1）：72-83.

的忽视则影响了社会转型理论的面向及其发展。当然，邓拉普和卡顿关于古典社会学家秉持的人类中心主义范式的批评①也不尽准确，因为他们也论及了工业社会的环境问题。但是，在他们的作品中，这一议题只是被偶尔论及，同时在其理论体系中居于末梢和边缘地位。就理论研究而言，社会学家确实没有将环境视为社会转型的基本变量或主要驱动机制。这意味着这种社会转型研究具有人类中心主义和现代化取向，其内容以社会组织、制度文化等为重点，而环境问题则被看作社会转型的副产品以及可以处理的附带问题。

当前，在环境社会学这一分支学科之外，社会学家对环境问题的关照和重视程度依然非常不足。在某种程度上，这可能源自古典社会学家对生态环境缺乏足够的理论关怀，进而影响了主流社会学的研究范式。近年来，随着中国生态文明建设进程的加速推进以及国家生态文明的话语重塑，越来越多的社会学家开始重视环境问题，并在学术研究中谈到了环境问题及其治理，但是基本都是"一笔带过"，还没有将之纳入研究的核心议题之中。尤其需要注意的是，中国的"70后"和"80后"及之后的社会学者，在早期社会化的过程中，都受到了国内外环境启蒙思潮的影响。他们在接受中学和大学教育阶段，就感知到了资源稀缺、环境污染以及生态危机。由此，他们事实上具备了较多的环境知识。同时，他们也都受到了后物质主义价值观的影响，具有比较高的环境意识。特别是，随着生态文明建设被纳入"五位一体"总体布局，他们对中国生态文明建设法律法规和政策都很关注，有的学者还非常熟悉。然而，综观他们关于中国社会的研究，并没有将环境问题作为重要变量。这是一个值得重视的现象。

当下，全球在发展经济的同时都在强化环境保护，否则，发展的果实必然会被抵消殆尽。因此，在现代化与工业化以及后工业化大潮中，生态环境发挥着不可或缺的作用。生态环境不是一个外在于社会运行和社会转型的问题，它深深地嵌入环境与社会的复杂互动以及社会转型过程中。从本质上讲，环境问题与特定的社会结构和社会转型过程有关，与社会的组织模式和制度安排有关，与人们的观念和行为模式有关。因此，解决环境问题也需要充分考虑到人类行为和社会领域的变革，并需要借助社会转型带来的机遇与社会资源推动生态文明建设。

从社会转型实践来看，现代环境问题与环境风险约束下形成的社会转型新趋势，跟学界早期探讨的从传统到现代的转型不完全一样。这是现代性的连续发展，或者说是新型现代性的发展，其实质是在反思人类社会与环境关系的基础上走向社会体系的重构，确立人类社会与自然和谐共生的关系。

简而言之，从旧式或传统现代化向新型现代化的转型过程中，环境问题既不能被忽略，也不能作为研究的"剩余"或被放置于"边缘位置"。如果忽视环境因素，恐怕难以全面揭示转型的驱动机制及其规律，也难以全面地揭示社会运行

① CATTON W R Jr, DUNLAP R E. Environmental sociology: a new paradigm [J]. American sociologist, 1978, 13: 41-49; DUNLAP R E, CATTON W R Jr. Environmental sociology annual review of sociology, 1979, 5: 243-273.

和发展的客观规律。因此，需要将环境维度带到社会转型的研究中心。在一定程度上，这也意味着需要把环境维度带到社会学的研究中心。同时，社会学的转型研究需要更多地关注环境风险约束下的社会转型方向、特点、逻辑和挑战，并更加深入地讨论社会转型新趋势对环境风险管理的实际影响。

第三节
中国生态文明建设

为了因应现代化进程中的生态环境挑战，促进社会良性运行和协调发展，在深刻反思工业文明所造成的环境损害和国内外环境保护实践的基础上，中国自主推进社会经济整体变革和绿色社会转型，建设社会主义生态文明。特别是党的十八大以来，中国推进生态文明建设的力度"前所未有"，取得了显著成效，并产生了重要的国际影响，引领了现代社会转型的新方向。

一、生态文明建设的发展

（一）生态文明提出前的环境保护

中华人民共和国成立后，国家基于百废待兴的国情着力发展国民经济。在这一时期，环境问题没有进入核心议事日程，但国家基于实际需求开展了"兴修水利""水土保持""森林保护"等活动。1956 年，毛泽东还提出了"绿化祖国"的号召。当然，不容忽视的问题是，在"大跃进"时期，"大炼钢铁"和"以粮为纲"等政策导致了比较严重的生态破坏和环境污染问题。

20 世纪 70 年代，鉴于西方国家出现的环境公害、中国的环境形势以及国际环境保护思潮的影响，国家开始自上而下地推动环境保护。1973 年，中国召开了第一次全国环境保护会议，会议通过了中国第一个环境保护文件《关于保护和改善环境的若干规定》，确立了环境保护的"32 字方针"——"全面规划、合理布局、综合利用、化害为利、依靠群众、大家动手、保护环境、造福人民"，这成为当时及其后一段时期内环境保护的基本准则，在中国环境保护史上具有奠基性作用。需要指出的是，在环境保护实践中，"群众路线"实际上受到了削弱，政府成为最重要的环境保护主体。[①] 1983 年，环境保护被确立为我国的一项基本国策，这是党和政府基于国家面临的环境问题态势所做出的战略决策。

到了 20 世纪 90 年代，党中央和国务院将环境保护摆在了更加重要的位置。

---

① 洪大用，等.中国民间环保力量的成长 [M].北京：中国人民大学出版社，2007：6.

1992 年，环境保护写入党的十四大报告，"加强环境保护"被列为 20 世纪 90 年代改革和建设的主要任务之一。这份写入党代会报告的环境保护议题，虽然所占篇幅很小，但具有十分重要的政治意义。1994 年，我国发布的《中国 21 世纪议程——中国 21 世纪人口、环境与发展白皮书》，对环境保护做了战略规划，明确提出："中国现有的发展战略、政策、计划和管理机制难以满足可持续发展的要求，需要在制定总体发展战略、目标和采取重大行动中，充分体现可持续发展的思想，实现人口、经济、社会、生态和环境的协调发展。"① 这既是世界上首部国家级的"21 世纪议程"，也是指导我国国民经济和社会发展中长期发展战略的纲领性文件。②

1996 年，第八届全国人民代表大会第四次会议审议通过的《中华人民共和国国民经济和社会发展"九五"计划和 2010 年远景目标纲要》提出"实施可持续发展战略，推进社会事业全面发展"，指出"必须把社会全面发展放在重要战略地位，实现经济与社会相互协调和可持续发展"。这是中国政府首次在国民经济与社会发展计划中明确可持续发展的战略思想，确立了中国可持续发展战略的基本框架。1997 年，党的十五大报告提出实施可持续发展战略，指出"我国是人口众多、资源相对不足的国家，在现代化建设中必须实施可持续发展战略"，并第一次以较大篇幅就实施可持续发展战略和落实环境保护政策提出具体要求。

这一时期的环境保护实践具有鲜明的国家倡导和政府主导特征。国家从环境教育、法律法规以及环境政策等不同方面推动环境保护，由此，社会各界就环境保护在理念层面达成共识。但是，市场和社会等利益主体在环境保护方面发挥的作用十分有限。更重要的是，虽然国家投入了大量资源，但环境保护效果有限，资源浪费、环境污染和生态破坏等现象触目惊心。同时，环境法律与政策执行力度严重不足，执行效果很不乐观，"边治理边污染"和"边保护边污染"是普遍性问题。在 20 世纪 90 年代后期，环境污染问题导致了大量的上访和群体性事件，引发了大量的社会矛盾与纠纷，并冲击了正常的社会秩序。

（二）生态文明的提出与探索

20 世纪 90 年代，中国学界开始探讨"生态文明"议题。1999 年，时任国务院副总理温家宝在全国绿化委员会第 18 次全体会议的报告中明确使用了"生态文明"这一表述，并指出"21 世纪将是一个生态文明的世纪"。③ 这是"生态文明"概念首次进入中央政府领导人的话语体系，反过来又进一步推动了生态文明的学术研究。

进入新世纪，国家在环境保护方面投入了更多的资源与精力。2002 年，党

① 中国 21 世纪议程：中国 21 世纪人口、环境与发展白皮书［R］. 北京：中国环境科学出版社，1994：7.
② 姜春云. 中国生态演变与治理方略［M］. 北京：中国农业出版社，2004：122.
③ 巩固成果 加快发展 提高国土绿化水平：温家宝副总理在全国绿化委员会第十八次全体会议上的讲话［J］. 国土绿化，1999（2）：4-8.

的十六大报告明确指出我国"生态环境、自然资源和经济社会发展的矛盾日益突出"。同时，十六大报告将可持续发展列为全面建设小康社会的四大目标之一，其具体要求是"可持续发展能力不断增强，生态环境得到改善，资源利用效率显著提高，促进人与自然的和谐，推动整个社会走上生产发展、生活富裕、生态良好的文明发展道路"。这表明，国家开始将环境保护赋予小康社会的基本内涵之中，同时强调了"生态良好的文明发展道路"。

2005 年 12 月，《国务院关于落实科学发展观加强环境保护的决定》（以下简称《决定》）提出要"依靠科技进步，发展循环经济，倡导生态文明，强化环境法治，完善监管体制，建立长效机制，建设资源节约型和环境友好型社会"，同时指出，"要加大环境保护基本国策和环境法制的宣传力度，弘扬环境文化，倡导生态文明，以环境补偿促进社会公平，以生态平衡推进社会和谐，以环境文化丰富精神文明"。这份《决定》引起了社会各界的广泛关注。同年召开的十六届五中全会明确提出了建设"两型社会"的目标。所谓"两型社会"，指的是资源节约型社会和环境友好型社会。其中，资源节约型社会是指社会经济发展建立在节约资源的基础上，通过对资源的综合利用，提高资源利用效率，以最少的资源消耗获得最大的经济和社会效益。环境友好型社会是一种人与自然和谐共生的社会形态，要求社会经济的发展以环境承载力为基础，大力推动环境治理和生态保护，实现人类的生产和消费活动与自然生态系统协调。[①] 十六届五中全会提出，将建设"两型社会"确定为国民经济与社会发展中长期规划的一项战略任务。

2007 年，党的十七大召开，并以大量篇幅论述了中国的环境保护问题。一方面，科学发展观被确定为"发展中国特色社会主义必须坚持和贯彻的重大战略思想"。另一方面，生态文明建设首次写入党代会报告，将"建设生态文明"和"生态文明观念在全社会牢固树立"作为实现全面建设小康社会奋斗目标的新要求，这在中国生态文明建设历程中具有重大意义，标志着生态文明建设成为国家的政治共识。随后，国家在生态文明建设方面进一步投入资源，通过政策试点和试验等方式大力推动生态文明建设实践。

（三）"五位一体"总体布局中的生态文明建设

2012 年，党的十八大做出了"大力推进生态文明建设"的战略决策，明确提出"全面推进经济建设、政治建设、文化建设、社会建设、生态文明建设"，由此，生态文明建设被纳入"五位一体"总体布局之中，融入经济建设、政治建设、文化建设、社会建设各方面和全过程。同年，生态文明建设被写入《中国共产党章程》（以下简称《党章》），具有更高的政治地位。2015 年，中共中央、国务院印发了《生态文明体制改革总体方案》，明确提出到 2020 年，构建"产权清晰、多元参与、激励约束并重、系统完整的生态文明制度体系，推进生态文明领

---

① 胡金林. 基于"两型社会"建设的城乡一体化发展研究 ［J］. 农村经济，2010（11）：49-51.

域国家治理体系和治理能力现代化，努力走向社会主义生态文明新时代"①。这是国家关于生态文明体制改革的顶层设计，为后续相关改革和生态文明建设的体制机制创新提供了基本遵循。

2017 年，党的十九大指出"建设生态文明是关系中华民族永续发展的千年大计"，要求从中华民族永续发展角度推动生态文明建设。党的十九大报告用了很大篇幅阐述生态文明建设方案，在"加快生态文明体制改革，建设美丽中国"部分，报告提出要"加强对生态文明建设的总体设计和组织领导"，同时要求"牢固树立社会主义生态文明观，推动形成人与自然和谐发展现代化建设新格局"。在实践层面，中国强调生态文明建设的体系构建，实施联动治理，打造多元共治、社会共享的生态文明建设新格局。2018 年 3 月 11 日，第十三届全国人民代表大会第一次会议表决通过了《中华人民共和国宪法修正案》，生态文明被写入宪法。由此，中国开启了全面推进生态文明建设的新阶段。

习近平总书记高度重视推进生态文明建设。党的十八大以来，习近平总书记多次强调"建设生态文明是关系中华民族永续发展的千年大计"，要求"全党上下要把生态文明建设作为一项重要政治任务"。中国生态文明建设实践中产生了习近平生态文明思想，这一思想是习近平新时代中国特色社会主义思想的重要组成部分，深刻回答了为什么建设生态文明、建设什么样的生态文明、怎样建设生态文明的重大理论和实践问题，其集中体现为"生态兴则文明兴、生态衰则文明衰"的深邃历史观，人与自然和谐共生的科学自然观，绿水青山就是金山银山的绿色发展观，良好生态环境是最普惠的民生福祉的基本民生观，山水林田湖草是生命共同体的整体系统观，用最严格制度保护生态环境的严密法治观，全社会共同建设美丽中国的全民行动观，共谋全球生态文明建设的共赢全球观。② 习近平生态文明思想是中国生态文明建设实践的理论指南。

二、生态文明建设的主要内涵

(一) 生态文明的定义

生态文明是一个具有中国话语特色的学术概念，在政策层面也是由中国推动实施的。它是一个基于对工业文明的反思和人类社会的可持续发展而提出的一种文明形态。党的十七大报告指出，"建设生态文明，基本形成节约能源资源和保护生态环境的产业结构、增长方式、消费模式"。生态文明的实践和政策倡导使

① 中共中央 国务院印发《生态文明体制改革总体方案》[EB/OL]. http：//www.gov.cn/guowuyuan/2015-09/21/content_2936327.htm.

② 李干杰. 深入贯彻习近平生态文明思想 以生态环境保护优异成绩迎接新中国成立 70 周年：在2019 年全国生态环境保护工作会议上的讲话 [N]. 中国环境报，2019-01-28.

其引起了哲学、政治学、管理学、经济学、法学和社会学等多学科的关注和探讨，各个学科都有其关注的侧重点。这种多学科的研究状况使得生态文明的概念界定呈现了更加多元的态势。其中，具有代表性的观点包括以下几个方面。

其一，认为生态文明脱胎于工业文明，是一种新的文明，是人类社会发展过程中出现的较工业文明更先进、更高级、更伟大的文明。同时，生态文明既是工业文明的继承，又是工业文明的发展，还应能避免工业文明的弊端与缺陷，促进资源的永续利用与社会的持续发展。[①]

其二，认为生态文明是人类在改造自然以造福自身的过程中为实现人与自然之间的和谐所做的全部努力和所取得的全部成果，它表征着人与自然相互关系的进步状态。生态文明既包含人类保护自然环境和生态安全的意识、法律、制度、政策，也包括维护生态平衡和可持续发展的科学技术、组织机构和实际行动。[②]

其三，认为生态文明是人类在利用自然界的同时又主动保护自然界、积极改善和优化人与自然关系而取得的物质成果、精神成果和制度成果的总和，它是人类文明的一种高级形态。[③]

从社会学的角度看，生态文明是对生态中心主义与人类中心主义的双重超越，强调生态与社会的双重属性，内在地包括生态建设与社会建设两个方面。同时，生态文明体现了以人为本的思想，强调发展的目的是促进人的全面发展。此外，生态文明重视文明对话，注重继承和发扬此前各种文明的合理因素。因此，生态文明建设是一个不断趋进的历史过程，是一个持续地寻求人与自然和谐相处的社会进程。[④] 从历史演进脉络上看，生态文明建设是一个社会过程，需要通过社会建设和发挥社会力量，另外，生态文明的目标及其实现需要一定的社会条件。

（二）生态文明与生态现代化

诞生于东方的生态文明与西方的生态现代化理论存在着很多内在的联系。其核心关联可概括为两个方面。一方面，生态文明与生态现代化理论都强调应对生态危机，推进环境治理与生态建设。另一方面，二者都强调推动经济发展与环境保护的耦合。然而，生态文明与生态现代化也有着明显的区别。

生态文明与生态现代化之间的区别，主要包括以下几个方面[⑤]：第一，生态文明将生态因素融入社会系统，更加突出尊重自然、顺应自然和保护自然的理念。这与生态现代化理论只将生态因素作为社会变革的一个外在背景存在着本质的区别。第二，生态文明着眼于对此前各种文明的反思，强调在汲取文明成果的同时推动文明的整体转型。这与生态现代化理论强调对现代工业文明的继续推进

① 申曙光. 生态文明及其理论与现实基础 [J]. 北京大学学报（哲学社会科学版），1994 (3)：31 - 37.

② 俞可平. 科学发展观与生态文明 [J]. 马克思主义与现实，2005 (4)：4 - 5.

③ 周生贤. 积极建设生态文明 [J]. 求是，2009 (22)：30 - 32.

④ 洪大用. 关于中国环境问题和生态文明建设的新思考 [J]. 探索与争鸣，2013 (10)：4 - 10.

⑤ 洪大用，马国栋，等. 生态现代化与文明转型 [M]. 北京：中国人民大学出版社，2014：125.

明显不同。第三，生态文明超越了简单的人类中心主义，更合理地评估了人类在推进文明转型中的作用。相比之下，生态现代化理论依然具有征服自然和控制自然的属性。第四，生态文明强调"以人为本"的发展理念，致力于满足人的基本需求和促进人的全面发展。与此不同，生态现代化理论依然带有浓厚的物质主义气息。第五，生态文明注重从全球和地方的互动与结合中分析文明转型的进程。因此，它既强调全球合作，也重视区域性和地方性的自主探索与实践。相比之下，生态现代化理论的视野则显得很狭窄。第六，生态文明更强调人类在文明转型过程中的不断反思与调整，从而协调经济发展与环境保护。与此不同，生态现代化理论则带有明显的线性进化和盲目乐观色彩。第七，生态文明强调不走西方老路，摒弃资本主义制度的固有局限，走向与自然的和谐相处之路。故而，它关注人类的整体发展，超越了狭隘的西方中心观念。相比之下，生态现代化理论仍是西方现代化的一种理论，仍然具有西方中心论色彩。

（三）通过社会建设推进生态文明

中国生态文明建设是从环境保护发展而来的，同时又适应了新型现代性发展的趋势，是一场全方位、深层次、持续性和根本性的社会变革，具有全球引领和示范意义。通过社会建设促进生态文明是生态文明建设的一个重要视角。在一定意义上，这种视角甚至反映了生态文明建设的本质性规律。

中国的社会建设实践具有悠久的历史。2004 年，中共十六届四中全会正式提出社会建设这一命题后，社会学界迅速响应，开展了大量研究。郑杭生认为，社会建设指的是在社会领域不断建立和完善各种能够合理配置社会资源和社会机会的社会结构和社会机制，并相应地形成各种能良性地调节社会关系的社会组织和社会力量。[①] 陆学艺认为，社会建设就是建设社会现代化，这既要统筹协调好同系统外经济建设、政治建设、文化建设等的各种关系，也要统筹协调好系统内各子系统关系，使之能够全面、平衡、协调、可持续地发展。[②] 构建可持续性社会是社会建设的重要内容，但以往的研究往往忽略了这一点，或者对此重视不足。就生态文明建设而言，其基本要求是通过社会建设促进生态文明建设，进而促进社会的良性运行与协调发展。众所周知，环境问题反映了社会关系的失调，因此，生态文明建设需要探讨相应的社会机制，以整体性、综合性和全局性视野推动社会变革和社会建设，进而促进生态文明建设。

当前，通过社会建设推进生态文明，既是对生态文明建设一般规律的遵循，更是中国社会发展阶段的特殊要求。具体而言，这包括以下几个方面的内容。[③]

第一，加强对自然价值认识的重新审视。当代生态环境的持续恶化其实就源自人们对环境的认知和态度以及对进步与发展的认识出现偏差。当前，在全社会

---

① 郑杭生. 社会建设和社会管理研究与中国社会学使命 [J]. 社会学研究, 2011 (4)：12 - 21.
② 陆学艺. 社会建设就是建设社会现代化 [J]. 社会学研究, 2011 (4)：3 - 11.
③ 洪大用. 关于中国环境问题和生态文明建设的新思考 [J]. 探索与争鸣, 2013 (10)：4 - 10.

塑造人与自然和谐共生的价值观具有十分重要的现实意义，要形成敬畏自然、尊重自然、顺应自然、保护自然的良好氛围。生态文明建设需要技术赋能，但必须走出技术崇拜误区。在高度重视技术创新的时代，尤其要重新反思技术及其风险，深刻认识自然价值，构建亲自然的社会关系。同时，生态文明建设必须遵循自然规律，而不能肆意妄为。

第二，构建发展成果由全体社会成员共享的基本制度。简单来说，要加强顶层设计，构建共建共享的基本制度。环境问题表现为人与自然关系的失衡，其实质则是人与人关系的失衡。生态文明建设成果分享同样需要规避不平等分配的局面。由此，既要避免资源环境在不同社会群体之间的不平等分配，又要促进生态建设成果在社会分配中的均衡化。当前，需要系统推进生态文明建设，按照全国一盘棋思路，坚持城乡统筹和区域统筹，推动生态文明的整体建设，同时，要借此促进国家经济结构转型与产业升级，进而推进国家社会发展模式的转型。[①] 当前，需要针对生态文明建设方面的薄弱环节，注重推进农村和城郊地区的生态文明建设。这种共建共享实践，也是调动社会力量参与生态文明建设的重要基础。

第三，优化社会结构和培育社会力量。鼓励民间环保力量积极参与生态文明建设，构建遏制生态恶化和推进生态文明建设的社会力量，是环境治理体系现代化的基本要求。为此，需要整合社会力量，形成生态文明建设的社会合力。当前，需要通过社会结构优化与公众参与机制建设，鼓励社会力量参与生态文明建设。在此过程中，要凝聚社会共识，推动社会组织和公众有序参与生态文明建设。

第四，增进生态文明建设损益分配的公平性。生态文明建设是一个复杂的社会过程，涉及利益调整与利益平衡。在此过程中，需要注意以下几个方面。一是不能简单地要求经济发展为环境保护让路。比如，在散乱污企业治理过程中，需要妥善解决从业者的生计和再就业问题，如此才能更有效地推动生态文明建设。二是需要分析不同社会群体的责任情况。要本着"谁破坏谁付费""谁受益谁付费""谁开发谁保护"的基本原则，促进生态文明建设之责任分担的公平性。三是需要加强建设项目和环境政策的社会影响评估等制度建设，设计合理的生态补偿和利益共享机制，确保相关项目和政策执行的公平性。四是通过制度安排，避免生态文明建设成本转移到社会弱势群体身上，使其遭受社会与环境的双重不公。当前，亟须强化制度设计，从制度层面防范生态文明建设中的污染转移。

三、生态文明建设的显著进展

（一）生态文明建设成为全社会的共识

前文已述，党的十八大将生态文明建设作为"五位一体"总体布局中的一个

---

① 李强，杨艳文."十二五"期间我国社会发展、社会建设与社会学研究的创新之路［J］. 社会学研究，2016（2）：18-33.

重要部分，并写入《党章》和《中华人民共和国宪法》（以下简称《宪法》）。《党章》中直接表述生态文明的文字有三处，包括"统筹推进经济建设、政治建设、文化建设、社会建设、生态文明建设""中国共产党领导人民建设社会主义生态文明""树立尊重自然、顺应自然、保护自然的生态文明理念"。此外，《党章》中还间接地涉及很多生态文明的相关议题，比如，"增强绿水青山就是金山银山的意识""坚持创新、协调、绿色、开放、共享的发展理念""实行最严格的生态环境保护制度"，等等。生态文明写入《党章》，对于引导全党和全社会牢固树立社会主义生态文明观以及大力推进生态文明建设，具有重要的政治意义。《宪法》两次提及生态文明。其中，序言部分提出："推动物质文明、政治文明、精神文明、社会文明、生态文明协调发展，把我国建设成为富强民主文明和谐美丽的社会主义现代化强国，实现中华民族伟大复兴。"在第八十九条提到，国务院"领导和管理经济工作和城乡建设、生态文明建设"。宪法是国家的根本大法，生态文明入宪使之具有更高的法律地位和更强的法律效力，对于形成生态文明建设的社会氛围和推动生态文明建设实践具有重要意义。

（二）生态文明建设制度更加健全

党的十八大以来，生态文明建设的制度化快速推进。整体上看，我国根据新时代生态文明建设的实际出台了一系列制度规范和法律法规，初步形成了生态文明建设的制度体系。习近平总书记指出："通过全面深化改革，加快推进生态文明顶层设计和制度体系建设，相继出台《关于加快推进生态文明建设的意见》《生态文明体制改革总体方案》，制定了 40 多项涉及生态文明建设的改革方案，从总体目标、基本理念、主要原则、重点任务、制度保障等方面对生态文明建设进行全面系统部署安排。"[1] 近年来，中国生态文明建设的制度设计日益精细化，围绕大气、水和土壤污染防治等生态文明建设的关键领域和主要环节，出台了系列制度规范。2013 年，十八届三中全会指出必须建立系统完整的生态文明制度体系，实行最严格的源头保护制度、损害赔偿制度、责任追究制度，完善环境治理和生态修复制度，用制度保护生态环境。可以说，自 2015 年以来，中国生态文明制度建设明显地进入了快速的、实质性的推进阶段。[2] 有学者根据中国生态文明建设实践，将生态文明制度体系分为以下两个方面：一是基于治理过程的生态文明制度体系，包括源头防治制度、过程控制制度以及追责惩处制度；二是基于治理主体的生态文明制度体系，包括政府监管制度、市场运作制度、法律法规体系和公众参与制度。[3] 此外，国家围绕生态文明建设的体制机制创新出台了制度规范，使得生态文明领域的制度改革有章可循。由此，地方环保机构垂直管理、国家公园体制试点、自然资源资产产权制度改革等都迈出了新步伐。

① 习近平. 推动我国生态文明建设迈上新台阶［J］. 奋斗，2019（3）：1-16.
② 洪大用. 绿色社会的兴起［J］. 社会，2018（6）：22-34.
③ 陈硕. 坚持和完善生态文明制度体系：理论内涵、思想原则与实现路径［J］. 新疆师范大学学报（哲学社会科学版），2019（6）：18-26.

（三）生态文明建设的组织体制不断优化

党的十八大以来，中国不断推进体制改革，生态文明建设的组织体制不断优化，取得了积极进展：（1）在主体架构方面，通过改革有序地发挥了地方党委、政府、人大、政协以及司法机关、社会组织、企业和个人在生态文明建设中的作用，环境共治的格局正在形成。（2）在区域发展方面，统筹和优化了区域的发展资源。国家促进产业结构在更大区域范围内优化、调整甚至一体化发展，京津冀、长三角、珠三角等地加强了区域交通网络建设，比如，北京周边的一些城市在中央协调下放弃了钢铁产业的发展。（3）在环境监督方面，国家建立健全区域环境影响评价制度和区域产业准入负面清单制度。实践证明，这既提高了行政审批效率，又预防和控制了区域环境风险。另外，实行省以下环境监测垂直管理，初步形成了以环境质量管理为核心的大气管理模式。① 省以下环保机构监测监察执法垂直管理旨在"加快解决现行以块为主的地方环保管理体制存在的突出问题"②。这种管理模式的转型显著改善了环境质量。此外，根据国务院机构改革方案，组建生态环境部，原环境保护部不再保留。生态环境部将分散在多个国家部委中的环保职能的整合，对于系统推进生态文明建设具有重要的现实意义。

（四）生态文明建设投入不断增加

改革开放以来，我国在生态建设方面投入的资源不断增加。其中，财政投入是一项重要的投入。1999 年，环境保护财政投入占 GDP 的比例首次超过 1％，"十二五"期间达到 3.5％，直接推动了环保产业的快速发展。2000 年环保产业年产值 1 080 亿元，到 2010 年已经达到 11 000 亿元。③ 2012 年后，国家在财政方面的投入更是显著增加。习近平总书记要求，"生态环境保护该花的钱必须花，该投的钱决不能省"④。2019 年，中央财政安排污染防治资金 600 亿元，其中大气污染防治资金 250 亿元，比 2018 年增长 25％；水污染防治资金 300 亿元，增长 45.3％；土壤污染防治资金安排 50 亿元，比 2018 年增长 42.9％。⑤ 为推动生态文明建设，财政部 2019 年发文《财政支持打好污染防治攻坚战 加快推进生态文明建设的意见（2019－2020 年）》，进一步为加强生态文明建设提供了财政保障机制。

① 常纪文．十八大以来生态文明建设与体制改革的举措与成就［N］. 中国环境报，2017-10-12 (3).

② 关于省以下环保机构监测监察执法垂直管理制度改革试点工作的指导意见［EB/OL］.［2016-09-22］http：//www. gov. cn/zhengce/2016-09/22/content_5110853. htm.

③ 汪晓东．十三五环保产业年增速或超 20％，总投资达 17 万亿［EB/OL］. http：//finance. sina. com. cn/china/20151102/222723655477. shtml.

④ 习近平．推动我国生态文明建设迈上新台阶［J］. 奋斗，2019 (3)：1-16.

⑤ 财政部．今年中央财政将安排 600 亿元污染防治资金［EB/OL］.（2019-03-07）［2020-01-23］. http：//finance. china. com. cn/news/special/lianghui2019/20190307/4916387. shtml.

（五）生态文明建设的中国制度优势日渐彰显

在生态文明建设方面，中国的制度优势日渐彰显，突出地表现在党的领导、社会主义的价值取向和制度基础以及"关键少数"机制等三个方面。[①]

首先，党的领导。生态文明是中国共产党和中国政府在汲取人类文明的优秀成果、总结中外工业化和城市化进程的经验和教训、着眼人类未来可持续发展的基础上而做出的自主的、科学的选择，代表了人类文明的发展方向。进入 21 世纪，特别是党的十八大以来，党和政府明确了坚持节约优先、保护优先、自然恢复为主的方针，强调从源头上扭转生态环境恶化趋势。党的十八届三中全会提出要对领导干部实行自然资源资产离任审计，建立生态环境损害责任终身追究制；同时，系统阐述了制度建设的目标，提出实行最严格的源头保护制度、损害赔偿制度、责任追究制度，完善环境治理和生态修复制度，用制度保护生态环境。《中共中央关于制定国民经济和社会发展第十三个五年规划的建议》则进一步将绿色发展作为发展的重要维度和引领纳入规划之中，而不仅仅是作为发展的一项具体内容。简而言之，党的领导是中国特色社会主义最为本质的特征，也是中国生态文明建设最核心的特质。

其次，社会主义的价值取向和制度基础。社会主义的本质是解放生产力，发展生产力，消灭剥削，消除两极分化，最终实现共同富裕。它坚持"以人为本"，着眼于人类整体的和长远的利益，以全体社会成员的全面自由发展为目标，追求整个社会关系的和谐。它以生产资料的公有制作为基础的制度结构，努力控制那种为了资本集团一己私利的"生产"和"发展"。相对地，资本主义的价值取向和制度安排恰恰是造成全球生态环境危机的重要根源，因为它的本质是无限追求资本集团之私利，总是着眼于少数人的眼前利益，制造了不断扩大的贫富差距，由此内在地制造了社会分割、社会紧张和社会冲突，从而不能真正地凝聚社会共识以推动环境治理，并且持续加剧生态环境危机，比如说伴随着全球化进程的生态殖民主义就是一种新的形式。但是，当前中国仍然处在社会主义初级阶段，这样一个阶段既为改进环境治理提供了重要的制度前提，也使之面临巨大挑战。中国生态文明建设需要不断改革和完善社会主义制度，最大限度地发挥制度本身的优越性，在不断解放生产力、发展生产力并抑制资本主义的种种弊端、抵御资本主义在全球范围内的威胁和压力的基础上，持续地改善环境质量之路，这条道路与西方资本主义条件下的环境治理之路有着本质的不同。

最后，"关键少数"机制。中国社会主义体制的一大优势是集中力量办大事。在办大事的过程中，政府的导向、协调、组织和监督作用十分重要，各级政府的领导干部尤其重要。方向明确了，目标确定了，关键因素就在干部。[②] 习近平总

① 洪大用．复合型环境治理的中国道路［J］．中共中央党校学报，2016（3）：67-73.
② 领导干部要做尊法学法守法用法的模范 带动全党全国共同全面推进依法治国［N］．北京：人民日报，2015-02-03（1）.

书记强调，各级领导干部在推进依法治国方面肩负着重要责任，全面依法治国必须抓住领导干部这个"关键少数"。这一重大判断同样适用于推进中国环境治理。相比于广大党员和人民群众，领导干部虽是"少数"，但身处关键岗位、关键领域、关键环节，只有领导干部自身头脑清醒、意志坚定、素质过硬、工作过硬，我们的环境治理才能有效推进。近年来，中央强化党政领导干部生态环境和资源保护职责，对地方党委和政府主要领导成员、有关领导成员和政府有关工作部门领导成员的问责情形进行了详细规定，并要求党委及其组织部门在地方党政领导班子成员选拔任用工作中，按规定将资源消耗、环境保护、生态效益等情况作为考核评价的重要内容，对在生态环境和资源方面造成严重破坏负有责任的干部不得提拔使用或者转任重要职务。这样一条强调领导责任的、自上而下的改进环境治理之路并不排斥坚持人民主体地位，不排斥充分调动广大人民群众的积极性、主动性和创造性，但是更加适合中国基本国情，与西方国家的环境治理道路有着明显的区别。

（六）生态环境质量阶段性改善明显

习近平总书记指出，党的十八大以来，国家"开展一系列根本性、开创性、长远性工作，提出一系列新理念新思想新战略，生态文明理念日益深入人心，污染治理力度之大、制度出台频度之密、监管执法尺度之严、环境质量改善速度之快前所未有，推动生态环境保护发生历史性、转折性、全局性变化"[①]。党的十九大报告指出："全党全国贯彻绿色发展理念的自觉性和主动性显著增强，忽视生态环境保护的状况明显改变。"同时，生态文明建设中的一批体制机制障碍得到解决，一大批历史遗留问题、"老大难"问题以及公众反响强烈的问题得到解决，生态环境质量持续好转。《2018中国生态环境状况公报》显示，全国生态环境质量较上一年度呈现持续好转态势：全国338个地级及以上城市平均优良天数比例为79.3%，同比上升1.3个百分点；细颗粒物浓度为39微克/立方米，同比下降9.3%。在全国1 940个国控地表水水质断面中，Ⅰ至Ⅲ类断面比例为71%，同比上升3.1个百分点；劣Ⅴ类断面比例为6.7%，同比下降1.6个百分点。生态环境质量优良县域面积占国土面积的比例由42%提高到44.7%。[②] 在此背景下，公众的生态获得感显著增强。

但是，我们必须清醒地看到，中国生态文明建设还面临着很大的国内外压力，生态文明建设存在着艰巨性和复杂性。其中，中国经济下行压力对生态文明建设有着重要影响。同时，城乡之间、区域之间在生态文明建设进程方面还存在着结构性差异。此外，产业转移过程中的环境污染问题并未完全杜绝。与此同时，生态文明建设还面临着不断扩大的国际不确定性。因此，我们必须做好打持

---

① 习近平. 推动我国生态文明建设迈上新台阶［J］. 奋斗，2019（3）：1-16.

② 高敬. 公报显示2018年全国生态环境质量呈现持续好转态势［EB/OL］.（2019-05-29）（2020-05-02）. http://www.shanghai.gov.cn/nw2/nw2314/nw2315/nw39329/u82aw213380.html.

久战的准备，在大力推进生态文明建设、让生态文明建设内化于心外化于行的同时，积极谋求国际合作，使生态文明建设结出更丰硕的果实，以造福中国人民和世界人民。

思考题

1. 简述发展观的概念及其演变历史。

2. 简述生态现代化与生态文明的区别与联系。

3. 简述环境风险与风险社会的概念。

4. 简述当代社会转型的新趋势。

5. 试析中国生态文明建设的显著进展。

阅读书目

1. 吉登斯. 现代性的后果 [M]. 田禾，译. 南京：译林出版社，2011.

2. 洪大用，马国栋，等. 生态现代化与文明转型 [M]. 北京：中国人民大学出版社，2012.

3. 贝克. 风险社会 [M]. 何博闻，译. 南京：译林出版社，2004.

4. 薛晓源，周战超. 全球化与风险社会 [M]. 北京：社会科学文献出版社，2005.

5. 中共中央组织部. 贯彻落实习近平新时代中国特色社会主义思想、在改革发展稳定中攻坚克难案例·生态文明建设 [M]. 北京：党建读物出版社，2019.

关联课程教材推荐

书号	书名	作者	定价
978-7-300-27592-5	社会学概论新修精编本（第三版）	郑杭生　陆益龙	55.00 元
978-7-300-27593-2	社会调查教程精编本（第二版）	江立华　水延凯	59.00 元
978-7-300-26453-0	社会分层与社会流动	李路路	49.00 元
978-7-300-28091-2	人口社会学（第二版）	杨菊华　靳永爱	59.90 元
978-7-300-26569-8	农村社会学	陆益龙	49.00 元

配套教学资源支持

尊敬的老师：

衷心感谢您选择人大版教材！相关的配套教学资源，请到中国人民大学出版社官网（www.crup.com.cn）下载。部分教学资源需要验证您的教师身份后，才可以下载，请您登录出版社官网后，点右上角"注册"，填写"会员中心"的"我的教师认证"项目，等待后台审核。我们将尽快为您开通下载权限。

如您急需教学资源或教材样书，也可以直接与我们的编辑联系：

龚洪训　电话：010-62515637　　　电子邮箱：6130616@qq.com

专业教师 QQ 群：
195761402（全国社会学教师 QQ 群）
欢迎您登录浏览人大社网站，了解图书信息，共享教学资源
期待您加入专业教师 QQ 群，开展学术讨论，交流教学心得

图书在版编目（CIP）数据

环境社会学/洪大用主编 . -- 北京：中国人民大学出版社，2021.1
新编21世纪社会学系列教材
ISBN 978-7-300-28683-9

Ⅰ.①环… Ⅱ.①洪… Ⅲ.①环境社会学－高等学校－教材 Ⅳ.①X24

中国版本图书馆 CIP 数据核字（2020）第 191494 号

新编 21 世纪社会学系列教材

环境社会学

主　编　洪大用
副主编　卢春天　陈　涛
Huanjing Shehuixue

出版发行	中国人民大学出版社				
社　　址	北京中关村大街 31 号		**邮政编码**	100080	
电　　话	010 - 62511242（总编室）		010 - 62511770（质管部）		
	010 - 82501766（邮购部）		010 - 62514148（门市部）		
	010 - 62515195（发行公司）		010 - 62515275（盗版举报）		
网　　址	http://www.crup.com.cn				
经　　销	新华书店				
印　　刷	北京溢漾印刷有限公司				
规　　格	185 mm×260 mm　16 开本		**版　　次**	2021 年 1 月第 1 版	
印　　张	20.5		**印　　次**	2025 年 1 月第 3 次印刷	
字　　数	422 000		**定　　价**	49.80 元	